高职高专规划教材

高等数学

（第二版）

主 编 骆汝九 曹玉平 姬天富

苏州大学出版社

图书在版编目(CIP)数据

高等数学/骆汝九,曹玉平,姬天富主编.—2版
—苏州:苏州大学出版社,2016.9(2022.9重印)
高职高专规划教材
ISBN 978-7-5672-1842-0

Ⅰ.①高…　Ⅱ.①骆…②曹…③姬…　Ⅲ.①高等数学—高等职业教育—教材　Ⅳ.①O13

中国版本图书馆 CIP 数据核字(2016)第 218240 号

内容提要

本书是根据编者多年的教学实践,为适应新形势下高职高专高等数学的教学需要而编写的.考虑到高职高专院校学生的实际,适当降低了某些问题的理论深度,更加注重有实际应用背景的概念、方法和实例的介绍.

全书分"公共基础模块""专业应用模块"和"数学实验模块"三个模块,共 10 章."公共基础模块"的内容为一元及多元函数的微分和积分学;"专业应用模块"是微分方程、空间解析几何以及无穷级数;"数学实验模块"是利用数学软件求解数学问题.每节内容后配有习题,书末附有部分习题答案.

为了便于学生的理解和掌握,本教材在文字表述上力求做到深入浅出、通俗易懂.

高 等 数 学
（第二版）

骆汝九　曹玉平　姬天富　主编

责任编辑　征　慧

苏州大学出版社出版发行
(地址:苏州市十梓街1号　邮编:215006)
宜兴市盛世文化印刷有限公司印装
(地址:宜兴市万石镇南漕河滨路58号　邮编:214217)

开本 787mm×1 092mm　1/16　印张 22.5　字数 548千
2016年9月第2版　2022年9月第6次印刷
ISBN 978-7-5672-1842-0　定价:49.00 元

苏州大学版图书若有印装错误,本社负责调换
苏州大学出版社营销部　电话:0512-67481020
苏州大学出版社网址 http://www.sudapress.com

《高等数学(第二版)》编委会

主　编　骆汝九　曹玉平　姬天富

副主编　周从会　周利民

编　委　骆汝九　曹玉平　姬天富
　　　　邓友祥　周从会　杨俊林
　　　　徐惠益　刘来山　姜卫东

前 言

高等数学课程是高等教育中的一门重要的基础课.本书是为适应新形势下高职高专高等数学的教学需要而编写的.根据教育部颁布的《高职高专教育高等数学课程教学基本要求》,考虑到高职高专院校学生的实际,在总结近年来教学实践经验的基础上,我们对教材内容的安排作了认真的研究和推敲,适当降低了某些问题的理论深度,略去了一些较为复杂的定理证明和理论推导,更加注重有实际应用背景的概念、方法和实例的介绍,充分体现"以应用为目的,以必需、够用为度"的原则.同时,为了便于学生的理解和掌握,本教材在文字表述上力求做到深入浅出、通俗易懂.

本书主要划分为"公共基础模块""专业应用模块"和"数学实验模块"三个模块."公共基础模块"内容为一元及多元函数的微分和积分学;"专业应用模块"内容为微分方程、空间解析几何及无穷级数;"数学实验模块"以简单易上手的微软数学(Microsoft Mathematics)作为数学学习软件,鼓励学生充分利用数学软件进行问题的求解.

考虑到高职学生的数学基础差异及应分层教学的需求,本书正文部分特别设置带"＋"号与"＊"号的内容.带"＋"号的内容是提高型内容,学生在掌握已有知识的基础上,经过选学可进一步提升能力;带"＊"号的内容是拓展型内容,进一步培养学生的创新思维,学生可根据自身的能力进行选学.

本书由骆汝九、曹玉平、姬天富任主编,骆汝九负责统稿.

本教材的编写得到了各编者所在院校的大力支持,审稿同志提出了不少宝贵的改进意见,在此表示衷心的感谢.

限于编者的经验和水平,书中难免存在错漏之处,希望得到专家、同行以及广大读者的批评指正.

编 者

2016 年 8 月

目 录

公共基础模块

第一章 函数的极限与连续 ··················· 003
  第一节 函 数 ································ 003
    同步训练 1-1 ······························· 012
  第二节 函数的极限 ···························· 013
    同步训练 1-2 ······························· 019
  第三节 无穷小量与无穷大量 ······················ 020
    同步训练 1-3 ······························· 023
  第四节 极限的运算法则 ························· 024
    同步训练 1-4 ······························· 026
  第五节 两个重要极限 ··························· 026
    同步训练 1-5 ······························· 032
  第六节 函数的连续性与间断点 ···················· 032
    同步训练 1-6 ······························· 036
  第七节 连续函数的运算与闭区间上连续函数的性质 ····· 036
    同步训练 1-7 ······························· 040
    本章小结 ································· 044
    能力训练一 ······························· 045

第二章 导数与微分 ························· 047
  第一节 导数的概念 ···························· 047
    同步训练 2-1 ······························· 053
  第二节 一元函数和、差、积、商的求导法则 ··········· 053
    同步训练 2-2 ······························· 055
  第三节 求函数的导数 ··························· 055
    同步训练 2-3 ······························· 064
  第四节 高阶导数 ······························ 065
    同步训练 2-4 ······························· 068
  第五节 函数的微分 ···························· 068
    同步训练 2-5 ······························· 074
  *第六节 微分在近似计算中的应用 ·················· 075
    同步训练 2-6 ······························· 076

第七节　隐函数及由参数方程所确定的函数的导数 …………………………… 077
　　同步训练 2-7 ………………………………………………………………… 081
　　本章小结 ……………………………………………………………………… 084
　　能力训练二 …………………………………………………………………… 085

第三章　微分中值定理与导数的应用 …………………………………………… 088
第一节　中值定理与洛必达法则 ………………………………………………… 088
　　同步训练 3-1 ………………………………………………………………… 095
第二节　函数的单调性与极值 …………………………………………………… 095
　　同步训练 3-2 ………………………………………………………………… 106
第三节　曲线的凹凸性、拐点与函数图形的描绘 ……………………………… 106
　　同步训练 3-3 ………………………………………………………………… 110
　　本章小结 ……………………………………………………………………… 112
　　能力训练三 …………………………………………………………………… 113

第四章　不定积分 …………………………………………………………………… 115
第一节　不定积分的概念与性质 ………………………………………………… 115
　　同步训练 4-1 ………………………………………………………………… 119
第二节　不定积分的积分法 ……………………………………………………… 119
　　同步训练 4-2 ………………………………………………………………… 127
*第三节　有理函数的积分及积分表的使用 ……………………………………… 127
　　同步训练 4-3 ………………………………………………………………… 131
　　本章小结 ……………………………………………………………………… 134
　　能力训练四 …………………………………………………………………… 135

第五章　定积分 ……………………………………………………………………… 137
第一节　定积分的概念与性质 …………………………………………………… 137
　　同步训练 5-1 ………………………………………………………………… 144
第二节　定积分与不定积分的关系 ……………………………………………… 144
　　同步训练 5-2 ………………………………………………………………… 147
第三节　定积分的换元积分法和分部积分法 …………………………………… 148
　　同步训练 5-3 ………………………………………………………………… 151
*第四节　广义积分 ………………………………………………………………… 152
　　同步训练 5-4 ………………………………………………………………… 156
　　本章小结 ……………………………………………………………………… 161
　　能力训练五 …………………………………………………………………… 161

第六章　定积分与二重积分及其应用 …………………………………………… 164
第一节　定积分的微元法与平面图形的面积 …………………………………… 164
　　同步训练 6-1 ………………………………………………………………… 168
第二节　利用定积分求体积和弧长 ……………………………………………… 168
　　同步训练 6-2 ………………………………………………………………… 171

+第三节　定积分在物理上的某些应用 ……………………………… 171
　　同步训练 6-3 ……………………………………………………… 173
　第四节　二重积分的概念和性质 ………………………………………… 174
　　同步训练 6-4 ……………………………………………………… 178
　第五节　二重积分的计算 ………………………………………………… 178
　　同步训练 6-5 ……………………………………………………… 186
　第六节　二重积分的应用 ………………………………………………… 187
　　同步训练 6-6 ……………………………………………………… 196
　本章小结 …………………………………………………………………… 199
　能力训练六 ………………………………………………………………… 200

专业应用模块

第七章　微分方程 …………………………………………………………… 205
　第一节　微分方程的基本概念 …………………………………………… 205
　　同步训练 7-1 ……………………………………………………… 207
　第二节　一阶微分方程 …………………………………………………… 207
　　同步训练 7-2 ……………………………………………………… 214
　第三节　可降阶的高阶微分方程 ………………………………………… 214
　　同步训练 7-3 ……………………………………………………… 218
　第四节　二阶常系数线性微分方程 ……………………………………… 218
　　同步训练 7-4 ……………………………………………………… 225
　本章小结 …………………………………………………………………… 227
　能力训练七 ………………………………………………………………… 228

第八章　向量代数与空间解析几何 ………………………………………… 230
　第一节　向量的概念及其线性运算 ……………………………………… 230
　　同步训练 8-1 ……………………………………………………… 238
　第二节　两向量的数量积与向量积 ……………………………………… 238
　　同步训练 8-2 ……………………………………………………… 242
　第三节　平面和空间直线 ………………………………………………… 243
　　同步训练 8-3 ……………………………………………………… 250
　第四节　曲面和空间曲线 ………………………………………………… 251
　　同步训练 8-4 ……………………………………………………… 258
　第五节　偏导数的几何应用 ……………………………………………… 258
　　同步训练 8-5 ……………………………………………………… 261
　本章小结 …………………………………………………………………… 263
　能力训练八 ………………………………………………………………… 264

第九章　无穷级数 …………………………………………………………… 266
　第一节　常数项级数的概念及其性质 …………………………………… 266
　　同步训练 9-1 ……………………………………………………… 270

第二节 常数项级数的审敛法 ………………………………………… 271
　　同步训练 9-2 ………………………………………………………… 277
第三节 幂级数 ……………………………………………………………… 278
　　同步训练 9-3 ………………………………………………………… 283
第四节 函数展开成幂级数 ……………………………………………… 283
　　同步训练 9-4 ………………………………………………………… 289
第五节 傅里叶级数 ……………………………………………………… 289
　　同步训练 9-5 ………………………………………………………… 295
　　本章小结 ……………………………………………………………… 300
　　能力训练九 …………………………………………………………… 300

数学实验模块

第十章　数学实验 ……………………………………………………… 305
第一节 Microsoft Mathematics 软件简介、简单计算及图形绘制 ……… 305
　　同步训练 10-1 ………………………………………………………… 315
第二节 Microsoft Mathematics 在微积分计算中的应用 ………………… 316
　　同步训练 10-2 ………………………………………………………… 321

附录一 初等数学常用公式与相关知识 ……………………………………… 322
附录二 积分表 ……………………………………………………………… 329

参考答案 ……………………………………………………………………… 336
参考文献 ……………………………………………………………………… 349

公共基础模块

第一章 函数的极限与连续

学习目标

1. 理解一元函数及多元函数的概念.
2. 了解分段函数、复合函数的概念.
3. 能熟练列出简单函数的函数关系.
4. 了解函数极限的描述性定义.
5. 理解无穷小、无穷大的概念及其相互关系,能够对无穷小进行比较.
6. 掌握极限的四则运算法则,并能够熟练运用其求极限.
7. 了解夹逼定理和单调有界数列极限存在定理,能够用夹逼定理求极限.
8. 熟练掌握两个重要极限,并能够运用两个重要极限求极限.能够借助一元函数求极限,会求一些简单二元函数的极限.
9. 理解函数连续的概念,能够判断间断点的类型.会求连续函数和分段函数的极限.
10. 掌握初等函数的连续性,了解闭区间上连续函数的性质:最大值和最小值定理、介值定理、零点定理.能够运用零点定理解决相应问题.

函数是高等数学研究的主要对象.所谓函数就是变量之间的一种确定的对应关系,"极限方法"则是研究变量的一种基本方法.本章在复习函数概念的基础上,着重介绍函数的极限和连续性等基本概念及其相关内容.这些内容都是学习本课程必须掌握的基础知识.

第一节 函　　数

一、一元函数的概念及其性质

(一) 一元函数的概念

数学中所讨论的量分为两类:常量与变量.初等数学基本上是常量的数学,而高等数学则以变量为研究对象.

在同一个自然现象或技术过程中,往往同时有几个变量在变化着,这些变量并不是孤立的,而是相互联系并遵循着一定的变化规律,下面就两个变量的情形举几个例子.

例 1 在自由落体运动中,设物体下落的时间为 t,下落的距离为 s,假定开始下落的时刻为 $t=0$,则 s 与 t 之间的对应关系可由公式

$$s = \frac{1}{2}gt^2 \tag{1}$$

表示,其中 g 是重力加速度.假定物体到达地面的时刻 $t=T$,则当时间 t 在 $[0,T]$ 上任取一个数值时,由(1)式就可以确定 s 的一个对应值.

例 2 某气象站用气温自动记录仪把某一天的气温变化描绘在记录纸上,得到如图 1-1 所示的曲线,这条曲线表示了气温 T 与时间 t 之间的对应关系,记录的时间范围是 $[0,24]$.

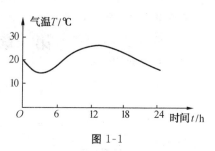

图 1-1

例 3 由实验测得在不同温度 $t(℃)$ 下,热敏电阻器的电阻值 $R(\Omega)$ 数据如表 1-1 所示.

表 1-1

$t/℃$	50	55	60	65	70	75	80
R/Ω	34780	28610	23650	19630	16370	13720	11540

表 1-1 反映了热敏电阻器的电阻 R 与温度 t 之间的对应关系.

上述三个例子虽然各自有不同的具体意义及表示方法,但是有共同的性质:当一个变量在其变化范围内取定一数值时,按照某一确定的对应关系,另一个变量有唯一的数值和它对应.变量之间的这种对应关系,就是函数关系,函数的一般概念正是这样抽象出来的.

定义 1 设 x 和 y 是两个变量,D 是一个给定的非空数集,$\mathbf{R}$ 是实数集,如果按照某一确定的对应关系 f,对于任意的 $x \in D$,都有唯一的一个 $y \in \mathbf{R}$ 和它对应,则称 f 是定义在 D 上的**函数**,记为

$$f: D \to \mathbf{R}, \tag{2}$$

其中 x 称为**自变量**,y 称为**因变量**,D 称为函数的**定义域**.

若 $x_0 \in D$,则称函数 f 在 x_0 处有定义.函数 f 在 x_0 处的**函数值**记为 $f(x_0)$ 或 $y|_{x=x_0}$,函数值的全体称为函数的**值域**,记为

$$f(D) = \{f(x) | x \in D\} \subset \mathbf{R}.$$

由于值域由定义域和对应关系唯一确定,又因为自变量、因变量以及对应关系与所用来表示的字母符号无关,因此定义域和对应关系就成为确定函数的两个要素.为方便起见,函数(2)通常表示为

$$y = f(x), x \in D. \tag{3}$$

说明 (1) $y = f(x)$ 表示与 x 相对应的函数值,而 $y = f(x), x \in D$ 表示一个函数,请注意两者之间的区别.

(2) 当不需要指明函数的定义域时,函数(3)可简写为"$y = f(x)$".严格地讲,这样的符号混淆了函数与函数值,但这仅是为了方便而作的约定.例如,函数 $y = \sqrt{x-1}$,没有指明它的定义域,它的定义域就是使函数表达式有意义的自变量所取值的全体,即 $D = \{x | x \geq 1\}$.这样约定的定义域有时也称为函数的自然定义域.而对于应用问题中的函数,它的定义域还要受实际意义的约束.例如,球的体积 $V = \frac{4}{3}\pi r^3$,仅从函数表达式分析,r 可取一

切实数,但从实际意义来说,球的半径 r 不能为负,因此其定义域为 $D=[0,+\infty)$.

(3) 有时在习惯上,我们也称"y 是 x 的函数",其含义是指变量 x 和变量 y 之间存在着函数关系,而不能理解为"y 是函数".

函数的表示方法主要有解析法(如例 1)、图示法(如例 2)以及表格法(如例 3),但有些函数不能用上述三种方法表示,只能给予描述.例如,狄利克雷函数

$$D(x)=\begin{cases}1, & x \text{ 为有理数},\\ 0, & x \text{ 为无理数}.\end{cases}$$

在我们的函数定义中,对每一个 $x \in D$,变量 y 只能有唯一的数值和它对应,这种函数称为**单值函数**.如果在函数定义中,允许一个 x 值可以和两个以上 y 值相对应,则称它为**多值函数**.例如,已知 a,b 为三角形的两条边,S 为它的面积,应用公式

$$\sin C=\frac{2S}{ab}$$

可以求出 a,b 两边的夹角 C,因为当 C 不是直角时可以取作一个锐角或是一个钝角,所以这时我们可以得到 C 的两个值.

在实际问题中,有时会遇到一个函数在定义域的不同范围内用不同的解析式表示的情形,如函数

$$y=f(x)=\begin{cases}-x+1, & 0<x<1,\\ 0, & x=0,\\ -x-1, & -1\leqslant x<0,\end{cases}$$

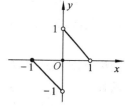

图 1-2

如图 1-2 所示.这样的函数称为**分段函数**.

分段函数是一个函数,而不是几个函数.但当自变量在定义域的不同范围内取值时,对应的函数值由不同的解析式确定.例如,对上述函数有

$$y|_{x=\frac{1}{2}}=(-x+1)|_{x=\frac{1}{2}}=\frac{1}{2}, \quad y|_{x=-1}=(-x-1)|_{x=-1}=0.$$

例 4 跳伞运动员在 t_0(s)内自由降落,然后打开降落伞,并按速度 v(m/s)降落 t_1(s),试将跳伞运动员所经过的路程表示成时间 t 的函数.

解 跳伞运动员所经过的路程

$$s(t)=\begin{cases}\dfrac{1}{2}gt^2, & 0\leqslant t\leqslant t_0,\\ \dfrac{1}{2}gt_0^2+v(t-t_0), & t_0<t\leqslant t_0+t_1.\end{cases}$$

这是一个分段函数.

例 5 已知 $f\left(\dfrac{1}{x}\right)=\dfrac{x}{x+1}$,求 $f(x)$.

解 因为 $f\left(\dfrac{1}{x}\right)=\dfrac{x}{x+1}=\dfrac{1}{1+\dfrac{1}{x}}$,所以 $f(x)=\dfrac{1}{1+x}$.

例 6 已知 $f(x)$ 的定义域为 $(0,1]$,求 $f(x^2),f(\sin 2x)$ 的定义域.

解 因为 $f(x)$ 的定义域为 $(0,1]$,所以 $f(x^2)$ 的定义域为 $0<x^2\leqslant 1$,即 $-1\leqslant x\leqslant 1$ 且 $x\neq 0$.

同理,$f(\sin 2x)$ 的定义域为 $0<\sin 2x\leqslant 1$,即 $2k\pi<2x<(2k+1)\pi$,亦即 $k\pi<x<k\pi+$

$\frac{\pi}{2}(k \in \mathbf{Z}, \mathbf{Z}$ 为整数集$)$.

(二) 一元函数的几种特性

设函数 $y=f(x)$ 的定义域为 D.

1. 函数的有界性

设区间 $I \subset D$. 如果存在正数 M，对于任意 $x \in I$，都有
$$|f(x)| \leqslant M,$$
则称函数 $f(x)$ 在 I 上**有界**；如果不存在这样的正数 M，则称函数 $f(x)$ 在 I 上**无界**. 例如，函数 $f(x)=\arctan x$ 在 $(-\infty,+\infty)$ 上有界，因为 $|\arctan x|<\frac{\pi}{2}$ 对任意 $x \in (-\infty,+\infty)$ 都成立；而函数 $f(x)=\frac{1}{x}$ 在开区间 $(0,1)$ 内是无界的，因为对于任意 $M>0$，若取 $x=\frac{1}{M+1} \in (0,1)$，则有 $|f(x)|=\left|\frac{1}{x}\right|=M+1>M$.

2. 函数的单调性

设区间 $I \subset D$. 如果对于任意 $x_1, x_2 \in I$，当 $x_1 < x_2$ 时，有
$$f(x_1) < f(x_2) \quad (\text{或 } f(x_1) > f(x_2)),$$
则称函数 $f(x)$ 在 I 上**单调增加**（或**单调减少**）. 单调增加和单调减少函数统称为**单调函数**.

例如，图 1-2 所示的函数在 $[-1,0)$ 和 $(0,1]$ 上都是单调减少的，但在定义域 $[-1,1]$ 上不是单调函数.

3. 函数的奇偶性

设 D 关于原点对称，如果对于任意 $x \in D$，都有
$$f(-x)=f(x) \quad (\text{或 } f(-x)=-f(x)),$$
则称 $f(x)$ 为**偶函数**（或**奇函数**）. 偶函数的图形关于 y 轴对称，奇函数的图形关于原点对称.

4. 函数的周期性

如果存在一个常数 $T \neq 0$，使得对于任意 $x \in D$，有 $x \pm T \in D$，且
$$f(x \pm T) = f(x),$$
则称 $f(x)$ 为**周期函数**，T 称为 $f(x)$ 的**周期**. 周期函数的周期通常是指它的最小正周期.

例如，当 $\omega \neq 0$ 时，$y=A\sin(\omega x + \varphi)$ 和 $y=A\cos(\omega x + \varphi)$ 都是以 $\frac{2\pi}{|\omega|}$ 为周期的周期函数；$y=A\tan(\omega x + \varphi)$ 和 $y=A\cot(\omega x + \varphi)$ 都是以 $\frac{\pi}{|\omega|}$ 为周期的周期函数.

顺便指出，并非所有的周期函数都有最小正周期. 例如，狄利克雷函数
$$D(x)=\begin{cases} 1, & x \text{ 为有理数}, \\ 0, & x \text{ 为无理数}. \end{cases}$$
它的周期为全体非零有理数，因而没有最小正周期.

(三) 初等函数

1. 基本初等函数

我们学过的幂函数、指数函数、对数函数、三角函数和反三角函数，统称为**基本初等函**

数. 现将基本初等函数的定义域、值域、图形和主要特性列于表 1-2 中:

表 1-2

名称	解析式	定义域和值域	图　形	主要特性
幂函数	$y=x^\alpha$ ($\alpha \in \mathbf{R}$)	依 α 不同而异. 但在 $(0, +\infty)$ 内都有定义		经过点 $(1,1)$. 在第一象限内, 当 $\alpha>0$ 时, $y=x^\alpha$ 为增函数; 当 $\alpha<0$ 时, $y=x^\alpha$ 为减函数
指数函数	$y=a^x$ ($a>0$ 且 $a\neq 1$)	$x \in (-\infty, +\infty)$ $y \in (0, +\infty)$		图形在 x 轴上方, 都通过点 $(0,1)$. 当 $0<a<1$ 时, a^x 是减函数; 当 $a>1$ 时, $y=a^x$ 是增函数
对数函数	$y=\log_a x$ ($a>0$ 且 $a\neq 1$)	$x \in (0, +\infty)$ $y \in (-\infty, +\infty)$		图形在 y 轴右侧, 都通过点 $(1,0)$. 当 $0<a<1$ 时, $y=\log_a x$ 是减函数; 当 $a>1$ 时, $y=\log_a x$ 是增函数
三角函数	$y=\sin x$	$x \in (-\infty, +\infty)$ $y \in [-1, 1]$		奇函数, 周期为 2π, 图形在两直线 $y=1$ 与 $y=-1$ 之间
三角函数	$y=\cos x$	$x \in (-\infty, +\infty)$ $y \in [-1, 1]$		偶函数, 周期为 2π, 图形在两直线 $y=1$ 与 $y=-1$ 之间

续表

名称	解析式	定义域和值域	图 形	主要特性
三角函数	$y=\tan x$	$x\neq k\pi+\dfrac{\pi}{2}$ $(k\in \mathbf{Z})$ $y\in(-\infty,+\infty)$		奇函数,周期为 π,在 $\left(k\pi-\dfrac{\pi}{2},k\pi+\dfrac{\pi}{2}\right)$,$k\in\mathbf{Z}$ 内单调增加
	$y=\cot x$	$x\neq k\pi(k\in\mathbf{Z})$ $y\in(-\infty,+\infty)$		奇函数,周期为 π,在 $(k\pi,(k+1)\pi)$,$k\in\mathbf{Z}$ 内单调减少
反三角函数	$y=\arcsin x$	$x\in[-1,1]$ $y\in\left[-\dfrac{\pi}{2},\dfrac{\pi}{2}\right]$		奇函数,单调增加,有界
	$y=\arccos x$	$x\in[-1,1]$ $y\in[0,\pi]$		单调减少,有界
	$y=\arctan x$	$x\in(-\infty,+\infty)$ $y\in\left(-\dfrac{\pi}{2},\dfrac{\pi}{2}\right)$		奇函数,单调增加,有界
	$y=\operatorname{arccot}x$	$x\in(-\infty,+\infty)$ $y\in(0,\pi)$		单调减少,有界

2. 复合函数

定义 2 若函数 $y=f(u)$ 的定义域为 D_1,函数 $u=\varphi(x)$ 的定义域为 D_2,并且 $\varphi(D_2)\cap D_1\neq\varnothing$,则 y 通过 u 的联系也是 x 的函数,称这个函数为由 $y=f(u)$ 及 $u=\varphi(x)$ 复合而成的**复合函数**,记为

$$y=f[\varphi(x)], x\in D.$$

其中 u 称为**中间变量**,$D=\{x\mid \varphi(x)\in D_1, x\in D_2\}$.

例如,$u=\sin x$ 的值域为 $[-1,1]$,$y=\sqrt{u}$ 的定义域为 $[0,+\infty)$,它们的交集 $[-1,1]\cap[0,+\infty)=[0,1]\neq\varnothing$,所以 $y=\sqrt{u}$ 及 $u=\sin x$ 能够复合成一个复合函数 $y=\sqrt{\sin x}$,其定义域为 $[2k\pi,(2k+1)\pi], k\in \mathbf{Z}$.

并不是任何两个函数都能复合. 例如,$u=x^2+2$ 的值域为 $[2,+\infty)$,$y=\arcsin u$ 的定义域为 $[-1,1]$,它们的交集 $[2,+\infty)\cap[-1,1]=\varnothing$,因此函数 $y=\arcsin u$ 与 $u=x^2+2$ 不能复合成一个复合函数.

复合函数也可以由两个以上的函数相继进行有限次复合而成. 例如,设 $y=\sqrt{u}, u=\sin v, v=\dfrac{x}{2}$,则可得复合函数 $y=\sqrt{\sin\dfrac{x}{2}}$,这里 u 及 v 都是中间变量.

例 7 求由函数 $y=\sqrt{1+u^2}, u=\cos v, v=\ln x$ 复合而成的函数.

解 所求的复合函数为

$$y=\sqrt{1+\cos^2(\ln x)}.$$

例 8 设 $f(x)=\begin{cases} x^2, & 0\leqslant x<1, \\ e^x, & x\geqslant 1, \end{cases}$ $\varphi(x)=\ln x$,求 $f[\varphi(x)]$ 及其定义域.

解 因为 $\varphi(x)$ 的值域为 $(-\infty,+\infty)$,$f(x)$ 的定义域为 $[0,+\infty)$,它们的交集 $(-\infty,+\infty)\cap[0,+\infty)=[0,+\infty)\neq\varnothing$,所以 $f[\varphi(x)]$ 有意义,且

$$f[\varphi(x)]=\begin{cases} \varphi^2(x), & 0\leqslant \varphi(x)<1, \\ e^{\varphi(x)}, & \varphi(x)\geqslant 1 \end{cases}$$

$$=\begin{cases} \ln^2 x, & 1\leqslant x<e, \\ x, & x\geqslant e. \end{cases}$$

其定义域为 $[1,+\infty)$.

例 9 指出函数 $y=\log_a\sqrt{1+x^2}\ (a>0, a\neq 1)$ 由哪些简单函数复合而成.

解 函数 $y=\log_a\sqrt{1+x^2}$ 由 $y=\log_a u, u=\sqrt{v}, v=1+x^2$ 复合而成.

3. 初等函数

由常数和基本初等函数经过有限次的四则运算和有限次的函数复合所构成并可用一个解析式表示的函数,称为**初等函数**. 例如,

$$y=\sqrt{\sin x}, y=\lg(a+\sqrt{a^2+x^2}), y=\arctan\sqrt{1+x^2}$$

都是初等函数.

在自然科学和工程技术问题中,我们所遇到的函数,除了只含一个自变量的一元函数外,很多情况下是含有两个或两个以上自变量的多元函数.

二、多元函数的概念

1. 区域

为了讨论多元函数,需要把点的邻域和区间的概念推广到平面上或空间中.

设 $P_0(x_0,y_0)$ 是平面 xOy 上的一点,δ 是某一正数.与点 $P_0(x_0,y_0)$ 的距离小于 δ 的点 $P(x,y)$ 的全体,称为点 P_0 的 δ **邻域**,记为 $U(P_0,\delta)$,即

$$U(P_0,\delta)=\{P\mid |PP_0|<\delta\},$$

也就是

$$U(P_0,\delta)=\{(x,y)\mid \sqrt{(x-x_0)^2+(y-y_0)^2}<\delta\}.$$

点 P_0 和数 δ 分别称为这个邻域的中心和半径.

从图形上看,$U(P_0,\delta)$ 就是平面 xOy 上以 $P_0(x_0,y_0)$ 为圆心、δ 为半径的圆内的点所成的集合(图1-3).

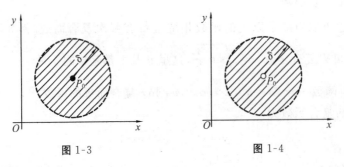

图 1-3   图 1-4

集合 $\{(x,y)\mid 0<\sqrt{(x-x_0)^2+(y-y_0)^2}<\delta\}$ 称为点 P_0 的**空心 δ 邻域**(图1-4),记为 $U(\hat{P}_0,\delta)$.从图形上看,$U(\hat{P}_0,\delta)$ 只比 $U(P_0,\delta)$ 少了一个点 P_0.

设 D 是平面上的一个点集.如果对 D 内的任意两点,都可用含于 D 的一条折线相连结,则称点集 D 是**连通**的,如点集 $U(P_0,\delta)$,$D=\{(x,y)\mid x^2+y^2\geqslant 1\}$ 等都是连通的,而点集 $D=\{(x,y)\mid xy>0\}$ 不连通.连通的点集称为**区域**.

设 D 是一个区域.如果点 P 的任一邻域既含有属于 D 的点,也有不属于 D 的点,则称 P 为 D 的**边界点**(图1-5).D 的边界点的全体称为 D 的**边界**.

D 的边界点可以属于 D 也可以不属于 D,如 $D=\{(x,y)\mid x^2+y^2\geqslant 1\}$ 的边界点都属于该区域(图1-6),而 $U(P_0,\delta)$ 的边界点不属于 $U(P_0,\delta)$.如果区域 D 包含它的边界,则称 D 为**闭区域**;如果区域 D 不含有它的任何一个边界点,则称 D 为**开区域**.有些区域既不是开区域也不是闭区域,如区域 $\{(x,y)\mid 0<x^2+y^2\leqslant 1\}$.

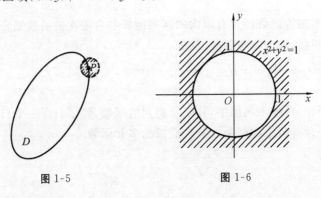

图 1-5   图 1-6

对于区域 D,如果存在一个圆心在原点的圆,使 D 全部包含在该圆内,则称 D 为**有界区域**,否则称为**无界区域**.

2. 多元函数的定义

先看两个实例.

例 10 物体运动的动能 W 和物体的质量 m、运动的速度 v 之间的对应关系由公式

$$W = \frac{1}{2}mv^2 \tag{1}$$

表示,其中 $m>0, v>0$. 当 m,v 在区域 $\{(m,v) \mid m>0, v>0\}$ 内任意取定一组值 (m,v) 时,由(1)式就可以确定唯一的一个 W 值和它对应.

例 11 圆锥体的体积 V 和底面圆的半径 r、高 h 之间的对应关系由公式

$$V = \frac{1}{3}\pi r^2 h \tag{2}$$

表示,其中 $r>0, h>0$. 当 r,h 在区域 $\{(r,h) \mid r>0, h>0\}$ 内任意取定一组值 (r,h) 时,由(2)式就可以确定唯一的一个 V 值和它对应.

上述两例的具体意义虽不相同,但它们却有共同的性质,抽象出这些共性就可得出以下二元函数的定义.

定义 3 设有三个变量 x,y,z,D 是非空二元有序实数组集(即平面 xOy 上的一个非空点集),$\mathbf{R}$ 是实数集. 如果按照某一确定的对应关系 f,对于任意的 $(x,y) \in D$,有唯一的一个 $z \in \mathbf{R}$ 和它对应,则称 f 是定义在 D 上的**二元函数**,记为

$$f: D \to \mathbf{R}, \tag{3}$$

其中 x,y 称为**自变量**,z 称为**因变量**,D 称为**函数的定义域**.

习惯上,我们也称 z 是 x,y 的二元函数,并将(3)式表示为

$$z = f(x,y), x, y \in D.$$

若 $(x_0, y_0) \in D$,则称函数 f 在点 (x_0, y_0) 处有定义. 函数 f 在点 (x_0, y_0) 处的**函数值**记为 $f(x_0, y_0)$ 或 $z\big|_{\substack{x=x_0 \\ y=y_0}}$. 函数值的全体称为**函数的值域**,记为

$$f(D) = \{f(x,y) \mid (x,y) \in D\} \subset \mathbf{R}.$$

与一元函数一样,定义域和对应关系是二元函数的两个要素.

类似地,可以定义三元函数 $u = f(x,y,z)$ 和 n 元函数 $u = f(x_1, x_2, \cdots, x_n)$. 二元及二元以上的函数统称为**多元函数**.

例 12 求函数 $z = \dfrac{1}{\sqrt{x}} \ln(1-x-y)$ 的定义域.

解 x,y 应满足不等式组

$$\begin{cases} x > 0, \\ 1 - x - y > 0, \end{cases}$$

即

$$\begin{cases} x > 0, \\ x + y < 1. \end{cases}$$

于是所求函数的定义域为 $D = \{(x,y) \mid x > 0 \text{ 且 } x + y < 1\}$,如图 1-7 所示.

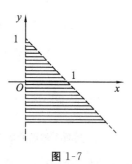

图 1-7

例 13 求函数 $z=\arcsin(x^2+y^2-1)+\sqrt{x^2+y^2-1}$ 的定义域.

解 x,y 应满足不等式组
$$\begin{cases} -1 \leqslant x^2+y^2-1 \leqslant 1, \\ x^2+y^2-1 \geqslant 0, \end{cases}$$
即 $1 \leqslant x^2+y^2 \leqslant 2$.
于是所求函数的定义域为 $D=\{(x,y) \mid 1 \leqslant x^2+y^2 \leqslant 2\}$,如图 1-8 所示.

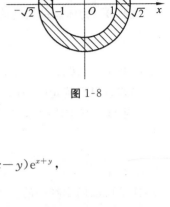

图 1-8

例 14 已知 $f(x+y,x-y)=(x^2-y^2)e^{x+y}$,求 $f(x,y)$.

解 由于
$$f(x+y,x-y)=(x^2-y^2)e^{x+y}=(x+y)(x-y)e^{x+y},$$
将 $x+y$ 和 $x-y$ 分别代换为 x 和 y,得
$$f(x,y)=xye^x.$$

设二元函数 $z=f(x,y)$ 的定义域为 xOy 面上的某一区域 D,对于 D 内任意一点 $P(x,y)$,可得对应的函数值 $z=f(x,y)$,这样在空间直角坐标系中就确定了唯一的一点 $M(x,y,z)$,当点 $P(x,y)$ 取遍 D 内的一切点时,对应点 $M(x,y,z)$ 的轨迹就是二元函数 $z=f(x,y)$ 的图形,它是空间的一个曲面,如图 1-9 所示.

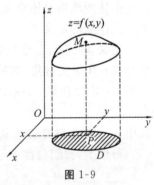

图 1-9

同步训练 1-1

1. 求下列函数的定义域:

(1) $y=\lg(5-x)+\arcsin\dfrac{x-1}{6}$;

(2) $y=10^{\frac{1}{x}}$;

(3) $y=\lg\sin x$;

(4) $y=\dfrac{x+2}{1-\sqrt{2x-x^2}}$;

(5) $y=\sqrt{16-x^2}+\sqrt{\cos x}$;

(6) $y=f(1-\ln x)$,已知 $f(x)$ 的定义域为 $[1,2]$.

2. 下列各题所给的两个函数是否相同?为什么?

(1) $f(x)=\dfrac{x^2-1}{x-1}$,$g(x)=x+1$;

(2) $f(x)=x$,$g(x)=(\sqrt{x})^2$;

(3) $f(x)=|x-1|$,$g(x)=\begin{cases} x-1, & x>1, \\ 0, & x=1, \\ 1-x, & x<1. \end{cases}$

3. 判断下列函数的奇偶性:

(1) $y=\dfrac{a^x+1}{a^x-1}$ $(a>0,a\neq 1)$;

(2) $y=x\arcsin x$;

(3) $y=\log_2(x+\sqrt{x^2+1})$;

(4) $y=e^x+1$;

(5) $y = \begin{cases} 1-x, & x \leq 0, \\ 1+x, & x > 0. \end{cases}$

4. 指出下列函数的周期：

(1) $y = \cos^2 x$；   (2) $y = 2\cos\dfrac{x}{2} - 3\sin\dfrac{x}{3}$.

5. 下列各函数可以看作是由哪些简单函数复合而成的？

(1) $y = \arcsin[\lg(1-x^2)]$；   (2) $y = e^{\cos\frac{1}{x}}$；

(3) $y = \sin^2(1+2x)$.

6. 设 $f(x) = \begin{cases} x^2 + 2x, & x \leq 0, \\ 0, & x > 0, \end{cases}$ 求 $f(x-1)$.

7. 设 $f(x) = 2^x, \varphi(x) = x^2$，求 $f[\varphi(x)], \varphi[f(x)], f[f(x)], \varphi[\varphi(x)]$.

8. 某厂生产某产品 1000 吨，每吨定价为 130 元，销售量在 700 吨以内时，按原价出售；超过 700 吨时，超过部分按九折出售. 试求销售收入与销售量之间的关系.

9. 求下列函数的定义域：

(1) $z = \ln(x-y)$；   (2) $z = \sqrt{4-x^2-y^2}$；

(3) $z = \arcsin\dfrac{x}{3} + \sqrt{xy}$；   (4) $z = \sqrt{R^2-x^2-y^2} + \dfrac{1}{\sqrt{x^2+y^2-r^2}}\ (0 < r < R)$；

(5) $z = \dfrac{\sqrt{x+y}}{\ln(x^2+y^2+1)}$； (6) $z = \arcsin\dfrac{x}{5} + \arccos\dfrac{y}{4}$.

10. (1) 已知 $f\left(\dfrac{1}{x}, \dfrac{1}{y}\right) = \dfrac{1}{x+y}$，求 $f(x, y)$；

(2) 已知 $f\left(\dfrac{1}{xy}, \dfrac{1}{x+y}\right) = x^2 + xy + y^2$，求 $f(x, y)$.

第二节　函数的极限

一、数列的极限

以正整数 n 为自变量的函数 $x_n = f(n)$，把它的函数值按自变量由小到大的次序排列出来：

$$x_1, x_2, x_3, \cdots, x_n, \cdots.$$

这样的一列数称为**数列**，记为 $\{x_n\}$. 数列中的每一个数称为**数列的项**，第 n 项 x_n 称为数列的**一般项**或**通项**. 例如，

$$\dfrac{1}{2}, \dfrac{2}{3}, \dfrac{3}{4}, \cdots, \dfrac{n}{n+1}, \cdots;$$

$$\dfrac{1}{2}, \dfrac{1}{4}, \dfrac{1}{6}, \cdots, \dfrac{1}{2n}, \cdots;$$

$$2, 4, 8, \cdots, 2^n, \cdots;$$

$$1, -1, 1, \cdots, (-1)^{n+1}, \cdots$$

都是数列，它们的一般项分别为

$$\dfrac{n}{n+1}, \dfrac{1}{2n}, 2^n, (-1)^{n+1}.$$

由于数列的定义域是全体正整数，所以我们要研究它的极限问题，只能研究当 n 无限

增大(记为 $n\to\infty$)时,对应的 $x_n=f(n)$ 的变化趋势. 这里的 $n\to\infty$ 实际上是指 $n\to +\infty$.

定义 1 对于数列 $\{x_n\}$,如果当项数 n 无限增大时,一般项 x_n 无限趋近于常数 A,则称 A 为**数列 $\{x_n\}$ 的极限**,也称数列 $\{x_n\}$ **收敛**于 A,记为

$$\lim_{n\to\infty}x_n=A \text{ 或 } x_n\to A(n\to\infty).$$

如果数列 $\{x_n\}$ 没有极限,则称数列 $\{x_n\}$ **发散**.

公元前 3 世纪,道家代表人物庄子的《天下篇》中,著有"一尺之棰,日取其半,万世不竭",说明两千多年前我国古人就有了初步的极限观念. 我国古代数学家刘徽(公元 263 年)利用圆内接正多边形来推算圆面积的方法——割圆术,则是极限思想在几何学上的应用. 其意是:设 A 为某圆的面积,$A_{3\times 2^n}$ 为该圆的内接正 3×2^n 边形的面积,当 n 足够大时,$A_{3\times 2^n}$ 与 A 相近. 用极限的语言说就是:当 $n\to\infty$ 时,$A_{3\times 2^n}\to A$.

二、一元函数的极限

(一) $x\to\infty$ 时函数的极限

对于函数 $y=f(x)$,我们来研究当 $|x|$ 无限增大,即 x 趋向于无穷大(记为 $x\to\infty$)时,对应的函数值 $f(x)$ 的变化趋势,看它是否能无限趋近于某个常数. 这就是当 $x\to\infty$ 时函数的极限问题.

首先我们考察函数 $f(x)=1+\dfrac{1}{x}(x\neq 0)$,如图 1-10 所示. 当 $x\to\infty$ 时,对应的函数值 $f(x)=1+\dfrac{1}{x}$ 无限趋近于常数 1. 我们称数值 1 为函数 $f(x)=1+\dfrac{1}{x}$ 当 $x\to\infty$ 时的极限.

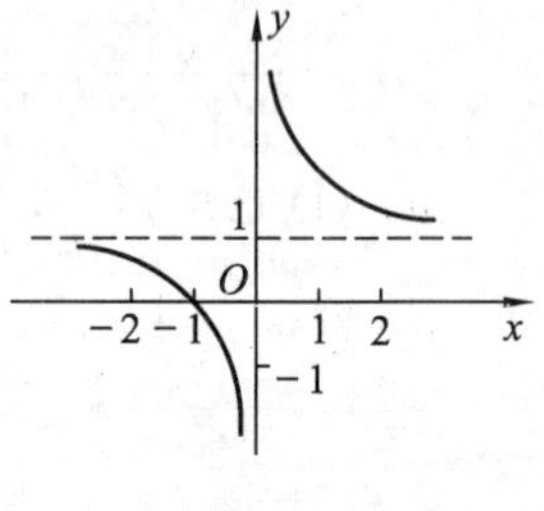

一般地,有如下定义:

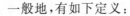

图 1-10

定义 2 设函数 $f(x)$ 对充分大的 $|x|$ 有定义,A 是一个常数. 如果当 x 的绝对值无限增大时,对应的函数值 $f(x)$ 无限趋近于常数 A,则称 A 为**函数 $f(x)$ 当 $x\to\infty$ 时的极限**,记为

$$\lim_{x\to\infty}f(x)=A \text{ 或 } f(x)\to A(x\to\infty).$$

此时,也称函数 $f(x)$ 当 $x\to\infty$ 时的极限 $\lim\limits_{x\to\infty}f(x)$ 存在;否则,称极限 $\lim\limits_{x\to\infty}f(x)$ 不存在.

由定义 2,我们有 $\lim\limits_{x\to\infty}\left(1+\dfrac{1}{x}\right)=1$.

对于函数 $y=x^2$,当 $x\to\infty$ 时,对应的函数值无限增大,不能无限趋近于一个常数;对于函数 $y=\sin x$,当 $x\to\infty$ 时,对应的函数值在 -1 与 1 之间无限次地振荡,也不能无限趋近于一个常数. 因此 $\lim\limits_{x\to\infty}x^2$ 和 $\lim\limits_{x\to\infty}\sin x$ 都不存在.

由于 $\lim\limits_{x\to\infty}x^2=+\infty$,为了方便起见,通常也称 $y=x^2$ 当 $x\to\infty$ 时的极限为(正)无穷大.

极限 $\lim\limits_{x\to\infty}f(x)=A$ 的意思是:当 $|x|$ 无限增大时,$|f(x)-A|$ 可以任意小;或者说,要使 $|f(x)-A|$ 任意小,只需要 $|x|$ 充分大就行了. 例如,对于函数 $f(x)=1+\dfrac{1}{x}$,如果要使 $|f(x)-1|=\left|\left(1+\dfrac{1}{x}\right)-1\right|=\left|\dfrac{1}{x}\right|<0.01$,只要 $|x|>100$ 就行了;同样的道理,如果要使

$|f(x)-1|=\left|\dfrac{1}{x}\right|<0.001$,只要 $|x|>1000$ 便可. 一般地,对于任意 $\varepsilon>0$(不论多么小),如果取 $X=\dfrac{1}{\varepsilon}$,则当 $|x|>X$ 时,便有 $|f(x)-1|=\left|\dfrac{1}{x}\right|<\varepsilon$ 成立.

定义 2 只是直观地给出了极限的概念,通过以上分析,我们可以给出 $\lim\limits_{x\to\infty}f(x)=A$ 的精确表述("ε-X"定义):

若对于任意 $\varepsilon>0$,总存在正数 X,使得对于满足 $|x|>X$ 的一切 x,都有
$$|f(x)-A|<\varepsilon,$$
则 $\lim\limits_{x\to\infty}f(x)=A$.

说明 (1) 定义中的 ε 是任意的,它刻画了 $f(x)$ 与 A 的接近程度,ε 越小表示 $f(x)$ 与 A 越接近,除了要求 $\varepsilon>0$ 外,它不受任何限制,这就表明了 $f(x)$ 可以无限趋近于 A.

(2) 一般来说,X 是依赖于 ε 的,ε 越小,X 越大. 但对于某个给定的 ε,X 不是唯一的. 例如,对于 $f(x)=1+\dfrac{1}{x}$ 以及给定的 $\varepsilon=0.01$,取 $X=100$ 或者任何大于 100 的某个正数,当 $|x|>X$ 时,都能使得 $|f(x)-1|=\left|\dfrac{1}{x}\right|<\varepsilon$. 因此对于正数 X 来说,等于多少并不重要,重要的是它的存在性.

⁺例 1 证明 $\lim\limits_{x\to\infty}\dfrac{x+1}{2x}=\dfrac{1}{2}$.

证 对于任意 $\varepsilon>0$,要使
$$\left|\dfrac{x+1}{2x}-\dfrac{1}{2}\right|=\left|\dfrac{1}{2x}\right|<\varepsilon,$$
只要 $|x|>\dfrac{1}{2\varepsilon}$.

如果取 $X=\dfrac{1}{2\varepsilon}$(也可取 X 为大于 $\dfrac{1}{2\varepsilon}$ 的任何一个数),则当 $|x|>X$ 时,便有
$$\left|\dfrac{x+1}{2x}-\dfrac{1}{2}\right|<\varepsilon$$
成立,因此 $\lim\limits_{x\to\infty}\dfrac{x+1}{2x}=\dfrac{1}{2}$.

从几何上来说,$\lim\limits_{x\to\infty}f(x)=A$ 的意思是:对于任意 $\varepsilon>0$(不论多么小),总存在一个正数 X,使得当 $x<-X$ 或 $x>X$ 时,函数 $y=f(x)$ 的图形完全落在两直线 $y=A+\varepsilon$ 和 $y=A-\varepsilon$ 之间(图 1-11).

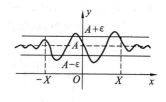

图 1-11

在上面的讨论中,$x\to\infty$ 表示 x 既取正值且无限增大,即 x 趋向于正无穷大(记为 $x\to+\infty$),同时也取负值且绝对值 $|x|$ 无限增大,即 x 趋向于负无穷大(记为 $x\to-\infty$). 但有时,我们只能或只需考虑这两种情形中的一种.

定义 3 设函数 $f(x)$ 对充分大的 x 有定义,A 是一个常数. 如果当 x 无限增大时,对应的函数值无限趋近于常数 A,则称 A 为**函数 $f(x)$ 当 $x\to+\infty$ 时的极限**,记为
$$\lim\limits_{x\to+\infty}f(x)=A \text{ 或 } f(x)\to A(x\to+\infty).$$

类似地,可以给出 $x \to -\infty$ 时函数极限的定义.

由 $x \to \infty, x \to +\infty$ 以及 $x \to -\infty$ 时函数 $f(x)$ 的极限的定义,有下述定理:

定理 1 $\lim\limits_{x \to \infty} f(x) = A$ 的充要条件是
$$\lim_{x \to +\infty} f(x) = \lim_{x \to -\infty} f(x) = A.$$

例 2 讨论函数 $f(x) = \arctan x$ 当 $x \to \infty$ 时的极限.

解 因为 $\lim\limits_{x \to +\infty} \arctan x = \dfrac{\pi}{2}, \lim\limits_{x \to -\infty} \arctan x = -\dfrac{\pi}{2}$,

即 $\lim\limits_{x \to +\infty} \arctan x \neq \lim\limits_{x \to -\infty} \arctan x,$

所以 $\lim\limits_{x \to \infty} \arctan x$ 不存在.

例 3 讨论函数 $f(x) = \begin{cases} 2^{\frac{1}{x}}, & x > 0, \\ 2^x + 1, & x \leqslant 0 \end{cases}$ 当 $x \to \infty$ 时的极限.

解 因为 $\lim\limits_{x \to +\infty} f(x) = \lim\limits_{x \to +\infty} 2^{\frac{1}{x}} = 1,$

$\lim\limits_{x \to -\infty} f(x) = \lim\limits_{x \to -\infty} (2^x + 1) = 1,$

即有 $\lim\limits_{x \to +\infty} f(x) = \lim\limits_{x \to -\infty} f(x) = 1,$

所以 $\lim\limits_{x \to \infty} f(x) = 1.$

(二) $x \to x_0$ 时函数的极限

现在讨论当 x(无限)趋近于 x_0(记为 $x \to x_0$)时,对应的函数值 $f(x)$ 的变化趋势.

先看一个例子.

例 4 讨论下列函数当 $x \to 1$ 时的变化趋势:

(1) $f(x) = \dfrac{x^2 - 1}{x - 1}$;

(2) $g(x) = \begin{cases} \dfrac{x^2 - 1}{x - 1}, & x \neq 1, \\ 0, & x = 1; \end{cases}$

(3) $h(x) = x + 1$.

解 当 $x \neq 1$ 时, $f(x) = g(x) = h(x)$;在 $x = 1$ 处, $f(x)$ 没有定义,而 $g(x)$ 和 $h(x)$ 有定义,但 $g(1) = 0, h(1) = 2$.

作出函数的图形,如图 1-12 所示.

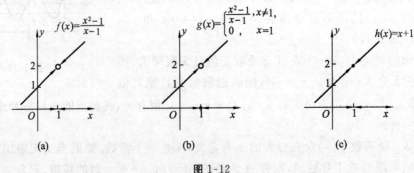

图 1-12

当 $x \to 1$ 时,对应的函数值 $f(x), g(x), h(x)$ 的变化情况列于表 1-3 中.

表 1-3

x	0.8	0.9	0.99	0.999	⋯→1←⋯	1.001	1.01	1.1	1.2
$f(x)$	1.8	1.9	1.99	1.999	⋯→2←⋯	2.001	2.01	2.1	2.2
$g(x)$	1.8	1.9	1.99	1.999	⋯→2←⋯	2.001	2.01	2.1	2.2
$h(x)$	1.8	1.9	1.99	1.999	⋯→2←⋯	2.001	2.01	2.1	2.2

从图 1-12 和表 1-3 都可看出,当 $x \to 1$ 时, $f(x), g(x), h(x)$ 的值都无限趋近于常数 2. 我们称数值 2 为函数 $f(x), g(x), h(x)$ 当 $x \to 1$ 时的极限.

不难看出, $x \to x_0$ 时对应函数值的变化趋势与函数在 x_0 处是否有定义并无关系.

一般地,有如下定义:

定义 4 设函数 $f(x)$ 在 x_0 的某一空心邻域 $U(\hat{x}_0, \delta)$ 内有定义, A 是一个常数. 如果当 x 在 $U(\hat{x}_0, \delta)$ 内与 x_0 无限趋近时,对应的函数值 $f(x)$ 无限趋近于常数 A ,则称 A 为函数 $f(x)$ 当 $x \to x_0$ **时的极限**,记为

$$\lim_{x \to x_0} f(x) = A \text{ 或 } f(x) \to A (x \to x_0).$$

说明 满足 $|x - x_0| < \delta (\delta > 0)$ 的 x 的全体,即数轴上以 x_0 为中心的开区间 $(x_0 - \delta, x_0 + \delta)$,称为点 x_0 的 δ **邻域**,记为 $U(x_0, \delta)$. 满足 $0 < |x - x_0| < \delta$ 的 x 的全体,即区间 $(x_0 - \delta, x_0 + \delta)$ 除去点 $x = x_0$,称为点 x_0 的空心 δ 邻域,记为 $U(\hat{x}_0, \delta)$.

定义中只要求函数 $f(x)$ 在 x_0 的某一空心邻域内有定义,这里要求"空心"意味着不考虑函数 $f(x)$ 在点 x_0 的情形,也就是我们只研究 x 趋于 x_0 (但不等于 x_0)时函数的变化趋势.

$\lim_{x \to x_0} f(x) = A$ 的精确表述("$\varepsilon\text{-}\delta$"定义)是:若对于任意 $\varepsilon > 0$,总存在 $\delta > 0$,使得对于满足 $0 < |x - x_0| < \delta$ 的一切 x ,都有 $|f(x) - A| < \varepsilon$,则 $\lim_{x \to x_0} f(x) = A$.

从几何上来说, $\lim_{x \to x_0} f(x) = A$ 的意思是:对于任意 $\varepsilon > 0$,总存在 $\delta > 0$,使得函数在 x_0 的空心 δ 邻域 $U(\hat{x}_0, \delta)$ 内的那一部分图形完全落在两直线 $y = A + \varepsilon$ 和 $y = A - \varepsilon$ 之间(图 1-13).

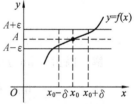

图 1-13

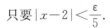 **例 5** 证明 $\lim_{x \to 2} (x^2 + 5) = 9$.

证 不妨设 $1 < x < 3$ 且 $x \neq 2$. 对于任意 $\varepsilon > 0$,要使

$$|(x^2 + 5) - 9| = |x^2 - 4| = |x - 2||x + 2| < 5|x - 2| < \varepsilon,$$

只要 $|x - 2| < \dfrac{\varepsilon}{5}$.

如果取 $\delta = \dfrac{\varepsilon}{5}$,则当 $0 < |x - 2| < \delta$ 时,便有

$$|(x^2 + 5) - 9| < \varepsilon$$

成立,因此 $\lim_{x \to 2} (x^2 + 5) = 9$.

在上面的讨论中, $x \to x_0$ 表示 x 既从 x_0 的左侧 ($x < x_0$) 也从 x_0 的右侧 ($x > x_0$) 趋向于 x_0 . 但有时我们只能或只需考虑这两种情形中的一种. 在 $\lim_{x \to x_0} f(x) = A$ 的定义中,如果把 x_0 的空心邻域 $U(\hat{x}_0, \delta)$ 改为 x_0 的右邻域 $(x_0, x_0 + \delta)$,则称 A 为函数 $f(x)$ 当 $x \to x_0$ 时的**右极限**,记为

$$\lim_{x \to x_0^+} f(x) = A \text{ 或 } f(x_0^+) = A.$$

类似地,在 $\lim_{x \to x_0} f(x) = A$ 的定义中,如果把 x_0 的空心邻域 $U(\hat{x}_0, \delta)$ 改为 x_0 的左邻域 $(x_0 - \delta, x_0)$,则称 A 为函数 $f(x)$ 当 $x \to x_0$ 时的**左极限**,记为

$$\lim_{x \to x_0^-} f(x) = A \text{ 或 } f(x_0^-) = A.$$

右极限和左极限均称为**单侧极限**. 由 $x \to x_0$ 时函数 $f(x)$ 的极限以及单侧极限的定义,有下述定理:

定理 2　$\lim_{x \to x_0} f(x) = A$ 的充要条件是

$$\lim_{x \to x_0^+} f(x) = \lim_{x \to x_0^-} f(x) = A.$$

例 6　讨论函数

$$f(x) = \begin{cases} x - 1, & x < 0, \\ x + 1, & x \geq 0 \end{cases}$$

当 $x \to 0$ 时的极限.

解　因为 $\lim_{x \to 0^+} f(x) = \lim_{x \to 0^+} (x+1) = 1,$

$$\lim_{x \to 0^-} f(x) = \lim_{x \to 0^-} (x-1) = -1,$$

即有 $\lim_{x \to 0^+} f(x) \neq \lim_{x \to 0^-} f(x),$

所以 $\lim_{x \to 0} f(x)$ 不存在.

例 7　讨论函数

$$f(x) = \begin{cases} x + 1, & x < 0, \\ 0, & x = 0, \\ e^x, & x > 0 \end{cases}$$

当 $x \to 0$ 时的极限.

解　因为 $\lim_{x \to 0^+} f(x) = \lim_{x \to 0^+} e^x = 1,$

$$\lim_{x \to 0^-} f(x) = \lim_{x \to 0^-} (x+1) = 1,$$

即有 $\lim_{x \to 0^+} f(x) = \lim_{x \to 0^-} f(x) = 1,$

所以 $\lim_{x \to 0} f(x) = 1.$

三、二元函数的极限

与一元函数的极限类似,下面给出二元函数极限的概念.

定义 5　设二元函数 $z = f(x, y)$ 在点 $P_0(x_0, y_0)$ 的某邻域内有定义(点 P_0 可以除外),如果当点 $P(x, y)$ 在该邻域内以任意方式无限趋于点 $P_0(x_0, y_0)$ 时,对应的函数值 $f(x, y)$ 无限趋近于常数 A,则称 A 为函数 $z = f(x, y)$ 当 $P(x, y) \to P_0(x_0, y_0)$ **时的极限**,记为

$$\lim_{\substack{x \to x_0 \\ y \to y_0}} f(x, y) = A \text{ 或 } \lim_{(x,y) \to (x_0, y_0)} f(x, y) = A.$$

说明　(1) 定义 5 中的点 $P(x, y) \to P_0(x_0, y_0)$ 是指点 $P(x, y)$ 可以沿任何方向、任何

途径无限趋于点 P_0,而一元函数极限中的 $x \to x_0$ 是指 x 沿着 x 轴无限趋于 x_0,这时只有两种情形：$x \to x_0^+$ 和 $x \to x_0^-$.

(2) 如果 $P(x,y)$ 以某一特殊方式趋于 $P_0(x_0,y_0)$ 时,即使函数值无限趋近于某个常数,我们也不能由此断定函数的极限存在.但是,如果当 $P(x,y)$ 以不同方式趋于 $P_0(x_0,y_0)$ 时,函数趋近于不同的值,那么就可以断定函数当 $P \to P_0$ 时的极限不存在.

例 8 讨论二元函数

$$f(x,y) = \begin{cases} 1, & xy=0, \\ 0, & \text{其他} \end{cases}$$

当 $(x,y) \to (0,0)$ 时的极限.

解 当 (x,y) 沿 x 轴趋于 $(0,0)$,即当 $y=0$ 且 $x \to 0$ 时,有

$$\lim_{(x,y) \to (0,0)} f(x,y) = 1;$$

当 (x,y) 沿 y 轴趋于 $(0,0)$,即当 $x=0$ 且 $y \to 0$ 时,有

$$\lim_{(x,y) \to (0,0)} f(x,y) = 1;$$

而当 (x,y) 沿直线 $y=kx(k \neq 0)$ 趋于 $(0,0)$ 时,有

$$\lim_{(x,y) \to (0,0)} f(x,y) = 0.$$

因此,极限 $\lim\limits_{(x,y) \to (0,0)} f(x,y)$ 不存在.

四、极限的性质

性质 1(唯一性) 若 $\lim\limits_{x \to x_0} f(x) = A, \lim\limits_{x \to x_0} f(x) = B$,则 $A=B$.

性质 2(有界性) 若 $\lim\limits_{x \to x_0} f(x) = A$,则存在 x_0 的某一空心邻域 $U(\hat{x}_0, \delta)$,在 $U(\hat{x}_0, \delta)$ 内函数 $f(x)$ 有界.

性质 3(保号性) 若 $\lim\limits_{x \to x_0} f(x) = A$,且 $A>0$(或 $A<0$),则存在 x_0 的某一空心邻域 $U(\hat{x}_0, \delta)$,在 $U(\hat{x}_0, \delta)$ 内 $f(x)>0$(或 $f(x)<0$).

推论 若 $\lim\limits_{x \to x_0} f(x) = A$,且在 x_0 的某一空心邻域 $U(\hat{x}_0, \delta)$ 内 $f(x) \geq 0$(或 $f(x) \leq 0$),则 $A \geq 0$(或 $A \leq 0$).

对于 $x \to \infty$ 等其他情形,有类似的结论.

同步训练 1-2

1. 观察下列数列的变化趋势,哪些数列收敛?哪些数列发散?若数列收敛,求出其极限:

(1) $x_n = \dfrac{(-1)^{n-1}}{\sqrt{n}}$; (2) $x_n = \dfrac{n-1}{2n+1}$;

(3) $x_n = 1 + \left(\dfrac{1}{2}\right)^n$; (4) $x_n = (-1)^n \cdot n$.

2. 说明 n 应从何值开始,才能使下列数列的一般项与其极限之差的绝对值小于 10^{-4}.

(1) $x_n = \dfrac{n-1}{2n+1} \to \dfrac{1}{2}$ $(n \to \infty)$;

(2) $x_n = \dfrac{1}{\sqrt{n}} \to 0$ $(n \to \infty)$.

3. 求下列函数的极限：

(1) $\lim\limits_{x\to\infty}\dfrac{1}{1+x^2}$； (2) $\lim\limits_{x\to-\infty}e^x$； (3) $\lim\limits_{x\to-\infty}\text{arccot}\,x$； (4) $\lim\limits_{x\to\frac{\pi}{4}}\tan x$.

4. 下列极限是否存在？若存在，求出它的极限；若不存在，说明理由：

(1) $\lim\limits_{x\to 0}\dfrac{|x|}{x}$； (2) $\lim\limits_{x\to\infty}2^x$；

(3) $\lim\limits_{x\to\infty}\sin\dfrac{1}{x}$； (4) $\lim\limits_{x\to 0}f(x)$，其中 $f(x)=\begin{cases}2^x, & x>0,\\ 0, & x=0,\\ 1+x^2, & x<0.\end{cases}$

5. 设 $f(x,y)=\dfrac{x+y}{x-y}$，当 $(x,y)\to(0,0)$ 时，讨论 $f(x,y)$ 的极限是否存在.

第三节　无穷小量与无穷大量

在 $x\to x_0$（或 $x\to\infty$）的过程中，$f(x)$ 有两种变化趋势值得特别注意：一种是 $|f(x)|$ 无限变小，即 $f(x)\to 0$；另一种是 $|f(x)|$ 无限增大，即 $f(x)\to\infty$. 下面分别就这两种情形加以讨论.

一、无穷小量

定义 1　如果当 $x\to x_0$（或 $x\to\infty$）时，函数值的绝对值 $|f(x)|$ 无限变小，即 $f(x)\to 0$，则称函数 $f(x)$ 当 $x\to x_0$（或 $x\to\infty$）时为**无穷小量**，简称无穷小.

例如：

$\lim\limits_{x\to 1}(x-1)=0$，所以 $x-1$ 当 $x\to 1$ 时为无穷小；

$\lim\limits_{x\to-\infty}e^x=0$，所以 e^x 当 $x\to-\infty$ 时为无穷小；

$\lim\limits_{n\to\infty}\dfrac{(-1)^{n-1}}{\sqrt{n}}=0$，所以 $\left\{\dfrac{(-1)^{n-1}}{\sqrt{n}}\right\}$ 当 $n\to\infty$ 时为无穷小.

应当注意，无穷小是一个以零为极限的变量（无正负之分），而不是一个很小的数，但零是可以作为无穷小的唯一的常数. 还应当注意，无穷小必须与自变量的某一变化过程相联系，否则是不确切的.

函数极限与无穷小之间有如下关系：

定理 1　$\lim\limits_{x\to x_0}f(x)=A$ 的充要条件是 $f(x)=A+\alpha$，其中 α 当 $x\to x_0$ 时为无穷小.

定理 1 中自变量的变化过程换成其他任何一种情形（$x\to x_0^+$, $x\to x_0^-$, $x\to\infty$, $x\to+\infty$, $x\to-\infty$），结论仍成立.

例如，因为

$$\dfrac{n-1}{2n+1}=\dfrac{n+\dfrac{1}{2}}{2n+1}-\dfrac{\dfrac{3}{2}}{2n+1}=\dfrac{1}{2}-\dfrac{3}{2(2n+1)},$$

而

$$\lim\limits_{n\to\infty}\dfrac{3}{2(2n+1)}=0,$$

即当 $n\to\infty$ 时，$\dfrac{n-1}{2n+1}$ 是 $\dfrac{1}{2}$ 与无穷小 $-\dfrac{3}{2(2n+1)}$ 的和，所以 $\lim\limits_{n\to\infty}\dfrac{n+1}{2n+1}=\dfrac{1}{2}$.

我们知道,零乘任何一个数还是零,但在自变量的某一变化过程中,无穷小 $f(x)$ 与任何一个函数 $g(x)$ 的积 $f(x)\cdot g(x)$ 未必还是无穷小. 例如,当 $x\to 0$ 时,$f(x)=x$ 是无穷小,取 $g(x)=\dfrac{2}{x}$,则 $\lim\limits_{x\to 0}f(x)\cdot g(x)=\lim\limits_{x\to 0}x\cdot \dfrac{2}{x}=2$,这说明 $f(x)\cdot g(x)$ 不是无穷小,究其原因,是因为 $g(x)=\dfrac{2}{x}$ 在 $x=0$ 的任一空心邻域内都是无界的. 如果 $g(x)$ 有界,则 $f(x)\cdot g(x)$ 一定是无穷小,即有下面的定理:

定理 2 无穷小与有界量的积是无穷小.

*证 设 $g(x)$ 在 x_0 的某一空心邻域 $\mathring{U}(x_0,\delta_1)$ 内是有界的,即存在正数 M,使 $|g(x)|\leqslant M$ 对一切 $x\in \mathring{U}(x_0,\delta_1)$ 都成立. 又设 $f(x)$ 是当 $x\to x_0$ 时的无穷小,即对于任意 $\varepsilon>0$,存在 $\delta_2>0$,当 $x\in \mathring{U}(x_0,\delta_2)$ 时,有

$$|f(x)|<\frac{\varepsilon}{M}.$$

取 $\delta=\min\{\delta_1,\delta_2\}$,则当 $x\in \mathring{U}(x_0,\delta)$ 时,

$$|g(x)|\leqslant M \text{ 及 } |f(x)|<\frac{\varepsilon}{M}$$

同时成立,从而

$$|f(x)\cdot g(x)|=|f(x)||g(x)|<\frac{\varepsilon}{M}\cdot M=\varepsilon.$$

所以 $\lim\limits_{x\to x_0}f(x)\cdot g(x)=0$,也就是说,$f(x)\cdot g(x)$ 是当 $x\to x_0$ 时的无穷小.

自变量的变化过程换成其他情形可以类似证明.

例 1 求 $\lim\limits_{n\to\infty}\dfrac{(-1)^{n-1}}{\sqrt{n}}$.

解 因为 $\lim\limits_{n\to\infty}\dfrac{1}{\sqrt{n}}=0$,又 $|(-1)^{n-1}|=1$,即 $\{(-1)^{n-1}\}$ 有界,所以

$$\lim_{n\to\infty}\frac{(-1)^{n-1}}{\sqrt{n}}=0.$$

例 2 求 $\lim\limits_{x\to\infty}\dfrac{\arctan x}{x}$.

解 因为 $\lim\limits_{x\to\infty}\dfrac{1}{x}=0$,$|\arctan x|<\dfrac{\pi}{2}$,所以

$$\lim_{x\to\infty}\frac{\arctan x}{x}=0.$$

定理 3 有限个无穷小的和(差)、积也是无穷小.

*证 考虑两个无穷小的和.

设 α 及 β 是当 $x\to x_0$ 时的两个无穷小,即对于任意 $\varepsilon>0$,存在 $\delta>0$,当 $x\in \mathring{U}(x_0,\delta)$ 时,不等式

$$|\alpha|<\frac{\varepsilon}{2} \text{ 及 } |\beta|<\frac{\varepsilon}{2}$$

同时成立,从而

$$|\alpha+\beta|\leqslant|\alpha|+|\beta|<\frac{\varepsilon}{2}+\frac{\varepsilon}{2}=\varepsilon.$$

即 $\alpha+\beta$ 也是当 $x \to x_0$ 时的无穷小.

有限个无穷小之积的情形可以同样证明.

说明 （1）无穷多个无穷小的和未必是无穷小. 例如, 当 $n \to \infty$ 时, $\dfrac{1}{n^2}, \dfrac{2}{n^2}, \cdots, \dfrac{n}{n^2}$ 都是无穷小, 但

$$\lim_{n \to \infty}\left(\dfrac{1}{n^2}+\dfrac{2}{n^2}+\cdots+\dfrac{n}{n^2}\right)=\lim_{n \to \infty}\dfrac{1+2+\cdots+n}{n^2}=\lim_{n \to \infty}\dfrac{\dfrac{n(n+1)}{2}}{n^2}$$

$$=\lim_{n \to \infty}\dfrac{n+1}{2n}=\dfrac{1}{2}.$$

（2）两个无穷小的商不一定是无穷小. 请读者举例.

定理 2 和定理 3 所述是无穷小的几个常用性质.

二、无穷大量

定义 2 如果当 $x \to x_0$（或 $x \to \infty$）时, 函数值的绝对值 $|f(x)|$ 无限增大, 即 $f(x) \to \infty$, 则称函数 $f(x)$ 当 $x \to x_0$（或 $x \to \infty$）时为**无穷大量**, 简称**无穷大**.

例如:

$\lim\limits_{x \to \infty}(x-1)=\infty$, 所以 $x-1$ 当 $x \to \infty$ 时为无穷大;

$\lim\limits_{x \to +\infty} e^x=+\infty$, 所以 e^x 当 $x \to +\infty$ 时为无穷大;

$\lim\limits_{x \to 0^+} \lg x = -\infty$, $\lim\limits_{x \to +\infty} \lg x = +\infty$, 所以 $\lg x$ 当 $x \to 0^+$ 或 $x \to +\infty$ 时为无穷大.

与无穷小类似, 无穷大量是一个变量, 而不是一个很大的数, 它也是与自变量的某一变化过程相联系的.

无穷小与无穷大有如下关系：

定理 4 如果当 $x \to x_0$（或 $x \to \infty$）时, $f(x)$ 为无穷大, 则 $\dfrac{1}{f(x)}$ 为无穷小; 反之, 如果当 $x \to x_0$（或 $x \to \infty$）时, $f(x)$ 为无穷小, 且 $f(x) \neq 0$, 则 $\dfrac{1}{f(x)}$ 为无穷大.

例如, 当 $x \to 1$ 时, $f(x)=x-1$ 是无穷小, 而 $\dfrac{1}{f(x)}=\dfrac{1}{x-1}$ 则为无穷大.

*三、无穷小的比较

无穷小是以零为极限的变量, 但收敛于零的速度有快有慢. 为此, 考察两个无穷小的比以便对它们的收敛速度作出判断.

定义 3 设 α, β 是在自变量的同一变化过程中的两个无穷小.

（1）若 $\lim \dfrac{\alpha}{\beta}=0$, 则称 α 是比 β **高阶的无穷小**, 记为 $\alpha=o(\beta)$;

（2）若 $\lim \dfrac{\alpha}{\beta}=\infty$, 则称 α 是比 β **低阶的无穷小**;

（3）若 $\lim \dfrac{\alpha}{\beta}=C \neq 0$（$C$ 为常数）, 则称 α 与 β 是**同阶无穷小**, 记为 $\alpha=O(\beta)$.

特别地, 当 $C=1$ 时, 称 α 与 β 是**等价无穷小**, 记为 $\alpha \sim \beta$.

若 $\alpha = o(\beta)$，则 $\alpha \to 0$ 比 $\beta \to 0$ 的速度快得多；若 $\alpha = O(\beta)$，则 $\alpha \to 0$ 与 $\beta \to 0$ 的速度差不多；特别地，若 $\alpha \sim \beta$，则 $\alpha \to 0$ 与 $\beta \to 0$ 的速度基本相同.

例如：

因为 $\lim\limits_{x \to 0} \dfrac{x^2}{x} = 0$，所以 $x^2 = o(x)(x \to 0)$，即当 $x \to 0$ 时，$x^2 \to 0$ 比 $x \to 0$ 的速度快得多；

因为 $\lim\limits_{x \to 0} \dfrac{2x}{x} = 2$，所以 $2x = O(x)(x \to 0)$，即当 $x \to 0$ 时，$2x \to 0$ 与 $x \to 0$ 的速度差不多.

在第六节中我们将证明 $\lim\limits_{x \to 0} \dfrac{\sin x}{x} = 1$，所以 $\sin x \sim x(x \to 0)$，即当 $x \to 0$ 时，$\sin x \to 0$ 与 $x \to 0$ 的速度基本相同.

表 1-4 可直观地说明以上结论.

表 1-4

x	1	$\dfrac{1}{2}=0.5$	$\dfrac{1}{4}=0.25$	$\dfrac{1}{8}=0.125$	$\dfrac{1}{16}=0.0625$	$\dfrac{1}{32}=0.03125$	$\cdots$	$\to 0$
x^2	1	0.25	0.0625	0.01563	0.00391	0.000977	$\cdots$	$\to 0$
$2x$	2	1	0.5	0.25	0.125	0.0625	$\cdots$	$\to 0$
$\sin x$	0.8415	0.4794	0.2474	0.1247	0.06246	0.03124	$\cdots$	$\to 0$

说明 对于同阶无穷小，事实上并不一定要求 $\lim \dfrac{\alpha}{\beta}$ 存在且等于非零常数. 以 $x \to x_0$ 的情形为例：若存在正数 K, L，使得在 x_0 的某空心邻域 $U(\hat{x}_0, \delta)$ 内有 $K \leqslant \left|\dfrac{\alpha}{\beta}\right| \leqslant L$，则称 α 与 β 是当 $x \to x_0$ 时的同阶无穷小.

例如，当 $x \to 0$ 时，x 与 $x\left(2 + \sin\dfrac{1}{x}\right)$ 都是无穷小. 由于

$$\left|\dfrac{x\left(2+\sin\dfrac{1}{x}\right)}{x}\right| = \left|2+\sin\dfrac{1}{x}\right|,$$

而

$$1 \leqslant \left|2+\sin\dfrac{1}{x}\right| \leqslant 3,$$

所以当 $x \to 0$ 时，x 与 $x\left(2+\sin\dfrac{1}{x}\right)$ 是同阶无穷小.

同步训练 1-3

1. 观察下列函数，哪些是无穷小？哪些是无穷大？

   (1) $2^x - 1$，当 $x \to 0$ 时；   (2) $\operatorname{arccot} x$，当 $x \to +\infty$ 时；

   (3) $e^{\frac{1}{x}}$，当 $x \to 0^+$ 时；   (4) $(-1)^n \dfrac{1}{2^n}$，当 $n \to \infty$ 时.

2. 求下列极限：

   (1) $\lim\limits_{x \to 0^-} e^{\frac{1}{x}} \sin\dfrac{1}{x}$；   (2) $\lim\limits_{x \to \infty} \dfrac{\sin x}{x}$.

3. 下列函数在什么情况下是无穷小？什么情况下是无穷大？

   (1) $\dfrac{x+2}{x-1}$；   (2) $\dfrac{x+1}{x^2}$.

4. 比较下列无穷小的阶：

(1) x^2-1 与 $x-1$ $(x\to 1)$；   (2) $\dfrac{1}{2^n}$ 与 $\dfrac{1}{3^n}$ $(n\to\infty)$.

第四节 极限的运算法则

本节介绍极限的运算法则，它们对于极限的计算是十分有用的.

定理 如果在自变量的同一变化过程中，$\lim f(x)=A$，$\lim g(x)=B$，则

(1) $\lim[f(x)\pm g(x)]=\lim f(x)\pm\lim g(x)=A\pm B$；

(2) $\lim[f(x)\cdot g(x)]=\lim f(x)\cdot\lim g(x)=A\cdot B$；

(3) $\lim\dfrac{f(x)}{g(x)}=\dfrac{\lim f(x)}{\lim g(x)}=\dfrac{A}{B}$ $(B\neq 0)$.

为叙述方便，记号"lim"下面没有标明自变量的变化过程，实际上，定理对 $x\to x_0$ 及 $x\to\infty$ 都是成立的.

我们只证定理中的(2)，其余证明留给读者完成.

证 因为 $\lim f(x)=A$，$\lim g(x)=B$，由函数极限与无穷小的关系得
$$f(x)=A+\alpha,$$
$$g(x)=B+\beta,$$
其中 α,β 为无穷小，于是
$$f(x)\cdot g(x)=(A+\alpha)\cdot(B+\beta)=A\cdot B+(A\cdot\beta+B\cdot\alpha+\alpha\cdot\beta),$$
由无穷小的性质知，$A\cdot\beta+B\cdot\alpha+\alpha\cdot\beta$ 仍为无穷小，再由函数极限与无穷小的关系得
$$\lim[f(x)\cdot g(x)]=A\cdot B=\lim f(x)\cdot\lim g(x).$$

说明 (1) 定理中的(1)、(2)可推广到任意有限项的情形；

(2) 由定理中的(2)可以推出
$$\lim[C\cdot f(x)]=C\cdot\lim f(x);$$
$$\lim[f(x)]^n=[\lim f(x)]^n.$$

例 1 求 $\lim\limits_{x\to 2}(2x^3-x^2+1)$.

解 $\lim\limits_{x\to 2}(2x^3-x^2+1)=\lim\limits_{x\to 2}(2x^3)-\lim\limits_{x\to 2}x^2+\lim\limits_{x\to 2}1=2(\lim\limits_{x\to 2}x)^3-(\lim\limits_{x\to 2}x)^2+1$
$=16-4+1=13.$

例 2 求 $\lim\limits_{x\to -1}\dfrac{2x^2+x-4}{3x^2+2}$.

解 因为 $\lim\limits_{x\to -1}(3x^2+2)=3+2=5\neq 0$，所以
$$\lim_{x\to -1}\dfrac{2x^2+x-4}{3x^2+2}=\dfrac{\lim\limits_{x\to -1}(2x^2+x-4)}{\lim\limits_{x\to -1}(3x^2+2)}=-\dfrac{3}{5}.$$

例 3 求 $\lim\limits_{x\to 1}\dfrac{x^2+1}{x^2-1}$.

解 $\lim\limits_{x\to 1}(x^2-1)=0$，不能用商的极限运算法则. 因为
$$\lim_{x\to 1}\dfrac{x^2-1}{x^2+1}=\dfrac{\lim\limits_{x\to 1}(x^2-1)}{\lim\limits_{x\to 1}(x^2+1)}=\dfrac{0}{2}=0,$$

所以根据无穷小与无穷大的关系,得 $\lim\limits_{x\to 1}\dfrac{x^2+1}{x^2-1}=\infty$.

例 4 求 $\lim\limits_{x\to 4}\dfrac{\sqrt{x}-2}{x-4}$.

解 当 $x\to 4$ 时,$\sqrt{x}-2\to 0$,$x-4\to 0$. 通常称这种极限为 $\dfrac{0}{0}$ 型未定式(或未定式 $\dfrac{0}{0}$).

将分子有理化,得

$$\lim_{x\to 4}\dfrac{\sqrt{x}-2}{x-4}=\lim_{x\to 4}\dfrac{(\sqrt{x}-2)(\sqrt{x}+2)}{(x-4)(\sqrt{x}+2)}=\lim_{x\to 4}\dfrac{x-4}{(x-4)(\sqrt{x}+2)}=\lim_{x\to 4}\dfrac{1}{\sqrt{x}+2}=\dfrac{1}{4}.$$

也可将分母因式分解,得

$$\lim_{x\to 4}\dfrac{\sqrt{x}-2}{x-4}=\lim_{x\to 4}\dfrac{\sqrt{x}-2}{(\sqrt{x}-2)(\sqrt{x}+2)}=\lim_{x\to 4}\dfrac{1}{\sqrt{x}+2}=\dfrac{1}{4}.$$

例 5 求 $\lim\limits_{x\to 1}\left(\dfrac{x}{x-1}-\dfrac{2}{x^2-1}\right)$.

解 当 $x\to 1$ 时,$\dfrac{x}{x-1}\to\infty$,$\dfrac{2}{x^2-1}\to\infty$. 通常称这种极限为 $\infty-\infty$ 型未定式(或未定式 $\infty-\infty$).

$$\lim_{x\to 1}\left(\dfrac{x}{x-1}-\dfrac{2}{x^2-1}\right)=\lim_{x\to 1}\dfrac{x(x+1)-2}{x^2-1}=\lim_{x\to 1}\dfrac{(x+2)(x-1)}{(x+1)(x-1)}$$
$$=\lim_{x\to 1}\dfrac{x+2}{x+1}=\dfrac{3}{2}.$$

例 6 求 $\lim\limits_{x\to\infty}(2x^3-x^2+5)$.

解 $\lim\limits_{x\to\infty}(2x^3-x^2+5)=\lim\limits_{x\to\infty}\dfrac{2-\dfrac{1}{x}+\dfrac{5}{x^3}}{\dfrac{1}{x^3}}=\infty.$

一般地,设多项式

$$f(x)=a_0x^n+a_1x^{n-1}+\cdots+a_n\quad(a_0\neq 0,n\text{ 为正整数}),$$

则

$$\lim_{x\to\infty}f(x)=\lim_{x\to\infty}(a_0x^n+a_1x^{n-1}+\cdots+a_n)=\infty.$$

例 7 求 $\lim\limits_{x\to\infty}\dfrac{2x^3-x^2+5}{5x^3+x-6}$.

解 当 $x\to\infty$ 时,$2x^3-x^2+5\to\infty$,$5x^3+x-6\to\infty$. 通常称这种极限为 $\dfrac{\infty}{\infty}$ 型未定式(或未定式 $\dfrac{\infty}{\infty}$).

$$\lim_{x\to\infty}\dfrac{2x^3-x^2+5}{5x^3+x-6}=\lim_{x\to\infty}\dfrac{2-\dfrac{1}{x}+\dfrac{5}{x^3}}{5+\dfrac{1}{x^2}-\dfrac{6}{x^3}}=\dfrac{2}{5}.$$

用同样的方法可得如下公式:

$$\lim_{x\to\infty}\frac{a_0x^n+a_1x^{n-1}+\cdots+a_{n-1}x+a_n}{b_0x^m+b_1x^{m-1}+\cdots+b_{m-1}x+b_m}=\begin{cases}\dfrac{a_0}{b_0}, & m=n,\\ 0, & m>n,\\ \infty, & m<n,\end{cases}$$

其中 $a_0\neq 0, b_0\neq 0, m, n$ 为正整数.

同步训练 1-4

1. 求下列函数的极限:

(1) $\lim\limits_{x\to 2}\dfrac{x^2+5}{x-3}$;

(2) $\lim\limits_{x\to 0}\dfrac{1-\sqrt{1-x}}{x}$;

(3) $\lim\limits_{x\to 4}\dfrac{x^2-6x+8}{x^2-3x-4}$;

(4) $\lim\limits_{x\to 1}\dfrac{1+x}{1-x}$;

(5) $\lim\limits_{x\to 1}\left(\dfrac{2}{x^2-1}-\dfrac{1}{x-1}\right)$;

(6) $\lim\limits_{x\to\infty}\dfrac{x^4-5x}{x^3-3x+1}$;

(7) $\lim\limits_{x\to\infty}\dfrac{(2x-3)^{20}\cdot(3x+2)^{30}}{(5x+1)^{50}}$;

(8) $\lim\limits_{n\to\infty}\left(1+\dfrac{1}{2}+\dfrac{1}{4}+\cdots+\dfrac{1}{2^n}\right)$;

(9) $\lim\limits_{n\to\infty}\left[\dfrac{1}{(n+1)^2}+\dfrac{2}{(n+1)^2}+\cdots+\dfrac{n}{(n+1)^2}\right]$;

(10) $\lim\limits_{x\to+\infty}(\sqrt{x^2+1}-x)$.

2. 求 $\lim\limits_{n\to\infty}\left[\dfrac{1}{1\cdot 2}+\dfrac{1}{2\cdot 3}+\dfrac{1}{3\cdot 4}+\cdots+\dfrac{1}{(n-1)\cdot n}\right]$.

3. 已知 $\lim\limits_{x\to 1}\dfrac{ax+b}{x-1}=2$, 试确定常数 a, b 的值.

4. 已知 $\lim\limits_{x\to\infty}\left(\dfrac{x^2+1}{x+1}-\alpha x-\beta\right)=0$, 试确定常数 α, β 的值.

第五节 两个重要极限

本节介绍判定极限存在的两个准则; 在此基础上, 讨论两个重要极限.

一、重要极限 $\lim\limits_{x\to 0}\dfrac{\sin x}{x}=1$

这是未定式 $\dfrac{0}{0}$. 函数 $\dfrac{\sin x}{x}$ 在一切 $x\neq 0$ 处都有定义, 但由于函数 $\dfrac{\sin x}{x}$ 是偶函数, 因此只需考察当 $x\to 0^+$ 时, 函数 $\dfrac{\sin x}{x}$ 值的变化趋势. 由第四节表 1-4 可得下表:

表 1-5

x	1	0.5	0.25	0.125	0.0625	0.03125	$\cdots$	$\to 0$
$\dfrac{\sin x}{x}$	0.8415	0.9588	0.9896	0.9974	0.99935	0.99984	$\cdots$	$\to 1$

我们来证明, 当 $x\to 0$ 时, $\dfrac{\sin x}{x}$ 的极限存在且等于 1, 即有

$$\lim_{x\to 0}\dfrac{\sin x}{x}=1. \tag{1}$$

公式(1)的证明需用到下面的极限存在准则.

准则 I(夹逼准则) 若
(1) 当 $x \in U(\hat{x_0}, \delta)$ 时,有 $g(x) \leqslant f(x) \leqslant h(x)$;
(2) $\lim\limits_{x \to x_0} g(x) = \lim\limits_{x \to x_0} h(x) = A$,

则 $\lim\limits_{x \to x_0} f(x)$ 存在,且等于 A.

说明 若把准则 I 中 $x \to x_0$ 换成自变量的其他变化过程,结论也成立.

例 1 用夹逼准则证明: $\lim\limits_{n \to \infty} \left(\dfrac{1}{\sqrt{n^2+1}} + \dfrac{1}{\sqrt{n^2+2}} + \cdots + \dfrac{1}{\sqrt{n^2+n}} \right) = 1$.

证 因为
$$\dfrac{n}{\sqrt{n^2+n}} < \dfrac{1}{\sqrt{n^2+1}} + \dfrac{1}{\sqrt{n^2+2}} + \cdots + \dfrac{1}{\sqrt{n^2+n}} < \dfrac{n}{\sqrt{n^2+1}},$$

又
$$\lim_{n \to \infty} \dfrac{n}{\sqrt{n^2+n}} = \lim_{n \to \infty} \dfrac{1}{\sqrt{1 + \dfrac{1}{n}}} = 1,$$

$$\lim_{n \to \infty} \dfrac{n}{\sqrt{n^2+1}} = \lim_{n \to \infty} \dfrac{1}{\sqrt{1 + \dfrac{1}{n^2}}} = 1,$$

所以由夹逼准则, $\lim\limits_{n \to \infty} \left(\dfrac{1}{\sqrt{n^2+1}} + \dfrac{1}{\sqrt{n^2+2}} + \cdots + \dfrac{1}{\sqrt{n^2+n}} \right) = 1$.

*公式(1)的证明 只需证明 $\lim\limits_{x \to 0^+} \dfrac{\sin x}{x} = 1$. 作一个单位圆,如图 1-14 所示,在单位圆上取圆心角 $\angle AOB = x$(弧度),于是有
$$BC = \sin x, \widehat{AB} = x, AD = \tan x.$$

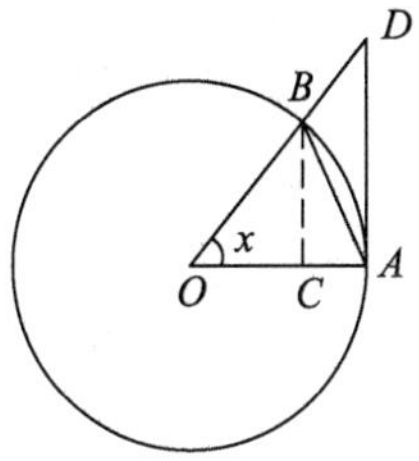

因为 $S_{\triangle AOB} < S_{\text{扇形} AOB} < S_{\triangle AOD}$,即
$$\dfrac{1}{2} \sin x < \dfrac{1}{2} x < \dfrac{1}{2} \tan x,$$

所以
$$\cos x < \dfrac{\sin x}{x} < 1.$$

由于
$$\lim_{x \to 0^+} \cos x = 1, \lim_{x \to 0^+} 1 = 1,$$

故由夹逼准则,得
$$\lim_{x \to 0^+} \dfrac{\sin x}{x} = 1,$$

图 1-14

从而 $\lim\limits_{x \to 0} \dfrac{\sin x}{x} = 1$.

一般地,公式(1)可写成如下形式:
$$\lim_{\varphi(x) \to 0} \dfrac{\sin[\varphi(x)]}{\varphi(x)} = 1.$$

从公式(1)的证明过程可知:当 $0 < x < \dfrac{\pi}{2}$ 时, $\sin x < x$. 这是一个常用的重要不等式.

例 2 求 $\lim\limits_{x \to 0} \dfrac{\arcsin x}{x}$.

解 令 $\arcsin x = t$，则 $x = \sin t$，且 $x \to 0$ 时，$t \to 0$. 从而有

$$\lim_{x \to 0} \frac{\arcsin x}{x} = \lim_{t \to 0} \frac{t}{\sin t} = 1.$$

例 3 求 $\lim\limits_{x \to 0} \dfrac{\tan x}{x}$.

解 $\lim\limits_{x \to 0} \dfrac{\tan x}{x} = \lim\limits_{x \to 0} \dfrac{\sin x}{x} \cdot \dfrac{1}{\cos x} = \lim\limits_{x \to 0} \dfrac{\sin x}{x} \cdot \lim\limits_{x \to 0} \dfrac{1}{\cos x} = 1.$

例 4 求 $\lim\limits_{x \to 0} \dfrac{\arctan x}{x}$.

解 令 $\arctan x = t$，则 $x = \tan t$，且 $x \to 0$ 时，$t \to 0$. 从而有

$$\lim_{x \to 0} \frac{\arctan x}{x} = \lim_{t \to 0} \frac{t}{\tan t} = 1.$$

例 5 求 $\lim\limits_{x \to 0} \dfrac{1 - \cos x}{x^2}$.

解 $\lim\limits_{x \to 0} \dfrac{1 - \cos x}{x^2} = \lim\limits_{x \to 0} \dfrac{2\sin^2 \dfrac{x}{2}}{x^2} = \dfrac{1}{2} \lim\limits_{x \to 0} \left(\dfrac{\sin \dfrac{x}{2}}{\dfrac{x}{2}} \right)^2 = \dfrac{1}{2}.$

在第四节，我们介绍了等价无穷小的概念. 由上面的讨论可知：当 $x \to 0$ 时，

$$\sin x \sim x,\ \arcsin x \sim x,\ \tan x \sim x,\ \arctan x \sim x,\ 1 - \cos x \sim \frac{x^2}{2}.$$

等价无穷小可用于简化某些极限的计算.

定理 设在自变量的某一变化过程中，$\alpha, \alpha', \beta, \beta'$ 均为无穷小，$\alpha \sim \alpha', \beta \sim \beta'$，且 $\lim \dfrac{\beta'}{\alpha'}$ 存在（或 ∞），则 $\lim \dfrac{\beta}{\alpha} = \lim \dfrac{\beta'}{\alpha'}$.

证 $\lim \dfrac{\beta}{\alpha} = \lim \left(\dfrac{\beta}{\beta'} \cdot \dfrac{\alpha'}{\alpha} \cdot \dfrac{\beta'}{\alpha'} \right) = \lim \dfrac{\beta}{\beta'} \cdot \lim \dfrac{\alpha'}{\alpha} \cdot \lim \dfrac{\beta'}{\alpha'} = \lim \dfrac{\beta'}{\alpha'}.$

该定理表明：在求极限时，分子、分母的无穷小因子（注意，一定要是因子）可用等价无穷小代换，使计算简化.

例 6 求 $\lim\limits_{x \to 0} \dfrac{\sin 3x}{\tan 5x}$.

解 当 $x \to 0$ 时，$\sin 3x \sim 3x$，$\tan 5x \sim 5x$，所以

$$\lim_{x \to 0} \frac{\sin 3x}{\tan 5x} = \lim_{x \to 0} \frac{3x}{5x} = \frac{3}{5}.$$

例 7 求 $\lim\limits_{x \to 0} \dfrac{\tan x - \sin x}{\sin x^3}$.

解 因为 $\tan x - \sin x = \tan x(1 - \cos x)$，当 $x \to 0$ 时，$\tan x \sim x$，$1 - \cos x \sim \dfrac{x^2}{2}$，又 $\sin x^3 \sim x^3$，所以

$$\lim_{x \to 0} \frac{\tan x - \sin x}{\sin x^3} = \lim_{x \to 0} \frac{x \cdot \dfrac{x^2}{2}}{x^3} = \frac{1}{2}.$$

二、重要极限 $\lim\limits_{x\to\infty}\left(1+\dfrac{1}{x}\right)^x=\mathrm{e}$

如果数列 $\{x_n\}$ 满足条件

$$x_1 \leqslant x_2 \leqslant x_3 \leqslant \cdots \leqslant x_n \leqslant x_{n+1} \leqslant \cdots,$$

则称数列 $\{x_n\}$ 是单调增加的;如果数列 $\{x_n\}$ 满足条件

$$x_1 \geqslant x_2 \geqslant x_3 \geqslant \cdots \geqslant x_n \geqslant x_{n+1} \geqslant \cdots,$$

则称数列 $\{x_n\}$ 是单调减少的.单调增加和单调减少的数列统称为**单调数列**.例如,$\left\{\dfrac{1}{n}\right\}$ 是一个单调减少数列,而 $\{2^n\}$ 则是一个单调增加数列.

准则Ⅱ 单调有界数列必有极限.

下面讨论极限 $\lim\limits_{n\to\infty}\left(1+\dfrac{1}{n}\right)^n$,这是未定式 1^∞.首先观察当 n 增大时,$\left\{\left(1+\dfrac{1}{n}\right)^n\right\}$ 的变化趋势,如表 1-6 所示.

表 1-6

n	1	2	3	4	5	10	100	1000	10000	$\cdots$
$\left(1+\dfrac{1}{n}\right)^n$	2	2.250	2.370	2.411	2.488	2.594	2.705	2.717	2.71814	$\cdots$

* 我们来证明,数列 $\left\{\left(1+\dfrac{1}{n}\right)^n\right\}$ 单调增加且有上界(从而有界).

利用平均值不等式:设 $a_1,a_2,\cdots,a_n$ 是 n 个正实数,则

$$\frac{a_1+a_2+\cdots+a_n}{n}\geqslant\sqrt[n]{a_1a_2\cdots a_n},$$

当且仅当 $a_1=a_2=\cdots=a_n$ 时取等号.

因为

$$\left(1+\frac{1}{n}\right)^n=1\cdot\left(1+\frac{1}{n}\right)^n<\left[\frac{1+n\cdot\left(1+\dfrac{1}{n}\right)}{n+1}\right]^{n+1}=\left(1+\frac{1}{n+1}\right)^{n+1},$$

所以数列 $\left\{\left(1+\dfrac{1}{n}\right)^n\right\}$ 单调增加;

因为

$$\left(1+\frac{1}{n}\right)^n\cdot\frac{1}{2}\cdot\frac{1}{2}<\left[\frac{n\cdot\left(1+\dfrac{1}{n}\right)+\dfrac{1}{2}+\dfrac{1}{2}}{n+2}\right]^{n+2}=1,$$

即 $\left(1+\dfrac{1}{n}\right)^n<4$,所以数列 $\left\{\left(1+\dfrac{1}{n}\right)^n\right\}$ 有上界(从而有界).

由准则Ⅱ,极限 $\lim\limits_{n\to\infty}\left(1+\dfrac{1}{n}\right)^n$ 存在.1728 年,瑞士数学家欧拉(Euler,1707—1783)首先用 e 表示这个极限,即

$$\lim_{n\to\infty}\left(1+\frac{1}{n}\right)^n=\mathrm{e}. \tag{2}$$

可以证明 e 是一个无理数,将它写成十进制小数时,其前十三位数字是

$$\mathrm{e}\approx 2.718281828459.$$

在以后的讨论中我们会看到,以 e 为底的指数函数 e^x 与对数函数 $\log_e x$(简记为 $\ln x$,称为自然对数)有很重要的特性.

当 x 取实数而趋向于无穷大时,仍有
$$\lim_{x\to\infty}\left(1+\frac{1}{x}\right)^x = e.$$

一般地,公式(2)可写成如下形式:
$$\lim_{\varphi(x)\to 0}[1+\varphi(x)]^{\frac{1}{\varphi(x)}} = e.$$

例 8 求 $\lim\limits_{x\to\infty}\left(1-\dfrac{2}{x}\right)^x$.

解 $\lim\limits_{x\to\infty}\left(1-\dfrac{2}{x}\right)^x = \lim\limits_{x\to\infty}\left[\left(1-\dfrac{2}{x}\right)^{-\frac{x}{2}}\right]^{-2} = e^{-2}.$

例 9 求 $\lim\limits_{x\to 0}(1+\sin x)^{\frac{1}{x}}$.

解 因为 $\lim\limits_{x\to 0}(1+\sin x)^{\frac{1}{x}} = \lim\limits_{x\to 0}[(1+\sin x)^{\frac{1}{\sin x}}]^{\frac{\sin x}{x}}$,而当 $x\to 0$ 时,
$$(1+\sin x)^{\frac{1}{\sin x}} \to e, \quad \frac{\sin x}{x} \to 1,$$

所以 $\lim\limits_{x\to 0}(1+\sin x)^{\frac{1}{x}} = e^1 = e.$

$^+$ 所谓复利计息,就是将前一期的利息与本金之和作为后一期的本金,然后反复计息.

设将一笔本金 A_0 存入银行,年利率为 r,则第一年年末的本利和为
$$A_1 = A_0 + rA_0 = A_0(1+r);$$

把 A_1 作为本金存入银行,年利率为 r,则第二年年末的本利和为
$$A_2 = A_1 + rA_1 = A_1(1+r) = A_0(1+r)^2;$$

再把 A_2 作为本金存入银行,年利率为 r,如此反复,则第 t 年年末的本利和为
$$A_t = A_0(1+r)^t.$$

这就是一年为期的复利公式.

若把一年均分为 n 期计息,年利率为 r,则每期的利率为 $\dfrac{r}{n}$,于是推得第 t 年年末的本利和的离散复利公式为
$$A_n(t) = A_0\left(1+\frac{r}{n}\right)^{nt}.$$

若计息期无限缩短,即期数 $n\to\infty$,于是得到计算连续复利的 $\dfrac{r}{n}$ 复利公式为
$$A(t) = \lim_{n\to\infty}A_n(t) = \lim_{n\to\infty}A_0\left(1+\frac{r}{n}\right)^{nt} = A_0 \lim_{n\to\infty}\left[\left(1+\frac{r}{n}\right)^{\frac{n}{r}}\right]^{rt} = A_0 e^{rt}.$$

上式的本金 A_0 称为现在值或现值,第 t 年年末的本利和 $A_n(t)$ 或 $A(t)$ 称为未来值. 已知现在值 A_0,求未来值 $A_n(t)$ 或 $A(t)$ 就是复利问题;已知未来值 $A_n(t)$ 或 $A(t)$,求现在值 A_0 就是贴现问题,这时称利率 r 为贴现率.

对应的离散情况,贴现公式为
$$A_0 = A_t\left(1+\frac{r}{n}\right)^{-nt}.$$

连续贴现公式为

$$A_0 = A_t \mathrm{e}^{-rt}.$$

类似于连续复利问题的数学模型,在研究人口增长、森林增长、细菌繁殖、购房贷款、物体冷却、放射性元素的衰变等许多实际问题中都会遇到,因此有重要的实际意义.

+例 10 某医院进口一台彩色超声波诊断仪,贷款 20 万美元,以复利计息,年利率为 4%,九年后到期一次还本付息,试分别按下列方式确定贷款到期时的还款总额:

(1) 若一年计息 2 期;

(2) 若按连续复利计息.

解 (1) $A_0 = 20, r = 0.04, n = 2, t = 9$. 九年后到期一次还本付息的还款总额为

$$A_9 = 20 \times \left(1 + \frac{0.04}{2}\right)^{2 \times 9} \approx 28.5649(万美元).$$

(2) $A_0 = 20, r = 0.04, t = 9$. 九年后到期一次还本付息的还款总额为

$$A_9 = 20\mathrm{e}^{0.04 \times 9} \approx 28.66658(万美元).$$

*例 11 设年利率为 6%,按照下列方式现投资多少元,第十年年末可得 120000 元?

(1) 按离散情况计息,每年计息 4 期;

(2) 按连续复利计息.

解 (1) $A_{10} = 120000, r = 0.06, n = 4, t = 10$,则由对应的离散情况贴现公式得

$$A_0 = 120000 \times \left(1 + \frac{0.06}{4}\right)^{-4 \times 10} \approx 66151.48(元).$$

(2) $A_{10} = 120000, r = 0.06, t = 10$,则由连续贴现公式得

$$A_0 = 120000\mathrm{e}^{-0.06 \times 10} \approx 65857.35(元).$$

思考问题:以下四个等式给你怎样的启示?

$$(1 + 0.01)^{365} = 1.01^{365} \approx 37.78343433289,$$
$$(1 + 0.02)^{365} = 1.02^{365} \approx 1377.408291966,$$
$$(1 - 0.01)^{365} = 0.99^{365} \approx 0.02551796445229,$$
$$(1 - 0.02)^{365} = 0.98^{365} \approx 0.0006273611592.$$

三、二元函数极限的计算

二元函数的极限具有与一元函数极限相类似的运算法则,这里不再叙述.

例 12 求 $\lim\limits_{\substack{x \to 0 \\ y \to a}} \dfrac{\sin(xy)}{x}$ (a 为非零常数).

解 $\lim\limits_{\substack{x \to 0 \\ y \to a}} \dfrac{\sin(xy)}{x} = \lim\limits_{\substack{x \to 0 \\ y \to a}} \dfrac{\sin(xy)}{xy} \cdot y$

$= \lim\limits_{\substack{x \to 0 \\ y \to a}} \dfrac{\sin(xy)}{xy} \cdot \lim\limits_{\substack{x \to 0 \\ y \to a}} y$

$= 1 \cdot a = a.$

例 13 求 $\lim\limits_{\substack{x \to 0 \\ y \to 0}} \dfrac{x^2 + y^2}{\sqrt{x^2 + y^2 + 1} - 1}$.

解 $\lim\limits_{\substack{x \to 0 \\ y \to 0}} \dfrac{x^2 + y^2}{\sqrt{x^2 + y^2 + 1} - 1} = \lim\limits_{\substack{x \to 0 \\ y \to 0}} \dfrac{(x^2 + y^2)(\sqrt{x^2 + y^2 + 1} + 1)}{(\sqrt{x^2 + y^2 + 1} - 1)(\sqrt{x^2 + y^2 + 1} + 1)}$

$$= \lim_{\substack{x\to 0\\y\to 0}} \frac{(x^2+y^2)(\sqrt{x^2+y^2+1}+1)}{x^2+y^2}$$
$$= \lim_{\substack{x\to 0\\y\to 0}} (\sqrt{x^2+y^2+1}+1)$$
$$= 2.$$

同步训练 1-5

1. 计算下列极限：

(1) $\lim\limits_{x\to 1} \dfrac{\sin(x^2-1)}{x-1}$；

(2) $\lim\limits_{x\to 0^-} \dfrac{x}{\sqrt{1-\cos x}}$；

(3) $\lim\limits_{x\to \infty} x\tan \dfrac{1}{x}$；

(4) $\lim\limits_{n\to \infty} 2^n \sin \dfrac{x}{2^n}$；

(5) $\lim\limits_{x\to \infty} \dfrac{\sin x}{x}$；

(6) $\lim\limits_{x\to 0} (1+\sin x)^{\csc 2x}$；

(7) $\lim\limits_{x\to 0} (1-2x)^{\frac{1}{x}}$；

(8) $\lim\limits_{x\to \infty} \left(\dfrac{x+2}{x+1}\right)^{2x}$；

(9) $\lim\limits_{x\to \infty} \left(\dfrac{x+n}{x-n}\right)^x$；

(10) $\lim\limits_{x\to 0} \left(\dfrac{1+x}{1-x}\right)^{\frac{1}{x}}$；

(11) $\lim\limits_{x\to 0} \dfrac{\sqrt{4+x^2}-2}{\sin^2 x}$；

(12) $\lim\limits_{x\to 0} \dfrac{\cos 2x-1}{x\tan x}$.

$^+$2. 已知 $x_1=2, x_{n+1}=\dfrac{1}{2}\left(x_n+\dfrac{1}{x_n}\right)$，证明数列 $\{x_n\}$ 收敛，并求 $\lim\limits_{n\to \infty} x_n$.

3. 求下列各极限：

(1) $\lim\limits_{\substack{x\to 0\\y\to 0}} \dfrac{3-\sqrt{xy+9}}{xy}$；

(2) $\lim\limits_{\substack{x\to 2\\y\to 0}} \dfrac{\ln(x+e^y)}{x^2+y^2}$.

第六节 函数的连续性与间断点

在自然界中有许多现象，如气温的变化、动植物的生长等，其特点是当时间变化很微小时，这些量的变化也很微小；反映在函数上，就是当自变量变化很微小时，因变量的变化也很微小. 这种性态就是函数的连续性.

一、一元函数的连续性

设函数 $y=f(x)$ 在点 x_0 的某邻域 $U(x_0,\delta)$ 内有定义，当自变量由初值 x_0 变化到终值 x 时，终值与初值的差 $x-x_0$ 称为自变量在 x_0 处的增量（可正可负），记为

$$\Delta x = x - x_0.$$

对应的函数的终值与初值的差 $f(x)-f(x_0)$ 称为函数在 x_0 处相应于自变量增量 Δx 的增量（可正可负或为 0），记为

$$\Delta y = f(x) - f(x_0) = f(x_0+\Delta x) - f(x_0).$$

在几何上，函数的增量表示当自变量从 x_0 变到 $x_0+\Delta x$ 时，曲线上对应点的纵坐标的改变量，如图 1-15 所示.

定义 1 设函数 $y=f(x)$ 在 x_0 的某邻域 $U(x_0,\delta)$ 内有定义,如果在 x_0 处当自变量的增量 Δx 趋于零时,对应的函数的增量 Δy 也趋于零,即

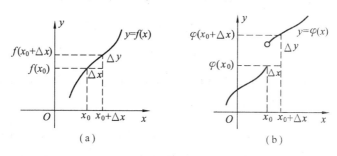

图 1-15

$$\lim_{\Delta x \to 0} \Delta y = \lim_{\Delta x \to 0} [f(x_0+\Delta x)-f(x_0)]=0,$$

则称函数 $f(x)$ **在点 x_0 处连续**,x_0 称为函数 $f(x)$ 的**连续点**.

由图 1-15 可见,函数 $y=f(x)$ 在点 x_0 处连续,而函数 $y=\varphi(x)$ 在点 x_0 处不连续.

在定义 1 中,由于 $\Delta x=x-x_0$,即 $x=x_0+\Delta x$,$\Delta y=f(x_0+\Delta x)-f(x_0)=f(x)-f(x_0)$,且当 $\Delta x \to 0$ 时,$x \to x_0$,因此(1)式也可写成

$$\lim_{x \to x_0}[f(x)-f(x_0)]=0,$$

即

$$\lim_{x \to x_0}f(x)=f(x_0).$$

从而我们有函数连续的另一定义:

定义 2 设函数 $y=f(x)$ 在 x_0 的某邻域 $U(x_0,\delta)$ 内有定义,如果

$$\lim_{x \to x_0}f(x)=f(x_0),$$

则称函数 $f(x)$ 在点 x_0 处连续,x_0 称为函数 $f(x)$ 的连续点.

例 1 讨论函数

$$f(x)=\begin{cases} \dfrac{x^2-1}{x-1}, & x\neq 1, \\ 0, & x=1 \end{cases}$$

在 $x=1$ 处的连续性.

解 因为 $\lim\limits_{x \to 1}f(x)=\lim\limits_{x \to 1}\dfrac{x^2-1}{x-1}=\lim\limits_{x \to 1}(x+1)=2$,而 $f(1)=0$,即有

$$\lim_{x \to 1}f(x) \neq f(1),$$

所以 $f(x)$ 在 $x=1$ 处不连续.

例 2 讨论函数

$$f(x)=\begin{cases} \dfrac{\sin x}{|x|}, & x\neq 0, \\ 1, & x=0 \end{cases}$$

在 $x=0$ 处的连续性.

解 因为

$$\lim_{x \to 0^+}f(x)=\lim_{x \to 0^+}\dfrac{\sin x}{|x|}=\lim_{x \to 0^+}\dfrac{\sin x}{x}=1,$$

$$\lim_{x \to 0^-}f(x)=\lim_{x \to 0^-}\dfrac{\sin x}{|x|}=\lim_{x \to 0^-}\left(-\dfrac{\sin x}{x}\right)=-1,$$

所以 $\lim\limits_{x\to 0}f(x)$ 不存在,从而 $f(x)$ 在 $x=0$ 处不连续.

设函数 $y=f(x)$ 在 x_0 的右邻域 $(x_0,x_0+\delta)$ 内有定义. 如果 $\lim\limits_{\Delta x\to 0^+}\Delta y=0$,即 $\lim\limits_{x\to x_0^+}f(x)=f(x_0)$,则称函数 $f(x)$ 在点 x_0 处**右连续**;设函数 $y=f(x)$ 在 x_0 的左邻域 $(x_0-\delta,x_0)$ 内有定义,如果 $\lim\limits_{\Delta x\to 0^-}\Delta y=0$,即 $\lim\limits_{x\to x_0^-}f(x)=f(x_0)$,则称函数 $f(x)$ 在点 x_0 处**左连续**.

显然,函数 $f(x)$ 在点 x_0 处连续的充要条件是:函数 $f(x)$ 在点 x_0 处既是右连续,又是左连续,即 $\lim\limits_{x\to x_0^+}f(x)=\lim\limits_{x\to x_0^-}f(x)=f(x_0)$.

例 2 中的函数在 $x=0$ 处右连续,但不左连续,从而它在 $x=0$ 处不连续.

定义 3 如果函数 $f(x)$ 在开区间 (a,b) 内的每一点都连续,则称函数 $f(x)$ 在**开区间 (a,b) 内连续**.

如果函数 $f(x)$ 在开区间 (a,b) 内连续,且在 a 点处右连续、在 b 点处左连续,则称函数 $f(x)$ 在**闭区间 $[a,b]$ 上连续**.

例 3 证明函数 $y=\sin x$ 在定义域 $(-\infty,+\infty)$ 内是连续的.

证 任取 $x_0\in(-\infty,+\infty)$,当自变量在 x_0 处有增量 Δx 时,对应的函数的增量为

$$\Delta y=\sin(x_0+\Delta x)-\sin x_0=2\cos\left(x_0+\frac{\Delta x}{2}\right)\sin\frac{\Delta x}{2}.$$

因为 $\left|2\cos\left(x_0+\dfrac{\Delta x}{2}\right)\right|\leqslant 2$,而当 $\Delta x\to 0$ 时,$\sin\dfrac{\Delta x}{2}\to 0$,由有界量与无穷小的乘积为无穷小,得

$$\lim_{\Delta x\to 0}\Delta y=0,$$

所以 $y=\sin x$ 在点 x_0 处连续,从而在定义域 $(-\infty,+\infty)$ 内连续.

类似地可以证明,函数 $y=\cos x$ 在定义域 $(-\infty,+\infty)$ 内连续.

二、一元函数的间断点

由定义 2 可知,函数 $f(x)$ 在点 x_0 处连续必须同时满足以下三个条件:

(1) $f(x)$ 在 x_0 的某邻域内有定义;

(2) $\lim\limits_{x\to x_0}f(x)$ 存在;

(3) $\lim\limits_{x\to x_0}f(x)=f(x_0)$.

上述三个条件中只要有一个不满足,x_0 就是函数 $f(x)$ 的**不连续点**,或称为**间断点**.

间断点 x_0 按下述情形分类:

(1) 若 $f(x_0^+)$ 及 $f(x_0^-)$ 存在且相等,即 $\lim\limits_{x\to x_0}f(x)$ 存在,则称 x_0 为函数 $f(x)$ 的**可去间断点**.

此时,或者 $f(x_0)$ 有定义但 $\lim\limits_{x\to x_0}f(x)\neq f(x_0)$(如例 1 中的函数,$\lim\limits_{x\to 1}f(x)=2$,但 $f(1)=0$),或者 $f(x_0)$ 没有定义(如函数 $f(x)=\dfrac{x^2-1}{x-1}$,$\lim\limits_{x\to 1}f(x)=2$,但 $f(1)$ 没有定义).

之所以称 x_0 为 $f(x)$ 的可去间断点,是因为只需改变或补充定义 $f(x_0)=\lim\limits_{x\to x_0}f(x)$,就可使 $f(x)$ 在点 x_0 处连续.

例 4 补充定义 $f(0)$,使 $f(x)=\dfrac{\sqrt{1+x}-\sqrt{1-x}}{\sin x}$ 在 $x=0$ 处连续.

解 函数 $f(x)$ 在 $x=0$ 处没有定义.因为

$$\lim_{x\to 0}f(x)=\lim_{x\to 0}\frac{\sqrt{1+x}-\sqrt{1-x}}{\sin x}=\lim_{x\to 0}\frac{(\sqrt{1+x}-\sqrt{1-x})(\sqrt{1+x}+\sqrt{1-x})}{(\sqrt{1+x}+\sqrt{1-x})\sin x}$$

$$=\lim_{x\to 0}\frac{2x}{(\sqrt{1+x}+\sqrt{1-x})\sin x}=1,$$

所以 $x=0$ 是 $f(x)$ 的可去间断点.

补充定义 $f(0)=\lim\limits_{x\to 0}f(x)=1$,则 $f(x)$ 在 $x=0$ 处连续.

(2) 若 $f(x_0^+)$ 及 $f(x_0^-)$ 存在但不相等,则称 x_0 为函数 $f(x)$ 的**跳跃间断点**,并称 $|f(x_0^+)-f(x_0^-)|$ 为函数 $f(x)$ 在 x_0 处的**跃度**.

例如,$x=0$ 是 $f(x)=\begin{cases}\dfrac{\sin x}{|x|}, & x\ne 0,\\ 1, & x=0\end{cases}$ 的跳跃间断点,因为 $f(0^+)=1,f(0^-)=-1$,所以跃度为 2.又如,$x=0$ 是函数 $f(x)=\arctan\dfrac{1}{x}$ 的跳跃间断点,跃度为 π,因为

$$f(0^+)=\frac{\pi}{2},f(0^-)=-\frac{\pi}{2}.$$

可去间断点与跳跃间断点统称为**第一类间断点**.

(3) 若 $f(x_0^+)$ 与 $f(x_0^-)$ 中至少有一个不存在,则称 x_0 为函数 $f(x)$ 的**第二类间断点**.

例 5 求函数 $f(x)=e^{\frac{1}{x}}$ 的间断点,并说明其类型.

解 函数 $f(x)=e^{\frac{1}{x}}$ 在 $x=0$ 处没有定义.因为

$$f(0^+)=\lim_{x\to 0^+}e^{\frac{1}{x}}=+\infty,$$

所以 $x=0$ 是 $f(x)=e^{\frac{1}{x}}$ 的第二类间断点.通常称这种间断点为**无穷间断点**.

三、二元函数的连续性

与一元函数情形类似,利用函数的极限也可以说明二元函数在一点处连续的概念.

定义 4 设函数 $z=f(x,y)$ 在点 $P_0(x_0,y_0)$ 的某邻域内有定义.如果

$$\lim_{\substack{x\to x_0\\ y\to y_0}}f(x,y)=f(x_0,y_0),$$

则称函数 $z=f(x,y)$ **在点** $P_0(x_0,y_0)$ **处连续**.

如果二元函数 $z=f(x,y)$ 在区域 D 上每一点处都连续,则称 $f(x,y)$ 在**区域 D 上连续**.

如果函数 $z=f(x,y)$ 在点 $P_0(x_0,y_0)$ 处不连续,则称点 $P_0(x_0,y_0)$ 为函数 $f(x,y)$ 的**不连续点**或**间断点**.二元函数的间断点有时会构成一条曲线,称为间断线.例如,$z=\dfrac{1}{x^2-y^2}$ 就有两条间断线:平面 xOy 上的直线 $y=x$ 和 $y=-x$.

同步训练 1-6

1. 求函数 $y=\sqrt{1+x^2}$ 当 $x=3, \Delta x=-0.2$ 时的增量.

2. 下列函数在指出的点处间断,说明这些间断点的类型. 如果是可去间断点,则补充或改变函数的定义使它在该点连续:

(1) $y=\dfrac{x^2-1}{x^2-3x+2}$, $x=1, x=2$;

(2) $y=\begin{cases} e^{\frac{1}{x}}, & x<0, \\ 1, & x=0, \\ x, & x>0, \end{cases}$ $x=0$;

(3) $y=\begin{cases} x^2, & 0\leqslant x\leqslant 1, \\ 3-x, & 1<x\leqslant 2, \end{cases}$ $x=1$.

3. 设

$$f(x)=\begin{cases} \dfrac{1}{x}\sin x, & x<0, \\ a, & x=0, \\ x\sin\dfrac{1}{x}+b, & x>0. \end{cases}$$

问:(1) a 为何值时,才能使 $f(x)$ 在 $x=0$ 处左连续?

(2) a,b 为何值时,才能使 $f(x)$ 在 $x=0$ 处连续?

第七节 连续函数的运算与闭区间上连续函数的性质

一、连续函数的运算

定理 1(连续函数的四则运算) 设 $f(x), g(x)$ 在点 x_0 处连续,则

$$f(x)\pm g(x), f(x)\cdot g(x), \frac{f(x)}{g(x)}(g(x)\neq 0)$$

都在点 x_0 处连续.

由函数连续性的定义及函数极限的运算法则易证该定理.

在上一节中已经证明 $\sin x, \cos x$ 在 $(-\infty,+\infty)$ 内连续,从而由定理 1, $\tan x, \cot x, \sec x, \csc x$ 在其定义域内连续.

定理 2 设函数 $u=\varphi(x)$ 当 $x\to x_0$ 时的极限存在且等于 a,即

$$\lim_{x\to x_0}\varphi(x)=a,$$

而函数 $y=f(u)$ 在 $u=a$ 处连续,则复合函数 $y=f[\varphi(x)]$ 当 $x\to x_0$ 时的极限也存在且等于 $f(a)$,即

$$\lim_{x\to x_0}f[\varphi(x)]=f(a)=f[\lim_{x\to x_0}\varphi(x)].$$

这表明,在定理 2 的条件下,求复合函数 $f[\varphi(x)]$ 的极限时,函数符号 f 与极限符号可以交换次序.

定理 2 中的 $x\to x_0$ 换成 $x\to\infty$ 等其他情形,结论也成立.

例 1 求 $\lim\limits_{x\to 1}\sin\left(\pi x-\dfrac{\pi}{2}\right)$.

解 因为 $\lim\limits_{x\to 1}\left(\pi x-\dfrac{\pi}{2}\right)=\dfrac{\pi}{2}$，$y=\sin u$ 在 $u=\dfrac{\pi}{2}$ 处连续，由定理 2 得

$$\lim_{x\to 1}\sin\left(\pi x-\dfrac{\pi}{2}\right)=\sin\left[\lim_{x\to 1}\left(\pi x-\dfrac{\pi}{2}\right)\right]=\sin\dfrac{\pi}{2}=1.$$

例 2 求 $\lim\limits_{x\to\infty}\cos\dfrac{(x^2-1)\pi}{2x^2+1}$.

解 因为 $\lim\limits_{x\to\infty}\dfrac{(x^2-1)\pi}{2x^2+1}=\dfrac{\pi}{2}$，$y=\cos u$ 在 $u=\dfrac{\pi}{2}$ 处连续，由定理 2 得

$$\lim_{x\to\infty}\cos\dfrac{(x^2-1)\pi}{2x^2+1}=\cos\left[\lim_{x\to\infty}\dfrac{(x^2-1)\pi}{2x^2+1}\right]=\cos\dfrac{\pi}{2}=0.$$

定理 3（复合函数的连续性） 设函数 $u=\varphi(x)$ 在 x_0 处连续，且 $u_0=\varphi(x_0)$，而函数 $y=f(u)$ 在 u_0 处连续，则复合函数 $y=f[\varphi(x)]$ 在 x_0 处连续.

例如，由于 $u=\dfrac{1}{x}$ 在 $(-\infty,0)\cup(0,+\infty)$ 内连续，$y=\sin u$ 在 $(-\infty,+\infty)$ 内连续，所以由定理 3，$y=\sin\dfrac{1}{x}$ 在 $(-\infty,0)\cup(0,+\infty)$ 内连续.

不难看出，定理 3 是定理 2 的特例.

定理 4（反函数的连续性） 设函数 $y=f(x)$ 在区间 I_x 上单调增加（或单调减少）且连续，则它的反函数 $x=\varphi(y)$ 在对应的区间 $I_y=\{y\mid y=f(x),x\in I_x\}$ 上单调增加（或单调减少）且连续.

例如，由于 $y=\sin x$ 在 $\left[-\dfrac{\pi}{2},\dfrac{\pi}{2}\right]$ 上单调增加且连续，根据定理 4，$y=\arcsin x$ 在 $[-1,1]$ 上单调增加且连续.

类似地可知，$y=\arccos x$ 在 $[-1,1]$ 上单调减少且连续；$y=\arctan x$ 在 $(-\infty,+\infty)$ 内单调增加且连续；$y=\text{arccot}\,x$ 在 $(-\infty,+\infty)$ 内单调减少且连续.

二、初等函数的连续性

前面证明了三角函数及反三角函数在它们的定义域内是连续的. 我们指出（不详细讨论）：基本初等函数在它们的定义域内都是连续的.

根据初等函数的定义，并由基本初等函数的连续性及本节定理 1 和定理 3 可得下面的重要结论：

定理 5 一切初等函数在其定义区间内都是连续的.

所谓**定义区间**，是指包含在定义域内的区间. 初等函数仅在其定义区间内连续，有时定义域中含有孤立点，在这些点处，函数不连续.

例如，$y=\sqrt{x^2(x-2)}$ 是初等函数，其定义域为 $x=0$ 及 $x\geq 2$，它在 $[2,+\infty)$ 上连续，而在 $x=0$ 处不连续.

由定理 5 可知，如果 $f(x)$ 是初等函数，且 x_0 是 $f(x)$ 的定义区间内的点，则 $\lim\limits_{x\to x_0}f(x)=f(x_0)$. 例如，$\lim\limits_{x\to 1}\sin\left(\pi x-\dfrac{\pi}{2}\right)=\sin\left(\pi\cdot 1-\dfrac{\pi}{2}\right)=\sin\dfrac{\pi}{2}=1.$

例 3 求下列函数的极限：

(1) $\lim\limits_{x\to\frac{\pi}{2}}\ln\sin x$；

(2) $\lim\limits_{x\to 0}\ln\dfrac{\sin x}{x}$;

(3) $\lim\limits_{x\to 0}\dfrac{a^x-1}{x}$ (a 是常数且 $a>0, a\neq 1$).

解 (1) 由于 $x=\dfrac{\pi}{2}$ 是初等函数 $\ln\sin x$ 定义区间内的点,所以

$$\lim_{x\to\frac{\pi}{2}}\ln\sin x=\ln\sin\frac{\pi}{2}=\ln 1=0.$$

(2) 因为 $\lim\limits_{x\to 0}\dfrac{\sin x}{x}=1$, $y=\ln u$ 在 $u=1$ 处连续,所以由定理 2 得

$$\lim_{x\to 0}\ln\frac{\sin x}{x}=\ln\left(\lim_{x\to 0}\frac{\sin x}{x}\right)=\ln 1=0.$$

(3) 令 $t=a^x-1$,则 $x=\log_a(1+t)$,且当 $x\to 0$ 时,$t\to 0$. 由定理 2 得

$$\lim_{x\to 0}\frac{a^x-1}{x}=\lim_{t\to 0}\frac{t}{\log_a(1+t)}=\lim_{t\to 0}\frac{1}{\log_a(1+t)^{\frac{1}{t}}}$$

$$=\frac{1}{\log_a\left[\lim\limits_{t\to 0}(1+t)^{\frac{1}{t}}\right]}$$

$$=\frac{1}{\log_a e}=\ln a.$$

特别地,当 $a=e$ 时,$\lim\limits_{x\to 0}\dfrac{e^x-1}{x}=1$, $\lim\limits_{x\to 0}\dfrac{x}{\ln(1+x)}=1$,因此当 $x\to 0$ 时,$e^x-1\sim x$, $\ln(1+x)\sim x$.

例 4 设函数

$$f(x)=\begin{cases}e^x, & x<0,\\ a+x, & x\geq 0.\end{cases}$$

当 a 为何值时,函数 $f(x)$ 在 $(-\infty,+\infty)$ 内连续?

解 由于初等函数在其定义区间内连续,所以在 $(-\infty,0)$ 内 $f(x)=e^x$ 连续,在 $(0,+\infty)$ 内 $f(x)=a+x$ 连续.

在 $x=0$ 处,

$$\lim_{x\to 0^+}f(x)=\lim_{x\to 0^+}(a+x)=a,$$

$$\lim_{x\to 0^-}f(x)=\lim_{x\to 0^-}e^x=1,$$

又 $f(0)=(a+x)|_{x=0}=a$,所以当 $a=1$ 时,$\lim\limits_{x\to 0}f(x)=1=f(0)$,函数 $f(x)$ 在 $x=0$ 处连续,从而在 $(-\infty,+\infty)$ 内连续.

三、闭区间上连续函数的性质

下面介绍闭区间上连续函数的一些重要性质,我们只从几何上说明其意义,而不作严格的证明.

定理 6(最大值和最小值定理) 在闭区间上连续的函数一定有最大值和最小值.

定理 6 就是说,如果 $f(x)$ 在闭区间 $[a,b]$ 上连续,那么至少存在一点 $\xi_1\in[a,b]$,使得 $f(\xi_1)$ 是 $f(x)$ 在 $[a,b]$ 上的最大值;又至少存在一点 $\xi_2\in[a,b]$,使得 $f(\xi_2)$ 是 $f(x)$ 在 $[a,b]$

上的最小值. 这里的 ξ_1,ξ_2 可能是区间的端点(图 1-16).

推论 在闭区间上连续的函数一定在该区间上有界.

定理 7(介值定理) 设函数 $f(x)$ 在闭区间 $[a,b]$ 上连续，且 $f(a)\neq f(b)$，则对于 $f(a)$ 与 $f(b)$ 之间的任意一个数 $c(f(a)<c<f(b)$ 或 $f(b)<c<f(a))$，至少存在一点 $\xi\in(a,b)$，使得 $f(\xi)=c$.

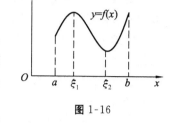

图 1-16

这个定理的几何意义是：连续曲线弧 $y=f(x)$ 与直线 $y=c$ 至少有一个交点(图 1-17).

推论 1 在闭区间上连续的函数一定能取得介于最大值 M 与最小值 m 之间的任何值.

就是说，如果 $f(x)$ 在闭区间 $[a,b]$ 上连续，在 $[a,b]$ 上的最大值为 M，最小值为 m，且 $m\neq M$，那么对于 m 与 M 之间的任意一个数 $c(m<c<M)$，至少存在一点 $\xi\in(a,b)$，使得 $f(\xi)=c$.

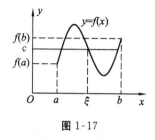

图 1-17

由于函数的最大值和最小值可能在区间的端点处取得，因此有如下推论：

推论 2 设函数 $f(x)$ 在闭区间 $[a,b]$ 上连续，其最大值为 M，最小值为 m，则对于任意一个数 $c(m\leqslant c\leqslant M)$，至少存在一点 $\xi\in[a,b]$，使得 $f(\xi)=c$.

例 5 若函数 $f(x)$ 在 $[a,b]$ 上连续，$a<x_1<x_2<\cdots<x_n<b$，则在 $[x_1,x_n]$ 上必有 ξ，使得 $f(\xi)=\dfrac{f(x_1)+f(x_2)+\cdots+f(x_n)}{n}$.

证 因为 $f(x)$ 在 $[a,b]$ 上连续，所以 $f(x)$ 在 $[x_1,x_n]$ 上连续，由定理 6 知，$f(x)$ 在 $[x_1,x_n]$ 上有最大值和最小值，设最大值为 M，最小值为 m，于是

$$m\leqslant f(x_i)\leqslant M, i=1,2,\cdots,n,$$

从而有

$$m\leqslant \dfrac{f(x_1)+f(x_2)+\cdots+f(x_n)}{n}\leqslant M.$$

由介值定理的推论知，至少存在一点 $\xi\in[x_1,x_n]$，使得

$$f(\xi)=\dfrac{f(x_1)+f(x_2)+\cdots+f(x_n)}{n}.$$

定理 8(零点定理) 设函数 $f(x)$ 在闭区间 $[a,b]$ 上连续，且 $f(a)f(b)<0$，那么在开区间 (a,b) 内至少有函数 $f(x)$ 的一个零点，即至少存在一点 $\xi\in(a,b)$，使得 $f(\xi)=0$.

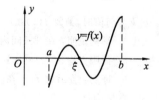

图 1-18

该定理表示：如果连续曲线弧 $y=f(x)$ 的两个端点 $(a,f(a))$ 和 $(b,f(b))$ 位于 x 轴的上下两侧，那么曲线弧 $y=f(x)$ 与 x 轴至少有一个交点(图 1-18).

例 6 证明方程 $x^5-3x-1=0$ 在区间 $(1,2)$ 内至少有一个实根.

证 设 $f(x)=x^5-3x-1$，$f(x)$ 在闭区间 $[1,2]$ 上连续，且 $f(1)=-3<0$，$f(2)=25>0$，由零点定理知，至少存在一点 $\xi\in(1,2)$，使得 $f(\xi)=0$，即 $\xi^5-3\xi-1=0$. 所以方程 $x^5-3x-1=0$ 在 $(1,2)$ 内至少有一个实根.

四、二元连续函数的性质

类似于一元连续函数，二元连续函数有如下性质：

定理 9 二元连续函数的和、差、积、商(分母不为零)仍为二元连续函数;二元连续函数的复合函数也为二元连续函数.

定理 10 如果二元函数在有界闭区域 D 上连续,则该函数在 D 上一定能取到最大值和最小值.

定理 11 在有界闭区域 D 上连续的二元函数必能取得介于它的两个不同函数值之间的任何值.

由常数和基本初等函数经过有限次的四则运算和有限次的函数复合所构成并可用一个解析式表示的二元函数,称为**二元初等函数**. 我们指出,一切二元初等函数在其定义区域内是连续的. 所谓定义区域是指包含在定义域内的区域.

上述关于二元函数的极限与连续性的讨论可以类似推广到二元以上的多元函数.

同步训练 1-7

1. 求下列函数的连续区间,并求极限:

   (1) $f(x) = \dfrac{x^3 + 3x^2 - x - 3}{x^2 + x - 6}$, $\lim\limits_{x \to 0} f(x)$;
   (2) $f(x) = \ln \arcsin x$, $\lim\limits_{x \to \frac{1}{2}} f(x)$;

   (3) $f(x) = \begin{cases} 2x+1, & x<0, \\ 0, & x=0, \\ 2x-1, & x>0, \end{cases}$ $\lim\limits_{x \to 0} f(x)$.

2. 求下列极限:

   (1) $\lim\limits_{x \to +\infty} x[\ln(x+a) - \ln x]$ $(a \neq 0)$;
   (2) $\lim\limits_{x \to \frac{\pi}{2}} \dfrac{\sin x}{x}$;

   (3) $\lim\limits_{\alpha \to \frac{\pi}{4}} (\sin 2\alpha)^3$;
   (4) $\lim\limits_{x \to +\infty} \cos\left[\ln\left(1 + \dfrac{2x-1}{x^2}\right)\right]$.

3. 设
$$f(x) = \begin{cases} \dfrac{\sin 2x}{x}, & x < 0, \\ 3x^2 - 2x + k, & x \geq 0. \end{cases}$$
当 k 为何值时,函数 $f(x)$ 在 $(-\infty, +\infty)$ 内连续?

4. 举例说明:在开区间内连续的函数不一定有最大值和最小值.

5. 证明方程 $x^3 - 4x^2 + 1 = 0$ 在区间 $(0,1)$ 内至少有一个实根.

6. 证明:若函数 $f(x)$ 在 $[a,b]$ 上连续,且不存在任何 $x \in [a,b]$,使得 $f(x) = 0$,则 $f(x)$ 在 $[a,b]$ 上恒为正或恒为负.

> **阅读材料一**
>
> **极限、无穷小与连续性**
>
> **一、极限**
>
> 极限是现代数学分析奠基的基本概念,函数的连续性、导数、积分以及无穷级数的和等都是用极限来定义的.
>
> 直观的极限思想起源很早. 公元前 5 世纪,希腊数学家安提丰(Antiphon,公元前 426 年—公元前 373 年)在研究化圆为方问题时创立了割圆术,即从一个简单的圆内接正多边形(如正方形或正六边形)出发,把每条边所对的圆弧二等分,

连结分点,得到一个边数加倍的圆内接正多边形,当重复这一步骤足够多次时,所得圆内接正多边形的面积与圆的面积之差将小于任何给定的限度.实际上,安提丰认为圆内接正多边形与圆最终将会重合.稍后,另一位希腊数学家布里松(Bryson)考虑了用圆的外切正多边形逼近圆的类似步骤.这种以直线形逼近曲边形的过程表明,当时的希腊数学家已经产生了初步的极限思想.公元前4世纪,欧多克索斯(Eudoxus,公元前400年—公元前347年)将上述过程发展为处理面积、体积等问题的一般方法,称为穷竭法.

中国古代成书于春秋末年的《庄子·天下篇》中记载了这样一个命题:"一尺之棰,日取其半,万世不竭."是说一尺长的一根木棒,每天截取其一半,则这个过程一万年也不会完结.成书于春秋末至战国时期的《墨经》对上述过程另有一种观点.《墨经·经下》:"非半弗斱则不动,说在端."《墨经·经说下》:"非,斱半;进前取也,前则中无为半,犹端也;前后取,则端中也.斱必半,毋与非半,不可斱也."大意是,对一条有限长的线段进行无限多次截取其半的操作,最终将得到一个不可再分的点,这个点在原线段上的位置是由截割的方式确定的.公元263年,魏晋间杰出数学家刘徽创立割圆术以推求圆面积和弓形面积,使用极限方法计算了开平方、开立方中的不尽根数以及棱锥的体积.

应该指出,17世纪中叶以前,原始的极限思想与方法曾在世界上一些不同地区和不同时代多次出现,特别是在17世纪早期,一些杰出的数学家从极限观念出发,发展了各种高超的技巧,解决了许多关于求瞬时速度、加速度、切线、极值、复杂的面积与体积等方面的问题.然而,所有这些工作都是直接依赖直观的、不严密的,与今天所说的极限有很大差别.

最早试图明确定义和严格处理极限概念的数学家是牛顿(I. Newton, 1643—1727).他在《论曲线的求积》中使用了"初始比和终极比"方法,它实际上就是极限方法.他还指出,用当时流行的,他本人也经常使用的不可分量或无穷小量来进行论证,只不过是以终极比(极限)作为严格数学证明的一种方便的简写法,并不是取代这种严格的证明.

1687年,牛顿的名著《自然哲学的数学原理》出版,书中充满无穷小思想和极限论证,因而有时被看作是牛顿最早发表的微积分论著.在第一节的评注中,牛顿特别说明:"所谓两个垂逝量(即趋于零的量)的终极比,并非指这两个量消逝前或消逝后的比,而是指它们消逝时的比……两个量消逝时的这种终极比,并非真的是两个终极量的比,而是两个量之比在这两个量无限变小时所收敛的极限.这些比无限接近这个极限,与其相差小于任何给定的差别,但绝不在这两个量无限变小以前超过或真的取得这个极限值."这本书第一编引理 I 实际上是牛顿想给极限下个定义:"两个量或量之比,如果在有限时间内不断趋于相等,且在这一时间终止前互相靠近,使得其差小于任意给定的差别,则最终就成为相等."用现代记号来写,就是说,若给定 $\varepsilon>0$,而在 t 足够接近 a 时,$f(t)$ 与 $g(t)$ 之差小于 ε,则 $\lim_{t\to a}f(t)=\lim_{t\to a}g(t)$.

在18世纪,牛顿的上述思想被进一步明确和完善.1735年,英国数学家罗宾斯(B. Robins, 1707—1751)写道:"当一个变量能以任意接近程度逼近一个最终的量(虽然永远不能绝对等于它),我们定义这个最终的量为极限."1750年,法国著名数学家达朗贝尔(J. L. R. D'Alembert,1717—1783)在为法国科学院出版的《百科全书》第四版所写的条目"微分"中指出:"牛顿……从未认为微分学是研究无穷小量,而认为只是求最初比和最终比,即求出这些比的极限的一种方法."他对极限的描述是:"一个变量趋于一个固定量,趋近程度小于任何给定量,且变量永远达不到固定量."

虽然到18世纪中叶极限已成了微分学的基本概念,但在19世纪以前,它仍缺乏精确的表达形式.极限概念和理论的真正严格化是由柯西开始,而由魏尔斯特拉斯完成的.

1821年,法国数学家柯西(A. L. Cauchy,1789—1857)在《分析教程第一编·代数分析》中写道:"当一个变量相继取的值无限接近于一个固定值,最终与此固定值之差要多小就有多小时,该值就称为所有其他值的极限.""当同一变量相继取的数值无限减小,以至降到低于任何给定的数,这个变量就成为人们所称的无穷小或无穷小量.这类变量以零为其极限.""当同一变量相继取的数值越来越增加以至升到高于每个给定的数,如果它是正变量,则称它以正无穷为其极限,记作$+\infty$;如果是负变量,则称它以负无穷为其极限,记作$-\infty$."柯西没有使用ε-δ型的极限,他的以零为极限的变量也不可能适应这个框架.虽然如此,在某些场合他还是给出了一种ε-δ式的证明.

1860—1861年,德国数学家魏尔斯特拉斯对极限概念给出了纯粹算术的表述.以往极限概念总是具有连续运动的含义——如果当x趋向于a时$f(x)$趋向于L,则称$\lim_{x \to a} f(x) = L$.魏尔斯特拉斯反对用这种"动态"方式来描述极限概念,而代之以仅仅涉及实数而不依靠运动或几何思想的"静态"描述:

如果对于给定的$\varepsilon > 0$,存在数$\delta > 0$,使得当$0 < |x-a| < \delta$时,$|f(x) - L| < \varepsilon$成立,则$\lim_{x \to a} f(x) = L$.

用这种方式把微积分中出现的各种类型的极限重新表述,分析学的算术化即告完成,从而使得微积分明确地达到了20世纪中所阐释的形式.

二、无穷小量

数学史上所说的无穷小量,是指非零而又小于任何指定大小的量,有时它被描述为小到不可再分的量,所以又称为不可分量.它有时被理解为"正在消失的量",但更为常见的是被理解为一种静态的、已被确定的量,并且经常与空间性质的几何直观联系在一起,这与今天所说的无穷小量(以0为极限的变量)是有很大区别的.它的含义一直很模糊,一再引起哲学家、数学家的关注和争论.

希腊和中国的古代思想家很早就讨论过无穷小和无穷大的概念及有关问题.它们最初被作为哲学问题提出,并逐渐影响到对一些数学问题的处理.公元前5世纪,古希腊埃利亚学派的芝诺(Zeno of Elea,公元前490年—公元前430年)在考虑时间和空间是无限可分的还是由不可再分的微粒组成的问题时提出了四个著名的悖论.稍后,德谟克利特(Democritus,公元前460—公元前370年)创立原子论并用以处理了一些简单的体积计算问题.后来,由于对无穷小、无穷大等问题无法做出逻辑上令人信服的处理,希腊人在数学中基本上排斥了无穷小、无穷大概念.中国春秋末年的《庄子·天下篇》中有"至大无外,谓之大一;至小无内,谓之小一"的命题,其中大一和小一就是(几何中的)无穷大与无穷小概念.

中世纪后期,欧洲一些逻辑学家和自然哲学家继续讨论不可分量问题,17世纪早期的数学家们将其发展为一套有效的数学方法,对微积分学的早期发展产生了极为重要的影响.然而,在19世纪以前,无穷小量概念始终缺少一个严格的数学定义,对其性质的认识也往往是模糊的,并因此导致了相当严重的混乱,引发了数学史上著名的第二次数学危机,直到19世纪才得以解决.

牛顿在创立微积分之初是以"瞬"(即时间t的无穷小量o)为其论证基础的,稍后又取变元x的无穷小瞬o为基础,而这种无穷小瞬的概念在性质上是模糊的.到17世纪80年代中期,牛顿对微积分的基础在观念上发生变化,提出了"首末比"方法,试图根据有限差值的最初比和最终比,也就是说用极限,来建立起流数的概念.

莱布尼兹的微积分是从研究有限差值开始的,几何变量的离散的无穷小的差在他的方法中起着中心的作用.虽然他似乎并不坚持认为无穷小量实际存在,但无论如何,他已认识到:无穷小量是否存在同按照微积分运算法则对无穷小量进行计算是否可以得到正确答案的问题,两者是独立的.因此,不论无穷小量是否实际存在,它们总是可以作为"一些假想的对象,以便用来普遍进行简写和陈述".虽然莱布尼兹本人对于无穷小量是否存在这个问题相当慎重,但是他的继承人却不加思考地承认无穷小量是数学上的实体.事实上,对于微积分的基础这种不怀疑的大胆做法或许促进了微积分及其应用的迅速发展.

针对作为微积分基础的无穷小量在概念与性质上的含糊不清,英国哲学家贝克莱(G. Berkeley,1685—1753)在《分析学者,或致一个不信教的数学家》一文中对微积分基础的可靠性提出了强烈的质疑,从而引发了第二次数学危机.当时包括麦克劳林(C. Maclaurin,1698—1746)在内的一些数学家试图对此进行辩护,但他们的论证同样不能为无穷小量的概念提供一个令人满意的基础.为此,达朗贝尔在为法国科学院出版的《百科全书》所写的"微分"条目中用极限方法取代了无穷小量方法,大数学家欧拉基本上拒绝了无穷小量概念;18世纪末,法国数学家拉格朗日(J. L. Lagrange,1736—1813)甚至试图把微分、无穷小和极限等概念从微积分中完全排除.19世纪,由于柯西、魏尔斯特拉斯等人的努力,严格的极限理论得以建立,无穷小量可以用ε-δ语言清楚地加以描述,有关的逻辑困难才得到解决.事实上,最初意义上的无穷小量这时已被排除出微积分,直到19世纪60年代它才在非标准分析中卷土重来.

三、连续性

连续性是微积分中的一个重要概念,但在微积分发展的早期,数学家们主要依赖几何直观处理与之相关的问题,对这一概念的深入研究直到19世纪早期才开始.这一工作是由波尔查诺首先推动并经过柯西和魏尔斯特拉斯的努力完成的.

波尔查诺:"对于处于某些界限之内(或外)的一切x值,函数$f(x)$按连续性规律变化,这不过是说:如果x是任一这样的值,则可通过把ω取得足够小,而使得差$f(x+\omega)-f(x)$小于给定的量."波尔查诺给出了连续函数的定义,第一次明确地指出连续观念的基础存在于极限概念之中.函数 $f(x)$ 如果对于一个区间内的任一值 x 和无论是正或负的充分小的 Δx,差 $f(x+\Delta x)-f(x)$ 始终小于任一给定的量时,波尔查诺定义这个函数在这个区间内连续.这个定义和稍后柯西给出的定义没有实质上的差别,它在目前的微积分学中仍然是基本的.

柯西:"函数 $f(x)$ 是处于两个指定界限之间的变量 x 的连续函数,如果对这两个界限之间的每个值 x,差 $f(x+a)-f(x)$ 的数值随着 a 的无限减小而无限减小……变量的无穷小增量总导致函数本身的无穷小增量."

魏尔斯特拉斯:"如果给定任何一个正数 ε,都存在一个正数 δ,使得对于区间 $|x-x'|<\delta$ 内的所有的 x 都有 $|f(x)-f(x')|<\varepsilon$,则说 $f(x)$ 在 $x=x'$ 处有极限 L.如果函数 $f(x)$ 在区间内的每一点 x 处都连续,就说 $f(x)$ 在 x 值的这个区间上连续."

本章小结

一、主要内容

1. 函数的概念,复合函数和初等函数的概念,多元函数的概念.
2. 数列的极限,函数极限的定义.
3. 无穷小量与无穷大量的概念,无穷小的比较.
4. 极限的运算法则.
5. 夹逼准则和数列的单调有界准则,两个重要极限.
6. 一元、多元函数连续的概念.
7. 一元、多元函数闭区间上连续函数的性质.

二、方法要点

在学习时,要熟练掌握函数定义域的求法和函数值的计算.基本初等函数是构成初等函数的基本元素,应熟悉常见基本初等函数的图象,了解他们的性质,从而理解复合函数和初等函数的概念.极限的概念是本书的重点之一,极限是研究函数的行之有效的手段,应理解它的概念,掌握它的计算方法,并掌握由它引申出来的概念(如连续、间断等)和极限概念之间的关系.掌握多元函数的概念,熟练掌握借助一元函数定义域的求法和函数值的计算求多元函数的定义域和函数值;借助一元函数的导数求法求二元函数的偏导数及高阶偏导数.

(一) 定义域的求法

1. 分母不能为零.
2. 偶次根号下非负.
3. 对数的底大于零且不等于1,真数大于零.
4. 三角函数和反三角函数要符合其定义.
5. 如果函数解析式由若干项拆合而成,那么函数的定义域是各项定义域的公共部分.

(二) 常用求极限的方法

1. 利用函数的连续性求极限.
2. 利用极限的运算法则求极限.
3. 利用无穷小量的性质求极限.
4. 利用无穷小量与无穷大量的关系求极限.
5. 利用两个重要极限求极限.
6. 利用等价无穷小量代换求极限.
7. 利用左右极限讨论分段函数在其分段点处的极限.
8. 利用数列的单调有界准则或夹逼准则求极限.

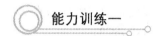
能力训练一

一、填空题

1. 函数 $f(x)=\lg(x^2-3x+2)$ 的定义域是 _____.

2. 已知函数 $f(x)$ 的定义域为 $[-2,2]$,则 $f(x^2)$ 的定义域为 _____.

3. 已知 $f(x)=x+\tan x$,则 $f\left(\dfrac{\pi}{4}\right)=$ _____.

4. 设函数 $f(x+1)=x^2-x-1$,则 $f(x)=$ _____.

5. 当 $x\to$ _____ 时,$\dfrac{1}{(x-2)^2}$ 是无穷大量.

6. 当 $x\to$ _____ 时,2^x 是无穷小量.

7. 极限 $\lim\limits_{x\to 0}\dfrac{\sin 3x}{x}=$ _____.

8. 函数 $f(x)=\dfrac{1}{x^2-2x-3}$ 的间断点是 _____.

9. 函数 $z=\lg(x^2-y^2)$ 的定义域为 _____.

10. $\lim\limits_{\substack{x\to 0\\y\to 0}}(x+y)\sin\dfrac{1}{x^2+y^2}=$ _____.

二、选择题

11. 函数 $y=\dfrac{\lg(x+2)}{\sqrt{9-x^2}}$ 的定义域是 ( )

A. $(-2,3)$ B. $[-3,3]$

C. $(-2,-1)\cup(-1,3)$ D. $(-3,3)$

12. $\lim\limits_{x\to x_0}f(x)$ 存在是函数 $f(x)$ 在点 $x=x_0$ 处连续的 ( )

A. 充要条件   B. 充分不必要条件

C. 必要不充分条件   D. 既不充分也不必要条件

13. 下列极限的计算正确的是 ( )

A. $\lim\limits_{x\to 0}x\sin\dfrac{1}{x}=1$ B. $\lim\limits_{x\to 0}x\sin x=1$ C. $\lim\limits_{x\to\infty}\dfrac{\sin x}{x}=1$ D. $\lim\limits_{x\to\infty}x\sin\dfrac{1}{x}=1$

14. 极限 $\lim\limits_{x\to 0}(1-2x)^{\frac{1}{x}}=$ ( )

A. e^2　　　　　B. e^{-2}　　　　　C. $e^{\frac{1}{2}}$　　　　　D. e

15. $\lim\limits_{x\to\pi}\dfrac{\sin x}{\pi-x}$ 的值是　　　　　　　　　　　　　　　　　　　　　　（　　）

A. 1　　　　　B. -1　　　　　C. ∞　　　　　D. 不存在

16. 设函数 $f(x)=\begin{cases}\dfrac{\sqrt{x+4}-2}{x}, & x\neq 0,\\ k, & x=0\end{cases}$ 在 $x=0$ 处连续，则 $k=$　　（　　）

A. 4　　　　　B. $\dfrac{1}{4}$　　　　　C. 2　　　　　D. $\dfrac{1}{2}$

17. 设函数 $f(x)=\begin{cases}x^2-1, & x<0,\\ x, & 0\leqslant x\leqslant 1,\\ 2-x, & 1<x\leqslant 2,\end{cases}$ 则 $f(x)$ 在　　　　（　　）

A. $x=0,x=1$ 处都间断　　　　　B. $x=0$ 处间断，$x=1$ 处连续

C. $x=0,x=1$ 处都连续　　　　　D. $x=0$ 处连续，$x=1$ 处间断

18. 函数 $z=\arccos x+\arcsin\dfrac{y}{2}$ 的定义域为　　　　　　　　　　　　　（　　）

A. $\{(x,y)\mid -1\leqslant x\leqslant 1\text{ 且 }-1\leqslant y\leqslant 1\}$　　B. $\{(x,y)\mid -1\leqslant x\leqslant 1\text{ 且 }-2\leqslant y\leqslant 2\}$

C. $\left\{(x,y)\mid -1\leqslant x\leqslant 1\text{ 且 }-\dfrac{1}{2}\leqslant y\leqslant\dfrac{1}{2}\right\}$　　D. $\{(x,y)\mid -1<x<1\text{ 且 }-2\leqslant y\leqslant 2\}$

19. 极限 $\lim\limits_{\substack{x\to 0\\ y\to 0}}\dfrac{x^2+y^2}{\sqrt{x^2+y^2-1}}=$　　　　　　　　　　　　　　　　（　　）

A. 0　　　　　B. 1　　　　　C. 2　　　　　D. 3

三、计算下列极限

20. $\lim\limits_{x\to 4}\dfrac{\sqrt{x}-2}{x-4}$.

21. $\lim\limits_{x\to 1}\left(\dfrac{2}{x^2-1}-\dfrac{1}{x-1}\right)$.

22. $\lim\limits_{x\to\infty}\dfrac{2x^3-x^2+5}{5x^3+x-8}$.

23. $\lim\limits_{x\to 0}\dfrac{\sin 3x}{2x}$.

24. $\lim\limits_{x\to\infty}\left(1+\dfrac{5}{x}\right)^{-x+3}$.

25. $\lim\limits_{x\to 0}\dfrac{\sin 3x}{\sin 5x}$.

26. $\lim\limits_{x\to 0}\dfrac{1-\cos x}{x^2}$.

27. $\lim\limits_{x\to\infty}(\sqrt{x+1}-\sqrt{x})$.

28. $\lim\limits_{x\to\infty}\left(\dfrac{x}{1+x}\right)^x$.

29. 若 $\lim\limits_{x\to\infty}\dfrac{ax^n+2x^2+3}{x^3+5x+1}=2$，求 a 与 n 的值.

30. $\lim\limits_{\substack{x\to 0\\ y\to 0}}\dfrac{xy}{5-\sqrt{xy+25}}$.

四、讨论函数的间断点，并指出类型

31. $f(x)=\begin{cases}x+2, & x<2,\\ 1, & x=2,\\ x^2, & x>2.\end{cases}$

32. $f(x)=\begin{cases}\dfrac{\sin x}{|x|}, & x\neq 0,\\ 1, & x=0.\end{cases}$

五、证明题

33. 证明方程 $x^3-4x^2+1=0$ 在 $(0,1)$ 内至少有一个实根.

第二章　导数与微分

学习目标

1. 理解导数和微分的概念；了解导数、微分的几何意义；掌握函数可导、可微、连续之间的关系；能够用导数描述一些实际问题中的变化率.
2. 熟练掌握导数和微分的运算法则（包括微分形式不变性）、导数的基本公式；了解高阶导数的概念；熟练掌握初等函数一、二阶导数的求法；能够求诸如 e^x，$\sin x$，$\dfrac{1}{1+x}$ 等特殊函数的 n 阶导数.
3. 掌握隐函数和参数式函数的一阶导数的求法，会求它们的二阶导数.
4. 理解二元函数偏导数和全微分的概念；了解偏导数、全微分的几何意义.
5. 会求二元函数偏导数、高阶偏导数；掌握二元函数复合函数、隐函数的求偏导问题.
6. 了解微分、全微分在近似计算中的应用.

微积分理论建立在函数和极限的基础之上. 微分学是微积分的重要组成部分，是从数量关系上描述物质运动的数学工具，它的基本概念是导数与微分. 在这一章中，我们主要讨论导数与微分的概念以及它们的计算方法.

第一节　导数的概念

一、引例

1. 变速直线运动的速度

一质点做变速直线运动，以数轴表示质点运动的直线. 设在运动过程中，质点在数轴上的位置 s 与时间 t 的函数关系为 $s=s(t)$，称为**位移函数**.

在从时刻 t_0 到 $t_0+\Delta t$ 这样一个时间间隔内，质点从位置 $s(t_0)$ 移动到 $s(t_0+\Delta t)$（图 2-1），于是在 t_0 到 $t_0+\Delta t$ 这段时间内，质点走过的路程为

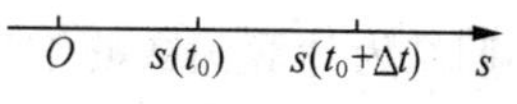

$$\Delta s=s(t_0+\Delta t)-s(t_0).$$

图 2-1

从而质点运动的平均速度为

$$\bar{v} = \frac{\Delta s}{\Delta t} = \frac{s(t_0 + \Delta t) - s(t_0)}{\Delta t}.$$

当 $|\Delta t|$ 充分小时,可以用平均速度 $\bar{v}$ 近似地表示质点在时刻 t_0 的(瞬时)速度,而且 $|\Delta t|$ 越小,它的近似程度也越好. 令 $\Delta t \to 0$,取平均速度 $\bar{v}$ 的极限,如果这个极限存在,则称这个极限为质点在时刻 t_0 的**(瞬时)速度**,记为 $v|_{t=t_0}$ 或 $v(t_0)$,即

$$v|_{t=t_0} = \lim_{\Delta t \to 0} \frac{\Delta s}{\Delta t} = \lim_{\Delta t \to 0} \frac{s(t_0 + \Delta t) - s(t_0)}{\Delta t}.$$

2. 质量非均匀分布的细杆的线密度

将一根质量非均匀分布的细杆放在 x 轴上,它在 $[0, x]$ 上的质量为 $m = m(x)$,求细杆上的 x_0 处的线密度 $\rho(x_0)$.

细杆在 $[0, x_0]$ 上的质量为 $m(x_0)$,在 $[0, x_0 + \Delta x]$ 上的质量为 $m(x_0 + \Delta x)$,于是在 $[x_0, x_0 + \Delta x]$ 这段区间内,细杆的平均线密度为

$$\bar{\rho} = \frac{\Delta m}{\Delta x} = \frac{m(x_0 + \Delta x) - m(x_0)}{\Delta x}.$$

令 $\Delta x \to 0$,取 $\bar{\rho}$ 的极限,如果这个极限存在,则称这个极限为细杆在 x_0 处的**线密度**,记为 $\rho(x_0)$,即

$$\rho(x_0) = \lim_{\Delta x \to 0} \frac{\Delta m}{\Delta x} = \lim_{\Delta x \to 0} \frac{m(x_0 + \Delta x) - m(x_0)}{\Delta x}.$$

3. 切线问题

如图 2-2 所示,设有曲线 C(函数 $y = f(x)$ 的图形)及 C 上的一点 $M_0(x_0, f(x_0))$,在点 M_0 外另取 C 上一点 $N(x_0 + \Delta x, f(x_0 + \Delta x))$,作**割线** $M_0 N$,当点 N 沿曲线 C 趋向于点 M_0 时,如果割线 $M_0 N$ 绕点 M_0 旋转而转向极限位置 $M_0 T$,直线 $M_0 T$ 就称为曲线 C 在点 M_0 处的**切线**. 现在我们来求切线 $M_0 T$ 的斜率.

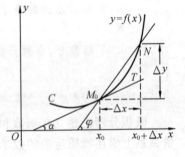

图 2-2

割线 $M_0 N$ 的斜率为

$$\tan \varphi = \frac{\Delta y}{\Delta x} = \frac{f(x_0 + \Delta x) - f(x_0)}{\Delta x},$$

其中 φ 为割线 $M_0 N$ 的倾角. 令 $\Delta x \to 0$,取上式的极限,如果这个极限存在,则称这个极限为曲线在点 M_0 处的切线的斜率,记为 k,即

$$k = \lim_{\Delta x \to 0} \frac{\Delta y}{\Delta x} = \lim_{\Delta x \to 0} \frac{f(x_0 + \Delta x) - f(x_0)}{\Delta x},$$

这里 $k = \tan \alpha$,其中 α 是切线 $M_0 T$ 的倾角.

二、导数的定义

上面三个例子,实际含义虽然不同,但从抽象的数量关系来看,其实质是一样的,都可归结为计算函数的增量与自变量的增量之比(平均变化率)当自变量的增量趋于 0 时的极限,这个极限(如果存在)就称为函数的导数.

定义 设函数 $y = f(x)$ 在点 x_0 的某个邻域内有定义,当自变量 x 在 x_0 处取得增量 Δx(点 $x_0 + \Delta x$ 仍在该邻域内)时,相应地函数 y 取得增量 $\Delta y = f(x_0 + \Delta x) - f(x_0)$. 如果极限

$$\lim_{\Delta x \to 0}\frac{\Delta y}{\Delta x}=\lim_{\Delta x \to 0}\frac{f(x_0+\Delta x)-f(x_0)}{\Delta x}$$

存在,则称函数 $f(x)$ **在点** x_0 **处可导**,并且称这个极限为函数 $f(x)$ 在 x_0 处的**导数**,记为 $y'|_{x=x_0}$,也可记为 $f'(x_0)$,即

$$y'|_{x=x_0}=\lim_{\Delta x \to 0}\frac{\Delta y}{\Delta x}=\lim_{\Delta x \to 0}\frac{f(x_0+\Delta x)-f(x_0)}{\Delta x}. \tag{1}$$

导数 $y'|_{x=x_0}$ 也称为函数 $y=f(x)$ 在点 x_0 处对自变量 x 的**变化率**,它反映了因变量随自变量的变化而变化的快慢程度.

如果极限 $\lim_{\Delta x \to 0}\frac{\Delta y}{\Delta x}$ 不存在,就称**函数** $y=f(x)$ **在点** x_0 **处不可导**.

令 $x=x_0+\Delta x$,则当 $\Delta x \to 0$ 时,有 $x \to x_0$. 因此 $y'|_{x=x_0}$ 也可表示为

$$y'|_{x=x_0}=\lim_{x \to x_0}\frac{f(x)-f(x_0)}{x-x_0}. \tag{2}$$

由导数的定义可知,上述三个引例中,(瞬时)速度 $v(t_0)=s'(t_0)$,线密度 $\rho(x_0)=m'(x_0)$,切线斜率 $k=f'(x_0)$.

例1 设函数 $y=x^3$,求 $y'|_{x=1}$.

解 由(1)式,

$$y'|_{x=1}=\lim_{\Delta x \to 0}\frac{(1+\Delta x)^3-1^3}{\Delta x}=\lim_{\Delta x \to 0}\frac{3\Delta x+3(\Delta x)^2+(\Delta x)^3}{\Delta x}$$
$$=\lim_{\Delta x \to 0}[3+3\Delta x+(\Delta x)^2]=3.$$

也可以利用(2)式计算:

$$y'|_{x=1}=\lim_{x \to 1}\frac{x^3-1^3}{x-1}=\lim_{x \to 1}(x^2+x+1)=3.$$

例2 如果 $f(x)$ 在点 x_0 处可导,求 $\lim_{h \to 0}\frac{f(x_0-2h)-f(x_0)}{h}$.

解 $\lim_{h \to 0}\frac{f(x_0-2h)-f(x_0)}{h}=\lim_{h \to 0}\frac{f(x_0-2h)-f(x_0)}{-2h} \cdot (-2).$

令 $-2h=\Delta x$,则当 $h \to 0$ 时,有 $\Delta x \to 0$. 因此

$$\lim_{h \to 0}\frac{f(x_0-2h)-f(x_0)}{h}=\lim_{\Delta x \to 0}\frac{f(x_0+\Delta x)-f(x_0)}{\Delta x} \cdot (-2)$$
$$=-2f'(x_0).$$

如果函数 $y=f(x)$ 在区间 (a,b) 内的每一点都可导,则称 $y=f(x)$ 在**区间** (a,b) **内可导**. 这时,对于任意 $x \in (a,b)$,都对应着 $f(x)$ 的一个确定的导数值,这样就构成了一个新的函数,这个函数称为原来函数 $y=f(x)$ 的**导函数**,记为 y' 或 $f'(x)$. 在不致发生混淆的情况下,导函数也简称为导数.

显然,函数 $y=f(x)$ 在点 x_0 处的导数 $f'(x_0)$,就是导函数 $f'(x)$ 在点 $x=x_0$ 处的函数值,即

$$f'(x_0)=f'(x)|_{x=x_0}. \tag{3}$$

例1中的函数 $y=x^3$,其导函数

$$y'=\lim_{\Delta x \to 0}\frac{(x+\Delta x)^3-x^3}{\Delta x}=\lim_{\Delta x \to 0}\frac{3x^2\Delta x+3x(\Delta x)^2+(\Delta x)^3}{\Delta x}$$

$$= \lim_{\Delta x \to 0}[3x^2+3x\Delta x+(\Delta x)^2]=3x^2,$$

因此,由(3)式,$y'|_{x=1}=3x^2|_{x=1}=3$.

这里顺便指出:

若 $\lim\limits_{\Delta x \to 0^+}\dfrac{\Delta y}{\Delta x}=\lim\limits_{\Delta x \to 0^+}\dfrac{f(x_0+\Delta x)-f(x_0)}{\Delta x}$ 存在,则称此极限为函数 $f(x)$ 在点 x_0 处的**右导数**,记为 $f'_+(x_0)$;

若 $\lim\limits_{\Delta x \to 0^-}\dfrac{\Delta y}{\Delta x}=\lim\limits_{\Delta x \to 0^-}\dfrac{f(x_0+\Delta x)-f(x_0)}{\Delta x}$ 存在,则称此极限为函数 $f(x)$ 在点 x_0 处的**左导数**,记为 $f'_-(x_0)$.

右导数和左导数统称为**单侧导数**. 显然,函数 $f(x)$ 在点 x_0 处可导的充要条件是 $f(x)$ 在点 x_0 处的左、右导数存在且相等.

三、求导数举例

下面根据导数定义求一些简单函数的导数.

例 3 求函数 $f(x)=C$(C 是常数)的导数.

解 $f'(x)=\lim\limits_{\Delta x \to 0}\dfrac{f(x+\Delta x)-f(x)}{\Delta x}=\lim\limits_{\Delta x \to 0}\dfrac{C-C}{\Delta x}=\lim\limits_{\Delta x \to 0}0=0$,

即 $(C)'=0$.

这就是说,常数的导数等于零.

例 4 求函数 $f(x)=x^n$(n 为正整数)的导数.

解 由于

$$\Delta y=(x+\Delta x)^n-x^n=C_n^1 x^{n-1}\Delta x+C_n^2 x^{n-2}(\Delta x)^2+\cdots+C_n^n(\Delta x)^n,$$

所以

$$f'(x)=\lim_{\Delta x \to 0}\frac{\Delta y}{\Delta x}=\lim_{\Delta x \to 0}[C_n^1 x^{n-1}+C_n^2 x^{n-2}\Delta x+\cdots+C_n^n(\Delta x)^{n-1}]$$
$$=C_n^1 x^{n-1}=nx^{n-1}.$$

一般地,对于幂函数 $y=x^\mu$(μ 是实数),有

$$(x^\mu)'=\mu x^{\mu-1}.$$

这就是幂函数的导数公式. 这个公式的证明将在以后给出.

例如,当 $\mu=\dfrac{1}{2}$ 时,$y=x^{\frac{1}{2}}=\sqrt{x}$($x>0$)的导数为

$$(x^{\frac{1}{2}})'=\frac{1}{2}x^{\frac{1}{2}-1}=\frac{1}{2}x^{-\frac{1}{2}},$$

即 $(\sqrt{x})'=\dfrac{1}{2\sqrt{x}}$;

当 $\mu=-1$ 时,$y=x^{-1}=\dfrac{1}{x}$($x\neq 0$)的导数为

$$(x^{-1})'=(-1)x^{-1-1}=-x^{-2},$$

即

$$\left(\frac{1}{x}\right)'=-\frac{1}{x^2}.$$

例 5 求函数 $f(x)=\sin x$ 的导数.

解 $f'(x) = \lim\limits_{\Delta x \to 0} \dfrac{f(x+\Delta x)-f(x)}{\Delta x} = \lim\limits_{\Delta x \to 0} \dfrac{\sin(x+\Delta x)-\sin x}{\Delta x}$

$= \lim\limits_{\Delta x \to 0} \dfrac{2\cos\left(x+\dfrac{\Delta x}{2}\right)\sin\dfrac{\Delta x}{2}}{\Delta x}$

$= \lim\limits_{\Delta x \to 0} \cos\left(x+\dfrac{\Delta x}{2}\right) \cdot \dfrac{\sin\dfrac{\Delta x}{2}}{\dfrac{\Delta x}{2}} = \cos x,$

即
$$(\sin x)' = \cos x.$$

用类似的方法可求得
$$(\cos x)' = -\sin x.$$

例 6 求函数 $f(x) = \log_a x$ 的导数 $(a>0, a \neq 1)$.

解 $f'(x) = \lim\limits_{\Delta x \to 0} \dfrac{f(x+\Delta x)-f(x)}{\Delta x} = \lim\limits_{\Delta x \to 0} \dfrac{\log_a(x+\Delta x) - \log_a x}{\Delta x}$

$= \lim\limits_{\Delta x \to 0} \log_a\left(1+\dfrac{\Delta x}{x}\right)^{\frac{1}{\Delta x}} = \lim\limits_{\Delta x \to 0} \dfrac{1}{x}\log_a\left(1+\dfrac{\Delta x}{x}\right)^{\frac{x}{\Delta x}}$

$= \dfrac{1}{x}\log_a\left[\lim\limits_{\Delta x \to 0}\left(1+\dfrac{\Delta x}{x}\right)^{\frac{x}{\Delta x}}\right] = \dfrac{1}{x}\log_a e = \dfrac{1}{x\ln a},$

即
$$(\log_a x)' = \dfrac{1}{x\ln a}.$$

特别地,当 $a = e$ 时,有
$$(\ln x)' = \dfrac{1}{x}.$$

四、导数的几何意义

由引例中切线问题的讨论以及导数的定义可知:函数 $y=f(x)$ 在点 x_0 处的导数 $f'(x_0)$ 在几何上表示曲线 $y=f(x)$ 在点 $M_0(x_0, f(x_0))$ 处的切线的斜率,即
$$f'(x_0) = \tan\alpha,$$
其中 α 是切线的倾角.

如果 $f'(x_0) = \infty$ (此时 $f(x)$ 在点 x_0 处不可导,但为了方便起见,通常也说函数 $f(x)$ 在点 x_0 处的导数为无穷大),这时曲线 $y=f(x)$ 在点 $M_0(x_0, f(x_0))$ 处具有垂直于 x 轴的切线 $x=x_0$.

如果函数 $y=f(x)$ 在点 x_0 处可导,则曲线在点 $M_0(x_0, f(x_0))$ 处的切线方程与法线方程分别为
$$y - y_0 = f'(x_0)(x - x_0)$$
及
$$y - y_0 = -\dfrac{1}{f'(x_0)}(x - x_0) \quad (f'(x_0) \neq 0).$$

当 $f'(x_0) = 0$ 时,切线方程和法线方程分别为
$$y = y_0 \text{ 与 } x = x_0.$$

例 7 求曲线 $y = \dfrac{1}{x}$ 在点 $\left(\dfrac{1}{2}, 2\right)$ 处的切线方程和法线方程.

解 根据导数的几何意义,所求切线的斜率为

$$y'\big|_{x=\frac{1}{2}}=\left(\frac{1}{x}\right)'\bigg|_{x=\frac{1}{2}}=-\frac{1}{x^2}\bigg|_{x=\frac{1}{2}}=-4,$$

从而所求切线方程为

$$y-2=-4\left(x-\frac{1}{2}\right),$$

即

$$4x+y-4=0;$$

所求法线方程为

$$y-2=\frac{1}{4}\left(x-\frac{1}{2}\right),$$

即

$$2x-8y+15=0.$$

五、函数的可导性与连续性的关系

定理 如果函数 $y=f(x)$ 在点 x_0 处可导,则 $f(x)$ 在 x_0 处连续.

证 已知 $y=f(x)$ 在 x_0 处可导,即 $\lim\limits_{\Delta x\to 0}\dfrac{\Delta y}{\Delta x}=f'(x_0)$ 存在,于是

$$\frac{\Delta y}{\Delta x}=f'(x_0)+\alpha \quad (\text{其中 } \alpha \text{ 是当 } \Delta x\to 0 \text{ 时的无穷小}),$$

从而

$$\Delta y=f'(x_0)\Delta x+\alpha\Delta x,$$

由此得

$$\lim_{\Delta x\to 0}\Delta y=\lim_{\Delta x\to 0}[f'(x_0)\Delta x+\alpha\Delta x]=0,$$

即函数 $y=f(x)$ 在 x_0 处连续.

上述定理的逆命题不成立,即在某点连续的函数,在该点处不一定可导.

例 8 函数 $y=|x|$ 在 $x=0$ 处是连续的,但在 $x=0$ 处,

$$f'_+(0)=\lim_{\Delta x\to 0^+}\frac{|0+\Delta x|-|0|}{\Delta x}=\lim_{\Delta x\to 0^+}\frac{|\Delta x|}{\Delta x}=1,$$

$$f'_-(0)=\lim_{\Delta x\to 0^-}\frac{|0+\Delta x|-|0|}{\Delta x}=\lim_{\Delta x\to 0^-}\frac{|\Delta x|}{\Delta x}=-1,$$

即 $f'_+(0)\neq f'_-(0)$,因此函数 $y=|x|$ 在 $x=0$ 处不可导.曲线 $y=|x|$ 在原点处没有切线(图 2-3).

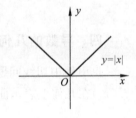

图 2-3

例 9 函数 $y=f(x)=\sqrt[3]{x}$ 在 $x=0$ 处连续,但在 $x=0$ 处,

$$\lim_{\Delta x\to 0}\frac{\Delta y}{\Delta x}=\lim_{\Delta x\to 0}\frac{f(0+\Delta x)-f(0)}{\Delta x}=\lim_{\Delta x\to 0}\frac{\sqrt[3]{\Delta x}-0}{\Delta x}$$

$$=\lim_{\Delta x\to 0}\frac{1}{\sqrt[3]{(\Delta x)^2}}=+\infty,$$

即导数为无穷大,因此函数 $y=f(x)=\sqrt[3]{x}$ 在 $x=0$ 处不可导,但曲线 $y=\sqrt[3]{x}$ 在原点处具有垂直于 x 轴的切线 $x=0$ (图 2-4).

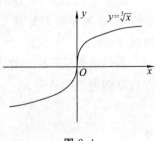

图 2-4

同步训练 2-1

1. 用定义求 $y=\sqrt{x}$ 在 $x=4$ 处的导数值,并求在相应点处曲线的切线方程.

2. 如果 $f(x)$ 在点 x_0 处可导,求:

(1) $\lim\limits_{\Delta x \to 0} \dfrac{f(x_0-\Delta x)-f(x_0)}{\Delta x}$; 　　(2) $\lim\limits_{h \to 0} \dfrac{f(x_0+\alpha h)-f(x_0-\beta h)}{h}$;

(3) $\lim\limits_{n \to \infty} n\left[f\left(x_0+\dfrac{1}{n}\right)-f(x_0)\right]$.

3. 求下列函数的导数:

(1) $y=x^{-2}$;　　(2) $y=\dfrac{1}{\sqrt{x}}$;　　(3) $y=x^3 \cdot \sqrt[5]{x}$;

(4) $y=\sqrt{\sqrt{\sqrt{x}}}$;　　(5) $y=\log_2 x$;　　(6) $y=\sin\dfrac{\pi}{4}$.

4. 一物体做直线运动,其运动路程 s(单位: m)与运动时间 t(单位: s)满足关系式: $s=t^3$,求此物体在 $t=1\text{s}$ 时的速度.

5. 设函数
$$f(x)=\begin{cases} x^2, & x\leqslant 1, \\ ax+b, & x>1 \end{cases}$$
在 $x=1$ 处可导,求 a,b 的值.

6. 设 $f(x)=(x-a)\varphi(x)$,其中 $\varphi(x)$ 在 $x=a$ 处连续,求 $f'(a)$.

第二节　一元函数和、差、积、商的求导法则

定理　设函数 $u=u(x)$ 及 $v=v(x)$ 在点 x 处可导,则

(1) 函数 $u\pm v$ 在点 x 处可导,且
$$(u\pm v)'=u'\pm v';$$

(2) 函数 uv 在点 x 处可导,且
$$(uv)'=u'v+uv';$$

(3) 函数 $\dfrac{u}{v}(v\neq 0)$ 在点 x 处可导,且
$$\left(\dfrac{u}{v}\right)'=\dfrac{u'v-uv'}{v^2}(v\neq 0).$$

说明　(1) 定理中的(1)、(2)可推广到任意有限项的情形.例如,
$$(u\pm v\pm w)'=u'\pm v'\pm w',$$
$$(uvw)'=u'vw+uv'w+uvw'.$$

(2) 由定理中的(2)可以推出
$$(Cu)'=Cu'(C \text{ 是常数}).$$

下面我们证明定理中的(2),其余留给读者作为练习.

***证**　设 $f(x)=u(x)v(x)$,则由导数的定义有
$$f'(x)=\lim_{\Delta x \to 0}\dfrac{f(x+\Delta x)-f(x)}{\Delta x}$$

$$=\lim_{\Delta x \to 0} \frac{u(x+\Delta x)v(x+\Delta x)-u(x)v(x)}{\Delta x}$$

$$=\lim_{\Delta x \to 0} \frac{u(x+\Delta x)v(x+\Delta x)-u(x)v(x+\Delta x)}{\Delta x}+\lim_{\Delta x \to 0} \frac{u(x)v(x+\Delta x)-u(x)v(x)}{\Delta x}$$

$$=\lim_{\Delta x \to 0} \frac{u(x+\Delta x)-u(x)}{\Delta x} \cdot v(x+\Delta x)+\lim_{\Delta x \to 0} \frac{v(x+\Delta x)-v(x)}{\Delta x} \cdot u(x)$$

$$=u'(x)v(x)+u(x)v'(x),$$

其中 $\lim\limits_{\Delta x \to 0} v(x+\Delta x)=v(x)$ 是由于 $v'(x)$ 存在,故 $v(x)$ 在点 x 处连续.

例 1 求 $y=x^3-\sin x+\ln 5$ 的导数.

解 $y'=(x^3-\sin x+\ln 5)'=(x^3)'-(\sin x)'+(\ln 5)'=3x^2-\cos x.$

注意 $\ln 5$ 是常数,所以 $(\ln 5)'=0.$

例 2 求 $y=2\sqrt{x}\cos x+\dfrac{1-\ln x}{1+\ln x}$ 的导数.

解 $y'=(2\sqrt{x}\cos x)'+\left(\dfrac{1-\ln x}{1+\ln x}\right)'$

$$=2(\sqrt{x})'\cos x+2\sqrt{x}(\cos x)'+\frac{(1-\ln x)'(1+\ln x)-(1-\ln x)(1+\ln x)'}{(1+\ln x)^2}$$

$$=\frac{\cos x}{\sqrt{x}}-2\sqrt{x}\sin x+\frac{-\dfrac{1}{x}(1+\ln x)-\dfrac{1}{x}(1-\ln x)}{(1+\ln x)^2}$$

$$=\frac{\cos x}{\sqrt{x}}-2\sqrt{x}\sin x-\frac{2}{x(1+\ln x)^2}.$$

例 3 求 $y=\tan x$ 的导数.

解 $y'=(\tan x)'=\left(\dfrac{\sin x}{\cos x}\right)'=\dfrac{(\sin x)'\cos x-\sin x(\cos x)'}{\cos^2 x}$

$$=\frac{\cos^2 x+\sin^2 x}{\cos^2 x}=\frac{1}{\cos^2 x}=\sec^2 x.$$

用类似的方法可求得

$$(\cot x)'=-\csc^2 x.$$

例 4 求 $y=\sec x$ 的导数.

解 $y'=(\sec x)'=\left(\dfrac{1}{\cos x}\right)'=\dfrac{(1)'\cos x-1\cdot(\cos x)'}{\cos^2 x}=\dfrac{\sin x}{\cos^2 x}=\sec x\tan x.$

用类似的方法可求得

$$(\csc x)'=-\csc x\cot x.$$

例 5 一个正在成长的球形细胞,其体积与半径的关系是 $V=\dfrac{4}{3}\pi r^3$,求当半径为 $10\mu m(1\mu m=10^{-6}m)$ 时,体积关于半径的增长率.

解 当半径为 $10\mu m$ 时,体积关于半径的增长率为

$$V'\bigg|_{r=10}=\left(\frac{4}{3}\pi r^3\right)'\bigg|_{r=10}=4\pi r^2\bigg|_{r=10}$$

$$=400\pi(\mu m^3/\mu m)=400\pi(\mu m^2).$$

同步训练 2-2

1. 求下列各函数的导数：

(1) $y=3\sqrt[3]{x^2}-\dfrac{1}{x^3}+\sqrt{2}$；

(2) $y=x(2x+1)(3x+2)$；

(3) $y=\dfrac{1+\sin x}{1+\cos x}$；

(4) $y=(2+\sec x)\log_2 x$；

(5) $y=x\tan x+\cot x$；

(6) $y=\sin 2x+\ln(3x)$.

2. 求下列函数在给定点处的导数：

(1) $y=x\sin x+2\cos x$，求 $y'|_{x=\frac{\pi}{4}}$；

(2) $y=\dfrac{1-\sqrt{x}}{1+\sqrt{x}}$，求 $y'|_{x=4}$.

3. 以初速度 v_0 竖直上抛的物体，其上升速度与时间的关系是 $s=v_0 t-\dfrac{1}{2}gt^2$，求：

(1) 该物体的速度 $v(t)$；

(2) 该物体达到最高点的时刻.

第三节　求函数的导数

一、一元函数反函数、复合函数与初等函数的导数

（一）一元函数反函数的导数

设 $x=\varphi(y)$ 是原来的函数，$y=f(x)$ 是它的反函数. 如果 $x=\varphi(y)$ 在区间 I_y 内单调且连续，那么它的反函数 $y=f(x)$ 在对应区间 $I_x=\{x\mid x=\varphi(y),y\in I_y\}$ 内也是单调且连续的. 现在假定 $x=\varphi(y)$ 在区间 I_y 内单调、可导，在此假定下考虑它的反函数 $y=f(x)$ 的可导性以及导数 $f'(x)$ 与 $\varphi'(y)$ 之间的关系.

定理 1　设函数 $x=\varphi(y)$ 在某区间 I_y 内单调、可导且 $\varphi'(y)\neq 0$，则它的反函数 $y=f(x)$ 在对应区间 $I_x=\{x\mid x=\varphi(y),y\in I_y\}$ 内也可导，并且

$$f'(x)=\dfrac{1}{\varphi'(y)}.$$

上述结论可简单地叙述为：反函数的导数等于原来的函数导数的倒数.

证　任取 $x\in I_x$，给 x 以增量 $\Delta x(\Delta x\neq 0,x+\Delta x\in I_x)$. 由 $y=f(x)$ 的单调性可知

$$\Delta y=f(x+\Delta x)-f(x)\neq 0,$$

于是有

$$\dfrac{\Delta y}{\Delta x}=\dfrac{1}{\dfrac{\Delta x}{\Delta y}}.$$

因 $y=f(x)$ 连续，故当 $\Delta x\to 0$ 时，$\Delta y\to 0$，于是

$$\lim_{\Delta x\to 0}\dfrac{\Delta y}{\Delta x}=\lim_{\Delta y\to 0}\dfrac{1}{\dfrac{\Delta x}{\Delta y}}=\dfrac{1}{\varphi'(y)},$$

即

$$f'(x)=\dfrac{1}{\varphi'(y)}.$$

例1 求 $y=\arcsin x$ 的导数.

解 $y=f(x)=\arcsin x$ 是 $x=\varphi(y)=\sin y$ 的反函数. 由于 $x=\sin y$ 在区间 $I_y=\left(-\dfrac{\pi}{2},\dfrac{\pi}{2}\right)$ 内单调、可导,且 $\varphi'(y)=\cos y>0$,因此 $y=\arcsin x$ 在对应区间 $I_x=(-1,1)$ 内也可导,且

$$f'(x)=\frac{1}{\varphi'(y)}=\frac{1}{\cos y}=\frac{1}{\sqrt{1-\sin^2 y}}=\frac{1}{\sqrt{1-x^2}},$$

即
$$(\arcsin x)'=\frac{1}{\sqrt{1-x^2}}.$$

用类似的方法可求得
$$(\arccos x)'=-\frac{1}{\sqrt{1-x^2}}.$$

例2 求 $y=\arctan x$ 的导数.

解 $y=f(x)=\arctan x$ 是 $x=\varphi(y)=\tan y$ 的反函数. 由于 $x=\tan y$ 在区间 $I_y=\left(-\dfrac{\pi}{2},\dfrac{\pi}{2}\right)$ 内单调、可导,且 $\varphi'(y)=\sec^2 y\neq 0$,因此 $y=\arctan x$ 在对应区间 $I_x=(-\infty,+\infty)$ 内也可导,且

$$f'(x)=\frac{1}{\varphi'(y)}=\frac{1}{\sec^2 y}=\frac{1}{1+\tan^2 y}=\frac{1}{1+x^2},$$

即
$$(\arctan x)'=\frac{1}{1+x^2}.$$

用类似的方法可求得
$$(\text{arccot}\,x)'=-\frac{1}{1+x^2}.$$

例3 求 $y=a^x\,(a>0,a\neq 1)$ 的导数.

解法1 利用导数的定义直接计算:

$$(a^x)'=\lim_{\Delta x\to 0}\frac{a^{x+\Delta x}-a^x}{\Delta x}=\lim_{\Delta x\to 0}\frac{a^x(a^{\Delta x}-1)}{\Delta x}$$

$$\xlongequal{\text{令}\,a^{\Delta x}-1=t}\lim_{t\to 0}\frac{a^x\cdot t}{\log_a(1+t)}=\lim_{t\to 0}\frac{a^x}{\log_a(1+t)^{\frac{1}{t}}}$$

$$=\frac{a^x}{\log_a e}=a^x\ln a.$$

解法2 利用反函数的求导法则计算:

$y=f(x)=a^x$ 是 $x=\varphi(y)=\log_a y$ 的反函数,$x=\log_a y$ 在区间 $I_y=(0,+\infty)$ 内单调、可导,且 $\varphi'(y)=\dfrac{1}{y\ln a}\neq 0$,因此 $y=a^x$ 在对应区间 $I_x=(-\infty,+\infty)$ 内也可导,且

$$f'(x)=\frac{1}{\varphi'(y)}=y\ln a=a^x\ln a,$$

即
$$(a^x)'=a^x\ln a.$$

特别地,当 $a=\text{e}$ 时,有
$$(\text{e}^x)'=\text{e}^x.$$

（二）一元函数复合函数的导数

下面介绍复合函数的求导法则.

定理 2 设函数 $u=\varphi(x)$ 在点 x 处可导，函数 $y=f(u)$ 在对应点 u 处可导，则复合函数 $y=f[\varphi(x)]$ 在 x 处也可导，且

$$y_x' = y_u' \cdot u_x',$$

或记为

$$\{f[\varphi(x)]\}' = f'(u)\varphi'(x).$$

说明 （1）y_x'，y_u'，u_x' 分别表示 y 对 x 求导、y 对 u 求导、u 对 x 求导. 在不致发生混淆的情况下，y 对自变量 x 求导有时也简记为 y'；

（2）$\{f[\varphi(x)]\}'$ 表示 $y=f[\varphi(x)]$ 对变量 x 求导，而 $f'[\varphi(x)]$ 表示 $y=f[\varphi(x)]$ 对变量 $u=\varphi(x)$ 求导；

（3）定理 2 也可用于多次复合的情形，例如

设 $y=f(u)$，$u=\varphi(v)$，$v=\psi(x)$ 都可导，则 $y=f\{\varphi[\psi(x)]\}$ 也可导，且

$$y_x' = y_u' \cdot u_v' \cdot v_x',$$

或记为

$$(f\{\varphi[\psi(x)]\})' = f'(u)\varphi'(v)\psi'(x).$$

例 4 设 $y=\sin^2 x$，求 y'.

解 $y=\sin^2 x$ 可看作由 $y=u^2$，$u=\sin x$ 复合而成，因此

$$y' = y_u' \cdot u_x' = 2u \cdot \cos x = 2\sin x \cos x = \sin 2x.$$

例 5 设 $y=(x^2-5x+2)^4$，求 y'.

解 $y=(x^2-5x+2)^4$ 可看作由 $y=u^4$，$u=x^2-5x+2$ 复合而成，因此

$$y' = y_u' \cdot u_x' = 4u^3(2x-5) = 4(x^2-5x+2)^3(2x-5).$$

对复合函数的分解比较熟悉后，可不写出中间变量.

例 6 设 $y=e^{\sin\frac{1}{x}}$，求 y'.

解 $y' = e^{\sin\frac{1}{x}}\left(\sin\frac{1}{x}\right)' = e^{\sin\frac{1}{x}}\cos\frac{1}{x}\left(\frac{1}{x}\right)' = -\frac{1}{x^2}e^{\sin\frac{1}{x}}\cos\frac{1}{x}.$

例 7 $y=\ln(x+\sqrt{1+x^2})$，求 y'.

解 $y' = \dfrac{1}{x+\sqrt{1+x^2}}(x+\sqrt{1+x^2})' = \dfrac{1}{x+\sqrt{1+x^2}}\left[1+\dfrac{1}{2\sqrt{1+x^2}} \cdot (1+x^2)'\right]$

$= \dfrac{1}{x+\sqrt{1+x^2}}\left(1+\dfrac{x}{\sqrt{1+x^2}}\right) = \dfrac{1}{\sqrt{1+x^2}}.$

例 8 设 $y=\ln|x|$，求 y'.

解 因为 $\ln|x| = \begin{cases} \ln x, & x>0, \\ \ln(-x), & x<0, \end{cases}$ 所以，

当 $x>0$ 时，$(\ln|x|)' = (\ln x)' = \dfrac{1}{x}$；

当 $x<0$ 时，$(\ln|x|)' = [\ln(-x)]' = \dfrac{1}{-x} \cdot (-x)' = \dfrac{1}{x}.$

因此

$$(\ln|x|)' = \frac{1}{x}.$$

例 9 设 $y=\ln|\sec x+\tan x|$，求 y'.

解 $y' = \dfrac{1}{\sec x + \tan x}(\sec x + \tan x)'$

$= \dfrac{\sec x \tan x + \sec^2 x}{\sec x + \tan x} = \sec x.$

例 10 如果圆的半径以 2cm/s 的等速度增加，求圆半径 $r = 10$cm 时，圆面积增加的速度.

解 圆面积 $S = \pi r^2$，其中 r 是时间 t 的函数，则
$$S_t' = S_r' \cdot r_t' = 2\pi r \cdot r_t'.$$

已知 $r_t' = 2$cm/s，于是当 $r = 10$cm 时，圆面积增加的速度为
$$S_t'\big|_{r=10} = 2\pi \cdot 10 \cdot 2 = 40\pi \,(\text{cm}^2/\text{s}).$$

例 11 设 $y = x^\mu$ (μ 是实数)，求 y'.

解 当 $x > 0$ 时，有
$$(x^\mu)' = (e^{\mu \ln x})' = e^{\mu \ln x}(\mu \ln x)' = x^\mu \cdot \dfrac{\mu}{x} = \mu x^{\mu-1}.$$

当 $x < 0$ 时，$y = x^\mu = (-1)^\mu (-x)^\mu$，此时
$$(x^\mu)' = (-1)^\mu \mu (-x)^{\mu-1}(-x)' = (-1)^{2\mu} \mu x^{\mu-1} = \mu x^{\mu-1}.$$

因此
$$(x^\mu)' = \mu x^{\mu-1} \ (\mu \text{ 是实数}).$$

（三）一元函数初等函数的导数

我们已经求出了所有基本初等函数的导数，建立了函数的和、差、积、商的求导法则和复合函数的求导法则. 这样，我们就解决了一切初等函数的求导问题. 为了便于查阅，我们把这些导数公式和求导法则归纳如下：

1. 常数和基本初等函数的导数公式

(1) $(C)' = 0$; (2) $(x^\mu)' = \mu x^{\mu-1}$;

(3) $(\sin x)' = \cos x$; (4) $(\cos x)' = -\sin x$;

(5) $(\tan x)' = \sec^2 x$; (6) $(\cot x)' = -\csc^2 x$;

(7) $(\sec x)' = \sec x \tan x$; (8) $(\csc x)' = -\csc x \cot x$;

(9) $(a^x)' = a^x \ln a$; (10) $(e^x)' = e^x$;

(11) $(\log_a x)' = \dfrac{1}{x \ln a}$; (12) $(\ln x)' = \dfrac{1}{x}$;

(13) $(\arcsin x)' = \dfrac{1}{\sqrt{1-x^2}}$; (14) $(\arccos x)' = -\dfrac{1}{\sqrt{1-x^2}}$;

(15) $(\arctan x)' = \dfrac{1}{1+x^2}$; (16) $(\operatorname{arccot} x)' = -\dfrac{1}{1+x^2}$.

2. 函数的和、差、积、商的求导法则

设 $u = u(x)$ 及 $v = v(x)$ 可导，则

(1) $(u \pm v)' = u' \pm v'$; (2) $(uv)' = u'v + uv'$;

(3) $(Cu)' = Cu'$ (C 是常数); (4) $\left(\dfrac{u}{v}\right)' = \dfrac{u'v - uv'}{v^2}$ ($v \neq 0$).

3. 复合函数的求导法则

设 $u = \varphi(x)$ 在 x 处可导，$y = f(u)$ 在对应点 u 处可导，则复合函数 $y = f[\varphi(x)]$ 的导数为
$$y_x' = y_u' \cdot u_x',$$

或记为
$$\{f[\varphi(x)]\}' = f'(u)\varphi'(x).$$

二、二元函数的偏导数

1. 偏导数的概念

先看一个实例.

例 12 一定量的理想气体的压强 p、体积 V 和绝对温度 T 之间的关系为
$$\frac{pV}{T} = R,$$
其中 R 为常数.当温度 T 和压强 p 两个因素同时变化时,考察体积 V 的变化率是比较复杂的.通常考虑下列两种特殊情况:

(1) 等温过程.

若固定温度 T,即 $T=$ 常数,则体积 V 关于压强 p 的变化率为
$$\left(\frac{\mathrm{d}V}{\mathrm{d}p}\right)_{T=\text{常数}} = -R\frac{T}{p^2}.$$

(2) 等压过程.

若压强 p 固定,即 $p=$ 常数,则体积 V 关于温度 T 的变化率为
$$\left(\frac{\mathrm{d}V}{\mathrm{d}T}\right)_{p=\text{常数}} = \frac{R}{p}.$$

一般地,对于二元函数 $z=f(x,y)$,我们通常固定其中一个自变量,比如 y 不变,这样函数 $z=f(x,y)$ 实际上只是 x 的一元函数,因此可以求出当 y 固定时,z 对 x 的变化率,这就是二元函数的偏导数.

定义 设函数 $z=f(x,y)$ 在点 (x_0,y_0) 的某一邻域内有定义,当 y 固定在 y_0,而 x 在 x_0 处有改变量 Δx 时,相应地函数 z 有关于 x 的增量(称为**偏增量**)
$$\Delta_x z = f(x_0 + \Delta x, y_0) - f(x_0, y_0).$$
如果极限 $\lim\limits_{\Delta x \to 0} \dfrac{f(x_0 + \Delta x, y_0) - f(x_0, y_0)}{\Delta x}$ 存在,则称此极限为函数 $z=f(x,y)$ 在点 (x_0,y_0) 处**对 x 的偏导数**,记为
$$\left.\frac{\partial z}{\partial x}\right|_{\substack{x=x_0 \\ y=y_0}}, \left.\frac{\partial f}{\partial x}\right|_{\substack{x=x_0 \\ y=y_0}}, \left. z_x \right|_{\substack{x=x_0 \\ y=y_0}} \text{或} f_x(x_0, y_0).$$

类似地,函数 $z=f(x,y)$ 在点 (x_0,y_0) 处**对 y 的偏导数**定义为
$$\lim_{\Delta y \to 0} \frac{f(x_0, y_0 + \Delta y) - f(x_0, y_0)}{\Delta y},$$
记为 $\left.\dfrac{\partial z}{\partial y}\right|_{\substack{x=x_0 \\ y=y_0}}, \left.\dfrac{\partial f}{\partial y}\right|_{\substack{x=x_0 \\ y=y_0}}, \left. z_y \right|_{\substack{x=x_0 \\ y=y_0}} \text{或} f_y(x_0, y_0).$

如果函数 $z=f(x,y)$ 在区域 D 内的每一点 (x,y) 处对 x 的偏导数都存在,那么对于 D 内的每个点 (x,y),都对应着一个确定的 $f(x,y)$ 对 x 的偏导数,这样就在 D 内定义了一个新的函数,称为 $z=f(x,y)$ **对 x 的偏导函数**,记为
$$\frac{\partial z}{\partial x}, \frac{\partial f}{\partial x}, z_x \text{ 或 } f_x(x,y),$$
即
$$f_x(x,y) = \lim_{\Delta x \to 0} \frac{f(x+\Delta x, y) - f(x,y)}{\Delta x}.$$

类似地,函数 $z=f(x,y)$ 对 y 的**偏导函数**定义为

$$\lim_{\Delta y \to 0} \frac{f(x,y+\Delta y)-f(x,y)}{\Delta y},$$

记为 $\dfrac{\partial z}{\partial y}, \dfrac{\partial f}{\partial y}, z_y$ 或 $f_y(x,y)$.

在不致发生混淆的情况下,偏导函数也简称为偏导数.

显然,$f(x,y)$ 在点 (x_0,y_0) 处对 x 的偏导数 $f_x(x_0,y_0)$ 就是偏导函数 $f_x(x,y)$ 在点 (x_0,y_0) 处的函数值,即 $f_x(x_0,y_0)=f_x(x,y)\Big|_{\substack{x=x_0\\y=y_0}}$,$f_y(x_0,y_0)$ 就是偏导函数 $f_y(x,y)$ 在点 (x_0,y_0) 处的函数值,即 $f_y(x_0,y_0)=f_y(x,y)\Big|_{\substack{x=x_0\\y=y_0}}$.

偏导数的定义可以推广到二元以上的多元函数.例如,三元函数 $W=f(x,y,z)$ 对 x 的偏导数定义为

$$f_x(x,y,z)=\lim_{\Delta x \to 0}\frac{f(x+\Delta x,y,z)-f(x,y,z)}{\Delta x}.$$

由偏导数的定义知,求对某一自变量的偏导数时,只要把其余自变量看作常量而对该自变量求导数.因此,它实际上仍然是一元函数的微分法问题.

例 13 求函数 $f(x,y)=x^3y-xy^3+y^2$ 在点 $(2,1)$ 处的偏导数.

解 把 y 看作常量,得

$$f_x(x,y)=3x^2y-y^3;$$

把 x 看作常量,得

$$f_y(x,y)=x^3-3xy^2+2y.$$

将 $x=2,y=1$ 代入上面的结果,得

$$f_x(2,1)=(3x^2y-y^3)\Big|_{\substack{x=2\\y=1}}=11,$$

$$f_y(2,1)=(x^3-3xy^2+2y)\Big|_{\substack{x=2\\y=1}}=4.$$

例 14 已知 $z=e^{x^2y}$,求 $\dfrac{\partial z}{\partial x},\dfrac{\partial z}{\partial y}$.

解 $\dfrac{\partial z}{\partial x}=e^{x^2y}\cdot(x^2y)_x'=2xye^{x^2y}$,

$\dfrac{\partial z}{\partial y}=e^{x^2y}\cdot(x^2y)_y'=x^2e^{x^2y}$.

例 15 设 $z=(y-1)\sqrt{1+x^2}\sin(xy)+x^3$,求 $z_x(2,1)$.

解法 1 对 x 求偏导数有

$$z_x=(y-1)\left[\frac{x}{\sqrt{1+x^2}}\sin(xy)+y\sqrt{1+x^2}\cos(xy)\right]+3x^2,$$

将 $x=2,y=1$ 代入上式,得

$$z_x(2,1)=12.$$

下面给出一种简便的解法.由于是求在点 $(2,1)$ 处对 x 的偏导数,因此可先将 $y=1$ 代入原函数中,然后再求对 x 的偏导数.

解法 2 将 $y=1$ 代入原函数,得

$$z(x,1)=x^3.$$

于是 $z_x(2,1)=z_x(x,1)|_{x=2}=3x^2|_{x=2}=12.$

例 16 已知理想气体的状态方程 $pV=RT$(R 为常数),求证:
$$\frac{\partial p}{\partial V} \cdot \frac{\partial V}{\partial T} \cdot \frac{\partial T}{\partial p}=-1.$$

证 因为 $p=\dfrac{RT}{V}, \dfrac{\partial p}{\partial V}=-\dfrac{RT}{V^2},$

$$V=\frac{RT}{p}, \frac{\partial V}{\partial T}=\frac{R}{p},$$

$$T=\frac{pV}{R}, \frac{\partial T}{\partial p}=\frac{V}{R},$$

所以 $\dfrac{\partial p}{\partial V} \cdot \dfrac{\partial V}{\partial T} \cdot \dfrac{\partial T}{\partial p}=-\dfrac{RT}{V^2} \cdot \dfrac{R}{p} \cdot \dfrac{V}{R}=-\dfrac{RT}{pV}=-1.$

上式表明,偏导数的记号是一个整体记号,其中的横线没有相除的意义.

值得注意的是,对一元函数来说,如果一个函数在某点具有导数,则它在该点必定连续.但对多元函数来说,即使各个偏导数在某点都存在,也不能保证函数在该点连续.

例如,二元函数

$$f(x,y)=\begin{cases} 1, & xy=0, \\ 0, & \text{其他}. \end{cases}$$

在上一节我们已讨论过极限 $\lim\limits_{(x,y)\to(0,0)} f(x,y)$ 不存在,因此 $f(x,y)$ 在 $(0,0)$ 点不连续,而由偏导数的定义知

$$f_x(0,0)=\lim_{\Delta x\to 0}\frac{f(0+\Delta x,0)-f(0,0)}{\Delta x}=\lim_{\Delta x\to 0}\frac{1-1}{\Delta x}=0,$$

$$f_y(0,0)=\lim_{\Delta y\to 0}\frac{f(0,0+\Delta y)-f(0,0)}{\Delta y}=\lim_{\Delta y\to 0}\frac{1-1}{\Delta y}=0,$$

即 $f(x,y)$ 在点 $(0,0)$ 处两个偏导数都存在.

2. 偏导数的几何意义

二元函数 $z=f(x,y)$ 在点 (x_0,y_0) 处对 x 的偏导数 $f_x(x_0,y_0)$ 就是一元函数 $z=f(x,y_0)$ 在 x_0 处的导数 $\dfrac{\mathrm{d}}{\mathrm{d}x}f(x,y_0)|_{x=x_0}$. 设 $M_0(x_0,y_0,f(x_0,y_0))$ 为曲面 $z=f(x,y)$ 上的一点,过 M_0 作平面 $y=y_0$,该平面在曲面上截得一曲线

$$\begin{cases} z=f(x,y), \\ y=y_0. \end{cases}$$

由导数的几何意义可知 $\dfrac{\mathrm{d}}{\mathrm{d}x}f(x,y_0)|_{x=x_0}$,即 $f_x(x_0,y_0)$,就是这条曲线在 M_0 处的切线 M_0T_x 对 x 轴的斜率(图 2-5).

同理,$f_y(x_0,y_0)$ 是曲面 $z=f(x,y)$ 与平面 $x=x_0$ 的交线在点 M_0 处的切线 M_0T_y 对 y 轴的斜率.

三、二元复合函数的求导法则

设函数 $z=f(u,v)$,而 $u=\varphi(x,y), v=\psi(x,y),$

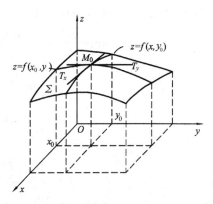

图 2-5

则 $z=f[\varphi(x,y),\psi(x,y)]$ 就是 x,y 的复合函数,变量之间的关系图示如下:

$$z \Big\langle \begin{matrix} u \\ v \end{matrix} \begin{matrix} x \\ y \end{matrix}$$

一元函数中有复合函数的求导法则,即若 $y=f(u),u=\varphi(x)$ 都可导,则 $y=f[\varphi(x)]$ 的导数 $\dfrac{\mathrm{d}y}{\mathrm{d}x}=\dfrac{\mathrm{d}y}{\mathrm{d}u}\cdot\dfrac{\mathrm{d}u}{\mathrm{d}x}$. 对多元函数也有类似的法则.

定理 3 设函数 $u=\varphi(x,y),v=\psi(x,y)$ 在点 (x,y) 处有偏导数,而函数 $z=f(u,v)$ 在对应点 (u,v) 处有连续偏导数,则复合函数 $z=f[\varphi(x,y),\psi(x,y)]$ 在点 (x,y) 处的偏导数存在,且

$$\begin{aligned}\frac{\partial z}{\partial x}&=\frac{\partial z}{\partial u}\cdot\frac{\partial u}{\partial x}+\frac{\partial z}{\partial v}\cdot\frac{\partial v}{\partial x},\\ \frac{\partial z}{\partial y}&=\frac{\partial z}{\partial u}\cdot\frac{\partial u}{\partial y}+\frac{\partial z}{\partial v}\cdot\frac{\partial v}{\partial y}.\end{aligned} \tag{1}$$

* **证** 当自变量 x,y 有改变量 $\Delta x,\Delta y$ 时,u,v 有相应的改变量(全增量)

$$\Delta u=\varphi(x+\Delta x,y+\Delta y)-\varphi(x,y),$$
$$\Delta v=\psi(x+\Delta x,y+\Delta y)-\psi(x,y).$$

因为 $z=f(u,v)$ 在点 (u,v) 处有连续偏导数,所以 $z=f(u,v)$ 在点 (u,v) 处可微. 由微分的定义,有

$$\Delta z=\frac{\partial z}{\partial u}\cdot\Delta u+\frac{\partial z}{\partial v}\cdot\Delta v+o(\rho), \tag{2}$$

其中 $\rho=\sqrt{(\Delta u)^2+(\Delta v)^2}$. 在(2)式中令 $\Delta y=0$,得 z 关于 x 的偏增量

$$\Delta_x z=\frac{\partial z}{\partial u}\cdot\Delta_x u+\frac{\partial z}{\partial v}\cdot\Delta_x v+o(\rho_1), \tag{3}$$

其中 $\rho_1=\sqrt{(\Delta_x u)^2+(\Delta_x v)^2}$. (3)式两端同除以 Δx,得

$$\frac{\Delta_x z}{\Delta x}=\frac{\partial z}{\partial u}\cdot\frac{\Delta_x u}{\Delta x}+\frac{\partial z}{\partial v}\cdot\frac{\Delta_x v}{\Delta x}+\frac{o(\rho_1)}{\Delta x}. \tag{4}$$

因为函数 $u=\varphi(x,y),v=\psi(x,y)$ 在点 (x,y) 处的偏导数存在,由一元函数可导必连续的性质,有

$$\lim_{\Delta x\to 0}\Delta_x u=0,\ \lim_{\Delta x\to 0}\Delta_x v=0.$$

因此,当 $\Delta x\to 0$ 时,$\rho_1\to 0$. 于是

$$\begin{aligned}\lim_{\Delta x\to 0}\frac{o(\rho_1)}{\Delta x}&=\lim_{\Delta x\to 0}\frac{o(\rho_1)}{\rho_1}\cdot\frac{\rho_1}{\Delta x}\\ &=\lim_{\rho_1\to 0}\frac{o(\rho_1)}{\rho_1}\cdot\lim_{\Delta x\to 0}\frac{\sqrt{(\Delta_x u)^2+(\Delta_x v)^2}}{\Delta x}\\ &=\lim_{\rho_1\to 0}\frac{o(\rho_1)}{\rho_1}\cdot\lim_{\Delta x\to 0}\sqrt{\left(\frac{\Delta_x u}{\Delta x}\right)^2+\left(\frac{\Delta_x v}{\Delta x}\right)^2}\\ &=\lim_{\rho_1\to 0}\frac{o(\rho_1)}{\rho_1}\cdot\sqrt{\left(\frac{\partial u}{\partial x}\right)^2+\left(\frac{\partial v}{\partial x}\right)^2}\\ &=0.\end{aligned}$$

在(4)式两端取极限,令 $\Delta x\to 0$,得

$$\frac{\partial z}{\partial x} = \frac{\partial z}{\partial u} \cdot \frac{\partial u}{\partial x} + \frac{\partial z}{\partial v} \cdot \frac{\partial v}{\partial x}.$$

同理可证
$$\frac{\partial z}{\partial y} = \frac{\partial z}{\partial u} \cdot \frac{\partial u}{\partial y} + \frac{\partial z}{\partial v} \cdot \frac{\partial v}{\partial y}.$$

说明 （1）定理 3 可推广到含两个以上中间变量的情形. 例如, 函数 $z = f(u,v,w)$, $u = \varphi(x,y), v = \psi(x,y), w = \omega(x,y)$ 满足定理的相应条件, 则

$$\frac{\partial z}{\partial x} = \frac{\partial z}{\partial u} \cdot \frac{\partial u}{\partial x} + \frac{\partial z}{\partial v} \cdot \frac{\partial v}{\partial x} + \frac{\partial z}{\partial w} \cdot \frac{\partial w}{\partial x},$$

$$\frac{\partial z}{\partial y} = \frac{\partial z}{\partial u} \cdot \frac{\partial u}{\partial y} + \frac{\partial z}{\partial v} \cdot \frac{\partial v}{\partial y} + \frac{\partial z}{\partial w} \cdot \frac{\partial w}{\partial y}.$$

（2）在定理 3 中, 若 $u = \varphi(x), v = \psi(x)$, 则 $z = f[\varphi(x), \psi(x)]$ 是 x 的一元函数. 变量之间的关系图示如下：

此时, 函数 z 对 x 的导数称为全导数, 且

$$\frac{dz}{dx} = \frac{\partial z}{\partial u} \cdot \frac{du}{dx} + \frac{\partial z}{\partial v} \cdot \frac{dv}{dx}.$$

（3）在定理 3 中, 若 $z = f(u,x), u = \varphi(x,y)$, 则 $z = f[\varphi(x,y), x]$ 是 x, y 的函数, 变量之间的关系图示如下：

此时, 函数 z 的偏导数

$$\frac{\partial z}{\partial x} = \frac{\partial f}{\partial u} \cdot \frac{\partial u}{\partial x} + \frac{\partial f}{\partial x},$$

$$\frac{\partial z}{\partial y} = \frac{\partial f}{\partial u} \cdot \frac{\partial u}{\partial y}.$$

这里 $\frac{\partial z}{\partial x}$ 和 $\frac{\partial f}{\partial x}$ 的含义不同, $\frac{\partial z}{\partial x}$ 是将复合函数 $z = f[\varphi(x,y), x]$ 中的 y 看作常量而对 x 求偏导, $\frac{\partial f}{\partial x}$ 是将 $f(u,x)$ 中的 u 看作常量而对 x 求偏导.

例 17 设 $z = e^u \sin v, u = xy, v = x^2 + y^2$, 求 $\frac{\partial z}{\partial x}, \frac{\partial z}{\partial y}$.

解 变量之间的关系图示如下：

由公式(1), 有

$$\frac{\partial z}{\partial x} = \frac{\partial z}{\partial u} \cdot \frac{\partial u}{\partial x} + \frac{\partial z}{\partial v} \cdot \frac{\partial v}{\partial x}$$

$$= e^u \sin v \cdot y + e^u \cos v \cdot 2x$$

$$= e^{xy}[y \sin(x^2 + y^2) + 2x \cos(x^2 + y^2)],$$

$$\frac{\partial z}{\partial y} = \frac{\partial z}{\partial u} \cdot \frac{\partial u}{\partial y} + \frac{\partial z}{\partial v} \cdot \frac{\partial v}{\partial y}$$

$$= e^u \sin v \cdot x + e^u \cos v \cdot 2y$$

$$= e^{xy}[x\sin(x^2+y^2)+2y\cos(x^2+y^2)].$$

例 18 设 $z=e^{u+v}, u=\sin(x+y), v=\ln y$,求 $\dfrac{\partial z}{\partial x}, \dfrac{\partial z}{\partial y}$.

解 变量之间的关系图示如下:

$$z \Big\langle {u \atop v} \Big\rangle {x \atop y}$$

此时,函数 z 的偏导数

$$\frac{\partial z}{\partial x}=\frac{\partial z}{\partial u}\cdot\frac{\partial u}{\partial x}$$

$$=e^{u+v}\cdot\cos(x+y)$$

$$=ye^{\sin(x+y)}\cos(x+y),$$

$$\frac{\partial z}{\partial y}=\frac{\partial z}{\partial u}\cdot\frac{\partial u}{\partial y}+\frac{\partial z}{\partial v}\cdot\frac{dv}{dy}$$

$$=e^{u+v}\cdot\cos(x+y)+e^{u+v}\cdot\frac{1}{y}$$

$$=e^{\sin(x+y)}[y\cos(x+y)+1].$$

例 19 设 $z=f\left(x^2-y^2, \dfrac{y}{x}\right)$ 可微,求 $\dfrac{\partial z}{\partial x}, \dfrac{\partial z}{\partial y}$.

解 令 $u=x^2-y^2$, $v=\dfrac{y}{x}$,则 $z=f(u,v)$.

由公式(1),有

$$\frac{\partial z}{\partial x}=\frac{\partial z}{\partial u}\cdot\frac{\partial u}{\partial x}+\frac{\partial z}{\partial v}\cdot\frac{\partial v}{\partial x}$$

$$=2xf_u-\frac{y}{x^2}f_v,$$

$$\frac{\partial z}{\partial y}=\frac{\partial z}{\partial u}\cdot\frac{\partial u}{\partial y}+\frac{\partial z}{\partial v}\cdot\frac{\partial v}{\partial y}$$

$$=-2yf_u+\frac{1}{x}f_v.$$

若用 $f_i'(i=1,2)$ 表示函数 z 对第 i 个中间变量的偏导数,则

$$\frac{\partial z}{\partial x}=2xf_1'-\frac{y}{x^2}f_2',$$

$$\frac{\partial z}{\partial y}=-2yf_1'+\frac{1}{x}f_2'.$$

同步训练 2-3

1. 求下列函数的导数:

(1) $y=(2x+5)^4$;   (2) $y=\sqrt{1+\ln^2 x}$;   (3) $y=x^2\sin\dfrac{1}{x}$;

(4) $y=\arctan(x^2)$;   (5) $y=e^{-\frac{x}{2}}\cos 3x$;   (6) $y=\arcsin\sqrt{x}$;

(7) $y=\ln\tan\dfrac{x}{2}$;   (8) $y=\dfrac{\arccos x}{\sqrt{1-x^2}}$;   (9) $y=\ln|\csc x-\cot x|$.

2. 设 $f(x)$ 可导,求下列函数的导数:
(1) $y=f(x^2)$;　　　　(2) $y=f(\sin^2 x)+f(\cos^2 x)$.

3. 当物体的温度高于周围介质的温度时,物体就会不断冷却,其温度 T 与时间 t 的函数关系为
$$T=(T_0-T_1)e^{-kt}+T_1,$$
其中 T_0 为物体在初始时刻的温度,T_1 为介质的温度,k 为大于零的常数,试求该物体的冷却速度.

4. 设 $f(x,y)=x+y-\sqrt{x^2+y^2}$,求 $f_x(3,4)$ 及 $f_y(4,3)$.

5. 设 $f(x,y)=x+(y-1)\arcsin\sqrt{\dfrac{x}{y}}$,求 $f_x(0,1)$ 及 $f_y(0,1)$.

6. 设 $z=ue^v$,$u=x^2+y^2$,$v=x^3-y^3$,求 $\dfrac{\partial z}{\partial x},\dfrac{\partial z}{\partial y}$.

7. 设 $z=u^2v-uv^2$,$u=x\cos y$,$v=x\sin y$,求 $\dfrac{\partial z}{\partial x},\dfrac{\partial z}{\partial y}$.

8. 设 $z=u^2\ln v$,$u=\dfrac{y}{x}$,$v=x-y$,求 $\dfrac{\partial z}{\partial x},\dfrac{\partial z}{\partial y}$.

9. 设 $z=e^{x-2y}$,$x=\sin t$,$y=t^3$,求 $\dfrac{dz}{dt}$.

10. 设 $z=u^v$,$u=x+2y$,$v=x+2y$,求 $\dfrac{\partial z}{\partial x},\dfrac{\partial z}{\partial y}$.

11. 设 $u=f(x^2-y^2,e^{xy})$ 可微,求 $\dfrac{\partial u}{\partial x},\dfrac{\partial u}{\partial y}$.

第四节　高阶导数

一、一元函数的高阶导数

如果函数 $y=f(x)$ 的导数 $y'=f'(x)$ 仍是 x 的可导函数,则称 $y'=f'(x)$ 的导数为 $y=f(x)$ 的**二阶导数**,记为 y'' 或 $f''(x)$,即
$$y''=(y')' \text{ 或 } f''(x)=[f'(x)]'.$$

相应地,将 $y'=f'(x)$ 称为函数 $y=f(x)$ 的**一阶导数**.

类似地,二阶导数的导数称为**三阶导数**,三阶导数的导数称为**四阶导数**,…,一般地,$(n-1)$阶导数的导数称为 n **阶导数**,分别记为
$$y''',y^{(4)},\cdots,y^{(n)}$$
或
$$f'''(x),f^{(4)}(x),\cdots,f^{(n)}(x).$$

二阶及二阶以上的导数统称为**高阶导数**.

设质点做变速直线运动,位移函数 $s=s(t)$,则速度 $v=s'(t)$,而加速度 $a=v'(t)=s''(t)$.

例1　求函数 $y=2x^2+\ln x$ 的二阶导数.

解　先求一阶导数 $y'=4x+\dfrac{1}{x}$,

从而　$y''=(y')'=4-\dfrac{1}{x^2}$.

例2　设 $y=a^x$,求 $y^{(n)}$.

解　逐阶求导,找出规律:
$$y'=a^x\ln a,$$

$$y'' = a^x (\ln a)^2,$$

一般地,
$$y^{(n)} = a^x (\ln a)^n.$$

特别地,当 $a = e$ 时,有
$$(e^x)^{(n)} = e^x.$$

例 3 设 $y = \sin x$,求 $y^{(n)}$.

解 $y' = \cos x = \sin\left(x + \frac{\pi}{2}\right),$

$$y'' = \cos\left(x + \frac{\pi}{2}\right) = \sin\left(x + 2 \cdot \frac{\pi}{2}\right),$$

$$y''' = \cos\left(x + 2 \cdot \frac{\pi}{2}\right) = \sin\left(x + 3 \cdot \frac{\pi}{2}\right),$$

一般地,可得
$$y^{(n)} = \sin\left(x + n \cdot \frac{\pi}{2}\right),$$

即
$$(\sin x)^{(n)} = \sin\left(x + n \cdot \frac{\pi}{2}\right).$$

用类似的方法可求得
$$(\cos x)^{(n)} = \cos\left(x + n \cdot \frac{\pi}{2}\right).$$

例 4 设 $y = (1+x)^\mu$ (μ 是任意实数),求 $y^{(n)}$.

解 $y' = \mu(1+x)^{\mu-1},$

$y'' = \mu(\mu-1)(1+x)^{\mu-2},$

$y''' = \mu(\mu-1)(\mu-2)(1+x)^{\mu-3},$

一般地,可得
$$y^{(n)} = \mu(\mu-1)(\mu-2)\cdots(\mu-n+1)(1+x)^{\mu-n}.$$

特别地,当 $\mu = n$ 时,有
$$y^{(n)} = n(n-1)(n-2)\cdots(n-n+1)(1+x)^{n-n} = n!.$$

二、二元函数的高阶偏导数

设函数 $z = f(x,y)$ 在区域 D 内具有偏导数
$$\frac{\partial z}{\partial x} = f_x(x,y), \quad \frac{\partial z}{\partial y} = f_y(x,y).$$

这两个偏导数在 D 内仍然是 x,y 的函数. 如果这两个函数的偏导数存在,则称这两个函数的偏导数为原来函数 $z = f(x,y)$ 的**二阶偏导数**,分别记为

$$\frac{\partial^2 z}{\partial x^2} = \frac{\partial}{\partial x}\left(\frac{\partial z}{\partial x}\right) = z_{xx} = f_{xx}(x,y),$$

$$\frac{\partial^2 z}{\partial x \partial y} = \frac{\partial}{\partial y}\left(\frac{\partial z}{\partial x}\right) = z_{xy} = f_{xy}(x,y),$$

$$\frac{\partial^2 z}{\partial y^2} = \frac{\partial}{\partial y}\left(\frac{\partial z}{\partial y}\right) = z_{yy} = f_{yy}(x,y),$$

$$\frac{\partial^2 z}{\partial y \partial x} = \frac{\partial}{\partial x}\left(\frac{\partial z}{\partial y}\right) = z_{yx} = f_{yx}(x,y),$$

其中 $\dfrac{\partial^2 z}{\partial x \partial y}$ 和 $\dfrac{\partial^2 z}{\partial y \partial x}$ 称为**二阶混合偏导数**. 类似地可定义三阶、四阶以及 n 阶偏导数. 二阶及二阶以上的偏导数统称为**高阶偏导数**.

例 5 设 $z = y^2 \sin x + x \mathrm{e}^{2y}$，求 $\dfrac{\partial^2 z}{\partial x^2}, \dfrac{\partial^2 z}{\partial x \partial y}, \dfrac{\partial^2 z}{\partial y \partial x}, \dfrac{\partial^2 z}{\partial y^2}$.

解 $\dfrac{\partial z}{\partial x} = y^2 \cos x + \mathrm{e}^{2y}, \quad \dfrac{\partial z}{\partial y} = 2y \sin x + 2x \mathrm{e}^{2y},$

$\dfrac{\partial^2 z}{\partial x^2} = -y^2 \sin x, \quad \dfrac{\partial^2 z}{\partial y \partial x} = 2y \cos x + 2\mathrm{e}^{2y},$

$\dfrac{\partial^2 z}{\partial x \partial y} = 2y \cos x + 2\mathrm{e}^{2y}, \quad \dfrac{\partial^2 z}{\partial y^2} = 2 \sin x + 4x \mathrm{e}^{2y}.$

我们看到例 5 中两个二阶混合偏导数相等，即

$$\dfrac{\partial^2 z}{\partial x \partial y} = \dfrac{\partial^2 z}{\partial y \partial x}.$$

但这一结论并非在任何情况下都成立. 例如，对函数

$$f(x,y) = \begin{cases} \dfrac{xy(x^2 - y^2)}{x^2 + y^2}, & x^2 + y^2 \neq 0, \\ 0, & x^2 + y^2 = 0, \end{cases}$$

我们有

$$f_x(x,y) = \begin{cases} \dfrac{y(x^4 + 4x^2 y^2 - y^4)}{(x^2 + y^2)^2}, & x^2 + y^2 \neq 0, \\ 0, & x^2 + y^2 = 0, \end{cases}$$

其中 $f_x(0,0) = 0, \ f_x(0,y) = -y \ (y \neq 0)$.

由偏导数的定义 $f_{xy}(0,0) = \lim\limits_{\Delta y \to 0} \dfrac{f_x(0, 0 + \Delta y) - f_x(0,0)}{\Delta y} = \lim\limits_{\Delta y \to 0} \dfrac{-\Delta y}{\Delta y} = -1.$

类似可求得 $f_{yx}(0,0) = 1$. 因此 $f_{xy}(0,0) \neq f_{yx}(0,0)$.

关于混合偏导数，有下面的定理：

定理 设函数 $z = f(x,y)$ 在 $P_0(x_0, y_0)$ 的某个邻域 $U(P_0, \delta)$ 内偏导数 $f_x(x,y)$，$f_y(x,y)$ 存在，若 $f_{xy}(x,y)$ 和 $f_{yx}(x,y)$ 有一个在 $U(P_0, \delta)$ 内存在且在点 (x_0, y_0) 处连续，则另一个在 $U(P_0, \delta)$ 内也存在，且

$$f_{xy}(x_0, y_0) = f_{yx}(x_0, y_0).$$

例 6 设 $z = x\mathrm{e}^{xy} + y\ln x$，求 $\dfrac{\partial^2 z}{\partial x \partial y}, \dfrac{\partial^2 z}{\partial y \partial x}$.

解 对 x, y 分别求偏导数有

$$\dfrac{\partial z}{\partial x} = \mathrm{e}^{xy} + xy\mathrm{e}^{xy} + \dfrac{y}{x} = (1+xy)\mathrm{e}^{xy} + \dfrac{y}{x}, \quad \dfrac{\partial z}{\partial y} = x^2 \mathrm{e}^{xy} + \ln x.$$

由于 $\dfrac{\partial^2 z}{\partial y \partial x} = 2x\mathrm{e}^{xy} + x^2 y \mathrm{e}^{xy} + \dfrac{1}{x} = x\mathrm{e}^{xy}(2 + xy) + \dfrac{1}{x}$ 在定义域内连续，故

$$\dfrac{\partial^2 z}{\partial x \partial y} = x\mathrm{e}^{xy}(2 + xy) + \dfrac{1}{x}.$$

同步训练 2-4

1. 求下列函数的二阶导数：
   (1) $y=\ln(1-x^2)$；　　(2) $y=e^{-x}\sin x$；　　(3) $y=\sqrt{a^2-x^2}$；　　(4) $y=e^{2x-1}$.

2. 若 $f''(x)$ 存在，求下列函数的二阶导数：
   (1) $y=f(x^2)$；　　　　　　　　　　　　　　　(2) $y=\ln[f(x)]$.

3. 求下列函数的 n 阶导数：
   (1) $y=e^{ax}$；　　(2) $y=xe^x$；　　(3) $y=x\ln x$；　　(4) $y=\sin^2 x$.

4. 求下列函数的二阶偏导数：
   (1) $z=\sqrt{xy}$；　　(2) $z=e^{x^2 y}$；　　(3) $z=\arctan\dfrac{y}{x}$；　　(4) $z=\cos(x^2 y)$.

+5. 设 $u=x+\dfrac{x-y}{y-z}$，求证 $\dfrac{\partial u}{\partial x}+\dfrac{\partial u}{\partial y}+\dfrac{\partial u}{\partial z}=1$.

第五节　函数的微分

一、一元函数的微分

（一）微分的概念

先讨论两个例子：

例1　一块正方形金属薄片受温度变化的影响，其边长由 x_0 变到 $x_0+\Delta x$（图 2-6），问此薄片的面积改变了多少？

解　用 S 表示边长为 x 的正方形金属薄片的面积，即 $S=x^2$. 当边长由 x_0 变到 $x_0+\Delta x$ 时，面积 S 有相应的增量

$$\Delta S = (x_0+\Delta x)^2 - x_0^2$$
$$= 2x_0\Delta x + (\Delta x)^2. \qquad (1)$$

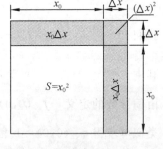

图 2-6

从(1)式可以看出，ΔS 由两部分组成：第一部分 $2x_0\Delta x$ 是 Δx 的线性函数，而第二部分 $(\Delta x)^2$ 当 $\Delta x \to 0$ 时是一个比 Δx 高阶的无穷小，即 $(\Delta x)^2 = o(\Delta x)(\Delta x \to 0)$. 由此可见，当 $|\Delta x|$ 很小时，面积的增量 ΔS 可近似地用第一部分 $2x_0\Delta x$ 来代替，即 $\Delta S \approx 2x_0 \Delta x$.

例2　已知球的体积与半径的关系是 $V=\dfrac{4}{3}\pi r^3$，当半径由 r_0 变到 $r_0+\Delta r$ 时，问球的体积改变了多少？

解　球的体积的增量

$$\Delta V = \dfrac{4}{3}\pi(r_0+\Delta r)^3 - \dfrac{4}{3}\pi r_0^3$$
$$= 4\pi r_0^2 \Delta r + \dfrac{4}{3}\pi[3r_0(\Delta r)^2 + (\Delta r)^3]. \qquad (2)$$

从(2)式可以看出，ΔV 由两部分组成：第一部分 $4\pi r_0^2 \Delta r$ 是 Δr 的线性函数，而第二部分 $\dfrac{4}{3}\pi[3r_0(\Delta r)^2 + (\Delta r)^3]$ 是一个比 Δr 高阶的无穷小. 由此可见，当 $|\Delta r|$ 很小时，体积的增量 ΔV 可近似地用第一部分 $4\pi r_0^2 \Delta r$ 来代替，即 $\Delta V \approx 4\pi r_0^2 \Delta r$.

定义1　若函数 $y=f(x)$ 在 x_0 处的增量 $\Delta y = f(x_0+\Delta x) - f(x_0)$ 可以表示为

$$\Delta y = A\Delta x + o(\Delta x), \tag{3}$$

其中 A 是不依赖于 Δx 的常数,$o(\Delta x)$ 是比 Δx 高阶的无穷小,则称函数 $y=f(x)$ 在 x_0 处**可微**,而 $A\Delta x$ 称为函数 $y=f(x)$ 在 x_0 处相应于自变量增量 Δx 的**微分**,记为 $\mathrm{d}y\big|_{x=x_0}$,即

$$\mathrm{d}y\big|_{x=x_0} = A\Delta x.$$

此时,(3)式也可表示为 $\Delta y = \mathrm{d}y + o(\Delta x)$. 当 $A \neq 0$ 时,$\mathrm{d}y$ 是 Δy 的主要部分,所以也称微分 $\mathrm{d}y$ 是增量 Δy 的**线性主部**.

由定义可知,例 1 中的函数 $S = x^2$ 在 x_0 处可微,其微分 $\mathrm{d}S\big|_{x=x_0} = 2x_0 \Delta x$;例 2 中的函数 $V = \dfrac{4}{3}\pi r^3$ 在 r_0 处可微,其微分 $\mathrm{d}V\big|_{r=r_0} = 4\pi r_0^2 \Delta r$.

下面我们来研究函数 $f(x)$ 在点 x_0 处可微与可导的关系.

设函数 $y = f(x)$ 在 x_0 处可微,则

$$\Delta y = A\Delta x + o(\Delta x),$$

上式两端除以 Δx,得

$$\frac{\Delta y}{\Delta x} = A + \frac{o(\Delta x)}{\Delta x},$$

令 $\Delta x \to 0$,取极限得

$$\lim_{\Delta x \to 0} \frac{\Delta y}{\Delta x} = \lim_{\Delta x \to 0} \left(A + \frac{o(\Delta x)}{\Delta x} \right) = A,$$

因此,如果函数 $f(x)$ 在 x_0 处可微,则 $f(x)$ 在 x_0 处也一定可导,且 $f'(x_0) = A$.

反之,如果 $y = f(x)$ 在 x_0 处可导,即

$$\lim_{\Delta x \to 0} \frac{\Delta y}{\Delta x} = f'(x_0)$$

存在,根据函数极限与无穷小的关系,上式可写成

$$\frac{\Delta y}{\Delta x} = f'(x_0) + \alpha,$$

其中 α 是当 $\Delta x \to 0$ 时的无穷小,从而

$$\Delta y = f'(x_0)\Delta x + \alpha\Delta x.$$

这里 $f'(x_0)$ 是不依赖于 Δx 的常数,$\alpha\Delta x = o(\Delta x)(\Delta x \to 0)$. 根据微分的定义,$f(x)$ 在 x_0 处可微.

由此可见,函数 $f(x)$ 在点 x_0 处可微的充要条件是函数 $f(x)$ 在点 x_0 处可导,且当 $f(x)$ 在点 x_0 处可微时,其微分一定是

$$\mathrm{d}y\big|_{x=x_0} = f'(x_0)\Delta x.$$

如果函数 $f(x)$ 在某区间内的每一点都可微,则称 $f(x)$ 是该**区间内的可微函数**. 函数在区间内任一点 x 的微分记为

$$\mathrm{d}y = f'(x)\Delta x.$$

例 3 求函数 $y = x^3$ 当 $x = 2$,$\Delta x = 0.01$ 时的增量及微分.

解 函数的增量 $\Delta y\big|_{\substack{x=2 \\ \Delta x=0.01}} = (2+0.01)^3 - 2^3 = 0.120601$;

函数的微分 $\mathrm{d}y\big|_{\substack{x=2 \\ \Delta x=0.01}} = (x^3)'\Delta x\big|_{\substack{x=2 \\ \Delta x=0.01}} = 3x^2\Delta x\big|_{\substack{x=2 \\ \Delta x=0.01}} = 0.12$.

若 $y = x$,则 $\mathrm{d}y = y'\Delta x = \Delta x$,由此我们看到自变量的增量 Δx 等于函数 $y = x$ 的微分,

通常也称为**自变量 x 的微分**,即 $\Delta x = \mathrm{d}x$. 于是函数 $y=f(x)$ 的微分亦可表示为
$$\mathrm{d}y = f'(x)\mathrm{d}x, \tag{4}$$
即函数的微分等于函数的导数与自变量微分的乘积. (4)式也可写为
$$f'(x) = \frac{\mathrm{d}y}{\mathrm{d}x},$$
即函数的导数等于函数的微分与自变量的微分之商. 因此,导数也称"**微商**". 今后,函数 $y=f(x)$ 的导数也可记为 $\frac{\mathrm{d}y}{\mathrm{d}x}$ (或 $\frac{\mathrm{d}f(x)}{\mathrm{d}x}$), 这里 $\frac{\mathrm{d}y}{\mathrm{d}x}$ 既可看作函数的微分 $\mathrm{d}y$ 与自变量的微分 $\mathrm{d}x$ 的商,也可看作一个整体的记号,表示 y 对 x 的导数.

现在我们再来看一下反函数和复合函数的求导法则. 由于导数是微分之商,因此在第三节定理 1 的条件下,结论 $f'(x) = \frac{1}{\varphi'(y)}$ 就可以记为 $\frac{\mathrm{d}y}{\mathrm{d}x} = \frac{1}{\frac{\mathrm{d}x}{\mathrm{d}y}}$; 在第三节定理 2 的条件下,结论 $y_x' = y_u' \cdot u_x'$ 就可以记为 $\frac{\mathrm{d}y}{\mathrm{d}x} = \frac{\mathrm{d}y}{\mathrm{d}u} \cdot \frac{\mathrm{d}u}{\mathrm{d}x}$.

函数 $y=f(x)$ 的微分 $\mathrm{d}y = f'(x)\mathrm{d}x$ 是 x 的函数,但自变量的微分 $\mathrm{d}x$(即自变量的增量 Δx)是一个不依赖于 x 的量. 因此,在对自变量 x 求导或求微分时,应将 $\mathrm{d}x$ 看作是一个常数.

由于 $\mathrm{d}y$ 是 x 的函数,因此,如果 $f(x)$ 二阶可导,则可以进一步地求 $\mathrm{d}y$ 的微分,称为函数 $y=f(x)$ 的**二阶微分**,记为 $\mathrm{d}^2 y$, 即
$$\mathrm{d}^2 y = \mathrm{d}(\mathrm{d}y) = [f'(x)\mathrm{d}x]' \mathrm{d}x = f''(x)(\mathrm{d}x)^2.$$
习惯上将 $(\mathrm{d}x)^2$ 写作 $\mathrm{d}x^2$, 因此 $\mathrm{d}^2 y = f''(x)\mathrm{d}x^2$.

二阶微分 $\mathrm{d}^2 y$ 也是 x 的函数,如果 $f(x)$ 三阶可导,再求 $\mathrm{d}^2 y$ 的微分就是**三阶微分**
$$\mathrm{d}^3 y = \mathrm{d}(\mathrm{d}^2 y) = [f''(x)\mathrm{d}x^2]' \mathrm{d}x = f'''(x)\mathrm{d}x^3.$$
一般地,如果 $f(x)$ n 阶可导,则 $f(x)$ 的 n 阶微分
$$\mathrm{d}^n y = [f^{n-1}(x)\mathrm{d}x^{n-1}]' \mathrm{d}x = f^{(n)}(x)\mathrm{d}x^n. \tag{5}$$
由(5)式,可以将 n 阶导数表示成商的形式:
$$f^{(n)}(x) = \frac{\mathrm{d}^n y}{\mathrm{d}x^n}.$$

今后,我们同样可以将 $\frac{\mathrm{d}^n y}{\mathrm{d}x^n}$ 看作是一个整体的记号,表示 y 对 x 的 n 阶导数.

这里我们再次强调:

(1) $\mathrm{d}^n y$ 表示函数 $y=f(x)$ 的 n 阶微分,它是 x 的函数;

(2) $\mathrm{d}x^n$ 是自变量的微分 $\mathrm{d}x$(亦即自变量的增量 Δx)的 n 次方,即 $\mathrm{d}x^n = (\mathrm{d}x)^n$, 它是一个不依赖于 x 的量;

(3) $\mathrm{d}(x^n)$ 表示函数 $y=x^n$ 的微分,因此 $\mathrm{d}(x^n) = nx^{n-1}\mathrm{d}x$.

例 4 设 $y = \sin 2x$, 求 $\mathrm{d}y$ 及 $\mathrm{d}^2 y$.

解 一阶微分 $\mathrm{d}y = (\sin 2x)' \mathrm{d}x = 2\cos 2x \mathrm{d}x$;

二阶微分 $\mathrm{d}^2 y = (\sin 2x)'' \mathrm{d}x^2 = -4\sin 2x \mathrm{d}x^2$.

(二) 微分的几何意义

如图 2-7 所示,MT 是曲线 C(函数 $y=f(x)$ 的图形)上的点 $M(x, f(x))$ 处的切线,

MT 的倾角为 α,当自变量 x 有增量 Δx 时,得到曲线上另一点 $N(x+\Delta x, f(x+\Delta x))$.

由图 2-7 可知,$MQ=\Delta x, QN=\Delta y$,于是
$$QP=MQ \cdot \tan\alpha = f'(x)\Delta x,$$
即
$$\mathrm{d}y = QP.$$

由此可见,当 Δy 是曲线 $y=f(x)$ 上的点的纵坐标的增量时,$\mathrm{d}y$ 就是曲线的切线上点的纵坐标的相应增量.

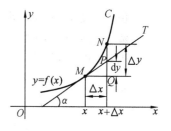

图 2-7

线段 PN 代表函数增量与微分的差,当 $\Delta x \to 0$ 时,它是比 Δx 高阶的无穷小.因此在 x 的充分小的邻域内,可用 x 处的切线段来近似代替 x 处的曲线段.

(三) 基本初等函数的微分公式与微分运算法则

因为函数 $y=f(x)$ 的微分等于函数的导数 $f'(x)$ 乘以 $\mathrm{d}x$,所以根据导数公式和导数运算法则,可得如下的微分公式和微分运算法则.

1. 常数和基本初等函数的微分公式

(1) $\mathrm{d}(C)=0$;　　(2) $\mathrm{d}(x^\mu)=\mu x^{\mu-1}\mathrm{d}x$;

(3) $\mathrm{d}(\sin x)=\cos x\mathrm{d}x$;　　(4) $\mathrm{d}(\cos x)=-\sin x\mathrm{d}x$;

(5) $\mathrm{d}(\tan x)=\sec^2 x\mathrm{d}x$;　　(6) $\mathrm{d}(\cot x)=-\csc^2 x\mathrm{d}x$;

(7) $\mathrm{d}(\sec x)=\sec x\tan x\mathrm{d}x$;　　(8) $\mathrm{d}(\csc x)=-\csc x\cot x\mathrm{d}x$;

(9) $\mathrm{d}(a^x)=a^x\ln a\mathrm{d}x$;　　(10) $\mathrm{d}(\mathrm{e}^x)=\mathrm{e}^x\mathrm{d}x$;

(11) $\mathrm{d}(\log_a x)=\dfrac{1}{x\ln a}\mathrm{d}x$;　　(12) $\mathrm{d}(\ln x)=\dfrac{1}{x}\mathrm{d}x$;

(13) $\mathrm{d}(\arcsin x)=\dfrac{1}{\sqrt{1-x^2}}\mathrm{d}x$;　　(14) $\mathrm{d}(\arccos x)=-\dfrac{1}{\sqrt{1-x^2}}\mathrm{d}x$;

(15) $\mathrm{d}(\arctan x)=\dfrac{1}{1+x^2}\mathrm{d}x$;　　(16) $\mathrm{d}(\mathrm{arccot}\,x)=-\dfrac{1}{1+x^2}\mathrm{d}x$.

2. 函数的和、差、积、商的微分法则

设 $u=u(x)$ 及 $v=v(x)$ 可微,则

(1) $\mathrm{d}(u\pm v)=\mathrm{d}u\pm\mathrm{d}v$;　　(2) $\mathrm{d}(uv)=v\mathrm{d}u+u\mathrm{d}v$;

(3) $\mathrm{d}(Cu)=C\mathrm{d}u$ (C 是常数);　　(4) $\mathrm{d}\left(\dfrac{u}{v}\right)=\dfrac{v\mathrm{d}u-u\mathrm{d}v}{v^2}$ ($v\neq 0$).

3. 复合函数的微分法则

设 $u=\varphi(x)$ 在 x 处可导,$y=f(u)$ 在对应点 u 处可导,则复合函数 $y=f[\varphi(x)]$ 的导数为
$$y'=f'(u)\varphi'(x).$$
于是,复合函数 $y=f[\varphi(x)]$ 的微分为
$$\mathrm{d}y=f'(u)\varphi'(x)\mathrm{d}x.$$
由于
$$\varphi'(x)\mathrm{d}x=\mathrm{d}u,$$
因此
$$\mathrm{d}y=f'(u)\mathrm{d}u. \tag{6}$$

比较公式(6)和(4)可知,无论 u 是自变量还是中间变量,微分形式 $\mathrm{d}y=f'(u)\mathrm{d}u$ 保持不变.这一性质称为**一阶微分形式不变性**.有时,利用一阶微分形式不变性求复合函数的微分比较方便.

例5 设 $y=\sin 2x$,求 $\mathrm{d}y$.

解 $\mathrm{d}y=\cos 2x\mathrm{d}(2x)=2\cos 2x\mathrm{d}x.$

例6 设 $y=\ln(1+\mathrm{e}^{x^2})$,求 $\mathrm{d}y$.

解 $\mathrm{d}y=\dfrac{1}{1+\mathrm{e}^{x^2}}\mathrm{d}(1+\mathrm{e}^{x^2})=\dfrac{1}{1+\mathrm{e}^{x^2}}\cdot \mathrm{e}^{x^2}\mathrm{d}(x^2)$

$\qquad =\dfrac{\mathrm{e}^{x^2}}{1+\mathrm{e}^{x^2}}\cdot 2x\mathrm{d}x=\dfrac{2x\mathrm{e}^{x^2}}{1+\mathrm{e}^{x^2}}\mathrm{d}x.$

例7 设 $y=\mathrm{e}^{-x}\cos(3-x)$,求 $\mathrm{d}y$.

解 应用积的微分法则,得

$\mathrm{d}y=\mathrm{d}[\mathrm{e}^{-x}\cos(3-x)]=\cos(3-x)\mathrm{d}(\mathrm{e}^{-x})+\mathrm{e}^{-x}\mathrm{d}[\cos(3-x)]$

$\qquad =\cos(3-x)\cdot \mathrm{e}^{-x}\mathrm{d}(-x)-\mathrm{e}^{-x}\sin(3-x)\mathrm{d}(3-x)$

$\qquad =-\mathrm{e}^{-x}\cos(3-x)\mathrm{d}x+\mathrm{e}^{-x}\sin(3-x)\mathrm{d}x$

$\qquad =-\mathrm{e}^{-x}[\cos(3-x)-\sin(3-x)]\mathrm{d}x.$

例8 将适当的函数填入下列括号内,使等式成立:

(1) $\mathrm{d}(\quad)=\cos t\mathrm{d}t;$ (2) $\mathrm{d}(\quad)=\dfrac{1}{1+x}\mathrm{d}x;$ (3) $\mathrm{d}(\quad)=\sec^2 5x\mathrm{d}x.$

解 (1) 因为 $\mathrm{d}(\sin t)=\cos t\mathrm{d}t$,所以一般地,有

$$\mathrm{d}(\sin t+C)=\cos t\mathrm{d}t(C\text{ 为任意常数}).$$

(2) 因为 $\mathrm{d}(\ln|1+x|)=\dfrac{1}{1+x}\mathrm{d}x$,所以一般地,有

$$\mathrm{d}(\ln|1+x|+C)=\dfrac{1}{1+x}\mathrm{d}x(C\text{ 为任意常数}).$$

(3) 因为 $\mathrm{d}(\tan 5x)=5\sec^2 5x\mathrm{d}x$,所以

$$\sec^2 5x\mathrm{d}x=\dfrac{1}{5}\mathrm{d}(\tan 5x)=\mathrm{d}\left(\dfrac{1}{5}\tan 5x\right),$$

即

$$\mathrm{d}\left(\dfrac{1}{5}\tan 5x\right)=\sec^2 5x\mathrm{d}x.$$

所以一般地,有

$$\mathrm{d}\left(\dfrac{1}{5}\tan 5x+C\right)=\sec^2 5x\mathrm{d}x(C\text{ 为任意常数}).$$

二、二元函数的全微分

类似于一元函数的微分,二元函数有如下全微分的定义.

设二元函数 $z=f(x,y)$ 在点 $P(x,y)$ 的某邻域 $U(P,\delta)$ 内有定义,当自变量 x 和 y 在点 (x,y) 处分别有增量 Δx 和 Δy 时(假设 $x+\Delta x, y+\Delta y$ 也在邻域 $U(P,\delta)$ 内),$f(x,y)$ 就在该点有相应的增量

$$\Delta z=f(x+\Delta x,y+\Delta y)-f(x,y),$$

增量 Δz 称为 $f(x,y)$ 在点 (x,y) 处对应于自变量增量 $\Delta x,\Delta y$ 的**全增量**.

定义2 如果函数 $z=f(x,y)$ 在点 (x,y) 处的全增量 $\Delta z=f(x+\Delta x,y+\Delta y)-f(x,y)$ 可表示为

$$\Delta z=A\Delta x+B\Delta y+o(\rho),\tag{7}$$

其中 A,B 不依赖于 $\Delta x, \Delta y$ 而仅与 x,y 有关,$\rho=\sqrt{(\Delta x)^2+(\Delta y)^2}$,则称函数 $z=f(x,y)$ 在点 (x,y) 处**可微**,而 $A\Delta x+B\Delta y$ 称为函数 $z=f(x,y)$ 在点 (x,y) 处的**全微分**,记为 $\mathrm{d}z$,即

$$\mathrm{d}z=A\Delta x+B\Delta y.$$

如果函数 $z=f(x,y)$ 在区域 D 内每一点处都可微,则称函数 $z=f(x,y)$ **在区域 D 内可微**.

在上一节中已经指出,多元函数在某点的各个偏导数即使都存在,也不能保证函数在该点连续.但是,如果函数 $z=f(x,y)$ 在点 (x,y) 处可微,则当 $\Delta x\to 0, \Delta y\to 0$ 时,$\rho\to 0$,于是由(7)式得

$$\lim_{\substack{\Delta x\to 0\\ \Delta y\to 0}}f(x+\Delta x,y+\Delta y)=\lim_{\substack{\Delta x\to 0\\ \Delta y\to 0}}[A\Delta x+B\Delta y+o(\rho)+f(x,y)]=f(x,y),$$

从而函数 $z=f(x,y)$ 在点 (x,y) 处连续.

于是有下面的定理:

定理 1 如果函数 $z=f(x,y)$ 在点 (x,y) 处可微,则函数 $z=f(x,y)$ 在点 (x,y) 处连续.

推论 如果函数 $z=f(x,y)$ 在点 (x,y) 不连续,则函数 $f(x,y)$ 在点 (x,y) 处不可微.

与一元函数的情形类似,若函数 $z=f(x,y)$ 在点 (x,y) 处连续,则函数 $f(x,y)$ 在点 (x,y) 处不一定可微.

下面讨论 $z=(x,y)$ 在点 (x,y) 处可微的必要条件和充分条件.

定理 2(可微的必要条件) 如果函数 $z=f(x,y)$ 在点 (x,y) 处可微,则该函数在点 (x,y) 处的偏导数 $\dfrac{\partial z}{\partial x},\dfrac{\partial z}{\partial y}$ 都存在,且

$$\mathrm{d}z=\frac{\partial z}{\partial x}\Delta x+\frac{\partial z}{\partial y}\Delta y. \tag{8}$$

*证 因为 $z=f(x,y)$ 在点 (x,y) 处可微,所以

$$\Delta z=f(x+\Delta x,y+\Delta y)-f(x,y)=A\Delta x+B\Delta y+o(\rho).$$

当 $\Delta y=0$ 时(此时 $\rho=|\Delta x|$),上式即为

$$\Delta z=A\Delta x+o(|\Delta x|).$$

于是 $\displaystyle\lim_{\Delta x\to 0}\frac{f(x+\Delta x,y)-f(x,y)}{\Delta x}=\lim_{\Delta x\to 0}\frac{A\Delta x+o(|\Delta x|)}{\Delta x}=A,$

即偏导数 $\dfrac{\partial z}{\partial x}$ 存在且 $\dfrac{\partial z}{\partial x}=A$.

同理可证偏导数 $\dfrac{\partial z}{\partial y}$ 存在且 $\dfrac{\partial z}{\partial y}=B$.所以

$$\mathrm{d}z=\frac{\partial z}{\partial x}\Delta x+\frac{\partial z}{\partial y}\Delta y.$$

由于 x 和 y 是自变量,因此 $\Delta x=\mathrm{d}x, \Delta y=\mathrm{d}y$,所以(8)式即为

$$\mathrm{d}z=\frac{\partial z}{\partial x}\mathrm{d}x+\frac{\partial z}{\partial y}\mathrm{d}y. \tag{9}$$

在上一节我们已讨论,函数 $f(x,y)=\begin{cases}1, & xy=0,\\ 0, & \text{其他}\end{cases}$ 在点 $(0,0)$ 处两个偏导数都存在,但在点 $(0,0)$ 处不连续,因而在点 $(0,0)$ 处不可微.因此,偏导数存在只是全微分存在的必要条件而不是充分条件.但是,如果再假定函数的各个偏导数连续,则可保证全微分存在,即有下面的定理.

定理 3(可微的充分条件) 如果函数 $z=f(x,y)$ 的偏导数 $\dfrac{\partial z}{\partial x}$, $\dfrac{\partial z}{\partial y}$ 在点 (x,y) 处连续，则函数在该点处可微.

例 9 求函数 $z=e^{xy}$ 在点 $(2,1)$ 处的全微分.

解 分别对 x,y 求导，有
$$\frac{\partial z}{\partial x}=ye^{xy}, \quad \frac{\partial z}{\partial y}=xe^{xy},$$

从而
$$\left.\frac{\partial z}{\partial x}\right|_{(2,1)}=e^2, \quad \left.\frac{\partial z}{\partial y}\right|_{(2,1)}=2e^2,$$

所以由(9)式得
$$dz|_{(2,1)}=e^2 dx+2e^2 dy.$$

例 10 求函数 $z=e^x\sin y$ 的全微分.

解 因为
$$\frac{\partial z}{\partial x}=e^x\sin y, \quad \frac{\partial z}{\partial y}=e^x\cos y,$$

所以
$$dz=e^x\sin y\,dx+e^x\cos y\,dy.$$

以上所讨论的关于二元函数全微分的定义及可微的必要条件、充分条件都可以完全类似地推广到二元以上的多元函数.

例 11 求函数 $u=\sqrt{x^2+y^2+z^2}$ 的全微分.

解 因为
$$\frac{\partial u}{\partial x}=\frac{x}{\sqrt{x^2+y^2+z^2}}, \quad \frac{\partial u}{\partial y}=\frac{y}{\sqrt{x^2+y^2+z^2}}, \quad \frac{\partial u}{\partial z}=\frac{z}{\sqrt{x^2+y^2+z^2}},$$

所以
$$du=\frac{\partial u}{\partial x}dx+\frac{\partial u}{\partial y}dy+\frac{\partial u}{\partial z}dz$$
$$=\frac{1}{\sqrt{x^2+y^2+z^2}}(xdx+ydy+zdz).$$

同步训练 2-5

1. 已知 $y=x^3-x$，计算在 $x=2$ 处当 $\Delta x=0.01$ 时的 Δy 及 dy.
2. 求下列函数的微分：

(1) $y=\sqrt{1-x^2}$；　　(2) $y=x^2 e^{2x}$；　　(3) $y=\dfrac{x}{\sqrt{1+x^2}}$；

(4) $y=\tan^2(1+2x^2)$；　　(5) $y=\ln\sin x$；　　(6) $S=A\sin(\omega t+\varphi)(A,\omega,\varphi$ 是常数$)$.

3. 将适当的函数填入下列括号内，使等式成立：

(1) $d(\quad)=3xdx$；　　(2) $d(\quad)=\dfrac{1}{\sqrt{x}}dx$；

(3) $d(\quad)=\cos 2xdx$；　　(4) $d(\quad)=e^{-2x}dx$.

4. 求函数 $z=x^2 y^3$ 当 $x=2, y=-1, \Delta x=0.02, \Delta y=0.01$ 时的全微分.

5. 求下列函数的全微分：

(1) $z=e^{xy}$；　　(2) $z=x^2 y+\dfrac{x}{y^2}$；　　(3) $z=x^y(x>0$ 且 $x\neq 1)$；

(4) $z=\ln(x^2+y^2)$；　　(5) $z=x\cos(x-y)$；　　(6) $u=x^{yz}(x>0$ 且 $x\neq 1)$.

*第六节 微分在近似计算中的应用

一、微分在近似计算中的应用

当函数 $y=f(x)$ 在 x_0 处的导数 $f'(x_0)\neq 0$,且 $|\Delta x|$ 很小时,我们有
$$\Delta y=f(x_0+\Delta x)-f(x_0)\approx \mathrm{d}y=f'(x_0)\Delta x. \tag{1}$$
一般说来,$|\Delta x|$ 越小,近似程度越高.(1)式也可以写为
$$f(x_0+\Delta x)\approx f(x_0)+f'(x_0)\Delta x. \tag{2}$$
在(2)式中令 $x=x_0+\Delta x$,即 $\Delta x=x-x_0$,那么(2)式可改写为
$$f(x)\approx f(x_0)+f'(x_0)(x-x_0). \tag{3}$$
在(3)式中取 $x_0=0$,于是当 $|x|$ 很小时,有
$$f(x)\approx f(0)+f'(0)x. \tag{4}$$

如果 $f'(x_0)$ 容易计算,那么可利用(1)式近似计算 Δy.如果 $f(x_0)$ 和 $f'(x_0)$ 都容易计算,那么可利用(2)式近似计算 $f(x_0+\Delta x)$.

例1 如果半径为 15cm 的球的半径伸长 2mm,那么球的体积大约增加多少?

解 设球的半径为 r,则体积 $V=\dfrac{4}{3}\pi r^3$.

已知 $r_0=15\text{cm},\Delta r=2\text{mm}=0.2\text{cm}$,则
$$\Delta V\approx \mathrm{d}V=V'|_{r=r_0}\cdot \Delta r=\left(\frac{4}{3}\pi r^3\right)'\bigg|_{r=r_0}\cdot \Delta r$$
$$=4\pi r_0^2 \Delta r=180\pi\approx 565.2(\text{cm}^3).$$

故球的体积大约增加 565.2cm^3.

例2 计算 $\sin 30°30'$ 的近似值.

解 显然,$30°30'=\dfrac{\pi}{6}+\dfrac{\pi}{360}$.

设 $f(x)=\sin x$,则 $f'(x)=\cos x$.取 $x_0=\dfrac{\pi}{6}$,$\Delta x=\dfrac{\pi}{360}$,应用(2)式得
$$\sin 30°30'=\sin\left(\frac{\pi}{6}+\frac{\pi}{360}\right)\approx \sin\frac{\pi}{6}+\cos\frac{\pi}{6}\cdot\frac{\pi}{360}$$
$$=\frac{1}{2}+\frac{\sqrt{3}}{2}\cdot\frac{\pi}{360}\approx 0.5000+0.0076=0.5076.$$

应用(4)式可以推得下面一些常用的近似公式(假定 $|x|$ 很小):

(1) $\sqrt[n]{1+x}\approx 1+\dfrac{x}{n}$;

(2) $\sin x\approx x$(x 用弧度作单位);

(3) $\tan x\approx x$(x 用弧度作单位);

(4) $\ln(1+x)\approx x$;

(5) $\mathrm{e}^x\approx 1+x$.

证明留给读者完成.

例3 计算 $\sqrt[6]{65}$ 的近似值.

解 应用近似公式,有

$$\sqrt[6]{65} = \sqrt[6]{2^6+1} = 2\sqrt[6]{1+\frac{1}{64}}$$

$$\approx 2\left(1+\frac{1}{6}\cdot\frac{1}{64}\right) \approx 2.0052.$$

二、全微分在近似计算中的应用

设二元函数 $z=f(x,y)$ 在点 (x,y) 处可微,则 $\Delta z - \mathrm{d}z = o(\rho)$. 因此,当 $f_x(x,y)$, $f_y(x,y)$ 在点 (x,y) 处连续、不全为零,且 $|\Delta x|$, $|\Delta y|$ 都很小时,可用 $\mathrm{d}z$ 近似代替 Δz,即

$$\Delta z \approx \mathrm{d}z = f_x(x,y)\Delta x + f_y(x,y)\Delta y. \tag{5}$$

上式也可写成

$$f(x+\Delta x, y+\Delta y) \approx f(x,y) + f_x(x,y)\Delta x + f_y(x,y)\Delta y. \tag{6}$$

利用(5)式或(6)式可对二元函数作近似计算,举例如下:

例 4 计算 $\sqrt[3]{(2.02)^2+(1.99)^2}$ 的近似值.

解 设 $f(x,y) = \sqrt[3]{x^2+y^2}$,则

$$f_x(x,y) = \frac{2x}{3\sqrt[3]{(x^2+y^2)^2}},\quad f_y(x,y) = \frac{2y}{3\sqrt[3]{(x^2+y^2)^2}}.$$

取 $x=2, y=2, \Delta x=0.02, \Delta y=-0.01$. 由于

$$f(2,2)=2,\quad f_x(2,2)=\frac{1}{3},\quad f_y(2,2)=\frac{1}{3},$$

所以,应用公式(6)便有

$$\sqrt[3]{(2.02)^2+(1.99)^2} \approx f(2,2) + f_x(2,2)\times 0.02 + f_y(2,2)\times(-0.01)$$

$$= 2 + \frac{1}{3}\times 0.02 + \frac{1}{3}\times(-0.01) \approx 2.0033.$$

例 5 一圆柱体,受压后其半径由 20cm 增大到 20.05cm,高度由 100cm 减少到 99cm,求此圆柱体体积变化的近似值.

解 设圆柱体的半径、高和体积依次为 r, h 和 V,则有

$$V = \pi r^2 h.$$

记 r, h 和 V 的增量依次为 $\Delta r, \Delta h$ 和 ΔV,取 $r=20, h=100, \Delta r=0.05, \Delta h=-1$,由公式(5)便有

$$\Delta V \approx \mathrm{d}V = V_r\Big|_{\substack{r=20\\h=100}}\cdot\Delta r + V_h\Big|_{\substack{r=20\\h=100}}\cdot\Delta h$$

$$= 2\pi\times 20\times 100\times 0.05 + \pi\times 20^2\times(-1)$$

$$= -200\pi(\mathrm{cm}^3).$$

即此圆柱体在受压后体积约减少了 $200\pi\mathrm{cm}^3$.

同步训练 2-6

1. 求近似值:

(1) $\arctan 1.02$; (2) $\cos 29°$; (3) $\sqrt[3]{996}$.

2. 当$|x|$很小时,证明近似公式:$\dfrac{1}{1+x}\approx 1-x$.

3. 已知单摆的振动周期$T=2\pi\sqrt{\dfrac{l}{g}}$,其中$g=980\text{cm/s}^2$,$l$为摆长(单位为cm).设原摆长为20cm,为使周期T增大0.05s,摆长约需加长多少?

4. 利用全微分计算$(1.04)^{2.02}$的近似值.

第七节 隐函数及由参数方程所确定的函数的导数

一、一元隐函数及由参数方程所确定的函数的导数

1. 隐函数的导数

函数$y=f(x)$表示两个变量y与x之间的对应关系,这种对应关系可以用各种不同方式表达.前面我们遇到的函数,如$y=x\sin x$,$y=\ln(1+\sqrt{1+x^2})$等,因变量y可由含有自变量x的数学式子直接表示出来,用这种方式表达的函数叫作**显函数**.有些函数的表达方式却不是这样,如方程$2x-y+3=0$也表示一个函数,因为当自变量x在$(-\infty,+\infty)$内取值时,变量y有唯一确定的值与之对应,这样的函数称为**隐函数**.

一般地,如果变量x,y之间的函数关系由某一个方程$F(x,y)=0$所确定,那么这种函数称为由方程$F(x,y)=0$所确定的**隐函数**.

把一个隐函数化成显函数,叫作**隐函数的显化**.例如,由方程$2x-y+3=0$可得$y=2x+3$,这就是说由方程$2x-y+3=0$确定的隐函数可化为显函数.但有的隐函数不易显化,甚至不能显化,如由方程$e^y+xy-e=0$所确定的隐函数就不能显化.

在实际问题中,有时需要计算隐函数的导数.因此,我们希望有一种方法,不管隐函数能否显化,都能直接由方程算出它所确定的隐函数的导数.下面举例说明利用微分求隐函数的导数的方法.

例1 求由方程$e^y+xy-e=0$所确定的隐函数的导数$\dfrac{dy}{dx}$.

解 在方程的两边分别求微分,可得
$$d(e^y+xy-e)=0,$$
即
$$e^y dy+y dx+x dy=0,$$
整理得
$$(x+e^y)dy=-y dx,$$
由上式解出
$$\dfrac{dy}{dx}=-\dfrac{y}{x+e^y}\ (x+e^y\neq 0).$$

说明 也可利用复合函数的求导法则求隐函数的导数.以例1为例:

在方程的两边分别对x求导数(注意y是x的函数),可得
$$e^y\cdot y'+y+xy'=0,$$
整理得
$$(x+e^y)y'=-y,$$
于是
$$y'=-\dfrac{y}{x+e^y}\ (x+e^y\neq 0).$$

例2 求曲线$x^{\frac{2}{3}}+y^{\frac{2}{3}}=a^{\frac{2}{3}}$在点$\left(\dfrac{\sqrt{2}}{4}a,\dfrac{\sqrt{2}}{4}a\right)$处的切线方程.

解 在方程的两边分别求微分,可得

$$\frac{2}{3}x^{-\frac{1}{3}}dx+\frac{2}{3}y^{-\frac{1}{3}}dy=0,$$

由上式解出

$$\frac{dy}{dx}=-\frac{x^{-\frac{1}{3}}}{y^{-\frac{1}{3}}}=-\sqrt[3]{\frac{y}{x}}.$$

曲线在点 $\left(\frac{\sqrt{2}}{4}a,\frac{\sqrt{2}}{4}a\right)$ 处的切线的斜率为

$$k=\frac{dy}{dx}\bigg|_{\left(\frac{\sqrt{2}}{4}a,\frac{\sqrt{2}}{4}a\right)}=-1,$$

因此,所求的切线方程为 $y-\frac{\sqrt{2}}{4}a=-1\cdot\left(x-\frac{\sqrt{2}}{4}a\right),$

即

$$x+y-\frac{\sqrt{2}}{2}a=0.$$

例3 求 $y=x^{\sin x}(x>0)$ 的导数.

解 形如 $y=[f(x)]^{\varphi(x)}(f(x)>0)$ 的函数,称为幂指函数.求幂指函数的导数,通常先取对数再求导数.

先在两边取对数,得

$$\ln y=\sin x\ln x,$$

再在上式两边分别求微分,可得

$$\frac{1}{y}dy=\left(\cos x\ln x+\frac{\sin x}{x}\right)dx,$$

于是

$$\frac{dy}{dx}=y\left(\cos x\ln x+\frac{\sin x}{x}\right)=x^{\sin x}\left(\cos x\ln x+\frac{\sin x}{x}\right).$$

例4 求 $y=\sqrt{\frac{(x-1)(x-2)}{(x-3)(x-4)}}$ 的导数.

解 先在两边取对数(假定 $x>4$),得

$$\ln y=\frac{1}{2}[\ln(x-1)+\ln(x-2)-\ln(x-3)-\ln(x-4)],$$

再在上式两边分别求微分,可得

$$\frac{1}{y}dy=\frac{1}{2}\left(\frac{1}{x-1}+\frac{1}{x-2}-\frac{1}{x-3}-\frac{1}{x-4}\right)dx,$$

于是

$$\frac{dy}{dx}=\frac{y}{2}\left(\frac{1}{x-1}+\frac{1}{x-2}-\frac{1}{x-3}-\frac{1}{x-4}\right).$$

当 $x<1$ 时, $y=\sqrt{\frac{(1-x)(2-x)}{(3-x)(4-x)}}$;当 $2<x<3$ 时, $y=\sqrt{\frac{(x-1)(x-2)}{(3-x)(4-x)}}$,用同样方法得与上面相同的结果.

2. 由参数方程所确定的函数的导数

若参数方程

$$\begin{cases}x=\varphi(t),\\y=\psi(t)\end{cases} \tag{1}$$

确定 y 与 x 之间的函数关系,则称此函数关系所表达的函数为由参数方程(1)所确定的函数,简称**参数式函数**,t 称为**参数**.

在实际问题中,有时需要我们计算由参数方程(1)所确定的函数的导数,但从(1)中消去参数 t 解出 $y=f(x)$ 有时是很困难的. 我们同样可以利用微分直接求出参数式函数的导数.

设参数方程(1)中 $x=\varphi(t), y=\psi(t)$ 都可导,且 $\varphi'(t)\neq 0$. 于是
$$dx=\varphi'(t)dt, dy=\psi'(t)dt,$$

而导数 $\dfrac{dy}{dx}$ 是微分 dy 与微分 dx 的商,因此
$$\frac{dy}{dx}=\frac{\psi'(t)dt}{\varphi'(t)dt}=\frac{\psi'(t)}{\varphi'(t)}.$$

二阶导数
$$\frac{d^2 y}{dx^2}=\frac{d}{dx}\left(\frac{dy}{dx}\right)=\frac{d\left(\dfrac{\psi'(t)}{\varphi'(t)}\right)}{dx}$$
$$=\frac{\left(\dfrac{\psi'(t)}{\varphi'(t)}\right)'dt}{\varphi'(t)dt}=\frac{\left(\dfrac{\psi'(t)}{\varphi'(t)}\right)'}{\varphi'(t)}.$$

例 5 求参数方程 $\begin{cases} x=a(\theta-\sin\theta), \\ y=a(1-\cos\theta) \end{cases}$ 所确定的函数的一阶导数 $\dfrac{dy}{dx}$ 及二阶导数 $\dfrac{d^2 y}{dx^2}$.

解 $\dfrac{dy}{dx}=\dfrac{[a(1-\cos\theta)]'d\theta}{[a(\theta-\sin\theta)]'d\theta}=\dfrac{a\sin\theta}{a(1-\cos\theta)}=\cot\dfrac{\theta}{2}$ $(\theta\neq 2k\pi, k\in \mathbf{Z})$,

$\dfrac{d^2 y}{dx^2}=\dfrac{d}{dx}\left(\dfrac{dy}{dx}\right)=\dfrac{d\left(\cot\dfrac{\theta}{2}\right)}{dx}=\dfrac{-\dfrac{1}{2}\csc^2\dfrac{\theta}{2}d\theta}{a(1-\cos\theta)d\theta}$

$=-\dfrac{1}{2\sin^2\dfrac{\theta}{2}}\cdot\dfrac{1}{a(1-\cos\theta)}=-\dfrac{1}{a(1-\cos\theta)^2}$ $(\theta\neq 2k\pi, k\in\mathbf{Z})$.

例 6 设 $r=a(1+\cos\theta)$,求 $\dfrac{dy}{dx}$.

解 利用直角坐标与极坐标的关系,得
$$x=r\cos\theta=a(\cos\theta+\cos^2\theta),$$
$$y=r\sin\theta=a\left(\sin\theta+\frac{1}{2}\sin 2\theta\right).$$

从而
$$\frac{dy}{dx}=\frac{\left[a\left(\sin\theta+\dfrac{1}{2}\sin 2\theta\right)\right]'d\theta}{[a(\cos\theta+\cos^2\theta)]'d\theta}=\frac{a(\cos\theta+\cos 2\theta)}{a(-\sin\theta-\sin 2\theta)}=-\frac{\cos\theta+\cos 2\theta}{\sin\theta+\sin 2\theta}.$$

二、二元隐函数的求导法则

设函数 $F(x,y)$ 可微,且 $F_y(x,y)\neq 0$,可以证明由方程 $F(x,y)=0$ 能唯一确定一个具有连续导数的函数 $y=f(x)$. 将 $y=f(x)$ 代入 $F(x,y)=0$,得
$$F(x,f(x))=0.$$

将上式两边同时对 x 求导,得
$$F_x+F_y\cdot\frac{dy}{dx}=0.$$

由于 $F_y(x,y)\neq 0$,所以

$$\frac{dy}{dx} = -\frac{F_x}{F_y}.$$

上式即为**一元隐函数的求导公式**.

例 7 求由方程 $x^2 + y^2 = e^{xy}$ 所确定的隐函数 $y = f(x)$ 的导数 $\frac{dy}{dx}$.

解 令 $F(x,y) = x^2 + y^2 - e^{xy}$，则
$$F_x = 2x - ye^{xy},\ F_y = 2y - xe^{xy},$$
于是
$$\frac{dy}{dx} = -\frac{F_x}{F_y} = -\frac{2x - ye^{xy}}{2y - xe^{xy}}.$$

设函数 $F(x,y,z)$ 可微，且 $F_z(x,y,z) \neq 0$，可以证明由方程 $F(x,y,z) = 0$ 能唯一确定一个具有连续偏导数的函数 $z = f(x,y)$. 将 $z = f(x,y)$ 代入 $F(x,y,z) = 0$，得
$$F(x,y,f(x,y)) = 0,$$
将上式两边同时对 x 和 y 求偏导，得
$$F_x + F_z \cdot \frac{\partial z}{\partial x} = 0,\ F_y + F_z \cdot \frac{\partial z}{\partial y} = 0.$$

由于 $F_z(x,y,z) \neq 0$，所以
$$\frac{\partial z}{\partial x} = -\frac{F_x}{F_z},\ \frac{\partial z}{\partial y} = -\frac{F_y}{F_z}.$$

上式即为**二元隐函数的求偏导公式**.

例 8 求由方程 $e^z = xyz$ 所确定的隐函数 $z = f(x,y)$ 的偏导数 $\frac{\partial z}{\partial x}$ 及 $\frac{\partial z}{\partial y}$.

解 令 $F(x,y,z) = e^z - xyz$，则
$$F_x = -yz,\ F_y = -xz,\ F_z = e^z - xy.$$
于是
$$\frac{\partial z}{\partial x} = -\frac{F_x}{F_z} = \frac{yz}{e^z - xy} = \frac{z}{xz - x},$$
$$\frac{\partial z}{\partial y} = -\frac{F_y}{F_z} = \frac{xz}{e^z - xy} = \frac{z}{yz - y}.$$

例 9 设 F 可微，证明由方程 $F(x - az, y - bz) = 0$ 所确定的隐函数 $z = f(x,y)$ 满足 $a\frac{\partial z}{\partial x} + b\frac{\partial z}{\partial y} = 1$.

证 由多元复合函数的求导法则，求得
$$F_x = F_1' \cdot 1 = F_1',\ F_y = F_2' \cdot 1 = F_2',$$
$$F_z = F_1' \cdot (-a) + F_2' \cdot (-b) = -aF_1' - bF_2',$$
所以
$$\frac{\partial z}{\partial x} = -\frac{F_x}{F_z} = \frac{F_1'}{aF_1' + bF_2'},\ \frac{\partial z}{\partial y} = -\frac{F_y}{F_z} = \frac{F_2'}{aF_1' + bF_2'},$$
从而
$$a\frac{\partial z}{\partial x} + b\frac{\partial z}{\partial y} = \frac{aF_1'}{aF_1' + bF_2'} + \frac{bF_2'}{aF_1' + bF_2'} = 1.$$

⁺例 10 设 $z = f(xy^2, x+y)$，其中 f 有二阶连续偏导数，求 $\frac{\partial z}{\partial x}, \frac{\partial^2 z}{\partial x \partial y}, \frac{\partial^2 z}{\partial x^2}$.

解 $\frac{\partial z}{\partial x} = f_1' \cdot y^2 + f_2' \cdot 1 = y^2 f_1' + f_2',$

$\frac{\partial^2 z}{\partial x \partial y} = 2yf_1' + y^2(f_{11}'' \cdot 2xy + f_{12}'' \cdot 1) + f_{21}'' \cdot 2xy + f_{22}'' \cdot 1$

$$= 2yf_1' + 2xy^3 f_{11}'' + f_{22}'' + y(y+2x)f_{12}'',$$

$$\frac{\partial^2 z}{\partial x^2} = y^2(f_{11}'' \cdot y^2 + f_{12}'' \cdot 1) + f_{21}'' \cdot y^2 + f_{22}'' \cdot 1$$

$$= y^4 f_{11}'' + 2y^2 f_{12}'' + f_{22}''.$$

在计算过程中利用了 $f_{12}'' = f_{21}''$，这是因为 f 有二阶连续偏导数，所以这两个混合偏导数相等.

同步训练 2-7

1. 求由下列方程所确定的隐函数 y 的导数 $\dfrac{\mathrm{d}y}{\mathrm{d}x}$：

(1) $y^2 - 2xy + 9 = 0$；　　(2) $y = 1 + xe^y$；　　(3) $x = y + \arctan y$；　　(4) $xy = e^{x+y}$.

2. 用对数求导法求下列函数的导数：

(1) $y = \left(\dfrac{x}{1+x}\right)^x$；　　(2) $y = \sqrt[3]{\dfrac{x(x^2+1)}{(x^2-1)^2}}$.

3. 求由下列参数方程所确定的函数的导数：

(1) $\begin{cases} x = \theta(1-\sin\theta), \\ y = \theta\cos\theta, \end{cases}$ 求 $\dfrac{\mathrm{d}y}{\mathrm{d}x}$；

(2) $\begin{cases} x = e^t\cos t, \\ y = e^t\sin t, \end{cases}$ 求 $\dfrac{\mathrm{d}y}{\mathrm{d}x}\bigg|_{t=\frac{\pi}{2}}$；

(3) $\begin{cases} x = \arctan t, \\ y = \ln(1+t^2), \end{cases}$ 求 $\dfrac{\mathrm{d}^2 y}{\mathrm{d}x^2}$；

(4) $\begin{cases} x = f'(t), \\ y = tf'(t) - f(t), \end{cases}$ 设 $f''(t)$ 存在且不为零，求 $\dfrac{\mathrm{d}^2 y}{\mathrm{d}x^2}$.

4. 求由下列方程所确定的隐函数的导数或偏导数：

(1) $\ln\sqrt{x^2+y^2} = \arctan\dfrac{y}{x}$，求 $\dfrac{\mathrm{d}y}{\mathrm{d}x}$；　　(2) $z^3 + 3xyz = a^3$，求 $\dfrac{\partial z}{\partial x}, \dfrac{\partial z}{\partial y}, \dfrac{\partial^2 z}{\partial x \partial y}$；

(3) $x + 2y + 2z - 2\sqrt{xyz} = 0$，求 $\dfrac{\partial z}{\partial x}, \dfrac{\partial z}{\partial y}$.

5. 设 $z = xy + xF(u), u = \dfrac{y}{x}, F(u)$ 为可导函数，证明：

$$x\frac{\partial z}{\partial x} + y\frac{\partial z}{\partial y} = z + xy.$$

6. 设 $\dfrac{x^2}{a^2} + \dfrac{y^2}{b^2} + \dfrac{z^2}{c^2} = 1$，求 $\mathrm{d}z$.

7. 求下列函数的 $\dfrac{\partial^2 z}{\partial x^2}, \dfrac{\partial^2 z}{\partial x \partial y}, \dfrac{\partial^2 z}{\partial y^2}$（其中 f 具有二阶连续偏导数）：

(1) $z = f\left(x, \dfrac{x}{y}\right)$；　　(2) $z = f(xy^2, x^2 y)$.

8. 设 $z = f(e^x, x^2 - y^2)$，其中 f 具有二阶连续偏导数，求 $\dfrac{\partial^2 z}{\partial x \partial y}$.

阅读材料二

导数和微分

一、导数

在微积分的初创阶段，导数的概念是十分模糊的，不仅在牛顿和莱布尼兹的工作中找不到导数的明确定义，在此后相当长的一个时期，这个概念都没有得到认真的处理.

大约在 1629 年,法国数学家费马(P. de Fermat,1601—1665)研究了作曲线的切线和求函数极值的方法.1637 年左右,他将这些方法写成了一篇手稿《求最大值和最小值的方法》.在作切线时,他构造了差分 $f(A+E)-f(A)$,并注意到对于他所研究的多项式函数,这个差分包含 E 作为因子.除以 E,最后消去仍然含有因子 E 的那些项,最终得到一个量

$$\left.\frac{f(A+E)-f(A)}{E}\right|_{E=0}.$$

今天我们称这个量为导数并记为 $f'(A)$,但费马既没有给它命名,也没有引入任何特定的记号.

牛顿称自己的微积分学为流数法,称变量为流量,称变量的变化率为流数,相当于我们所说的导数.假定 x 和 y 是流量,则它们的流数被用带点的字母记为 $\dot{x}$ 和 $\dot{y}$.虽然牛顿给出了许多计算流数的实例,却从未给出过它的明确定义.根据他写于 1691—1692 年的《曲线求积术》一文中的论述,可以将流数的实质概括为:它的重点在于一个变量的函数,而不在于一个多变量的方程,在于自变量的变化与函数的变化的比的构成,最后在于决定这个比当变化趋于零时的极限.

莱布尼兹在微积分方面的全部工作都是以微分作为基点的,在他那里导数不过是微分之比,相当于今天所说的微商.虽然他认识到了两无穷小量之比的重要性,却从未想到这个比是一个单一的数,而总是把它看作不确定量的商,或者是与它们成比例的确定量的商.

1737 年,英国数学家辛普森(T. Simpson,1710—1761)在《有关流数的一篇新论文》中写道:"一个流动的量,按它在任何一个位置或瞬间所产生的速率(从该位置或瞬间起持续不变),在一段给定的时间内,所均匀增长的数量称为该流动量在该位置或瞬间的流数."换言之,他是在用 $\dfrac{\mathrm{d}y}{\mathrm{d}t}\Delta t$ 来定义导数.

1750 年,达朗贝尔(J. L. R. D'Alembert,1717—1783)在为法国科学院出版的《百科全书》第四版写的"微分"条目中提出了关于导数的一种观点,可以用现代符号简单地表示为

$$\frac{\mathrm{d}y}{\mathrm{d}x}=\lim_{\Delta x \to 0}\frac{\Delta y}{\Delta x}.$$

也就是说,他把导数看作增量之比的极限,而不是看作微分或流数之比,这是十分值得注意的.由于他坚持微分学只能严格地用极限来理解,这才接近了导数的现代概念.但是,他的思想仍然受到几何直观的束缚.

拉格朗日(J. Lagrange,1736—1813)在《解析函数论》中首次给出了"导数"这一名称,并用 $f'(x)$ 来表示.

1817 年,波尔查诺(B. Bolzano,1781—1848)第一个将导数定义为当 Δx 经由负值和正值趋于 0 时,比 $\dfrac{f(x+\Delta x)-f(x)}{\Delta x}$ 无限接近地趋向的量 $f'(x)$,并强调 $f'(x)$ 不是两个 0 的商,也不是两个消失了的量的比,而是前面所指出的比所趋近的一个数.

1823年,柯西(A. L. Cauchy,1789—1857)在他的《无穷小分析教程概论》中用与波尔查诺同样的方式定义导数:"如果函数 $y=f(x)$ 在变量 x 的两个给定的界限之间保持连续,并且我们为这样的变量指定一个包含在这两个不同界限之间的值,那么使变量得到一个无穷小增量,就会使函数本身产生一个无穷小增量.因此,如果我们设 $x=i$,那么差比 $\dfrac{\Delta y}{\Delta x}=\dfrac{f(x+i)-f(x)}{i}$ 中的两项都是无穷小量.虽然这两项同时无限地趋向于零,但是差比本身可能收敛于另一个极限,它既可以为正,也可以为负.当这个极限存在时,对于 x 的每一个特定值,它具有一个确定的值.但是这个值随 x 的变化而变化……作为差比 $\dfrac{f(x+i)-f(x)}{i}$ 的极限的新函数的形式,依赖于给定的函数 $y=f(x)$ 的形式.为了说明这种依赖关系,我们把这个新函数称为导出函数,并且用带''的符号 y' 或 $f'(x)$ 来表示."这个定义与今天导数定义的差别仅仅是没有使用 ε-δ 语言.

19世纪60年代以后,魏尔斯特拉斯(K. Weierstrass,1815—1897)创造了 ε-δ 语言,对微积分中出现的各种类型的极限重新表述,导数的定义也就获得了今天通常见到的形式.

二、微分

在牛顿、莱布尼兹创立微积分学之前,一些数学家已经隐约地触及了与微分概念有关的一些问题和方法,尤为重要的是在求曲线的切线的过程中逐渐形成了特征三角形(即微分三角形)的初步概念.实际上,早在1624年,荷兰数学家施内尔(W. Snell,1580—1626)就曾考虑过一个由经线、纬线和斜驶线所围成的小球面形,它相当于一个平面直角三角形.在17世纪中叶的几何著作中可以找到许多类似于微分三角形的图形.

1657年,法国数学家帕斯卡(B. Pascal,1623—1662)开始系统地研究"不可分量"方法.1658年6月,他提出了一项数学竞赛,截止日期是1658年10月1日,要求确定任何一段摆线下的面积和形心,以及确定这样一段摆线绕它的底或纵坐标旋转而成的旋转体的体积和形心.当时大多数一流的数学家对这项竞赛都很感兴趣.在经过审查确认没有得到完全满意的答案后,帕斯卡以戴东维尔(Dettonville)为笔名发表了他自己在这方面的研究结果.在短文《论圆的一个象限的正弦》中,他隐约地使用了特征三角形.1714年,莱布尼兹发表了《微分学的历史和起源》一文,其中明确地谈到他发现微分三角形是受到了帕斯卡上述工作的启发.

1670年,巴罗(I. Barrow,1630—1677)出版的《几何学讲义》是根据他自1664年以来在剑桥大学讲授几何学的材料整理而成的,其中给出了一种作曲线切线的方法,用到了特征三角形,本质上就是微分三角形.

然而,在所有上述著作中,特征三角形两边的商对于决定切线的重要性似乎都被忽视了,直到牛顿、莱布尼兹的工作中这一点才被明确地揭示出来.

牛顿积分理论的核心是反微分,即不定积分.他给出了一些基本的微分法则,也计算了一些函数的微分,但始终没有给出微分的明确定义.在他的微分学中,基本概念是"流量"(变量)及其"流数"(相当于导数),微分只是一种方便的表述方式而已.

如前所述,莱布尼兹在微积分方面的全部工作都是以微分作为基点的.他在1675年10月的一篇手稿中,首次引入了微分的概念和符号,也就是今天我们使用的符号.1677年,他未加证明地给出了两个函数的和、差、积、商以及幂和方根的微分法则.1684年,莱布尼兹发表了题为《一种求极大值与极小值和切线的新方法,它也适用于无理量,以及这种方法的奇妙类型的计算》的论文,这是最早发表的微积分文献.在这篇文章中,他对一阶微分给出了一个比较令人满意的定义.他说,横坐标 x 的微分 dx 是个任意量,而纵坐标 y 的微分 dy 则定义为它与 dx 之比等于纵坐标与次切距之比的那个量.次切距是这样定义的:给定曲线上一点 P,由 P 点向横坐标轴作垂线,设垂足为点 Q,又设曲线在 P 点的切线与横坐标轴交于点 T,称 TQ 为次切线或次切距.然而,关于 dy, dx 和 $\dfrac{dy}{dx}$ 的最终的含义,莱布尼兹仍然是含糊的.他说 dx 是两个无限接近的点的 x 值的差,切线是连结这样两点的直线,有时他将无穷小量 dx 和 dy 描述成正在消失的或刚出现的量,与已形成的量相对应.这些无穷小量不是 0,但小于任何有限量.

微分概念在牛顿、莱布尼兹之后的相当长一个时期一直是含糊的.1750年,达朗贝尔在前述"微分"条目中把它定义为"无穷小量或者至少小于任何给定值的量".1797年,拉格朗日甚至试图把微分等概念从微积分中完全排除.

1823年,法国数学家柯西在《无穷小分析教程概论》中首先用因变量与自变量差商之比的极限定义了导数,并使之成了微分学的核心概念.然后,他通过把 dx 定义为任一有限量而把 dy 定义为 $f'(x)dx$,从而把导数概念与微分概念统一起来.这样,微分通过导数也就有了意义,但只是一个辅助概念.他还指出,整个18世纪所用的微分表达式的含义就是通过导数来表示的.

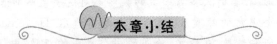

本章小结

一、主要内容

1. 导数和微分、偏导数和全微分的概念及几何意义.
2. 导数和微分、偏导数和全微分的运算法则.
3. 一(多)元函数复合函数以及隐函数的求(偏)导数的方法.
4. 高阶(偏)导数.
5. 由参数方程所确定的一元函数的导数及多元函数的偏导数.
6. 微分及全微分在近似计算中的应用.

二、方法要点

(一) 一元函数导数与微分

1. 利用导数的定义求导数和一些特殊形式的极限.

2. 利用导数的几何意义求切线和法线方程.

3. 利用求导公式和运算法则求导数.

4. 利用复合函数求导法则求导数.

5. 利用微分公式和法则求微分.

6. 利用公式和法则求隐函数的导数和高阶导数.

7. 利用左、右导数判断函数在某一点的可导性.

8. 掌握一元函数连续、可导、可微间的关系.

（二）多元函数偏导数与全微分

1. 结合一元函数导数,利用偏导数的定义求偏导数.

2. 结合一元函数求导公式和运算法则求偏导数.

3. 利用全微分公式及偏导数求全微分.

4. 利用多元复合函数求导法则求偏导数.

5. 利用隐函数的求导法则求偏导数和高阶偏导数.

6. 掌握多元函数连续、可导、可微间的关系.

能力训练二

一、填空题

1. 设 $f(x)=x^2$,则 $\lim\limits_{x \to 2}\dfrac{f(x)-f(2)}{x-2}=$ _____.

2. 设函数 $xy=5$,则 $y'=$ _____.

3. 已知函数 $f(x)=\dfrac{1+x}{1-x}$,则 $f'(2)=$ _____.

4. 设 $y=\ln^2 x$,则 $y'=$ _____.

5. 设 $y=xe^{-x}$,则 $y''=$ _____.

6. $d\ ($ _____ $)=\dfrac{1}{\sqrt{x}}dx$.

7. $\cos 5x\,dx = d\ ($ _____ $)$.

8. 曲线 $y=\sqrt{x}$ 在点 $x=1$ 处的切线方程为 _____.

9. 设 $z=x^3y+xy^3$,则 $\dfrac{\partial^2 z}{\partial x^2}=$ _____, $\dfrac{\partial^2 z}{\partial y^2}=$ _____, $\dfrac{\partial^2 z}{\partial x \partial y}=$ _____.

10. 已知 $f(x,y)=xy+(x-2)\tan\sqrt[3]{\dfrac{y}{x}}$,则 $f'_x(1,0)=$ _____, $f'_y(2,1)=$ _____.

二、选择题

11. 函数 $f(x)$ 在点 x_0 处连续是函数在该点处可导的 （　　）

A. 充要条件　　　　　　　　　B. 充分不必要条件

C. 必要不充分条件　　　　　　D. 不充分不必要条件

12. 已知函数 $y=f(x)$ 在点 x_0 处 $f'(x_0)=0$,则在点 $(x_0,f(x_0))$ 处 （　　）

A. 切线平行于 x 轴　　　　　B. 切线平行于 y 轴

C. 没有切线　　　　　　　　　　　　D. 不能确定

13. 设 $f(x)=5\ln x+e^x$，则 $f'(1)=$　　　　　　　　　　　　　　　　　　　（　）

A. e　　　　B. 1　　　　C. $5+e$　　　　D. $5+e^{-1}$

14. 下列等式正确的是（　）

A. $(\ln 4x)'=\dfrac{1}{x}$　　　　　　　　B. $(e^x+e^2)'=e^x+2e$

C. $(2^x)'=\dfrac{2^x}{\ln 2}$　　　　　　　　D. $(\cos 3x)'=3\sin 3x$

15. 设函数 $f(x)$ 在 $x=1$ 处可导，且 $\lim\limits_{\Delta x\to 0}\dfrac{f(1+2\Delta x)-f(1)}{\Delta x}=1$，则 $f'(1)=$　（　）

A. $\dfrac{1}{2}$　　　　B. $-\dfrac{1}{2}$　　　　C. 2　　　　D. -2

16. 曲线 $y=x^3$ 在点 $x=2$ 处的切线方程为　　　　　　　　　　　　　　　　（　）

A. $16x-y-12=0$　　　　　　　B. $12x-y-16=0$

C. $x-12y+16=0$　　　　　　　D. $x-16y+12=0$

17. 设 $y=\ln x$，则 $y''=$　　　　　　　　　　　　　　　　　　　　　　　　（　）

A. $\dfrac{1}{x}$　　　　B. $\dfrac{1}{x^2}$　　　　C. $-\dfrac{2}{x}$　　　　D. $-\dfrac{1}{x^2}$

18. 设 $z=x^y$，则 $dz=$　　　　　　　　　　　　　　　　　　　　　　　　（　）

A. $yx^{y-1}dx+x^y\ln x dy$　　　　　B. $x^y\ln x dx+yx^{y-1}dy$

C. $x^{y-1}dx+x^y dy$　　　　　　　　D. $yx^{y-1}dx+x^y dy$

19. 已知 $z=\ln(x+y^2)$，则 $\dfrac{\partial z}{\partial y}=$　　　　　　　　　　　　　　　　　（　）

A. $\dfrac{1}{x+y^2}$　　　B. $\dfrac{y}{x+y^2}$　　　C. $\dfrac{2y}{x+y^2}$　　　D. $\dfrac{x}{x+y^2}$

三、计算题

20. 求下列函数的导数：

(1) 设 $y=x^2\arctan 2x$，求 $y'\big|_{x=\frac{1}{2}}$；

(2) 已知函数 $y=2\cos^2 x-\ln^3 x$，求 y'；

(3) 设 $y=\dfrac{1+e^x}{1-e^x}$，求 y'；

(4) 设 $y=(1+x^2)^{\sin x}$，求 y'；

(5) 求由方程 $xy=e^{x+y}$ 所确定的隐函数的导数 y'；

(6) 求由方程 $x\cos y=\sin(x+y)$ 所确定的隐函数的导数 y'；

(7) 已知参数方程 $\begin{cases}x=\cos^3 t,\\ y=\sin^3 t,\end{cases}$ 求 $\dfrac{dy}{dx}$；

(8) 已知 $f(x)=\dfrac{x}{\sqrt{1-x^2}}$，求 $f''(0)$.

21. 求下列函数的微分：

(1) 已知函数 $y=x\ln x$，求 dy；

(2) 已知函数 $y=\ln(x+\sqrt{1+x^2})$，求 dy.

22. 求下列函数的偏导数：

(1) 已知 $f(x,y)=x^2+3x^2y+y^4$,求 $f_x'(1,2), f_y'(1,2)$；

(2) 已知 $f(x,y)=xy^2+x^2y-6$,求 $\dfrac{\partial^2 f}{\partial x^2}, \dfrac{\partial^2 f}{\partial x \partial y}, \dfrac{\partial^2 f}{\partial y \partial x}, \dfrac{\partial^2 f}{\partial y^2}$；

(3) 已知 $z=u^v, u=x+2y, v=2x+y$,求 $\dfrac{\partial z}{\partial x}, \dfrac{\partial z}{\partial y}$；

(4) 已知 $z=e^x\cos x, y=\sin x$,求 $\dfrac{dz}{dx}$；

(5) 已知 $z^3-3xyz=a^3$,求 $\dfrac{\partial z}{\partial x}, \dfrac{\partial z}{\partial y}$.

四、解答题

23. 求曲线 $x^2+y^2=25$ 在点 $(-3,4)$ 处的切线方程.

第三章 微分中值定理与导数的应用

学习目标

1. 理解罗尔定理,了解拉格朗日中值定理和柯西中值定理.
2. 理解函数的极值的概念.掌握求函数的极值、判断函数的单调性与函数图形的凹凸性,以及求函数图形的拐点等方法.
3. 能够描绘简单的常用函数的图形(包括求水平渐近线和铅直渐近线).
4. 掌握简单的最大值和最小值的应用题的求法.
5. 能够使用洛必达法则求不定式"$\dfrac{0}{0}$"与"$\dfrac{\infty}{\infty}$"等型的极限.
6. 了解二元函数的极值和最值问题,了解条件极值的概念,了解求二元函数条件极值的拉格朗日乘数法.

本章中,我们将应用导数来研究函数以及曲线的某些性态,并利用这些知识解决一些实际问题.为此,先介绍微分学的几个中值定理,它们是导数应用的理论基础.

第一节 中值定理与洛必达法则

一、中值定理

1. 罗尔定理

罗尔(Rolle)定理 设函数 $y=f(x)$ 满足条件:

(1) 在闭区间 $[a,b]$ 上连续;
(2) 在开区间 (a,b) 内可导;
(3) $f(a)=f(b)$.

则在 (a,b) 内至少存在一点 ξ,使得 $f'(\xi)=0$.

罗尔定理的几何意义是:如果连续曲线 $y=f(x)$ 在区间的两个端点的纵坐标相等,且除端点外处处具有不垂直于 x 轴的切线,则此曲线弧上至少有一点,在该点处曲线的切线平行于 x 轴(图 3-1).

定理的证明 由于 $f(x)$ 在闭区间 $[a,b]$ 上连续,根据闭区间上连续函数的性质,$f(x)$ 在 $[a,b]$ 上有最大值 M 和最小值 m.

(1) 若 $M=m$,则 $f(x)$ 在 $[a,b]$ 上恒为常数,于是 $f(x)$ 在任

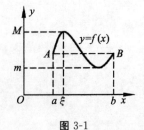

图 3-1

意点 $x \in (a,b)$ 处,均有 $f'(x) = 0$.

(2) 若 $M \neq m$,则由于 $f(a) = f(b)$,故 M 和 m 这两个数中至少有一个不等于 $f(a)$ 及 $f(b)$. 不妨设 $M \neq f(a)$, 因而在 (a,b) 内一定有点 ξ, 使得 $f(\xi) = M$. 下面我们证明 $f'(\xi) = 0$.

因为 $\xi \in (a,b)$, 根据条件可知 $f'(\xi)$ 存在, 即 $f'_+(\xi) = f'_-(\xi) = f'(\xi)$. 注意到 $f(\xi)$ 是 $f(x)$ 在 $[a,b]$ 上的最大值, 因此

当 $x > \xi$ 时, $\dfrac{f(x)-f(\xi)}{x-\xi} \leqslant 0$;

当 $x < \xi$ 时, $\dfrac{f(x)-f(\xi)}{x-\xi} \geqslant 0$.

于是
$$f'(\xi) = f'_+(\xi) = \lim_{x \to \xi^+} \dfrac{f(x)-f(\xi)}{x-\xi} \leqslant 0,$$
$$f'(\xi) = f'_-(\xi) = \lim_{x \to \xi^-} \dfrac{f(x)-f(\xi)}{x-\xi} \geqslant 0.$$

从而必然有
$$f'(\xi) = 0.$$

例 1 设多项式函数 $p(x)$ 的导函数 $p'(x)$ 没有实根, 证明: 方程 $p(x) = 0$ 最多只有一个实根.

证 用反证法. 设原方程至少有两个实根 x_1 和 x_2, 且 $x_1 < x_2$, 由于多项式 $p(x)$ 是处处连续并可导的, 又因为 $p(x_1) = p(x_2) = 0$, 所以多项式函数 $p(x)$ 在 $[x_1, x_2]$ 上满足罗尔定理的条件, 从而在 (x_1, x_2) 内至少存在一点 ξ, 使得 $p'(\xi) = 0$, 这与题设 $p'(x)$ 没有实根矛盾. 因此方程 $p(x) = 0$ 最多只有一个实根.

2. 拉格朗日中值定理

拉格朗日 (Lagrange) 中值定理 设函数 $y = f(x)$ 满足条件:

(1) 在闭区间 $[a,b]$ 上连续;

(2) 在开区间 (a,b) 内可导.

则在 (a,b) 内至少存在一点 ξ, 使得

$$f'(\xi) = \dfrac{f(b)-f(a)}{b-a}. \tag{1}$$

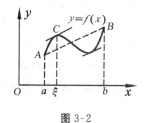

图 3-2

(1) 式中的 $\dfrac{f(b)-f(a)}{b-a}$ 为弦 AB 的斜率(图 3-2).

拉格朗日中值定理的几何意义是: 在连续且除端点外处处具有不垂直于 x 轴的切线的曲线弧 $\overset{\frown}{AB}$ 上, 至少存在一点, 在该点处曲线的切线平行于弦 AB.

定理的证明 引进辅助函数

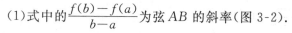
$$F(x) = f(x) - \left[f(a) + \dfrac{f(b)-f(a)}{b-a}(x-a) \right].$$

容易验证 $F(a) = F(b)$, $F(x)$ 在 $[a,b]$ 上连续, 在 (a,b) 内可导, 且 $F'(x) = f'(x) - \dfrac{f(b)-f(a)}{b-a}$. 这样, 函数 $F(x)$ 满足罗尔定理的条件, 所以由罗尔定理, 在 (a,b) 内至少存在一点 ξ, 使得 $F'(\xi) = 0$, 即

$$f'(\xi) - \dfrac{f(b)-f(a)}{b-a} = 0,$$

由此得
$$f'(\xi)=\frac{f(b)-f(a)}{b-a}.$$

显然,如果拉格朗日中值定理中加上条件 $f(a)=f(b)$,就成了罗尔定理,因此拉格朗日中值定理是罗尔定理的推广.

(1)式也可写为
$$f(b)-f(a)=f'(\xi)(b-a) \quad (\xi\ 在\ a\ 与\ b\ 之间). \tag{2}$$

公式(2)对于 $b<a$ 也成立. (2)式称为**拉格朗日中值公式**.

设 $x, x+\Delta x \in (a,b)$,则有介于 x 与 $x+\Delta x$ 之间的 ξ,使得
$$f(x+\Delta x)-f(x)=f'(\xi)\Delta x,$$
即
$$\Delta y=f'(\xi)\Delta x. \tag{3}$$

(3)式称为拉格朗日中值定理的增量形式.

我们知道,当 $f'(x)\neq 0$ 且 $|\Delta x|$ 很小时,函数 $y=f(x)$ 的微分 $\mathrm{d}y=f'(x)\Delta x$ 是函数的增量 Δy 的近似表达式,而(3)式则是增量 Δy 的准确表达式,且不要求 $f'(x)\neq 0$ 及 $|\Delta x|$ 很小,只要求 Δx 是有限量. 因此拉格朗日中值定理也称**有限增量定理**,它精确地表达了函数在一个区间上的增量与函数在该区间内某点处的导数之间的关系.

由拉格朗日中值定理,可推出下面两个重要结论.

推论 1 如果函数 $f(x)$ 在区间 I 上的导数恒为零,则 $f(x)$ 在区间 I 上是一个常数.

证 在区间 I 上任取两点 $x_1, x_2 (x_1<x_2)$,应用(2)式得
$$f(x_2)-f(x_1)=f'(\xi)(x_2-x_1) \quad (x_1<\xi<x_2).$$

由假设知 $f'(\xi)=0$,所以 $f(x_2)-f(x_1)=0$,即
$$f(x_2)=f(x_1).$$

因为 x_1, x_2 是 I 上的任意两点,于是上式表明:$f(x)$ 在 I 上的函数值总是相等的. 这就是说,$f(x)$ 在区间 I 上是一个常数.

推论 2 如果在区间 I 上 $f'(x)=g'(x)$,则在 I 上 $f(x)$ 与 $g(x)$ 相等或者只差一个常数,即 $f(x)=g(x)+C$(C 为某个常数).

推论 2 可由推论 1 得到,请读者证明.

例 2 证明:当 $x>0$ 时,
$$\frac{x}{1+x}<\ln(1+x)<x.$$

证 设 $f(x)=\ln(1+x)$,显然 $f(x)$ 在区间 $[0,x]$ 上满足拉格朗日中值定理的条件,于是在 $(0,x)$ 内至少存在一点 ξ,使得
$$f(x)-f(0)=f'(\xi)(x-0).$$

由于 $f(0)=0, f'(x)=\dfrac{1}{1+x}$,因此上式即为
$$\ln(1+x)=\frac{x}{1+\xi}.$$

因为 $0<\xi<x$,所以
$$\frac{x}{1+x}<\frac{x}{1+\xi}<x,$$
即
$$\frac{x}{1+x}<\ln(1+x)<x.$$

例3 证明:$\arctan x + \operatorname{arccot} x = \dfrac{\pi}{2}$.

证 设 $f(x) = \arctan x + \operatorname{arccot} x$,对于任意 $x \in (-\infty, +\infty)$,有
$$f'(x) = \frac{1}{1+x^2} - \frac{1}{1+x^2} = 0.$$
由推论 1,$f(x) = \arctan x + \operatorname{arccot} x = C$($C$ 为某个常数).

取 $x=0$,得 $f(0) = C = \dfrac{\pi}{2}$,因此
$$\arctan x + \operatorname{arccot} x = \frac{\pi}{2}.$$

*3. 柯西中值定理

柯西(Cauchy)中值定理 设函数 $f(x), g(x)$ 满足条件:
(1) 在闭区间 $[a,b]$ 上连续;
(2) 在开区间 (a,b) 内可导,且 $g'(x) \neq 0$.

则在 (a,b) 内至少存在一点 ξ,使得
$$\frac{f(b)-f(a)}{g(b)-g(a)} = \frac{f'(\xi)}{g'(\xi)}. \tag{4}$$

很明显,如果取 $g(x)=x$,则 $g(b)-g(a)=b-a$,$g'(x)=1$. 于是(4)式可写成
$$\frac{f(b)-f(a)}{b-a} = f'(\xi).$$
这就是拉格朗日中值定理,因此柯西中值定理是拉格朗日中值定理的推广.

下面我们从几何上说明柯西中值定理的意义.

设曲线弧 $\overparen{AB}$ 由参数方程
$$\begin{cases} X = g(x), \\ Y = f(x) \end{cases} (a \leqslant x \leqslant b)$$
表示(图 3-3),其中 x 为参数. 若 $f(x), g(x)$ 满足柯西中值定理的条件,则 $\overparen{AB}$ 连续且除端点外处处具有不垂直于 X 轴的切线. 于是在 $\overparen{AB}$ 上至少有一点 C,曲线在点 C 处的切线平行于弦 AB.

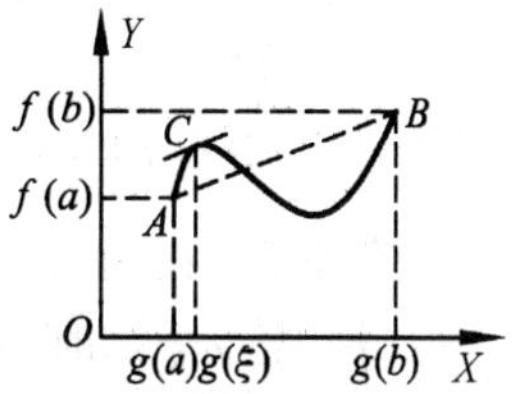

曲线上点 (X,Y) 处的切线的斜率为
$$\frac{\mathrm{d}Y}{\mathrm{d}X} = \frac{f'(x)}{g'(x)},$$
弦 AB 的斜率为
$$\frac{f(b)-f(a)}{g(b)-g(a)}.$$
假定点 C 对应于参数 $x=\xi$,那么曲线在点 C 处的切线平行于弦 AB 可表示为
$$\frac{f(b)-f(a)}{g(b)-g(a)} = \frac{f'(\xi)}{g'(\xi)}.$$

图 3-3

二、洛必达法则

如果当 $x \to x_0$(或 $x \to \infty$)时,两个函数 $f(x)$ 与 $g(x)$ 都趋于零或都趋于无穷大,那么

极限 $\lim\limits_{\substack{x\to x_0\\(x\to\infty)}}\dfrac{f(x)}{g(x)}$ 可能存在,也可能不存在. 通常称这种极限为未定式,并分别简记为 $\dfrac{0}{0}$ 或 $\dfrac{\infty}{\infty}$. 下面我们将根据柯西中值定理推导出求这类极限的一种简便且重要的方法——**洛必达**(L'Hospital)**法则**.

定理1 设函数 $f(x)$ 与 $g(x)$ 满足条件:

(1) 在点 x_0 的某一邻域内(点 x_0 可除外)有定义,且
$$\lim_{x\to x_0}f(x)=0,\lim_{x\to x_0}g(x)=0;$$

(2) 在该邻域内,$f'(x)$ 及 $g'(x)$ 都存在且 $g'(x)\neq 0$;

(3) $\lim\limits_{x\to x_0}\dfrac{f'(x)}{g'(x)}$ 存在(或为 ∞).

则
$$\lim_{x\to x_0}\frac{f(x)}{g(x)}=\lim_{x\to x_0}\frac{f'(x)}{g'(x)}.$$

证 因为 $\lim\limits_{x\to x_0}\dfrac{f(x)}{g(x)}$ 与 $f(x)$ 及 $g(x)$ 在 x_0 处的值无关,因此我们可以设 $f(x_0)=g(x_0)=0$,于是由条件(1)知,$f(x)$ 和 $g(x)$ 在点 x_0 的某一邻域内连续. 设 x 是这个邻域内的一点,那么 $f(x)$ 和 $g(x)$ 在以 x_0 及 x 为端点的区间上满足柯西中值定理的条件,所以有
$$\frac{f(x)}{g(x)}=\frac{f(x)-f(x_0)}{g(x)-g(x_0)}=\frac{f'(\xi)}{g'(\xi)}(\xi\text{ 在 }x_0\text{ 与 }x\text{ 之间}).$$

令 $x\to x_0$,对上式两边取极限. 注意到当 $x\to x_0$ 时 $\xi\to x_0$,从而
$$\lim_{x\to x_0}\frac{f(x)}{g(x)}=\lim_{x\to x_0}\frac{f'(x)}{g'(x)}.$$

我们指出,对于 $x\to\infty$ 时 $\dfrac{0}{0}$ 型未定式,以及 $x\to x_0$ 或 $x\to\infty$ 时 $\dfrac{\infty}{\infty}$ 型未定式,也有相应的洛必达法则. 例如,对于 $x\to\infty$ 时的 $\dfrac{0}{0}$ 型未定式,有如下定理.

定理2 设函数 $f(x)$ 与 $g(x)$ 满足条件:

(1) 当 $x\to\infty$ 时,$f(x)$ 及 $g(x)$ 都趋于零;

(2) $f'(x)$ 及 $g'(x)$ 当 $|x|>X$ 时存在,且 $g'(x)\neq 0$;

(3) $\lim\limits_{x\to\infty}\dfrac{f'(x)}{g'(x)}$ 存在(或为 ∞).

则
$$\lim_{x\to\infty}\frac{f(x)}{g(x)}=\lim_{x\to\infty}\frac{f'(x)}{g'(x)}.$$

例4 求 $\lim\limits_{x\to 0}\dfrac{\sin 5x}{\sin 3x}$.

解 $\lim\limits_{x\to 0}\dfrac{\sin 5x}{\sin 3x}\xlongequal{\left(\frac{0}{0}\right)}\lim\limits_{x\to 0}\dfrac{5\cos 5x}{3\cos 3x}=\dfrac{5}{3}.$

例5 求 $\lim\limits_{x\to 0}\dfrac{x-\sin x}{x^3}$.

解 $\lim\limits_{x\to 0}\dfrac{x-\sin x}{x^3}\xlongequal{\left(\frac{0}{0}\right)}\lim\limits_{x\to 0}\dfrac{1-\cos x}{3x^2}\xlongequal{\left(\frac{0}{0}\right)}\lim\limits_{x\to 0}\dfrac{\sin x}{6x}=\dfrac{1}{6}.$

例6 求 $\lim\limits_{x\to a}\dfrac{\sin x-\sin a}{x^2-a^2}(a\neq 0).$

解 $\lim\limits_{x\to a}\dfrac{\sin x-\sin a}{x^2-a^2}\xlongequal{\left(\frac{0}{0}\right)}\lim\limits_{x\to a}\dfrac{\cos x}{2x}=\dfrac{\cos a}{2a}.$

例 7 求 $\lim\limits_{x\to+\infty}\dfrac{\frac{\pi}{2}-\arctan x}{\frac{1}{x}}.$

解 $\lim\limits_{x\to+\infty}\dfrac{\frac{\pi}{2}-\arctan x}{\frac{1}{x}}\xlongequal{\left(\frac{0}{0}\right)}\lim\limits_{x\to+\infty}\dfrac{-\frac{1}{1+x^2}}{-\frac{1}{x^2}}=\lim\limits_{x\to+\infty}\dfrac{x^2}{1+x^2}$

$\xlongequal{\left(\frac{\infty}{\infty}\right)}\lim\limits_{x\to+\infty}\dfrac{2x}{2x}=1.$

例 8 求 $\lim\limits_{x\to+\infty}\dfrac{\ln x}{x^\mu}\;(\mu>0).$

解 $\lim\limits_{x\to+\infty}\dfrac{\ln x}{x^\mu}\xlongequal{\left(\frac{\infty}{\infty}\right)}\lim\limits_{x\to+\infty}\dfrac{\frac{1}{x}}{\mu x^{\mu-1}}=\lim\limits_{x\to+\infty}\dfrac{1}{\mu x^\mu}=0.$

例 9 求 $\lim\limits_{x\to 0}\dfrac{\tan x-x}{x^2\sin x}.$

解 当 $x\to 0$ 时,$\sin x\sim x$,$\tan x\sim x.$

$\lim\limits_{x\to 0}\dfrac{\tan x-x}{x^2\sin x}=\lim\limits_{x\to 0}\dfrac{\tan x-x}{x^3}\xlongequal{\left(\frac{0}{0}\right)}\lim\limits_{x\to 0}\dfrac{\sec^2 x-1}{3x^2}$

$=\lim\limits_{x\to 0}\dfrac{\tan^2 x}{3x^2}=\lim\limits_{x\to 0}\dfrac{x^2}{3x^2}=\dfrac{1}{3}.$

除了 $\dfrac{0}{0}$ 和 $\dfrac{\infty}{\infty}$ 型未定式外,还有 $0\cdot\infty$、$\infty-\infty$、0^0、1^∞、∞^0 型未定式,可将它们化为 $\dfrac{0}{0}$ 或 $\dfrac{\infty}{\infty}$ 型未定式,再利用洛必达法则来求极限,下面举例说明.

例 10 求 $\lim\limits_{x\to 0^+}x^\mu\ln x\;(\mu>0).$

解 $\lim\limits_{x\to 0^+}x^\mu\ln x\xlongequal{(0\cdot\infty)}\lim\limits_{x\to 0^+}\dfrac{\ln x}{\frac{1}{x^\mu}}\xlongequal{\left(\frac{\infty}{\infty}\right)}\lim\limits_{x\to 0^+}\dfrac{\frac{1}{x}}{-\mu x^{-\mu-1}}$

$=\lim\limits_{x\to 0^+}\left(-\dfrac{x^\mu}{\mu}\right)=0.$

例 11 求 $\lim\limits_{x\to 0}\left(\dfrac{1}{\sin^2 x}-\dfrac{1}{x^2}\right).$

解 $\lim\limits_{x\to 0}\left(\dfrac{1}{\sin^2 x}-\dfrac{1}{x^2}\right)\xlongequal{(\infty-\infty)}\lim\limits_{x\to 0}\dfrac{x^2-\sin^2 x}{x^2\sin^2 x}=\lim\limits_{x\to 0}\dfrac{x^2-\sin^2 x}{x^4}$

$\xlongequal{\left(\frac{0}{0}\right)}\lim\limits_{x\to 0}\dfrac{2x-2\sin x\cos x}{4x^3}=\lim\limits_{x\to 0}\dfrac{2x-\sin 2x}{4x^3}$

$\xlongequal{\left(\frac{0}{0}\right)}\lim\limits_{x\to 0}\dfrac{2-2\cos 2x}{12x^2}=\lim\limits_{x\to 0}\dfrac{1-\cos 2x}{6x^2}$

$\xlongequal{\left(\frac{0}{0}\right)}\lim\limits_{x\to 0}\dfrac{2\sin 2x}{12x}=\lim\limits_{x\to 0}\dfrac{1}{3}\cdot\left(\dfrac{\sin 2x}{2x}\right)=\dfrac{1}{3}.$

例 12 求 $\lim\limits_{x\to 0^+}x^x.$

解 这是 0^0 型未定式.设 $y=x^x$,取对数得 $\ln y=x\ln x.$

因为
$$\lim_{x\to 0^+}\ln y = \lim_{x\to 0^+} x\ln x \xrightarrow{(0\cdot\infty)} \lim_{x\to 0^+}\frac{\ln x}{\frac{1}{x}} \xrightarrow{\left(\frac{\infty}{\infty}\right)} \lim_{x\to 0^+}\frac{\frac{1}{x}}{-\frac{1}{x^2}}$$
$$= \lim_{x\to 0^+}(-x) = 0.$$

所以 $\lim\limits_{x\to 0^+} x^x = e^0 = 1.$

例 13 求 $\lim\limits_{x\to 1} x^{\frac{1}{x-1}}$.

解法 1 这是 1^∞ 型未定式,利用重要极限计算:
$$\lim_{x\to 1} x^{\frac{1}{x-1}} = \lim_{x\to 1}[1+(x-1)]^{\frac{1}{x-1}} = e.$$

解法 2 利用洛必达法则计算:

设 $y = x^{\frac{1}{x-1}}$,取对数得 $\ln y = \dfrac{\ln x}{x-1}$.

因为
$$\lim_{x\to 1}\ln y = \lim_{x\to 1}\frac{\ln x}{x-1} \xrightarrow{\left(\frac{0}{0}\right)} \lim_{x\to 1}\frac{\frac{1}{x}}{1} = \lim_{x\to 1}\frac{1}{x} = 1,$$

所以 $\lim\limits_{x\to 1} x^{\frac{1}{x-1}} = e^1 = e.$

例 14 求 $\lim\limits_{x\to 0^+}\left(\dfrac{1}{x}\right)^{\tan x}$.

解 这是 ∞^0 型未定式. 设 $y = \left(\dfrac{1}{x}\right)^{\tan x}$,取对数得

$$\ln y = \tan x \cdot \ln\frac{1}{x} = -\tan x \ln x.$$

因为
$$\lim_{x\to 0^+}\ln y = \lim_{x\to 0^+}(-\tan x \ln x) \xrightarrow{(0\cdot\infty)} -\lim_{x\to 0^+}\frac{\ln x}{\frac{1}{\tan x}}$$

$$\xrightarrow{\left(\frac{\infty}{\infty}\right)} -\lim_{x\to 0^+}\frac{\frac{1}{x}}{\frac{-\sec^2 x}{\tan^2 x}} = \lim_{x\to 0^+}\frac{\sin^2 x}{x} = \lim_{x\to 0^+}\left(\frac{\sin x}{x}\right)^2 \cdot x = 0,$$

所以 $\lim\limits_{x\to 0^+}\left(\dfrac{1}{x}\right)^{\tan x} = e^0 = 1.$

最后,我们指出,洛必达法则中的条件是充分而非必要的,当 $\lim\dfrac{f'(x)}{g'(x)}$ 不存在时(等于 ∞ 的情况除外),$\lim\dfrac{f(x)}{g(x)}$ 仍可能存在.

例 15 求 $\lim\limits_{x\to\infty}\dfrac{x+\sin x}{x}$.

解 这是 $\dfrac{\infty}{\infty}$ 型未定式. 极限

$$\lim_{x\to\infty}\frac{(x+\sin x)'}{(x)'} = \lim_{x\to\infty}\frac{1+\cos x}{1} = \lim_{x\to\infty}(1+\cos x)$$

不存在,但不能由此断定原极限 $\lim\limits_{x\to\infty}\dfrac{x+\sin x}{x}$ 不存在. 事实上

$$\lim_{x\to\infty}\frac{x+\sin x}{x}=\lim_{x\to\infty}\left(1+\frac{\sin x}{x}\right)=1+0=1.$$

同步训练 3-1

1. 验证罗尔定理对函数 $y=\ln\sin x$ 在区间 $\left[\dfrac{\pi}{6},\dfrac{5\pi}{6}\right]$ 上的正确性.

2. 对下列函数写出拉格朗日公式 $\dfrac{f(b)-f(a)}{b-a}=f'(\xi)$,并求 ξ.

   (1) $f(x)=\arctan x, x\in[0,1]$; (2) $f(x)=\sqrt{x}, x\in[1,4]$.

3. 不求函数 $f(x)=(x-1)(x-2)(x-3)(x-4)$ 的导数,说明方程 $f'(x)=0$ 有几个实根,并指出它们所在的区间.

4. 证明: $\arcsin x+\arccos x=\dfrac{\pi}{2}$ $(-1\leqslant x\leqslant 1)$.

5. 证明: 若 $f'(x)=k$ (k 为常数),则 $f(x)=kx+b$.

6. 利用拉格朗日中值定理证明:

   (1) $\dfrac{a-b}{a}<\ln\dfrac{a}{b}<\dfrac{a-b}{b}$ $(0<b<a)$; (2) 当 $x>1$ 时, $e^x>e\cdot x$;

   (3) $|\sin a-\sin b|\leqslant|a-b|$.

7. 说明在闭区间 $[-1,1]$ 上柯西中值定理对函数 $f(x)=x^2$ 和 $g(x)=x^3$ 为什么不正确.

8. 求下列极限:

   (1) $\lim\limits_{x\to 0}\dfrac{e^x-e^{-x}}{\sin x}$; (2) $\lim\limits_{x\to+\infty}\dfrac{\ln\left(1+\dfrac{1}{x}\right)}{\operatorname{arccot} x}$; (3) $\lim\limits_{x\to 0}\dfrac{1-\cos^2 x}{x(1-e^x)}$;

   (4) $\lim\limits_{x\to 0^+}\dfrac{\ln\cot x}{\ln x}$; (5) $\lim\limits_{x\to 1}(1-x)\tan\dfrac{\pi x}{2}$; (6) $\lim\limits_{x\to 0}\left(\dfrac{1}{x}-\dfrac{1}{e^x-1}\right)$;

   (7) $\lim\limits_{x\to 0^+} x^{\sin x}$; (8) $\lim\limits_{x\to 0}(e^x+x)^{\frac{1}{x}}$.

9. 验证极限 $\lim\limits_{x\to 0}\dfrac{x^2\sin\dfrac{1}{x}}{\sin x}$ 存在,但不能用洛必达法则得出.

第二节 函数的单调性与极值

一、一元函数的单调性与极值

1. 函数单调性的判定法

在第一章第一节中已经介绍了函数在区间上单调的概念. 下面我们利用导数来对函数的单调性进行研究.

定理 1 设函数 $f(x)$ 在 $[a,b]$ 上连续,在 (a,b) 内可导.

(1) 如果在 (a,b) 内 $f'(x)>0$,则函数 $f(x)$ 在 $[a,b]$ 上单调增加;

(2) 如果在 (a,b) 内 $f'(x)<0$,则函数 $f(x)$ 在 $[a,b]$ 上单调减少.

证 设 x_1, x_2 是 $[a,b]$ 上任意两点,且 $x_1<x_2$,由拉格朗日中值定理,有

$$f(x_2)-f(x_1)=f'(\xi)(x_2-x_1) \quad (x_1<\xi<x_2).$$

如果在(a,b)内$f'(x)>0$,则$f'(\xi)>0$,又$x_2-x_1>0$,于是
$$f(x_2)-f(x_1)>0,$$
即$f(x_2)>f(x_1)$. 由于x_1,x_2是$[a,b]$上的任意两点,所以函数$f(x)$在$[a,b]$上单调增加.

类似可证,如果在(a,b)内$f'(x)<0$,则函数$f(x)$在$[a,b]$上单调减少.

说明 如果把定理1中的闭区间换成其他各种区间(包括无穷区间),结论也成立.

例1 讨论函数$y=x-\sin x$在$[0,2\pi]$上的单调性.

解 因为在$(0,2\pi)$内,$y'=1-\cos x>0$,所以函数$y=x-\sin x$在$[0,2\pi]$上单调增加.

例2 讨论函数$f(x)=2x^3-9x^2+12x-3$的单调性.

解 函数$f(x)$的定义域为$(-\infty,+\infty)$.
$$f'(x)=6x^2-18x+12=6(x-1)(x-2).$$

(1) 当$-\infty<x<1$时,$f'(x)>0$,所以$f(x)$在区间$(-\infty,1]$上单调增加;

(2) 当$1<x<2$时,$f'(x)<0$,所以$f(x)$在区间$[1,2]$上单调减少;

(3) 当$2<x<+\infty$时,$f'(x)>0$,所以$f(x)$在区间$[2,+\infty)$上单调增加.

函数$y=f(x)$的图形如图3-4所示.

我们注意到,$x=1$和$x=2$是函数单调区间的分界点,而在这些点处函数的导数等于零,即$f'(1)=f'(2)=0$.

例3 确定函数$y=\sqrt[3]{x^2}$的单调区间.

解 函数的定义域为$(-\infty,+\infty)$.

当$x\neq 0$时,$y'=\dfrac{2}{3\sqrt[3]{x}}$;当$x=0$时,$y'$不存在.

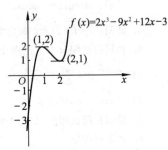

图 3-4

(1) 在$(-\infty,0)$内,$y'<0$,函数$y=\sqrt[3]{x^2}$在区间$(-\infty,0]$上单调减少;

(2) 在$(0,+\infty)$内,$y'>0$,函数$y=\sqrt[3]{x^2}$在区间$[0,+\infty)$上单调增加.

函数的图形如图3-5所示.

我们注意到,$x=0$是函数单调区间的分界点,而在该点处,函数的导数$y'|_{x=0}$不存在.

从例2、例3可以看出,函数$f(x)$在它的定义域上可能不是单调的,但是当我们用$f'(x)=0$的点和$f'(x)$不存在的点来划分函数的定义域以后,就能保证在各个部分区间内$f'(x)>0$或$f'(x)<0$,因而函数$f(x)$在每个部分区间上单调.

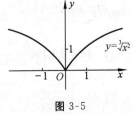

图 3-5

例4 确定函数$y=(2x-5)x^{\frac{2}{3}}$的单调区间.

解 函数的定义域为$(-\infty,+\infty)$,
$$y'=2x^{\frac{2}{3}}+(2x-5)\frac{2}{3}x^{-\frac{1}{3}}=\frac{2}{3}x^{-\frac{1}{3}}[3x+(2x-5)]$$
$$=\frac{10(x-1)}{3\sqrt[3]{x}}.$$

令$y'=0$,得$x=1$;当$x=0$时,y'不存在. $x=0$和$x=1$将定义域$(-\infty,+\infty)$分成三个部分区间$(-\infty,0]$、$[0,1]$及$[1,+\infty)$. 在$(-\infty,0)$内$y'>0$,函数在$(-\infty,0]$上单调增加;在$(0,1)$内$y'<0$,函数在$[0,1]$上单调减少;在$(1,+\infty)$内$y'>0$,函数在$[1,+\infty)$上

单调增加.

例 5 证明：当 $x>1$ 时，$2\sqrt{x}>3-\dfrac{1}{x}$.

证 设 $f(x)=2\sqrt{x}-\left(3-\dfrac{1}{x}\right)$，则 $f(x)$ 在 $[1,+\infty)$ 上连续.

$$f'(x)=\dfrac{1}{\sqrt{x}}-\dfrac{1}{x^2}=\dfrac{1}{x^2}(x\sqrt{x}-1).$$

在 $(1,+\infty)$ 内 $f'(x)>0$，函数 $f(x)$ 在 $[1,+\infty)$ 上单调增加，所以当 $x>1$ 时，$f(x)>f(1)$.

由于 $f(1)=0$，故 $f(x)>f(1)=0$，即

$$2\sqrt{x}-\left(3-\dfrac{1}{x}\right)>0,$$

亦即

$$2\sqrt{x}>3-\dfrac{1}{x}\quad(x>1).$$

2. 函数的极值及其求法

定义 1 设函数 $f(x)$ 在点 x_0 的某邻域内有定义，如果对于该邻域内的任一点 $x(x\neq x_0)$，均有 $f(x)<f(x_0)$，则称 $f(x_0)$ 是函数 $f(x)$ 的一个**极大值**；如果对于该邻域内的任一点 $x(x\neq x_0)$，均有 $f(x)>f(x_0)$，则称 $f(x_0)$ 是函数 $f(x)$ 的一个**极小值**.

函数的极大值与极小值统称为函数的**极值**，使函数取得极值的点称为**极值点**. 例如，前面例 2 中的函数 $f(x)=2x^3-9x^2+12x-3$ 有极大值 $f(1)=2$ 和极小值 $f(2)=1$，点 $x=1$ 和 $x=2$ 分别是函数 $f(x)$ 的极大值点和极小值点.

函数的极值概念是局部性的. $f(x_0)$ 是函数 $f(x)$ 的一个极大值，仅指在 x_0 的某一邻域内 $f(x_0)$ 是 $f(x)$ 的一个最大值，如果就 $f(x)$ 的整个定义域来说，$f(x_0)$ 不一定是最大值. 关于极小值也类似.

在图 3-6 中，函数 $f(x)$ 有两个极大值：$f(x_2),f(x_5)$；三个极小值：$f(x_1),f(x_4),f(x_6)$，其中极大值 $f(x_2)$ 比极小值 $f(x_6)$ 还小. 就整个区间 $[a,b]$ 来说，只有一个极小值 $f(x_1)$ 同时也是最小值，而没有一个极大值是最大值，最大值是 $f(b)$.

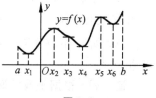

图 3-6

下面来讨论函数取得极值的必要条件和充分条件.

定理 2（极值的必要条件） 设函数 $f(x)$ 在 x_0 处取得极值，则 $f'(x_0)=0$ 或 $f'(x_0)$ 不存在.

证 我们只需证明：若 $f'(x_0)$ 存在，则 $f'(x_0)=0$. 不妨设 $f(x_0)$ 是极大值，于是存在 x_0 的某个邻域，对于该邻域内的任一点 $x(x\neq x_0)$，均有 $f(x)<f(x_0)$.

当 $x>x_0$ 时，$\dfrac{f(x)-f(x_0)}{x-x_0}<0$，因此

$$f'(x_0)=f'_+(x_0)=\lim_{x\to x_0^+}\dfrac{f(x)-f(x_0)}{x-x_0}\leqslant 0;$$

当 $x<x_0$ 时，$\dfrac{f(x)-f(x_0)}{x-x_0}>0$，因此

$$f'(x_0) = f'_-(x_0) = \lim_{x \to x_0^-} \frac{f(x) - f(x_0)}{x - x_0} \geqslant 0.$$

从而得到
$$f'(x_0) = 0.$$

使导数为零的点(即方程 $f'(x) = 0$ 的实根)称为函数 $f(x)$ 的**驻点**.

定理 2 就是说:$f(x)$ 的极值点一定是 $f(x)$ 的驻点或者 $f'(x)$ 不存在的点.但反过来,函数的驻点或者导数不存在的点不一定是函数的极值点.例如,$x = 0$ 是函数 $y = x^3$ 的驻点,但不是极值点(图 3-7);又如,函数 $y = \sqrt[3]{x}$ 在 $x = 0$ 处的导数不存在($y'|_{x=0} = +\infty$),但 $x = 0$ 也不是 $y = \sqrt[3]{x}$ 的极值点(图 3-8).因此,当我们求出了函数的驻点和导数不存在的点(这些点就是一切可能的极值点)后,需要判定求得的这些可能的极值点是不是极值点,如果是,还要判定是极大值点还是极小值点.

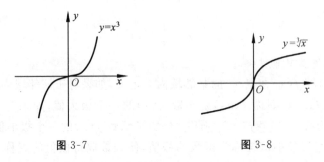

图 3-7　　　　　　　　　　　图 3-8

定理 3(极值的第一充分条件)　设函数 $f(x)$ 在点 x_0 的某邻域 $U(x_0, \delta)$ 内连续,在 x_0 的空心邻域 $U(\hat{x}_0, \delta)$ 内可导,$f'(x_0) = 0$ 或者 $f'(x_0)$ 不存在.

(1) 如果当 $x \in (x_0 - \delta, x_0)$ 时,$f'(x) > 0$;当 $x \in (x_0, x_0 + \delta)$ 时,$f'(x) < 0$,则 $f(x)$ 在 x_0 处取得极大值.

(2) 如果当 $x \in (x_0 - \delta, x_0)$ 时,$f'(x) < 0$;当 $x \in (x_0, x_0 + \delta)$ 时,$f'(x) > 0$,则 $f(x)$ 在 x_0 处取得极小值.

(3) 如果当 $x \in U(\hat{x}_0, \delta)$ 时,恒有 $f'(x) > 0$ 或者恒有 $f'(x) < 0$,则 $f(x)$ 在 x_0 处没有极值.

证　(1) 根据函数单调性的判定法,$f(x)$ 在 $(x_0 - \delta, x_0]$ 上单调增加,在 $[x_0, x_0 + \delta)$ 上单调减少,于是对于 $U(\hat{x}_0, \delta)$ 内的任一点 x,均有 $f(x) < f(x_0)$,所以 $f(x_0)$ 是 $f(x)$ 的极大值.

(2)、(3) 类似可证.

根据定理 2、定理 3,求函数 $y = f(x)$ 的极值点和极值的步骤可以归纳如下:

(1) 求 $f'(x)$;

(2) 求出 $f'(x) = 0$ 的点(驻点)及 $f'(x)$ 不存在的点;

(3) 用求出的这些点将函数的定义域分成若干部分区间,考察 $f'(x)$ 在各部分区间内的符号,根据定理 3 确定极值点,并求出极值.

例 6　求函数 $f(x) = x - \ln(1 + x)$ 的极值.

解　函数的定义域为 $(-1, +\infty)$,且 $f'(x) = 1 - \dfrac{1}{1+x} = \dfrac{x}{1+x}$.令 $f'(x) = 0$,得驻点 $x = 0$.在定义域内没有 $f'(x)$ 不存在的点.$x = 0$ 将定义域 $(-1, +\infty)$ 分成两个部分区间

$(-1,0)$ 及 $[0,+\infty)$. 列表讨论如下：

x	$(-1,0)$	0	$(0,+\infty)$
$f'(x)$	$-$	0	$+$
$f(x)$	↘	极小值 0	↗

注：符号 ↗ 表示函数单调增加；符号 ↘ 表示函数单调减少.

于是，在 $x=0$ 处，$f(x)$ 有极小值 $f(0)=0$.

例 7 求函数 $f(x)=x-\dfrac{3}{2}x^{\frac{2}{3}}$ 的极值.

解 函数的定义域为 $(-\infty,+\infty)$，
$$f'(x)=1-x^{-\frac{1}{3}}=\dfrac{\sqrt[3]{x}-1}{\sqrt[3]{x}}.$$

令 $f'(x)=0$，得驻点 $x=1$；当 $x=0$ 时，$f'(x)$ 不存在. 驻点 $x=1$ 以及使 $f'(x)$ 不存在的点 $x=0$ 将定义域 $(-\infty,+\infty)$ 分成三个部分区间 $(-\infty,0]$、$[0,1]$ 及 $[1,+\infty)$. 列表讨论如下：

x	$(-\infty,0)$	0	$(0,1)$	1	$(1,+\infty)$
$f'(x)$	$+$	不存在	$-$	0	$+$
$f(x)$	↗	极大值 0	↘	极小值 $-\dfrac{1}{2}$	↗

于是，在 $x=0$ 处，$f(x)$ 有极大值 $f(0)=0$；在 $x=1$ 处，$f(x)$ 有极小值 $f(1)=-\dfrac{1}{2}$.

当函数 $f(x)$ 在驻点处的二阶导数存在且不为零时，也可利用下面的定理来判定 $f(x)$ 在驻点处取得极大值还是极小值.

定理 4（极值的第二充分条件） 设函数 $f(x)$ 在驻点 x_0 处具有二阶导数且 $f''(x_0)\neq 0$，则

(1) 当 $f''(x_0)<0$ 时，函数 $f(x)$ 在 x_0 处取得极大值；

(2) 当 $f''(x_0)>0$ 时，函数 $f(x)$ 在 x_0 处取得极小值.

证 (1) 由于 $f''(x_0)<0$，由二阶导数的定义有
$$f''(x_0)=\lim_{x\to x_0}\dfrac{f'(x)-f'(x_0)}{x-x_0}=\lim_{x\to x_0}\dfrac{f'(x)}{x-x_0}<0.$$

根据极限的保号性，在 x_0 的某空心邻域 $\mathring{U}(x_0,\delta)$ 内必有
$$\dfrac{f'(x)}{x-x_0}<0.$$

于是当 $x\in(x_0-\delta,x_0)$ 时，$f'(x)>0$；当 $x\in(x_0,x_0+\delta)$ 时，$f'(x)<0$. 由定理 3 知，$f(x)$ 在 x_0 处取得极大值.

类似可证 (2).

说明 (1) 定理 4 只能用来判定驻点是不是极值点，不能用来判定 $f'(x)$ 不存在的点是不是极值点.

(2) 如果 $f'(x_0)=0$，$f''(x_0)=0$，定理 4 不能应用. 事实上，当 $f'(x_0)=0$，$f''(x_0)=0$

时，$f(x)$ 在 x_0 处可能有极大值，可能有极小值，也可能没有极值. 例如，$f_1(x)=-x^4$，$f_2(x)=x^4$，$f_3(x)=x^3$ 这三个函数在 $x=0$ 处就分别属于这三种情况（用定理 3 判定）.

例 8 试问：a 为何值时，函数 $f(x)=a\sin x+\dfrac{1}{3}\sin 3x$ 在 $x=\dfrac{\pi}{3}$ 处取得极值？它是极大值还是极小值？并求此极值.

解 $f'(x)=a\cos x+\cos 3x$. 因为 $f\left(\dfrac{\pi}{3}\right)$ 是极值，所以
$$f'\left(\dfrac{\pi}{3}\right)=a\cos\dfrac{\pi}{3}+\cos\pi=\dfrac{a}{2}-1=0,$$
即
$$a=2.$$

求二阶导数： $f''(x)=-a\sin x-3\sin 3x=-2\sin x-3\sin 3x,$

因为 $f''\left(\dfrac{\pi}{3}\right)=-2\sin\dfrac{\pi}{3}-3\sin\pi=-\sqrt{3}<0$，所以由定理 4 知
$$f\left(\dfrac{\pi}{3}\right)=2\sin\dfrac{\pi}{3}+\dfrac{1}{3}\sin\pi=\sqrt{3}$$
为极大值.

例 9 求函数 $f(x)=(x^2-1)^3+1$ 的极值.

解 函数的定义域为 $(-\infty,+\infty)$，
$$f'(x)=6x(x^2-1)^2.$$

令 $f'(x)=0$，得驻点 $x_1=-1,x_2=0,x_3=1$.

又 $f''(x)=6(x^2-1)(5x^2-1)$，由于 $f''(0)=6>0$，所以函数 $f(x)$ 在 $x=0$ 处取得极小值，其值为 $f(0)=0$；

因为 $f''(-1)=f''(1)=0$，此时定理 4 失效，仍需用定理 3 判定：

当 $x<-1$ 时，$f'(x)<0$；当 $-1<x<0$ 时，$f'(x)<0$. 所以 $f(x)$ 在 $x=-1$ 处没有极值. 类似地可知，$f(x)$ 在 $x=1$ 处也没有极值（图 3-9）.

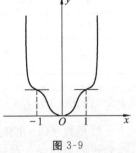

图 3-9

3. 函数的最大值和最小值

如果函数 $f(x)$ 在闭区间 $[a,b]$ 上连续，则在 $[a,b]$ 上一定有最大值和最小值. 容易知道，函数在闭区间 $[a,b]$ 上的最大值和最小值只能在区间 (a,b) 内的极值点以及区间的端点 a,b 处取得. 因此我们只需求出 $f(x)$ 在一切可能的极值点（驻点和 $f'(x)$ 不存在的点）以及区间端点处的函数值，然后比较它们的大小，其中最大（小）的就是 $f(x)$ 在 $[a,b]$ 上的最大（小）值.

例 10 求函数 $f(x)=x^4-8x^2+2$ 在 $[-1,3]$ 上的最大值和最小值.

解 因为 $f'(x)=4x^3-16x=4x(x^2-4)=4x(x-2)(x+2),$

令 $f'(x)=0$，得 $x_1=-2,x_2=0,x_3=2$. 由于 $x=-2$ 不在 $[-1,3]$ 上，所以只需求出：
$$f(-1)=-5,f(0)=2,f(2)=-14,f(3)=11,$$

经比较可知，$f(x)$ 在 $[-1,3]$ 上的最大值为 $f(3)=11$，最小值为 $f(2)=-14$.

例 11 已知铁路线上 AB 段的距离为 100km，工厂 C 距 A 处为 20km，AC 垂直于 AB（图 3-10）. 今要在 AB 线上选定一点 D 向工厂修筑一条公路，已知铁路每千米货运的运费与公路每千米货运的运费之比为 $3:5$，为了使货物从供应站 B 运到工厂 C 的运费最省，问 D 点应选在何处？

解 设 $AD=x(\text{km})$,则 $DB=100-x$,$CD=\sqrt{20^2+x^2}$. 不妨设铁路每千米的运费为 $3k$,公路每千米的运费为 $5k$,并设从 B 点到 C 点需要的总运费为 y,则

$$y=5k \cdot CD+3k \cdot DB,$$

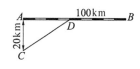

图 3-10

即 $\qquad y=5k\sqrt{400+x^2}+3k(100-x) \quad (0\leqslant x\leqslant 100).$

现在,问题就归结为:x 在 $[0,100]$ 上取何值时函数 y 的值最小. 求导数

$$y'=k\left(\frac{5x}{\sqrt{400+x^2}}-3\right),$$

解方程 $y'=0$,得 $x=15(\text{km})$.

由于 $y|_{x=0}=400k$,$y|_{x=15}=380k$,$y|_{x=100}=500k\sqrt{1+\frac{1}{25}}$,所以 $x=15$ 时,$y=380k$ 最小. 即 D 点应选在距 A 为 15km 处,此时运费最省.

在求函数的最大值(或最小值)时,下述情形特别需要指出:如果 $f(x)$ 在一个区间(有限或无限,开或闭)内连续且只有一个极值点 x_0,那么,当 $f(x_0)$ 是极大值时,$f(x_0)$ 就是 $f(x)$ 在该区间上的最大值(图 3-11(a));当 $f(x_0)$ 是极小值时,$f(x_0)$ 就是 $f(x)$ 在该区间上的最小值(图 3-11(b)).

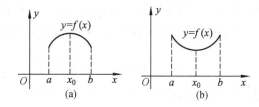

图 3-11

例 12 求函数 $y=x^2-\dfrac{2}{x}$ 在 $(-\infty,0)$ 内的最小值.

解 $y'=2x+\dfrac{2}{x^2}=\dfrac{2(x^3+1)}{x^2}$,令 $y'=0$,得 $x=-1$.

当 $x\in(-\infty,-1)$ 时,$y'<0$;当 $x\in(-1,0)$ 时,$y'>0$. 因此 $y|_{x=-1}=3$ 是函数的极小值. 因为 $x=-1$ 是唯一的极值点,所以 $y|_{x=-1}=3$ 就是函数在 $(-\infty,0)$ 内的最小值.

例 13 设有一块边长为 a 的正方形铁皮,将四角各截去一个大小相同的方块(图 3-12),然后四边折起焊成一个无盖的方盒. 问截去的方块边长为多少时,所得的方盒容积最大?并求最大容积.

解 设截去的方块边长为 x,则方盒底边长为 $a-2x$,方盒的容积为

$$V=x(a-2x)^2 \quad \left(0<x<\frac{a}{2}\right).$$

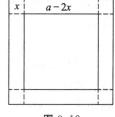

图 3-12

求导数:$V'=(a-2x)^2+x \cdot 2(a-2x) \cdot (-2)=(a-2x)(a-6x),$

令 $V'=0$,得驻点 $x_1=\dfrac{a}{6}$,$x_2=\dfrac{a}{2}$(舍去).

求二阶导数:$V''=(-2)(a-6x)+(a-2x) \cdot (-6)=-8a+24x.$

由于 $V''|_{x=\frac{a}{6}} = -4a < 0$，因此 $V|_{x=\frac{a}{6}} = \frac{2a^3}{27}$ 是极大值. 又因为 $x = \frac{a}{6}$ 是唯一的极值点，所以 $V|_{x=\frac{a}{6}} = \frac{2a^3}{27}$ 就是最大值.

因此，当截去的方块边长为 $\frac{a}{6}$ 时，所得方盒容积最大，最大容积为 $\frac{2a^3}{27}$.

*二、二元函数的极值和最值

在实际问题中，往往会遇到多元函数的最大值、最小值问题. 与一元函数相类似，多元函数的最大值、最小值与极大值、极小值有密切联系. 本节以二元函数为主讨论多元函数的极值和最值问题.

1. 二元函数的极值

定义 2 设函数 $z = f(x,y)$ 在点 $P_0(x_0, y_0)$ 的某邻域 $U(P_0, \delta)$ 内有定义，若对于该邻域内任何异于 $P_0(x_0, y_0)$ 的点 $P(x, y)$，均有 $f(x, y) < f(x_0, y_0)$（或 $f(x, y) > f(x_0, y_0)$）成立，则称函数 $z = f(x, y)$ 在点 $P_0(x_0, y_0)$ 处有**极大值**（或**极小值**）$f(x_0, y_0)$. 极大值与极小值统称为**极值**. 使函数取得极值的点称为**极值点**.

例如，二元函数 $z = x^2 + y^2$ 在点 $(0,0)$ 处取得极小值 0；$z = -\sqrt{x^2 + y^2}$ 在点 $(0,0)$ 处取得极大值 0；而 $z = xy$ 在点 $(0,0)$ 处既不取得极大值也不取得极小值，因为在点 $(0,0)$ 处的函数值为零，而在点 $(0,0)$ 的任一邻域内，既有使函数值为正的点，也有使函数值为负的点.

下面利用偏导数来讨论二元函数取得极值的必要条件和充分条件.

定理 5（极值的必要条件） 设函数 $z = f(x, y)$ 在点 (x_0, y_0) 处具有偏导数，且在点 (x_0, y_0) 处有极值，则它在该点的偏导数必为零，即
$$f_x(x_0, y_0) = 0, \quad f_y(x_0, y_0) = 0.$$

证 不妨设 $z = f(x, y)$ 在点 (x_0, y_0) 处有极大值，根据极大值的定义，在点 (x_0, y_0) 的某邻域内任何异于 (x_0, y_0) 的点 (x, y) 都适合不等式
$$f(x, y) < f(x_0, y_0).$$

特别地，在该邻域内取 $y = y_0$ 而 $x \neq x_0$ 的点，则有
$$f(x, y_0) < f(x_0, y_0).$$

也就是说一元函数 $z = f(x, y_0)$ 在点 x_0 处取得极大值，根据一元函数极值存在的必要条件，有
$$f_x(x_0, y_0) = 0.$$

同理可证 $f_y(x_0, y_0) = 0$.

使得 $f_x(x, y) = 0, f_y(x, y) = 0$ 同时成立的点 (x_0, y_0) 称为函数 $z = f(x, y)$ 的**驻点**. 由定理 5 可知，两个偏导数都存在的二元函数的极值点一定是驻点. 反之，二元函数的驻点却不一定是极值点. 例如，$(0, 0)$ 是函数 $z = xy$ 的驻点，但不是极值点.

一般情况下，利用下面的定理可以判定二元函数的驻点是否是该函数的极值点.

定理 6（极值的充分条件） 设函数 $z = f(x, y)$ 在点 (x_0, y_0) 的某邻域内有一阶及二阶连续偏导数，又 $f_x(x_0, y_0) = 0, f_y(x_0, y_0) = 0$. 令
$$f_{xx}(x_0, y_0) = A, \quad f_{xy}(x_0, y_0) = B, \quad f_{yy}(x_0, y_0) = C,$$

则 $f(x,y)$ 在点 (x_0,y_0) 处是否取得极值的条件如下:

(i) 当 $AC-B^2>0$ 时,$f(x_0,y_0)$ 是极值,且当 $A<0$ 时是极大值,当 $A>0$ 时是极小值;

(ii) 当 $AC-B^2<0$ 时,$f(x_0,y_0)$ 不是极值;

(iii) 当 $AC-B^2=0$ 时,$f(x_0,y_0)$ 可能是极值,也可能不是极值,需另作讨论.

例 14 求函数 $f(x,y)=x^3-y^3+3x^2+3y^2-9x$ 的极值.

解 $f_x(x,y)=3x^2+6x-9, f_y(x,y)=-3y^2+6y.$

解方程组
$$\begin{cases} f_x(x,y)=3x^2+6x-9=0, \\ f_y(x,y)=-3y^2+6y=0, \end{cases}$$

求得驻点为 $(1,0),(1,2),(-3,0),(-3,2)$.

$$f_{xx}(x,y)=6x+6, f_{xy}(x,y)=0, f_{yy}(x,y)=-6y+6.$$

在点 $(1,0)$ 处,$AC-B^2=12\times 6=72>0$,又 $A=12>0$,所以 $f(1,0)=-5$ 是极小值;

在点 $(1,2)$ 处,$AC-B^2=12\times(-6)=-72<0$,所以 $f(1,2)$ 不是极值;

在点 $(-3,0)$ 处,$AC-B^2=(-12)\times 6=-72<0$,所以 $f(-3,0)$ 不是极值;

在点 $(-3,2)$ 处,$AC-B^2=(-12)\times(-6)=72>0$,又 $A=-12<0$,所以 $f(-3,2)=31$ 是极大值.

2. 二元函数的最值

在第一节中已经指出,如果 $f(x,y)$ 在有界闭区域 D 上连续,则 $f(x,y)$ 在 D 上必定能取得最大值和最小值.这种使函数取得最大值或最小值的点可能在 D 的内部,也可能在 D 的边界上.假定函数在 D 内可微,此时如果函数的最大值和最小值在区域 D 内部的点取得,则该点必是函数的驻点.因此,求二元可微函数在有界闭区域 D 上的最值的一般方法是:将函数 $f(x,y)$ 在 D 内的所有驻点处的函数值及在 D 的边界上的最大值和最小值相比较,其中最大的就是最大值,最小的就是最小值.

例 15 求函数 $z=x^2y(5-x-y)$ 在闭区域 $D: x\geqslant 0, y\geqslant 0, x+y\leqslant 4$ 上的最大值和最小值.

解 $\dfrac{\partial z}{\partial x}=10xy-3x^2y-2xy^2=xy(10-3x-2y),$

$\dfrac{\partial z}{\partial y}=5x^2-x^3-2x^2y=x^2(5-x-2y).$

解方程组
$$\begin{cases} \dfrac{\partial z}{\partial x}=xy(10-3x-2y)=0, \\ \dfrac{\partial z}{\partial y}=x^2(5-x-2y)=0, \end{cases}$$

在 D 的内部得驻点 $\left(\dfrac{5}{2},\dfrac{5}{4}\right)$,在该点处的函数值 $z=\dfrac{625}{64}$.

下面考虑函数在 D 的边界上的情况.在边界 $x=0$ 及 $y=0$ 上,函数 z 的值恒为零;在边界 $x+y=4$ 上,函数 z 成为一元函数

$$z=x^2(4-x),\ 0\leqslant x\leqslant 4.$$

由于 $\dfrac{\mathrm{d}z}{\mathrm{d}x}=8x-3x^2=x(8-3x)$,在区间 $0<x<4$ 上得驻点 $x=\dfrac{8}{3}$,这时函数值 $z=\dfrac{256}{27}.$

因为 $\frac{625}{64}>\frac{256}{27}>0$,所以函数 z 在闭区域 D 上的最大值为 $z=\frac{625}{64}$,在点 $\left(\frac{5}{2},\frac{5}{4}\right)$ 处取得;最小值为 $z=0$,在 D 的边界 $x=0$ 及 $y=0$ 上取得.

求函数 $f(x,y)$ 在有界闭区域 D 的边界上的最大值和最小值有时相当复杂. 在通常遇到的实际问题中,如果根据问题的性质,知道 $f(x,y)$ 的最大值(最小值)一定在 D 的内部取得,且 $f(x,y)$ 在 D 内只有一个驻点,那么可以肯定该驻点处的函数值就是 $f(x,y)$ 在 D 上的最大值(最小值).

例 16 用钢板制作一个容积为 V_0 的无盖长方体容器,问如何选取长、宽、高,才能使用料最省?

解 设容器的长为 x,宽为 y,则高为 $\frac{V_0}{xy}$,容器的表面积为

$$S = xy + 2x \cdot \frac{V_0}{xy} + 2y \cdot \frac{V_0}{xy}$$
$$= xy + 2V_0\left(\frac{1}{x}+\frac{1}{y}\right),$$

S 的定义域为 D:$0<x<+\infty$,$0<y<+\infty$.

求 S 的偏导数

$$\frac{\partial S}{\partial x}=y-\frac{2V_0}{x^2},\quad \frac{\partial S}{\partial y}=x-\frac{2V_0}{y^2}.$$

解方程组

$$\begin{cases}\frac{\partial S}{\partial x}=y-\frac{2V_0}{x^2}=0,\\ \frac{\partial S}{\partial y}=x-\frac{2V_0}{y^2}=0,\end{cases}$$

得唯一解

$$\begin{cases} x=\sqrt[3]{2V_0},\\ y=\sqrt[3]{2V_0}.\end{cases}$$

根据题意可知,容器的表面积的最小值一定存在,并在区域 D 内取得. 又函数 S 在 D 内只有唯一的驻点 $(\sqrt[3]{2V_0},\sqrt[3]{2V_0})$,因此当容器的长和宽均为 $\sqrt[3]{2V_0}$,高为 $\frac{1}{2}\sqrt[3]{2V_0}$ 时,用料最省.

+3. 条件极值

前面在讨论 $z=f(x,y)$ 的极值或最值时,对自变量 x 和 y 除了限制在函数的定义域内以外,没有其他附加条件,这种极值称为**无条件极值**. 而通常遇到的另外一类极值问题是,求 $z=f(x,y)$ 的极值时,自变量 x 和 y 要满足约束条件 $\varphi(x,y)=0$,这类极值称为**条件极值**. 这种条件极值问题有时可从 $\varphi(x,y)=0$ 中解出 $y=y(x)$ 或 $x=x(y)$,然后代入 $z=f(x,y)$,就把原来的条件极值问题化为一元的无条件极值问题来求解. 但在很多情况下要从 $\varphi(x,y)=0$ 中解出 $y=y(x)$ 或 $x=x(y)$ 是不可能或是很困难的. 下面介绍一种直接求条件极值的方法——**拉格朗日乘数法**.

求函数 $z=f(x,y)$ 在约束条件 $\varphi(x,y)=0$ 下的极值,可按下列步骤进行:

(1) 构造拉格朗日函数

$$L(x,y,\lambda)=f(x,y)+\lambda\varphi(x,y),$$

其中 λ 称为拉格朗日乘数;

(2) 求 $L(x,y,\lambda)$ 对 x,y 及 λ 的偏导数,并分别令其为零,得方程组

$$\begin{cases} \dfrac{\partial L}{\partial x}=f_x(x,y)+\lambda\varphi_x(x,y)=0, \\ \dfrac{\partial L}{\partial y}=f_y(x,y)+\lambda\varphi_y(x,y)=0, \\ \dfrac{\partial L}{\partial \lambda}=\varphi(x,y)=0. \end{cases}$$

从方程组中解出 x,y,所得点 (x,y) 即是 $z=f(x,y)$ 在条件 $\varphi(x,y)=0$ 下的可能的极值点. 至于该点是否为极值点,通常要根据实际问题本身的性质来确定.

例 17 应用拉格朗日乘数法解例 16.

解 设容器的长、宽、高分别为 x,y,z,则容器的表面积为

$$S=xy+2xz+2yz,$$

其中 $x>0,y>0,z>0$ 且满足约束条件

$$\varphi(x,y,z)=xyz-V_0=0.$$

令 $L(x,y,\lambda)=xy+2xz+2yz+\lambda(xyz-V_0)$,解方程组

$$\begin{cases} \dfrac{\partial L}{\partial x}=y+2z+\lambda yz=0, \\ \dfrac{\partial L}{\partial y}=x+2z+\lambda xz=0, \\ \dfrac{\partial L}{\partial z}=2x+2y+\lambda xy=0, \\ \dfrac{\partial L}{\partial \lambda}=xyz-V_0=0, \end{cases}$$

得唯一解 $x=y=\sqrt[3]{2V_0}$,$z=\dfrac{1}{2}\sqrt[3]{2V_0}$.

由于容器表面积的最小值一定存在,所以当长、宽均为 $\sqrt[3]{2V_0}$,高为 $\dfrac{1}{2}\sqrt[3]{2V_0}$ 时,表面积最小,即用料最省.

例 18 求函数 $f(x,y)=x^2+y^2-12x+16y$ 在 $x^2+y^2=25$ 上的最大值和最小值.

解 令 $L(x,y,\lambda)=x^2+y^2-12x+16y+\lambda(x^2+y^2-25)$,解方程组

$$\begin{cases} \dfrac{\partial L}{\partial x}=2x-12+2\lambda x=0, \\ \dfrac{\partial L}{\partial y}=2y+16+2\lambda y=0, \\ \dfrac{\partial L}{\partial \lambda}=x^2+y^2-25=0, \end{cases}$$

得解 $\begin{cases} x_1=3, \\ y_1=-4 \end{cases}$ 和 $\begin{cases} x_2=-3, \\ y_2=4, \end{cases}$ 代入原函数,得

$$f(3,-4)=-75,\ f(-3,4)=125.$$

对本题来说,由于最大值和最小值一定存在,从而函数 $f(x,y)$ 在 $x^2+y^2=25$ 上的最大值为 $f(-3,4)=125$,最小值为 $f(3,-4)=-75$.

同步训练 3-2

1. 确定下列函数的单调区间：
   (1) $y = x^3 - 3x^2$；　(2) $y = x\ln x$；　(3) $y = 2 - (x-1)^{\frac{2}{3}}$；　(4) $y = x + \sqrt{1-x}$.

2. 证明下列不等式：
   (1) 当 $x > 0$ 时，$1 + \dfrac{x}{2} > \sqrt{1+x}$；　(2) 当 $x > 0$ 时，$x - \dfrac{x^2}{2} < \ln(1+x) < x$.

3. 求下列函数的极值：
   (1) $y = \dfrac{x}{\ln x}$；　(2) $y = x - \arctan x$；　(3) $y = 2x + 3\sqrt[3]{x^2}$.

4. 设函数 $f(x) = a\ln x + bx^2 + x$ 在 $x_1 = 1$ 和 $x_2 = 2$ 处都取得极值，求 a, b 的值并讨论 $f(x)$ 分别在 x_1, x_2 处取得极大值还是极小值.

5. 求下列函数在给定区间上的最大值与最小值：
   (1) $f(x) = \sqrt{5-4x}$, $[-1, 1]$；　(2) $f(x) = -x^2 + 4x - 3$, $(-\infty, +\infty)$；
   (3) $f(x) = \sin^2 x$, $\left[-\dfrac{\pi}{4}, 0\right]$.

6. 要做一个容积为 $300\mathrm{m}^3$ 的无盖圆柱体蓄水池，已知池底单位造价为池壁单位造价的两倍，问蓄水池的尺寸应怎样设计，才能使总造价最低？

7. 求下列函数的极值：
   (1) $f(x, y) = 4(x-y) - x^2 - y^2$；　(2) $f(x, y) = x^3 + y^3 - 3x^2 - 3y^2$；
   (3) $f(x, y) = x^3 - 4x^2 + 2xy - y^2$；　(4) $f(x, y) = e^{2x}(x + y^2 + 2y)$.

8. 求函数 $z = x^2 + y^2$ 在条件 $\dfrac{x}{a} + \dfrac{y}{b} = 1$ 下的极值.

9. 求面积等于 A（常数）的直角三角形中斜边的最小值.

10. 在所有对角线长为 $2\sqrt{3}$ 的长方体中，求体积最大的长方体.

11. 设某厂的总利润函数为
$$L(x, y) = 60x + 120y - 2x^2 - 2xy - y^2,$$
设备的最大生产力为 $x + y = 15$，求最大利润.

第三节　曲线的凹凸性、拐点与函数图形的描绘

一、曲线的凹凸性与拐点

上一节中，我们利用一阶导数研究了函数的单调性，这样就可知道曲线是上升还是下降的. 但是仅仅知道这些，还不能比较准确地描绘函数的图形. 图 3-13 中有两条曲线弧，虽然它们都是上升的，但图形却有显著的不同：$\overset{\frown}{ACB}$ 是凸的曲线弧，而 $\overset{\frown}{ADB}$ 是凹的曲线弧，它们的凹凸性不同. 下面我们就来研究曲线的凹凸性及其判定法.

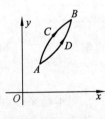

图 3-13

定义 1　若曲线弧位于其上每一点处切线的上方，则称曲线弧是**凹**的（又称上凹）；若曲线弧位于其上每一点处切线的下方，则称曲线弧是**凸**的（又称下凹）.

利用二阶导数可以判定曲线的凹凸性.

定理 设函数 $f(x)$ 在 $[a,b]$ 上连续,在 (a,b) 内具有一阶和二阶导数.

(1) 如果在 (a,b) 内 $f''(x)>0$,则函数 $f(x)$ 在 $[a,b]$ 上的图形是凹的;

(2) 如果在 (a,b) 内 $f''(x)<0$,则函数 $f(x)$ 在 $[a,b]$ 上的图形是凸的.

证明从略,给出下面的直观说明:

如果在 (a,b) 内 $f''(x)>0$,则 $f'(x)$ 单调增加,即曲线 $y=f(x)$ 的切线的斜率随 x 的增大而增大,曲线弧是凹的(图 3-14(a));如果在 (a,b) 内 $f''(x)<0$,则 $f'(x)$ 单调减少,即曲线 $y=f(x)$ 的切线的斜率随 x 的增大而减小,曲线弧是凸的(图 3-14(b)).

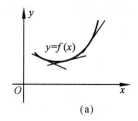
(a)

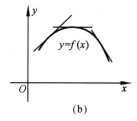
(b)

图 3-14

例 1 判定曲线 $y=x^3$ 的凹凸性.

解 函数的定义域为 $(-\infty,+\infty)$,
$$y'=3x^2, y''=6x.$$
在 $(-\infty,0)$ 内 $y''<0$,曲线在 $(-\infty,0]$ 上是凸的;在 $(0,+\infty)$ 内 $y''>0$,曲线在 $[0,+\infty)$ 上是凹的.

在凹弧与凸弧的分界点 $(0,0)$ 处,$y''|_{x=0}=0$.

例 2 判定曲线 $y=\sqrt[3]{x}$ 的凹凸性.

解 函数的定义域为 $(-\infty,+\infty)$. 当 $x\neq 0$ 时,
$$y'=\frac{1}{3\sqrt[3]{x^2}}, y''=-\frac{2}{9x\sqrt[3]{x^2}}.$$
在 $(-\infty,0)$ 内 $y''>0$,曲线在 $(-\infty,0]$ 上是凹的;在 $(0,+\infty)$ 内 $y''<0$,曲线在 $[0,+\infty)$ 上是凸的.

在凹弧与凸弧的分界点 $(0,0)$ 处,$y''|_{x=0}$ 不存在.

连续曲线 $y=f(x)$ 上凹弧与凸弧的分界点 $(x_0,f(x_0))$,称为曲线 $y=f(x)$ 的**拐点**.

由例 1、例 2 知,$(0,0)$ 是 $y=x^3$ 和 $y=\sqrt[3]{x}$ 的拐点.

如果 $(x_0,f(x_0))$ 是曲线 $y=f(x)$ 的拐点,则在 x_0 的左、右两侧附近 $f''(x)$ 异号,于是 $f'(x)$ 在 x_0 处取得极值,从而 $f''(x_0)=0$ 或者 $f''(x_0)$ 不存在.但反过来,如果 $f''(x_0)=0$ 或者 $f''(x_0)$ 不存在,则 $(x_0,f(x_0))$ 不一定是曲线 $y=f(x)$ 的拐点(见下面的例 3、例 4)

例 3 求曲线 $y=x^4$ 的凹凸区间与拐点.

解 函数的定义域为 $(-\infty,+\infty)$,
$$y'=4x^3, y''=12x^2.$$
$y''|_{x=0}=0$,在 $(-\infty,0)$ 和 $(0,+\infty)$ 内 $y''>0$,曲线 $y=x^4$ 在 $(-\infty,0]$ 和 $[0,+\infty)$ 上是凹的,$(0,0)$ 不是拐点.

例 4 求曲线 $y=x^{\frac{4}{3}}$ 的凹凸区间与拐点.

解 函数的定义域为$(-\infty,+\infty)$,

$$y'=\frac{4}{3\sqrt[3]{x}},\quad y''=\frac{4}{9\sqrt[3]{x^2}}.$$

$y''|_{x=0}$不存在,在$(-\infty,0)$和$(0,+\infty)$内$y''>0$,曲线$y=x^{\frac{4}{3}}$在$(-\infty,0]$和$[0,+\infty)$上是凹的,$(0,0)$不是拐点.

综上所述,判定曲线$y=f(x)$的凹凸与拐点的步骤可归纳如下:

(1) 求$f'(x)$和$f''(x)$;

(2) 求出$f''(x)=0$的点及$f''(x)$不存在的点;

(3) 用这些点将函数的定义域分成若干部分区间,考察$f''(x)$在各部分区间内的符号,从而判定曲线在各部分区间上的凹凸,并求出拐点.

例 5 求曲线$y=(x-2)^{\frac{5}{3}}-\frac{5}{9}x^2$的凹凸区间与拐点.

解 函数的定义域为$(-\infty,+\infty)$,

$$y'=\frac{5}{3}(x-2)^{2/3}-\frac{10}{9}x,\quad y''=\frac{10(1-\sqrt[3]{x-2})}{9\sqrt[3]{x-2}}.$$

令$y''=0$,得$x=3$;当$x=2$时,y''不存在.$x=2$和$x=3$将定义域$(-\infty,+\infty)$分成三个部分区间$[-\infty,2]$、$[2,3]$及$[3,+\infty)$.列表讨论如下:

x	$(-\infty,2)$	2	$(2,3)$	3	$(3,+\infty)$
y''	$-$	不存在	$+$	0	$-$
y	⌢	拐点$\left(2,-\frac{20}{9}\right)$	⌣	拐点$(3,-4)$	⌢

注:符号⌢表示曲线弧是凸的;⌣表示曲线弧是凹的.

于是,曲线在$(-\infty,2]$、$[3,+\infty)$上是凸的,在$[2,3]$上是凹的;点$\left(2,-\frac{20}{9}\right)$、$(3,-4)$是曲线的两个拐点.

二、函数图形的描绘

1. 曲线的渐近线

定义 2 如果曲线上的动点沿着曲线趋于无穷远时,动点与某条直线的距离趋于零,则称此直线为曲线的**渐近线**(图 3-15).

曲线的渐近线对研究曲线有重要的意义.下面我们介绍求曲线的水平渐近线和铅直渐近线的方法,有些曲线还可能有斜渐近线,这里就不讨论了.

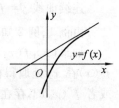

图 3-15

(1) 水平渐近线.

如果$\lim\limits_{x\to+\infty}f(x)=b$(或$\lim\limits_{x\to-\infty}f(x)=b$),则称直线$y=b$为曲线$y=f(x)$的一条**水平渐近线**.

(2) 铅直渐近线.

如果曲线$y=f(x)$在点x_0处间断,且$\lim\limits_{x\to x_0^-}f(x)=\infty$(或$\lim\limits_{x\to x_0^+}f(x)=\infty$),则称直线

$x = x_0$ 为曲线 $y = f(x)$ 的一条**铅直渐近线**.

例 6 求曲线 $y = \dfrac{1}{x-1} - 2$ 的渐近线.

解 因为 $\lim\limits_{x \to \infty}\left(\dfrac{1}{x-1} - 2\right) = -2$,所以 $y = -2$ 是曲线的一条水平渐近线.

又因为 $x = 1$ 是曲线的间断点,且 $\lim\limits_{x \to 1}\left(\dfrac{1}{x-1} - 2\right) = \infty$,所以 $x = 1$ 是曲线的一条铅直渐近线. 见图 3-16.

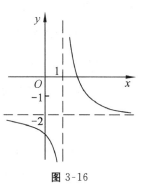

图 3-16

*2. 函数图形的描绘

利用导数描绘函数图形的一般步骤如下：

(1) 确定函数 $y = f(x)$ 的定义域；

(2) 考察函数的奇偶性及周期性；

(3) 求出 $f'(x) = 0$ 和 $f''(x) = 0$ 的点以及 $f'(x)$ 不存在和 $f''(x)$ 不存在的点,用这些点将函数的定义域分成若干部分区间；

(4) 确定在这些部分区间内 $f'(x)$ 和 $f''(x)$ 的符号,并由此确定函数图形的升降和凹凸、极值点和拐点；

(5) 确定函数图形的水平、铅直渐近线；

(6) 为了把图形描绘得准确些,有时还需要找一些必要的辅助点；

(7) 作出函数的图形.

例 7 描绘函数 $y = (2x-5)\sqrt[3]{x^2} + 3$ 的图形.

解 函数的定义域为 $(-\infty, +\infty)$,
$$y' = 2\sqrt[3]{x^2} + \dfrac{2(2x-5)}{3\sqrt[3]{x}} = \dfrac{10(x-1)}{3\sqrt[3]{x}}.$$

令 $y' = 0$,得 $x = 1$;当 $x = 0$ 时,y' 不存在.

$$y'' = \dfrac{10 \cdot 3\sqrt[3]{x} - 10(x-1) \cdot 3 \cdot \dfrac{1}{3\sqrt[3]{x^2}}}{9\sqrt[3]{x^2}} = \dfrac{10(2x+1)}{9x\sqrt[3]{x}}.$$

令 $y'' = 0$,得 $x = -\dfrac{1}{2}$;当 $x = 0$ 时,y'' 不存在.

点 $x = -\dfrac{1}{2}, 0, 1$ 将定义域分成四个部分区间 $\left(-\infty, -\dfrac{1}{2}\right]$、$\left[-\dfrac{1}{2}, 0\right]$、$[0, 1]$ 及 $[1, +\infty)$. 列表讨论如下：

x	$\left(-\infty, -\dfrac{1}{2}\right)$	$-\dfrac{1}{2}$	$\left(-\dfrac{1}{2}, 0\right)$	0	(0,1)	1	$(1, +\infty)$
y'	+	+	+	不存在	−	0	+
y''	−	0	+	不存在	+	+	+
y	↗	拐点	↗	极大值	↘	极小值	↗

注：符号 ↗ 表示曲线弧上升且凸,↗ 表示曲线弧上升且凹,↘ 表示曲线弧下降且凹,↘ 表示曲线弧下降且凸.

拐点：$\left(-\dfrac{1}{2},-0.8\right)$；极大值 $y|_{x=0}=3$，极小值 $y|_{x=1}=0$；再

适当找曲线上几个点：$(-1,-4)$，$\left(\dfrac{1}{2},0.48\right)$，$(2,1.41)$.

作函数的图形(图 3-17).

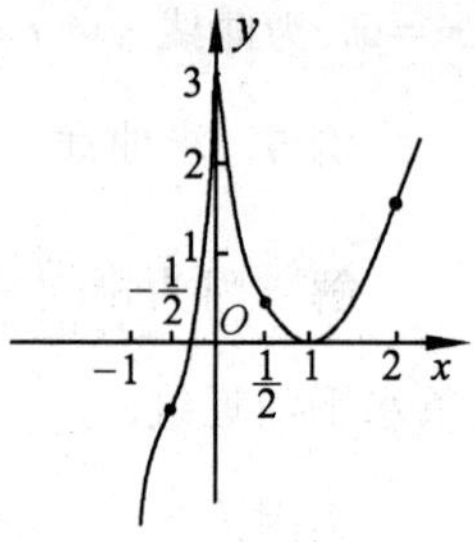

例 8 描绘函数 $y=\dfrac{2(x+1)}{x^2}-1$ 的图形.

解 函数的定义域为 $(-\infty,0)\cup(0,+\infty)$，

$$y'=-\dfrac{2(x+2)}{x^3},\quad y''=\dfrac{4(x+3)}{x^4}.$$

图 3-17

令 $y'=0$，得 $x=-2$；令 $y''=0$，得 $x=-3$.

点 $x=-3,-2$ 将定义域分成四个部分区间 $(-\infty,-3)$、$[-3,-2]$、$[-2,0)$ 及 $[0,+\infty)$. 列表讨论如下：

x	$(-\infty,-3)$	-3	$(-3,-2)$	-2	$(-2,0)$	0	$(0,+\infty)$
y'	$-$	$-$	$-$	0	$+$		$-$
y''	$-$	0	$+$		$+$		$+$
y	↓	拐点	↓	极小值	↑	间断	↓

求渐近线：

因为 $\lim\limits_{x\to\infty}\left[\dfrac{2(x+1)}{x^2}-1\right]=-1$，所以 $y=-1$ 是水平渐近线；

因为 $\lim\limits_{x\to 0}\left[\dfrac{2(x+1)}{x^2}-1\right]=+\infty$，所以 $x=0$ 是铅直渐近线.

拐点：$\left(-3,-1\dfrac{4}{9}\right)$；极小值 $y|_{x=-2}=-\dfrac{3}{2}$；再适当找

曲线上几个点：$(-1,-1)$，$(1,3)$，$\left(2,\dfrac{1}{2}\right)$，$\left(3,-\dfrac{1}{9}\right)$.

作函数的图形(图 3-18).

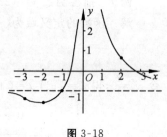

图 3-18

同步训练 3-3

1. 求下列曲线的凹凸区间与拐点：

    (1) $y=a-\sqrt[3]{x-b}$；　　　　(2) $y=\ln(x^2+1)$；

    (3) $y=e^{\arctan x}$；　　　　　(4) $y=xe^{-x}$.

2. 已知曲线 $y=x^3+ax^2-9x+4$ 在 $x=1$ 处有拐点，试确定常数 a，并求曲线的凹凸区间与拐点.

3. 问：a,b 为何值时，点 $(1,3)$ 为曲线 $y=ax^3+bx^2$ 的拐点？

4. 作出下列函数的图形：

    (1) $y=\dfrac{1}{3}x^3-x+\dfrac{2}{3}$；　　(2) $y=\dfrac{1}{\sqrt{2\pi}}e^{-\frac{x^2}{2}}$；

    (3) $y=x-2\arctan x$；　　　　(4) $y=x^3-x^2-x+1$.

阅读材料三

一元微分学

一、隐函数的导数

今天几乎所有的微积分教科书都是先介绍显函数的求导,然后借助其结果确定隐函数的导数,然而在微积分的创始人那里却没有这样的分别.1666年10月,牛顿在他的第一篇微积分文献《流数短论》中考虑的第一个问题就是:当给定 x 和 y 之间的关系 $f(x,y)=0$ 时,求流数 x 和 y 之间的关系.也就是说,在牛顿那里,求导方法对于显函数与隐函数是统一地给出的.

二、中值定理

1691年,法国数学家罗尔(M. Rolle,1652—1719)在他的《任意次方程的一个解法的证明》中断言:在多项式方程
$$f(x)=0$$
的两个相邻的实根之间,方程
$$f'(x)=0$$
至少有一个根.在这里,罗尔并没有使用导数的概念和符号,但他给出的第二个多项式实际上就是第一个多项式的导数.这个结果本来与微积分并无直接联系,而且罗尔也没有给出它的证明.1846年,尤斯托·伯拉维提斯给出了推广了的定理,并将其命名为罗尔定理:如果函数 $f(x)$ 在区间 $[a,b]$ 上连续,且在这个区间内部 $f'(x)$ 存在,$f(a)=f(b)$,那么在 $[a,b]$ 内至少有一点 c,使 $f'(c)=0$.

1797年,法国数学家拉格朗日(J. L. Lagrange,1736—1813)在他的《解析函数论》中研究泰勒级数时未加证明地给出了后人所说的拉格朗日中值定理:
$$f(b)-f(a)=f'(c)(b-a) \ (a<c<b).$$
然后他利用这个定理推导出了带有"拉格朗日余项"的泰勒定理.

1823年,法国数学家柯西(A. L. Cauchy,1789—1857)在他的《无穷小分析教程概论》中定义导数时利用了拉格朗日的上述结果,称之为平均值定理.1829年,柯西在他的《微分计算教程》中通过考察导数正负号的意义研究中值定理.由于
$$y'=\frac{dy}{dx}=\lim_{\Delta x \to 0}\frac{\Delta y}{\Delta x},$$
他注意到:如果在点 x_0 处 $y'>0$,则当 Δx 足够小时,Δy 和 Δx 必定同号(若 $y'<0$,则反号).因此,当 x 增加而通过 x_0 时,$y=f(x)$ 增加.所以他说,如果我们使 x 从 $x=x_0$ 到 $x=X$ 增加一个"可以察觉的量",那么函数 $f(x)$ 当其导数为正时总是增加的,当其导数为负时总是减小的.特别地,如果在 $[x_0,X]$ 上 $f'(x)>0$,那么 $f(X)>f(x_0)$.在此基础上,柯西叙述并证明了他的"广义中值定理".

三、洛必达法则

1696年,法国数学家洛必达(G. F. A. de L'Hospital,1661—1704)出版了《用于理解曲线的无穷小分析》一书,这是世界上第一部系统的微积分教程,其中给出了求分子和分母同趋于零的分式极限的法则,后人称之为"洛必达法则",但实际上这一结果是约翰·伯努利(John Bernoulli,1667—1748)在1694年

7月22日的信中告诉洛必达的.约翰·伯努利在1691至1692年间写了两篇关于微积分的短文,但未发表.不久之后,他开始为洛必达讲授微积分,定期领取薪金.作为交换,他把自己的数学发现传授给洛必达并允许他随时利用,因而洛必达的著作中许多内容都取材于约翰·伯努利的早期著作.

四、函数的极值

极值问题是16至17世纪导致微积分产生的几类基本问题之一,它们最初都是从当时的科学技术发展过程中提出的.例如,由于火炮的使用,需要研究火炮的最大射程与大炮倾角的关系.17世纪初,德国天文学家、数学家开普勒(J. Kelper,1571—1630)得到了著名的行星运动三大定律,第一定律:所有行星的运动轨道都是椭圆,太阳位于椭圆的一个焦点.第二定律:行星的向径(太阳中心到行星中心的连线)在相等的时间内扫过的面积相等.根据这两条定律,行星在围绕太阳公转时,其运行速度随时都在改变,并且在近日点达到最大,在远日点达到最小.

对于求函数最大值和最小值问题的近代研究是由开普勒的观察开始的.他在酒桶体积的测量中提出了一个确定最佳比例的问题,这启发他考虑很多有关的极大、极小问题.他的方法是通过列表,从观察中得出结果.他发现:当体积接近极大值时,由于尺寸的变化所产生的体积变化越来越小.这正是在极值点导数为零这一命题的原始形式.

费马在《求极大值与极小值的方法》中把求切线与求极值的方法统一了起来,这对后来牛顿、莱布尼兹创立统一的基本方法——微分法有很大启发.

1671年,牛顿在《流数法与无穷级数》中将极大值和极小值问题作为一个基本问题加以叙述和处理:"当一个量取极大值或极小值时,它的流数既不增加也不减少,因为如果增加,就说明它的流数还是较小的,并且即将变大;反之,如果减少,则情况恰好相反.所以,[用以前叙述的方法]求出它的流数,并且令这个流数等于零."

1684年,莱布尼兹发表了《一种求极大、极小值与切线的新方法》,这是数学史上第一篇公开发表的微积分学论文.文中指出,当纵坐标 v 随 x 增加而增加时,dv 是正的;当 v 随 x 增加而减少时,dv 是负的.此外,因为"当 v 既不增加也不减少时,就不会出现这两种情况,这时 v 是平稳的",所以极大值或极小值的条件是 $dv=0$,相当于水平切线.同时,他还说明了拐点的必要条件是 $d(dv)=0$.

本章小结

一、主要内容

（一）微分中值定理

1. 罗尔定理.
2. 拉格朗日中值定理.
3. 柯西中值定理.
4. 微分中值定理的应用.

（二）函数的性质

1. 函数单调性的判定定理，函数区间的判断，用单调性证明不等式.
2. 函数极值的判定定理，函数极值的求法.
3. 函数最值的定义，最值应用问题的求解.
4. 曲线的凹凸性的判定定理，曲线的凹凸区间和拐点的求法.
5. 曲线的渐近线的求法，函数图形的描绘.

（三）未定式与洛必达法则

1. 洛必达法则的内容及使用方法.
2. "$\dfrac{0}{0}$"型或"$\dfrac{\infty}{\infty}$"型未定式极限的求法.
3. "$0 \cdot \infty$""$\infty-\infty$""0^0""∞^0""1^∞"型未定式极限的求法.

二、方法要点

1. 验证中值定理的成立条件.
2. 利用罗尔定理证明根的存在性.
3. 利用拉格朗日中值定理证明不等式.
4. 利用洛必达法则求"$\dfrac{0}{0}$"型或"$\dfrac{\infty}{\infty}$"型未定式极限.
5. 利用洛必达法则求"$\dfrac{0}{0}$""$\infty-\infty$""0^0""∞^1""1^∞"型未定式极限.
6. 求函数的单调区间、极值与最值.
7. 求函数的凹凸区间和拐点.
8. 求函数的渐近线，描绘函数的图形.

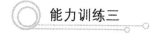

能力训练三

一、填空题

1. 已知 $f(x)=x^3+x$ 在 $[0,1]$ 上满足拉格朗日中值定理，则 $\xi=$ _____.
2. 函数 $y=2x^3+3x^2-12x+1$ 的单调递减区间是 _____.
3. 函数 $f(x)=x^3-3x$ 的极小值为 _____.
4. 已知函数 $y=x^2+2bx+c$ 在 $x=-1$ 处取得极小值 2，则 $b=$ _____，$c=$ _____.
5. $\lim\limits_{x\to 0}\dfrac{e^x-1}{x}=$ _____.
6. $\lim\limits_{x\to 0^+}\dfrac{\ln\sin 3x}{\ln\sin 5x}=$ _____.
7. 曲线 $y=\dfrac{4}{x^2+2x-3}$ 的垂直渐近线方程为 _____.
8. 曲线 $y=6x-24x^2+x^4$ 的凹区间是 _____.

二、选择题

9. 若函数 $f(x)=x\sqrt{3-x}$ 在 $[0,3]$ 上满足罗尔定理，则 $\xi=$ （　　）

A. 0   B. 3   C. $\frac{3}{2}$ D. 2

10. 设函数 $f(x)=x(x-1)(x-2)(x-3)$，则方程 $f'(x)=0$ 有   ( )

A. 一个实根   B. 两个实根   C. 三个实根   D. 四个实根

11. $f'(x_0)=0, f''(x_0)>0$ 是函数 $y=f(x)$ 在点 $x=x_0$ 处有极值的   ( )

A. 必要条件   B. 充分条件   C. 充要条件   D. 无关条件

12. 设函数 $f(x)=(x-1)^{\frac{2}{3}}$，则点 $x=1$ 是 $f(x)$ 的   ( )

A. 间断点   B. 可导点   C. 驻点   D. 极值点

13. 已知曲线 $y=\frac{a}{6}x^3-\frac{b}{2}x^2$ 的拐点为 $(-1,1)$，则 a,b 的值为   ( )

A. 1,3   B. 3,1   C. 3,3   D. 3,−3

14. 曲线 $y=\frac{3x}{x-1}$ 的渐近线是   ( )

A. $x=1$ 和 $y=3$ B. $x=3$ 和 $y=1$

C. $x=1$ D. $y=3$

15. 函数 $y=e^{-2x}$ 在定义域内   ( )

A. 单调增加且凹的   B. 单调增加且凸的

C. 单调减少且凹的   D. 单调减少且凸的

三、计算题

16. $\lim\limits_{x \to 0} \frac{1-\cos x}{x^2}$.

17. $\lim\limits_{x \to 1}\left(\frac{2}{x^2-1}-\frac{1}{x-1}\right)$.

18. $\lim\limits_{x \to 0} \frac{x-\sin x}{x^3+x}$.

19. $\lim\limits_{x \to \infty} x\left(\frac{\pi}{2}-\arctan x\right)$.

四、解答题

20. 求函数 $y=x^3-3x^2-9x+1$ 的单调区间和极值.

21. 求曲线 $y=x^3+3x^2$ 的凹凸区间和拐点.

22. 欲围一个面积为 $150 m^2$ 的矩形场地，所用材料的造价其正面是每平方米 6 元，其余三面每平方米 3 元，问场地的长和宽各为多少时，才能使所用的材料费最少？

23. 求函数 $f(x,y)=4(x-y)-x^2-y^2+2$ 的极值.

第四章 不定积分

学习目标

1. 了解不定积分的概念及其性质.
2. 熟练掌握不定积分的基本公式.
3. 熟练掌握不定积分的第一类换元法、第二类换元法(限于根式代换、三角代换)和分部积分法.
4. 了解有理函数的积分和积分表的使用.

前面两章我们讨论了一元函数的微分学,从本章开始我们将讨论一元函数的积分学,包含不定积分和定积分两部分. 本章介绍不定积分的概念、性质和基本积分方法.

第一节 不定积分的概念与性质

一、原函数与不定积分的概念

求已知函数的导数是微分学所解决的问题,但在实际问题中经常会遇到相反的问题,即要寻求一个可导函数,使它的导数等于已知函数.

定义 1 设 $f(x)$ 是定义在某区间内的已知函数,若存在可导函数 $F(x)$,使得对于该区间内的任一点,都有 $F'(x)=f(x)$ 或 $dF(x)=f(x)dx$,则称 $F(x)$ 是 $f(x)$ 在该区间内的一个**原函数**.

例如,在区间 $(-\infty,+\infty)$ 内,$(\sin x)'=\cos x$,故 $\sin x$ 是 $\cos x$ 的一个原函数.

又如当 $x\neq 0$ 时,$(\ln|x|)'=\dfrac{1}{x}$,故 $\ln|x|$ 是 $\dfrac{1}{x}$ 的一个原函数.

说明 关于原函数,我们要说明以下几点:

(1) 如果 $f(x)$ 在某区间内连续,那么它的原函数一定存在(这个结论将在下一章中加以证明).

(2) 如果 $f(x)$ 在某区间内有一个原函数 $F(x)$,由于 $[F(x)+C]'=F'(x)=f(x)$,所以 $F(x)+C$ 也是 $f(x)$ 的原函数(其中 C 为任意常数). 就是说,如果 $f(x)$ 有一个原函数,那么 $f(x)$ 就有无穷多个原函数.

(3) 如果在某区间内 $F(x)$ 是 $f(x)$ 的一个原函数,那么函数族 $F(x)+C$(C 为任意常数)就是 $f(x)$ 的全体原函数.

设 $\Phi(x)$ 是 $f(x)$ 的另一个原函数,即在该区间内 $\Phi'(x)=f(x)$,于是 $[\Phi(x)-F(x)]'=\Phi'(x)-F'(x)=f(x)-f(x)\equiv 0$,在第三章第一节中已经知道:导数恒为零的函数必为常数,因此 $\Phi(x)-F(x)=C_0$(C_0 为某个常数),即 $\Phi(x)=F(x)+C_0$. 因此,当 C 为任意常数时,$F(x)+C$ 就是 $f(x)$ 的全体原函数.

定义 2 函数 $f(x)$ 的全体原函数,称为 $f(x)$ 的**不定积分**,记为

$$\int f(x)\mathrm{d}x,$$

其中记号 $\int$ 称为**积分号**,$f(x)$ 称为**被积函数**,$f(x)\mathrm{d}x$ 称为**被积表达式**,x 称为**积分变量**.

如果 $F(x)$ 是 $f(x)$ 的一个原函数,则根据定义 2 有

$$\int f(x)\mathrm{d}x = F(x)+C,$$

其中 C 为任意常数,称为积分常数.

例 1 求 $\int \dfrac{1}{1+x^2}\mathrm{d}x$.

解 由于 $(\arctan x)' = \dfrac{1}{1+x^2}$,

所以 $\int \dfrac{1}{1+x^2}\mathrm{d}x = \arctan x + C$.

例 2 验证等式 $\int \cos 2x\,\mathrm{d}x = \dfrac{1}{2}\sin 2x + C$ 是否成立.

解 由于 $\left(\dfrac{1}{2}\sin 2x\right)' = \cos 2x$,

所以 $\int \cos 2x\,\mathrm{d}x = \dfrac{1}{2}\sin 2x + C$ 成立.

例 3 已知某曲线上任意一点处的切线斜率等于该点的横坐标,且曲线通过点 $(0,1)$,求此曲线的方程.

解 设所求曲线方程为 $y=f(x)$,按题设,曲线上任意一点 (x,y) 处的切线斜率为

$$y' = x.$$

故所求曲线是 $y = \int x\,\mathrm{d}x = \dfrac{1}{2}x^2 + C$ 中的一条. 因为所求曲线通过点 $(0,1)$,所以有 $1 = 0 + C$,即 $C=1$,从而所求曲线为 $y = \dfrac{1}{2}x^2 + 1$.

二、基本积分公式

利用导数公式和不定积分的定义,很自然地可以得到下面的基本积分公式.

(1) $\int 0\,\mathrm{d}x = C$;

(2) $\int k\,\mathrm{d}x = kx + C$ (k 是常数);

(3) $\int x^{\mu}\,\mathrm{d}x = \dfrac{1}{\mu+1}x^{\mu+1} + C$ ($\mu \neq -1$);

(4) $\int \dfrac{1}{x}\,\mathrm{d}x = \ln|x| + C$;

(5) $\int e^x dx = e^x + C$;

(6) $\int a^x dx = \dfrac{a^x}{\ln a} + C$;

(7) $\int \cos x dx = \sin x + C$;

(8) $\int \sin x dx = -\cos x + C$;

(9) $\int \dfrac{1}{\cos^2 x} dx = \int \sec^2 x dx = \tan x + C$;

(10) $\int \dfrac{1}{\sin^2 x} dx = \int \csc^2 x dx = -\cot x + C$;

(11) $\int \sec x \tan x dx = \sec x + C$;

(12) $\int \csc x \cot x dx = -\csc x + C$;

(13) $\int \dfrac{1}{1+x^2} dx = \arctan x + C$;

(14) $\int \dfrac{1}{\sqrt{1-x^2}} dx = \arcsin x + C$.

三、不定积分的性质

由不定积分的定义，不难证明下列性质：

性质 1 不定积分与微分互为逆运算，即

$$d\int f(x)dx = f(x)dx \left(或 \dfrac{d}{dx}\int f(x)dx = f(x)\right);$$

$$\int dF(x) = \int F'(x)dx = F(x) + C.$$

这就是说，当积分号 $\int$ 与微分号 d 连在一起时，或者抵消（d 位于 $\int$ 的前面），或者抵消后加上任意常数（$\int$ 位于 d 的前面）.

性质 2 被积函数中不为零的常数因子可以提到积分号外面，即

$$\int kf(x)dx = k\int f(x)dx \quad (k \text{ 为常数}, k \neq 0).$$

性质 3 两个函数的代数和的不定积分等于这两个函数积分的代数和，即

$$\int [f(x) \pm g(x)]dx = \int f(x)dx \pm \int g(x)dx.$$

上式可推广到有限个函数的情形.

例 4 设 $f(x)$ 是可微函数，求 $\int d\int df(x)$.

解 由于不定积分与微分互为逆运算，因此，由不定积分的性质（性质 1），得

$$\int d\int df(x) = \int d[f(x) + C] = \int df(x) = f(x) + C.$$

例5 求 $\int (3e^x - 2x\sqrt{x} + 4 - 2\sin x)dx$.

解 $\int (3e^x - 2x\sqrt{x} + 4 - 2\sin x)dx$

$= \int 3e^x dx - \int 2x\sqrt{x}\,dx + \int 4dx - \int 2\sin x\,dx$

$= 3\int e^x dx - 2\int x^{\frac{3}{2}}dx + 4\int dx - 2\int \sin x\,dx$

$= 3e^x - \frac{4}{5}x^{\frac{5}{2}} + 4x + 2\cos x + C$

$= 3e^x - \frac{4}{5}x^2\sqrt{x} + 4x + 2\cos x + C.$

说明 分项积分后每个不定积分都含有任意常数,因为有限个任意常数之和还是一个任意常数,所以只需写出一个任意常数.

例6 求 $\int 2^x e^x dx$.

解 $\int 2^x e^x dx = \int (2e)^x dx = \frac{(2e)^x}{\ln(2e)} + C = \frac{(2e)^x}{1+\ln 2} + C.$

例7 求 $\int \frac{2x^2+1}{x^2(1+x^2)}dx$.

解 $\int \frac{2x^2+1}{x^2(1+x^2)}dx = \int \frac{x^2+(1+x^2)}{x^2(1+x^2)}dx$

$= \int \frac{x^2}{x^2(1+x^2)}dx + \int \frac{1+x^2}{x^2(1+x^2)}dx$

$= \int \frac{1}{1+x^2}dx + \int \frac{1}{x^2}dx$

$= \arctan x - \frac{1}{x} + C.$

例8 求 $\int \sin^2 \frac{x}{2}dx$.

解 $\int \sin^2 \frac{x}{2}dx = \int \frac{1-\cos x}{2}dx = \frac{1}{2}\int (1-\cos x)dx$

$= \frac{1}{2}\left(\int dx - \int \cos x\,dx\right) = \frac{1}{2}(x - \sin x) + C.$

例9 求 $\int \tan^2 x\,dx$.

解 $\int \tan^2 x\,dx = \int (\sec^2 x - 1)dx = \int \sec^2 x\,dx - \int dx$

$= \tan x - x + C.$

例10 求 $\int \frac{x^2}{1+x^2}dx$.

解 $\int \frac{x^2}{1+x^2}dx = \int \frac{(1+x^2)-1}{1+x^2}dx = \int \left(1 - \frac{1}{1+x^2}\right)dx$

$= x - \arctan x + C.$

同步训练 4-1

1. 求下列不定积分：

(1) $\int \dfrac{1}{x^2\sqrt{x}}dx$；

(2) $\int \dfrac{(x-1)^3}{x^2}dx$；

(3) $\int (2^x + \sec^2 x)dx$；

(4) $\int \left(\dfrac{3}{1+x^2} - \dfrac{2}{\sqrt{1-x^2}}\right)dx$；

(5) $\int \left(1-\dfrac{1}{x^2}\right)\sqrt{x\sqrt{x}}\,dx$；

(6) $\int \cos^2 \dfrac{x}{2}dx$；

(7) $\int \dfrac{1}{1+\cos 2x}dx$；

(8) $\int \dfrac{\cos 2x}{\cos^2 x \sin^2 x}dx$.

2. 已知某曲线上任意一点处的切线斜率等于该点横坐标的倒数，且曲线通过点 $(e^2, 3)$，求此曲线的方程.

3. 设 e^{x^2} 为 $f(x)$ 的一个原函数，求 $\int e^{-x^2} f(x)dx$.

4. 一质点沿 x 轴做变速直线运动，加速度 $a(t) = 13\sqrt{t}\,\text{m/s}^2$，初始位置 $s_0 = 100\text{m}$，初始速度 $v_0 = 25\text{m/s}$，求该质点的运动方程. $\left(\text{提示：}\dfrac{ds}{dt} = v(t), \dfrac{dv}{dt} = a(t)\right)$

第二节 不定积分的积分法

利用基本积分公式及不定积分的性质所能计算的不定积分是非常有限的，因此有必要进一步研究不定积分的求法. 换元积分法和分部积分法是两种基本的积分方法. 本节介绍**换元积分法**，简称**换元法**，即把复合函数的微分法反过来，用于求不定积分，利用中间变量的代换，得到复合函数的积分. 换元法通常分成两类，下面先讲第一类换元法.

一、第一类换元法

先看一个例子：求复合函数 e^{3x} 的积分 $\int e^{3x}dx$.

在基本积分公式中，有

$$\int e^x dx = e^x + C.$$

如果直接"套用"公式，就会得到以下的错误结果：$\int e^{3x}dx = e^{3x} + C.$

我们对原积分作适当变形，然后应用公式，则有

$$\int e^{3x}dx \xrightarrow{\text{代换}} \dfrac{1}{3}\int e^{3x}d(3x) \xrightarrow[\text{令}\,3x=u]{} \dfrac{1}{3}\int e^u du \xrightarrow{\text{应用公式}} \dfrac{1}{3}e^u + C \xrightarrow[u=3x]{\text{回代}} \dfrac{1}{3}e^{3x} + C.$$

容易验证：$\left(\dfrac{1}{3}e^{3x}\right)' = e^{3x}$，所以 $\int e^{3x}dx = \dfrac{1}{3}e^{3x} + C$ 成立.

这种积分方法的基本思想是：通过适当的"凑微分"，再作相应的变量代换，把要计算的积分化为基本积分公式中已有的形式，求出它的不定积分后，再代回原来的变量. 称这种积分法为**第一类换元法**或**凑微分法**.

定理 1 设 $\int f(u)du = F(u) + C$，且 $u = \varphi(x)$ 有连续导数，则

$$\int f[\varphi(x)]\varphi'(x)\,\mathrm{d}x = \int f(u)\,\mathrm{d}u \Big|_{u=\varphi(x)} = F[\varphi(x)] + C. \tag{1}$$

证 根据复合函数的求导法则得
$$\{F[\varphi(x)]\}' = F'(u)\varphi'(x) = f(u)\varphi'(x) = f[\varphi(x)]\varphi'(x),$$
再由不定积分的定义即得换元公式(1).

例1 求 $\int (1+2x)^4 \,\mathrm{d}x$.

解 $\int (1+2x)^4 \,\mathrm{d}x \xrightarrow{\text{凑微分}} \frac{1}{2} \int (1+2x)^4 \,\mathrm{d}(1+2x) \xrightarrow[\text{令}\,1+2x=u]{\text{代换}} \frac{1}{2} \int u^4 \,\mathrm{d}u$

$= \frac{1}{10} u^5 + C \xrightarrow[u=1+2x]{\text{回代}} \frac{1}{10}(1+2x)^5 + C.$

例2 求 $\int x\mathrm{e}^{x^2} \,\mathrm{d}x$.

解 $\int x\mathrm{e}^{x^2} \,\mathrm{d}x \xrightarrow{\text{凑微分}} \frac{1}{2} \int \mathrm{e}^{x^2} \,\mathrm{d}(x^2) \xrightarrow[\text{令}\,x^2=u]{\text{代换}} \frac{1}{2} \int \mathrm{e}^u \,\mathrm{d}u$

$= \frac{1}{2} \mathrm{e}^u + C \xrightarrow[u=x^2]{\text{回代}} \frac{1}{2} \mathrm{e}^{x^2} + C.$

方法熟练后,中间变量 $u=\varphi(x)$ 只需记在心里,可以不写出来.

例3 求 $\int \frac{1}{x^2} \sin \frac{1}{x} \,\mathrm{d}x$.

解 $\int \frac{1}{x^2} \sin \frac{1}{x} \,\mathrm{d}x = -\int \sin \frac{1}{x} \,\mathrm{d}\left(\frac{1}{x}\right) = \cos \frac{1}{x} + C.$

例4 求 $\int \frac{\ln^2 x}{x} \,\mathrm{d}x$.

解 $\int \frac{\ln^2 x}{x} \,\mathrm{d}x = \int \ln^2 x \,\mathrm{d}(\ln x) = \frac{1}{3} \ln^3 x + C.$

例5 求 $\int \tan x \,\mathrm{d}x$.

解 $\int \tan x \,\mathrm{d}x = \int \frac{\sin x}{\cos x} \,\mathrm{d}x = -\int \frac{1}{\cos x} \,\mathrm{d}(\cos x) = -\ln|\cos x| + C.$

例6 求 $\int \frac{1}{\sqrt{a^2 - x^2}} \,\mathrm{d}x \,(a>0)$.

解 $\int \frac{1}{\sqrt{a^2-x^2}} \,\mathrm{d}x = \frac{1}{a} \int \frac{1}{\sqrt{1-\left(\frac{x}{a}\right)^2}} \,\mathrm{d}x = \int \frac{1}{\sqrt{1-\left(\frac{x}{a}\right)^2}} \,\mathrm{d}\left(\frac{x}{a}\right)$

$= \arcsin \frac{x}{a} + C.$

例7 求 $\int \frac{1}{x^2+2x+2} \,\mathrm{d}x$.

解 $\int \frac{1}{x^2+2x+2} \,\mathrm{d}x = \int \frac{1}{(x+1)^2+1} \,\mathrm{d}x = \int \frac{1}{1+(x+1)^2} \,\mathrm{d}(x+1)$

$= \arctan(x+1) + C.$

例8 求 $\int \frac{1}{x^2-a^2} \,\mathrm{d}x \,(a \neq 0)$.

解 $\int \dfrac{1}{x^2-a^2}dx = \dfrac{1}{2a}\int \left(\dfrac{1}{x-a}-\dfrac{1}{x+a}\right)dx$

$\qquad\qquad\qquad = \dfrac{1}{2a}\left[\int \dfrac{1}{x-a}d(x-a)-\int \dfrac{1}{x+a}d(x+a)\right]$

$\qquad\qquad\qquad = \dfrac{1}{2a}(\ln|x-a|-\ln|x+a|)+C$

$\qquad\qquad\qquad = \dfrac{1}{2a}\ln\left|\dfrac{x-a}{x+a}\right|+C.$

例 9 求 $\int \sec x\, dx$.

解 $\int \sec x\, dx = \int \dfrac{\sec x(\sec x+\tan x)}{\sec x+\tan x}dx$

$\qquad\qquad\quad = \int \dfrac{\sec^2 x+\sec x\tan x}{\sec x+\tan x}dx$

$\qquad\qquad\quad = \int \dfrac{1}{\sec x+\tan x}d(\sec x+\tan x)$

$\qquad\qquad\quad = \ln|\sec x+\tan x|+C.$

用类似的方法可求得

$$\int \csc x\, dx = \ln|\csc x-\cot x|+C.$$

例 9 的技巧性较强, 我们再看一例.

例 10 求 $\int \dfrac{1}{1+\sin x}dx$.

解 $\int \dfrac{1}{1+\sin x}dx = \int \dfrac{1}{1+\sin x}\cdot\dfrac{1-\sin x}{1-\sin x}dx$

$\qquad\qquad\qquad = \int \dfrac{1-\sin x}{1-\sin^2 x}dx = \int \dfrac{1}{\cos^2 x}dx - \int \dfrac{\sin x}{\cos^2 x}dx$

$\qquad\qquad\qquad = \tan x + \int \dfrac{1}{\cos^2 x}d(\cos x)$

$\qquad\qquad\qquad = \tan x - \dfrac{1}{\cos x}+C = \tan x - \sec x + C.$

二、第二类换元法

第一类换元法是通过变量代换 $u=\varphi(x)$, 将积分 $\int f[\varphi(x)]\varphi'(x)dx$ 化为积分 $\int f(u)du$. 我们也常会遇到相反的情形, $\int f(x)dx$ 不易求出, 适当地选择变量代换 $x=\psi(t)$, 将积分 $\int f(x)dx$ 化为容易求的积分 $\int f[\psi(t)]\psi'(t)dt$, 即

$$\int f(x)dx \xrightarrow[\text{令 } x=\psi(t)]{\text{代换}} \int f[\psi(t)]\psi'(t)dt$$

$$= F(t)+C \xrightarrow[t=\psi^{-1}(x)]{\text{回代}} F[\psi^{-1}(x)]+C.$$

定理 2 设 $x=\psi(t)$ 单调、可导且 $\psi'(t)\neq 0$. 又设

$$\int f[\psi(t)]\psi'(t)\mathrm{d}t = F(t) + C,$$

则

$$\int f(x)\mathrm{d}x = \int f[\psi(t)]\psi'(t)\mathrm{d}t \Big|_{t=\psi^{-1}(x)} = F[\psi^{-1}(x)] + C. \tag{2}$$

说明 (1) 要求 $x = \psi(t)$ 单调、可导且 $\psi'(t) \neq 0$，是为了保证它的反函数 $t = \psi^{-1}(x)$ 存在且单值、可导.

(2) 作变量代换 $x = \psi(t)$ 时，不能改变 x 的取值范围.

这种积分法称为**第二类换元法**，下面举例说明换元公式(2)的应用.

例 11 求 $\int \dfrac{1}{1+\sqrt{x}}\mathrm{d}x$.

解 $\int \dfrac{1}{1+\sqrt{x}}\mathrm{d}x \xrightarrow[\text{令 } x = t^2 (t \geqslant 0)]{\text{代换(去根号)}} \int \dfrac{1}{1+t} \cdot 2t\mathrm{d}t = 2\int \dfrac{t}{1+t}\mathrm{d}t$

$= 2\int \left(1 - \dfrac{1}{1+t}\right)\mathrm{d}t = 2(t - \ln|1+t|) + C$

$\xrightarrow[t=\sqrt{x}]{\text{回代}} 2(\sqrt{x} - \ln|1+\sqrt{x}|) + C.$

若取 $t \leqslant 0$，则 $x = t^2$ 也是单调函数，此时 $t = -\sqrt{x}$，结果完全一样.

例 12 求 $\int \dfrac{1}{x\sqrt{2x+1}}\mathrm{d}x$.

解 $\int \dfrac{1}{x\sqrt{2x+1}}\mathrm{d}x \xrightarrow[\text{令 } x = \frac{t^2-1}{2}(t \geqslant 0)]{\text{代换(去根号)}} \int \dfrac{2}{t^2-1}\mathrm{d}t$

$= \ln\left|\dfrac{t-1}{t+1}\right| + C$

$\xrightarrow[t=\sqrt{2x+1}]{\text{回代}} \ln\left|\dfrac{\sqrt{2x+1}-1}{\sqrt{2x+1}+1}\right| + C.$

例 13 求 $\int \dfrac{1}{\sqrt{x}(1+\sqrt[3]{x})}\mathrm{d}x$.

解 $\int \dfrac{1}{\sqrt{x}(1+\sqrt[3]{x})}\mathrm{d}x \xrightarrow[\text{令 } x = t^6 (t>0)]{\text{代换(去根号)}} \int \dfrac{1}{t^3(1+t^2)} \cdot 6t^5\mathrm{d}t$

$= 6\int \dfrac{t^2}{1+t^2}\mathrm{d}t = 6\int \left(1 - \dfrac{1}{1+t^2}\right)\mathrm{d}t$

$= 6(t - \arctan t) + C$

$\xrightarrow[t=\sqrt[6]{x}]{\text{回代}} 6(\sqrt[6]{x} - \arctan \sqrt[6]{x}) + C.$

例 14 求 $\int \sqrt{a^2 - x^2}\mathrm{d}x \,(a > 0)$.

解 为去根号，令 $x = a\sin t \left(-\dfrac{\pi}{2} \leqslant t \leqslant \dfrac{\pi}{2}\right)$，则

$$\mathrm{d}x = a\cos t\,\mathrm{d}t, \quad \sqrt{a^2 - x^2} = \sqrt{a^2 - a^2\sin^2 t} = a\cos t,$$

于是

$$\int \sqrt{a^2-x^2}\,\mathrm{d}x = \int a\cos t \cdot a\cos t\,\mathrm{d}t = a^2\int \cos^2 t\,\mathrm{d}t$$
$$= a^2\int \frac{1+\cos 2t}{2}\,\mathrm{d}t = \frac{a^2}{2}\left(t + \frac{1}{2}\sin 2t\right) + C$$
$$= \frac{a^2}{2}t + \frac{a^2}{2}\sin t\cos t + C.$$

为了把 t, $\sin t$ 及 $\cos t$ 换成 x 的函数，我们可以根据变量代换 $x = a\sin t$ 作一个辅助的直角三角形(图 4-1)，于是有
$$\cos t = \frac{\sqrt{a^2-x^2}}{a},$$

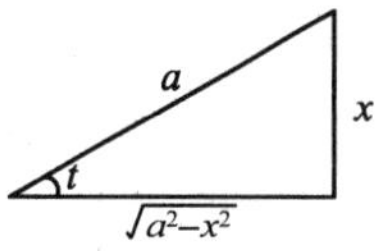

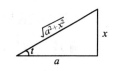

图 4-1

因此 $\quad \int \sqrt{a^2-x^2}\,\mathrm{d}x = \frac{a^2}{2}\arcsin\frac{x}{a} + \frac{x}{2}\sqrt{a^2-x^2} + C.$

例 15 求 $\int \frac{1}{(a^2+x^2)^{\frac{3}{2}}}\,\mathrm{d}x\,(a>0)$.

解 为去根号，令 $x = a\tan t\left(-\frac{\pi}{2} < t < \frac{\pi}{2}\right)$，则
$$\mathrm{d}x = a\sec^2 t\,\mathrm{d}t,\, (a^2+x^2)^{\frac{3}{2}} = a^3\sec^3 t,$$
于是
$$\int \frac{1}{(a^2+x^2)^{\frac{3}{2}}}\,\mathrm{d}x = \int \frac{a\sec^2 t}{a^3\sec^3 t}\,\mathrm{d}t = \frac{1}{a^2}\int \frac{1}{\sec t}\,\mathrm{d}t$$
$$= \frac{1}{a^2}\int \cos t\,\mathrm{d}t = \frac{1}{a^2}\sin t + C.$$

由图 4-2 的直角三角形得
$$\int \frac{1}{(a^2+x^2)^{\frac{3}{2}}}\,\mathrm{d}x = \frac{x}{a^2\sqrt{a^2+x^2}} + C.$$

例 16 求 $\int \frac{1}{\sqrt{x^2-a^2}}\,\mathrm{d}x\,(a>0)$.

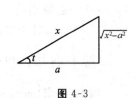

图 4-2

解 为去根号，令 $x = a\sec t\left(0 < t < \frac{\pi}{2}\text{ 或 }\pi < t < \frac{3\pi}{2}\right)$，则
$$\mathrm{d}x = a\sec t\tan t\,\mathrm{d}t,\, \sqrt{x^2-a^2} = a\tan t,$$
于是
$$\int \frac{1}{\sqrt{x^2-a^2}}\,\mathrm{d}x = \int \frac{a\sec t\tan t}{a\tan t}\,\mathrm{d}t = \int \sec t\,\mathrm{d}t$$
$$= \ln|\sec t + \tan t| + C_1.$$

由图 4-3 的直角三角形得
$$\int \frac{1}{\sqrt{x^2-a^2}}\,\mathrm{d}x = \ln\left|\frac{x}{a} + \frac{\sqrt{x^2-a^2}}{a}\right| + C_1$$
$$= \ln|x + \sqrt{x^2-a^2}| + C.$$

图 4-3

这里，$C = C_1 - \ln a$.

例 14 ~ 例 16 所用的代换称为**三角代换**，小结如下：

被积函数含有 $\begin{cases}\sqrt{a^2-x^2} \text{ 时,令 } x=a\sin t;\\ \sqrt{a^2+x^2} \text{ 时,令 } x=a\tan t;\\ \sqrt{x^2-a^2} \text{ 时,令 } x=a\sec t.\end{cases}$

但有时需灵活应用,如积分 $\int \dfrac{x}{\sqrt{a^2-x^2}}\mathrm{d}x$,用凑微分法计算会更为方便:

$$\int \dfrac{x}{\sqrt{a^2-x^2}}\mathrm{d}x = -\int \dfrac{1}{2}\dfrac{1}{\sqrt{a^2-x^2}}\mathrm{d}(a^2-x^2) = -\sqrt{a^2-x^2}+C.$$

三、分部积分法

前面我们利用复合函数的微分法得到了换元积分法,现在我们利用两个函数乘积的微分法推导出另一个求积分的基本方法 —— **分部积分法**.

设函数 $u=u(x)$ 及 $v=v(x)$ 具有连续导数,我们知道

$$\mathrm{d}(uv) = u\mathrm{d}v + v\mathrm{d}u,$$

移项,得

$$u\mathrm{d}v = \mathrm{d}(uv) - v\mathrm{d}u,$$

对等式两边求不定积分,得

$$\int u\mathrm{d}v = uv - \int v\mathrm{d}u.$$

这个式子称为**分部积分公式**,它把不定积分 $\int u\mathrm{d}v$ 转化为 uv 和一个新的不定积分 $\int v\mathrm{d}u$ 的差. 如果 $\int v\mathrm{d}u$ 易求,那么 $\int u\mathrm{d}v$ 便可求得.

下面举例说明分部积分公式的应用.

例 17 求 $\int x\mathrm{e}^x\mathrm{d}x$.

解 设 $u=x, \mathrm{d}v=\mathrm{e}^x\mathrm{d}x$,那么 $\mathrm{d}u=\mathrm{d}x, v=\mathrm{e}^x$. 于是

$$\int x\mathrm{e}^x\mathrm{d}x = x\mathrm{e}^x - \int \mathrm{e}^x\mathrm{d}x = x\mathrm{e}^x - \mathrm{e}^x + C = \mathrm{e}^x(x-1) + C.$$

求这个积分时,如果设 $u=\mathrm{e}^x, \mathrm{d}v=x\mathrm{d}x$,那么 $\mathrm{d}u=\mathrm{e}^x\mathrm{d}x, v=\dfrac{1}{2}x^2$. 于是

$$\int x\mathrm{e}^x\mathrm{d}x = \dfrac{1}{2}x^2\mathrm{e}^x - \dfrac{1}{2}\int x^2\mathrm{e}^x\mathrm{d}x.$$

上式右端的积分比原积分更不容易求出.

由此可见,分部积分法的关键在于恰当地选取 u 和 $\mathrm{d}v$,达到化难为易的目的. 选取 u 和 $\mathrm{d}v$ 的一般原则是:

(1) 由 $\mathrm{d}v$ 易于求出 v;

(2) $\int v\mathrm{d}u$ 比 $\int u\mathrm{d}v$ 简单易求.

例 18 求 $\int x\cos x\mathrm{d}x$.

解 设 $u=x, \mathrm{d}v=\cos x\mathrm{d}x$,那么 $\mathrm{d}u=\mathrm{d}x, v=\sin x$. 于是

$$\int x\cos x\mathrm{d}x = x\sin x - \int \sin x\mathrm{d}x = x\sin x + \cos x + C.$$

例 19 求 $\int \ln x \mathrm{d}x$.

解 设 $u = \ln x, \mathrm{d}v = \mathrm{d}x$,那么 $\mathrm{d}u = \dfrac{1}{x}\mathrm{d}x, v = x$. 于是

$$\int \ln x \mathrm{d}x = x\ln x - \int x \cdot \dfrac{1}{x}\mathrm{d}x$$
$$= x\ln x - \int \mathrm{d}x = x\ln x - x + C.$$

方法运用熟练后,选取 u 和 $\mathrm{d}v$ 的过程可以不写出来,只要把被积表达式凑成 $u\mathrm{d}v$ 的形式.

例 20 求 $\int x\arctan x \mathrm{d}x$.

解 $\int x\arctan x \mathrm{d}x = \dfrac{1}{2}\int \arctan x \mathrm{d}(x^2)$
$$= \dfrac{1}{2}x^2 \arctan x - \dfrac{1}{2}\int x^2 \mathrm{d}(\arctan x)$$
$$= \dfrac{1}{2}x^2 \arctan x - \dfrac{1}{2}\int \dfrac{x^2}{1+x^2}\mathrm{d}x$$
$$= \dfrac{1}{2}x^2 \arctan x - \dfrac{1}{2}\int \left(1 - \dfrac{1}{1+x^2}\right)\mathrm{d}x$$
$$= \dfrac{1}{2}x^2 \arctan x - \dfrac{1}{2}x + \dfrac{1}{2}\arctan x + C.$$

例 21 求 $\int x\ln x \mathrm{d}x$.

解 $\int x\ln x \mathrm{d}x = \dfrac{1}{2}\int \ln x \mathrm{d}(x^2) = \dfrac{1}{2}x^2\ln x - \dfrac{1}{2}\int x^2 \mathrm{d}(\ln x)$
$$= \dfrac{1}{2}x^2 \ln x - \dfrac{1}{2}\int x^2 \cdot \dfrac{1}{x}\mathrm{d}x$$
$$= \dfrac{1}{2}x^2 \ln x - \dfrac{1}{2}\int x \mathrm{d}x$$
$$= \dfrac{1}{2}x^2 \ln x - \dfrac{1}{4}x^2 + C.$$

例 22 求 $\int \mathrm{e}^x \cos x \mathrm{d}x$.

解 $\int \mathrm{e}^x \cos x \mathrm{d}x = \int \cos x \mathrm{d}(\mathrm{e}^x) = \mathrm{e}^x \cos x - \int \mathrm{e}^x \mathrm{d}(\cos x)$
$$= \mathrm{e}^x \cos x + \int \mathrm{e}^x \sin x \mathrm{d}x = \mathrm{e}^x \cos x + \int \sin x \mathrm{d}(\mathrm{e}^x)$$
$$= \mathrm{e}^x \cos x + \mathrm{e}^x \sin x - \int \mathrm{e}^x \mathrm{d}(\sin x)$$
$$= \mathrm{e}^x \cos x + \mathrm{e}^x \sin x - \int \mathrm{e}^x \cos x \mathrm{d}x.$$

右端最后一项积分与左端积分相同,移项得

$$2\int \mathrm{e}^x \cos x \mathrm{d}x = \mathrm{e}^x \cos x + \mathrm{e}^x \sin x + C_1.$$

于是 $$\int e^x \cos x \, dx = \frac{1}{2} e^x (\cos x + \sin x) + C,$$

其中 $C = \frac{1}{2} C_1$.

例 22 也可以设 $u = e^x, dv = \cos x \, dx$，请读者完成.

在积分的过程中，有时需要同时应用换元积分法和分部积分法.

例 23 求 $\int \cos \sqrt{x} \, dx$.

解 $\int \cos \sqrt{x} \, dx \xrightarrow{\diamondsuit x = t^2 (t \geqslant 0)} \int \cos t \, d(t^2) = 2 \int t \cos t \, dt$

$\xrightarrow{\text{由例 18}} 2(t \sin t + \cos t) + C$

$\xrightarrow{t = \sqrt{x}} 2(\sqrt{x} \sin \sqrt{x} + \cos \sqrt{x}) + C.$

从上面的例子可以看出，分部积分法常用来计算两个不同类型函数的乘积的积分. 对于下列形式的积分，通常这样选取 u 和 dv：

(1) 形如 $\int x^n e^{ax} dx$，设 $u = x^n, dv = e^{ax} dx$；

$\int x^n \sin bx \, dx$，设 $u = x^n, dv = \sin bx \, dx$；

$\int x^n \cos bx \, dx$，设 $u = x^n, dv = \cos bx \, dx.$

这里 n 为正整数.

(2) 形如 $\int x^n \ln x \, dx$，设 $u = \ln x, dv = x^n dx$；

$\int x^n \arcsin x \, dx$，设 $u = \arcsin x, dv = x^n dx$；

$\int x^n \arctan x \, dx$，设 $u = \arctan x, dv = x^n dx.$

这里 n 为正整数或零.

(3) 形如 $\int e^{ax} \sin bx \, dx$，设 $u = \sin bx, dv = e^{ax} dx$；也可设 $u = e^{ax}, dv = \sin bx \, dx$；

$\int e^{ax} \cos bx \, dx$，设 $u = \cos bx, dv = e^{ax} dx$；也可设 $u = e^{ax}, dv = \cos bx \, dx.$

例 24 设 $\frac{\ln x}{x}$ 为 $f(x)$ 的一个原函数，求 $\int x f'(x) dx$.

解 由题设，$f(x) = \left(\frac{\ln x}{x}\right)' = \frac{1 - \ln x}{x^2}$，所以

$\int x f'(x) dx = \int x \, df(x) = x f(x) - \int f(x) dx$

$= x \cdot \frac{1 - \ln x}{x^2} - \frac{\ln x}{x} + C = \frac{1 - 2\ln x}{x} + C.$

同步训练 4-2

1. 求下列不定积分：

(1) $\int (3-2x)^3 dx$;

(2) $\int e^{2x-3} dx$;

(3) $\int \dfrac{1}{\sqrt[3]{2-3x}} dx$;

(4) $\int \dfrac{x^2}{1+x^3} dx$;

(5) $\int xe^{-x^2} dx$;

(6) $\int \dfrac{1}{x\ln x} dx$;

(7) $\int \dfrac{x}{\sqrt{2-3x^2}} dx$;

(8) $\int \dfrac{2x-1}{\sqrt{1-x^2}} dx$;

(9) $\int \cos^3 x\, dx$;

(10) $\int x^3 \sqrt{1+x^2}\, dx$;

(11) $\int \dfrac{1}{\cos^2 x(1+\tan x)} dx$;

(12) $\int \left(1-\dfrac{1}{x^2}\right) e^{x+\frac{1}{x}} dx$;

(13) $\int e^x \sin e^x dx$;

(14) $\int \dfrac{1}{e^x + e^{-x}} dx$;

(15) $\int \dfrac{x^2}{x^2-2x+2} dx$;

(16) $\int \dfrac{\arctan x}{1+x^2} dx$.

2. 求下列不定积分：

(1) $\int \dfrac{\arctan \sqrt{x}}{\sqrt{x}(1+x)} dx$;

(2) $\int \dfrac{1}{1+\sqrt[3]{x+1}} dx$;

(3) $\int \dfrac{1}{x\sqrt{4-x^2}} dx$;

(4) $\int \dfrac{1}{(1+x^2)^{5/2}} dx$;

(5) $\int \dfrac{1}{x\sqrt{x^2-1}} dx$;

(6) $\int \dfrac{1}{\sqrt{1+e^x}} dx$.

3. 若 $\int f(x) dx = F(x) + C$，求 $\int e^x f(e^x) dx$.

4. 若 $f(x) = e^{-x}$，求 $\int \dfrac{f'(\ln x)}{x} dx$.

5. 求下列不定积分：

(1) $\int \arccos x\, dx$;

(2) $\int e^{\sqrt{x}} dx$;

(3) $\int \ln(1+x^2) dx$;

(4) $\int e^{-x} \cos x\, dx$;

(5) $\int x\sin^2 x\, dx$;

(6) $\int x f''(x) dx$;

(7) $\int x\tan^2 x\, dx$;

(8) $\int \sin(\ln x) dx$.

6. 已知 $f(x)$ 的原函数是 $\dfrac{\sin x}{x}$，求 $\int x f'(x) dx$.

*第三节 有理函数的积分及积分表的使用

一、有理函数的积分举例

有理函数也称有理分式，是指由两个多项式的商所表示的函数，即有如下形式：

$$\dfrac{P(x)}{Q(x)} = \dfrac{a_0 x^n + a_1 x^{n-1} + \cdots + a_{n-1}x + a_n}{b_0 x^m + b_1 x^{m-1} + \cdots + b_{m-1}x + b_m}, \tag{1}$$

其中 m, n 均为非负整数，$a_0, a_1, \cdots, a_n$ 及 $b_0, b_1, \cdots, b_m$ 都是实数，且 $a_0, b_0 \neq 0$.

当 $n < m$ 时，称(1)为**真分式**；当 $n \geq m$ 时，称(1)为**假分式**. 运用多项式的除法可以把假分式化为一个多项式与一个真分式之和. 例如，

$$\frac{x^3+2}{x^2-x+1} = \frac{(x^3-x^2+x)+x^2-x+2}{x^2-x+1} = x + \frac{(x^2-x+1)+1}{x^2-x+1}$$
$$= x+1+\frac{1}{x^2-x+1}.$$

多项式的积分我们已经会求,剩下的问题是如何求真分式的积分.

由代数学知道,多项式在实数范围内可以分解成一次因式和二次质因式的乘积,真分式积分法的基本原则是在分解 $Q(x)$ 的基础上,将整个真分式分解成部分分式之和,然后逐项积分.

如果 $Q(x)$ 的分解式中有 k 重一次因式 $(x-a)^k$,那么相应地,真分式 $\frac{P(x)}{Q(x)}$ 分解后有下列 k 个部分分式之和:

$$\frac{A_1}{(x-a)^k} + \frac{A_2}{(x-a)^{k-1}} + \cdots + \frac{A_k}{x-a},$$

其中 $A_1, A_2, \cdots, A_k$ 都是常数. 特别地,如果 $k=1$,那么 $\frac{P(x)}{Q(x)}$ 分解后有 $\frac{A}{x-a}$.

如果 $Q(x)$ 的分解式中有 λ 重二次质因式 $(x^2+px+q)^\lambda$,其中 $p^2-4q<0$,那么相应地,真分式 $\frac{P(x)}{Q(x)}$ 分解后有下列 λ 个部分分式之和:

$$\frac{M_1 x+N_1}{(x^2+px+q)^\lambda} + \frac{M_2 x+N_2}{(x^2+px+q)^{\lambda-1}} + \cdots + \frac{M_\lambda x+N_\lambda}{x^2+px+q},$$

其中 M_i, N_i 都是常数. 特别地,如果 $\lambda=1$,那么 $\frac{P(x)}{Q(x)}$ 分解后有 $\frac{Mx+N}{x^2+px+q}$.

下面举例说明这个方法.

例 1 求 $\int \frac{x-3}{x^3-x} dx$.

解 因为 $x^3-x=x(x-1)(x+1)$,于是可设

$$\frac{x-3}{x^3-x} = \frac{A}{x} + \frac{B}{x-1} + \frac{C}{x+1}, \tag{2}$$

其中 A, B, C 是待定常数. 将(2)式右端通分,得

$$\frac{x-3}{x^3-x} = \frac{A(x-1)(x+1)+Bx(x+1)+Cx(x-1)}{x(x-1)(x+1)}$$
$$= \frac{(A+B+C)x^2+(B-C)x-A}{x^3-x},$$

从而有
$$\begin{cases} A+B+C=0, \\ B-C=1, \\ -A=-3, \end{cases}$$

解得 $A=3, B=-1, C=-2$.

因此
$$\int \frac{x-3}{x^3-x} dx = \int \frac{3}{x} dx + \int \frac{-1}{x-1} dx + \int \frac{-2}{x+1} dx$$
$$= 3\ln|x| - \ln|x-1| - 2\ln|x+1| + C$$
$$= \ln \frac{|x|^3}{|x-1|(x+1)^2} + C.$$

例 2 求 $\int \dfrac{x^2+1}{x^3-2x^2+x}dx$.

解 因为 $x^3-2x^2+x=x(x-1)^2$，于是可设
$$\dfrac{x^2+1}{x^3-2x^2+x}=\dfrac{A}{x}+\dfrac{B}{(x-1)^2}+\dfrac{C}{x-1}, \tag{3}$$
其中 A,B,C 是待定常数. 将 (3) 式右端通分，得
$$\begin{aligned}\dfrac{x^2+1}{x^3-2x^2+x}&=\dfrac{A(x-1)^2+Bx+Cx(x-1)}{x(x-1)^2}\\&=\dfrac{(A+C)x^2+(-2A+B-C)x+A}{x^3-2x^2+x},\end{aligned}$$
从而有 $\begin{cases}A+C=1,\\-2A+B-C=0,\\A=1,\end{cases}$

解得 $A=1, B=2, C=0$.

因此 $\int \dfrac{x^2+1}{x^3-2x^2+x}dx = \int \dfrac{1}{x}dx+\int \dfrac{2}{(x-1)^2}dx$
$$=\ln|x|-\dfrac{2}{x-1}+C.$$

例 3 求 $\int \dfrac{x}{x^3-x^2+x-1}dx$.

解 因为 $x^3-x^2+x-1=(x-1)(x^2+1)$，于是可设
$$\dfrac{x}{x^3-x^2+x-1}=\dfrac{A}{x-1}+\dfrac{Bx+C}{x^2+1}, \tag{4}$$
其中 A,B,C 是待定常数. 将 (4) 式右端通分，得
$$\begin{aligned}\dfrac{x}{x^3-x^2+x-1}&=\dfrac{A(x^2+1)+(Bx+C)(x-1)}{(x-1)(x^2+1)}\\&=\dfrac{(A+B)x^2+(-B+C)x+A-C}{x^3-x^2+x-1},\end{aligned}$$
从而有 $\begin{cases}A+B=0,\\-B+C=1,\\A-C=0,\end{cases}$

解得 $A=\dfrac{1}{2}, B=-\dfrac{1}{2}, C=\dfrac{1}{2}$.

因此 $\int \dfrac{x}{x^3-x^2+x-1}dx = \int \dfrac{\frac{1}{2}}{x-1}dx+\int \dfrac{-\frac{1}{2}x+\frac{1}{2}}{x^2+1}dx$
$$=\dfrac{1}{2}\int \dfrac{1}{x-1}dx-\dfrac{1}{2}\int \dfrac{x-1}{x^2+1}dx$$
$$=\dfrac{1}{2}\ln|x-1|-\dfrac{1}{2}\int \dfrac{x}{x^2+1}dx+\dfrac{1}{2}\int \dfrac{1}{x^2+1}dx$$
$$=\dfrac{1}{2}\ln|x-1|-\dfrac{1}{4}\ln(x^2+1)+\dfrac{1}{2}\arctan x+C$$
$$=\dfrac{1}{4}\ln\dfrac{(x-1)^2}{x^2+1}+\dfrac{1}{2}\arctan x+C.$$

二、积分表的使用

不定积分的计算比导数的计算复杂,而且往往需要比较灵活的技巧. 为了应用方便,通常把常用的不定积分公式按被积函数的类型汇集成表,这种表称为**积分表**. 求不定积分时可以根据被积函数的类型直接或经过简单的变形后,在表中查得所需的结果.

本书后面附有一个简单的积分表,以供查用.

1. 在积分表中能直接查到

例 4 查表求 $\int \sqrt{x^2-4x+8}\,dx$.

解 查表(九),利用公式 73($a=1, b=-4, c=8$),得

$$\int \sqrt{x^2-4x+8}\,dx = \frac{2x-4}{4}\sqrt{x^2-4x+8} +$$

$$\frac{32-16}{8}\ln|2x-4+2\sqrt{x^2-4x+8}|+C_1$$

$$=\frac{x-2}{2}\sqrt{x^2-4x+8}+$$

$$2\ln|x-2+\sqrt{x^2-4x+8}|+C,$$

这里 $C = 2\ln 2 + C_1$.

2. 先通过恒等变形或变量代换,再查表

例 5 查表求 $\int \frac{\cos x}{(3+4\sin^2 x)^2}\,dx$.

解 先作变量代换. 令 $\sin x = u$,则

$$\int \frac{\cos x}{(3+4\sin^2 x)^2}\,dx = \int \frac{1}{(3+4u^2)^2}\,du.$$

再查表(四)、(三),利用公式 27 及公式 19,得

$$\int \frac{\cos x}{(3+4\sin^2 x)^2}\,dx = \int \frac{1}{(3+4u^2)^2}\,du = \frac{u}{6(3+4u^2)} + \frac{1}{6}\int \frac{1}{3+4u^2}\,du$$

$$= \frac{u}{6(3+4u^2)} + \frac{1}{6} \cdot \frac{1}{4}\int \frac{1}{u^2+\left(\frac{\sqrt{3}}{2}\right)^2}\,du$$

$$= \frac{u}{6(3+4u^2)} + \frac{1}{24} \cdot \frac{2}{\sqrt{3}}\arctan\frac{2u}{\sqrt{3}} + C$$

$$= \frac{\sin x}{6(3+4\sin^2 x)} + \frac{1}{12\sqrt{3}}\arctan\frac{2\sin x}{\sqrt{3}} + C.$$

3. 利用递推公式

例 6 查表求 $\int \sin^4 x\,dx$.

解 查表(十一),利用公式 95,得

$$\int \sin^4 x\,dx = -\frac{1}{4}\sin^3 x \cos x + \frac{3}{4}\int \sin^2 x\,dx.$$

对积分 $\int \sin^2 x\,dx$ 再利用公式 95,得

$$\int \sin^2 x \, dx = -\frac{1}{2}\sin x\cos x + \frac{1}{2}\int dx = -\frac{1}{2}\sin x \cos x + \frac{1}{2}x + C_1$$
$$= \frac{1}{2}x - \frac{1}{4}\sin 2x + C_1.$$

于是
$$\int \sin^4 x \, dx = -\frac{1}{4}\sin^3 x \cos x + \frac{3}{4}\left(\frac{x}{2} - \frac{1}{4}\sin 2x\right) + C,$$

这里 $C = \frac{3}{4}C_1$.

在本章结束之前,我们还需指出:对初等函数来说,在其定义区间内,它的原函数一定存在,但原函数不一定都是初等函数. 例如,

$$\int e^{-x^2} dx, \int \frac{\sin x}{x} dx, \int \frac{1}{\ln x} dx, \int \frac{1}{\sqrt{1+x^4}} dx$$

等,都不是初等函数. 通常我们称这些积分是"积不出来"的,当然在积分表中也查不到.

同步训练 4-3

1. 求下列各有理函数的不定积分:

(1) $\int \frac{x^2+1}{(x-1)(x+1)^2} dx$; (2) $\int \frac{3}{x^3+1} dx$;

(3) $\int \frac{1}{x^2(x+1)} dx$; (4) $\int \frac{x^3}{16-x^2} dx$;

(5) $\int \frac{x^2+2}{(x^2+x+1)^2} dx$; (6) $\int \frac{x^5+x^4-8}{x^3-x} dx$.

2. 利用积分表计算下列不定积分:

(1) $\int \frac{1}{\sin^3 x} dx$; (2) $\int \frac{1}{2+5\cos x} dx$; (3) $\int \cos^6 x \, dx$; (4) $\int \frac{\sqrt{3+2x}}{x^2} dx$.

阅读材料四

一元积分学

一、换元积分法与分部积分法

1666 年 10 月,牛顿在他的第一篇微积分文献《流数短论》中采用的一个基本方法就是代换法,它对于微分等价于链式法则,对于积分(牛顿称之为反微分)等价于换元积分法. 在完成于 1671 年的《流数法与无穷级数》中,牛顿正式引入了换元积分法(问题 8). 作为微积分学的另一位创始人,莱布尼兹在 1673 年末或 1674 年初发明了一般的变换法,包括链式法则、换元积分法和分部积分法.

二、微元法

微元法的实质在于将积分视为(同维或低维)无穷小的和. 具体来说就是:面积被作为面积微元的和,体积被作为体积微元的和,等等. 这种观点在今天看来并不十分严格,但在定积分的实际计算中往往非常有效,从历史上看,这种思想与方法的起源可以追溯到古希腊时代,并且在 16—17 世纪的不可分量理论中占有主导地位,近代的积分概念与思想在很大程度上正是由此发展而来的.

阿基米德(Archimedes,公元前287—前212,希腊)是历史上最伟大的数学家之一.他在他的重要著作《方法》中披露了一种方法,他称之为"力学方法",并曾用这种方法在有关面积和体积的问题上得出了许多结果.其中最突出的是,他求出了圆锥体被平面所截部分和圆柱劈锥的体积,以及半圆、抛物线弓形、球或抛物体被平面所截部分的重心.

此书原已失传,1906年在土耳其君士坦丁堡(1923年改名为伊斯坦布尔)的一份羊皮纸文书上重新发现.在序言中,阿基米德写道:"某些事实最初我是靠一种力学方法发现的,虽然还必须用几何方法进一步证明,但是,利用力学方法对于问题的结论事先已经有所了解,然后再补充证明,这比在一无所知的情况下来寻找证明方法当然要容易得多……我相信,这种方法对于数学将大有帮助;因为我知道有些人(不论是我的同时代人还是我的继承者)一旦认识到这一点,他们就会用这种方法来发现我还不知道的其他新的定理."

力学方法的根据是杠杆定律,即:在支点一侧的、与支点距离分别为 $d_1, d_2, \cdots, d_p$ 的有限的质点系 $m_1, m_2, \cdots, m_p$,同在支点另一侧的、与支点距离分别为 $d_1', d_2', \cdots, d_q'$ 的另一质点系 $m_1', m_2', \cdots, m_q'$ 处于平衡状态,其充分必要条件是

$$\sum_{i=1}^{p} m_i \cdot d_i = \sum_{j=1}^{q} m_j' \cdot d_j'.$$

在《方法》的命题2中,阿基米德对他本人最得意的结果——球的体积公式,借助力学方法进行了推导.把他的几何构思用解析几何的语言表述出来,就是如下过程:

考虑与正 x 轴交于点 $P(r,0)$ 的圆(图4-4)
$$x^2 + y^2 = r^2.$$

设 $KLMN$ 是中心在原点 O、底为 $d=2r$、高为 $2d$ 的矩形,并考虑三角形 KNP.

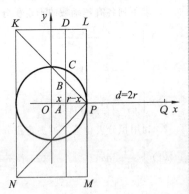

图 4-4

把这三个图形绕 x 轴旋转,便得到球 S、圆锥 C 和圆柱 Z.我们把这三个立体图形看作是由垂直于 x 轴的极薄的圆盘组成的.

例如,过点 $A(x,0)$ 的、垂直于 x 轴的平面,截球 S,得到圆盘 S_x,其半径为
$$AC = y = \sqrt{r^2 - x^2};$$
截圆锥 C,得到圆盘 C_x,其半径为
$$AB = r - x;$$
截圆柱 Z,得到圆盘 Z_x,其半径为
$$AD = d.$$

分别记这三个圆盘的面积为 $a(S_x)$、$a(C_x)$、$a(Z_x)$,考虑它们之间的关系:

$$\begin{aligned} d \cdot [a(S_x) + a(C_x)] &= \pi d \cdot [y^2 + (r-x)^2] \\ &= \pi d \cdot [(r^2 - x^2) + (r^2 - 2rx + x^2)] \\ &= \pi d \cdot (2r^2 - 2rx) = \pi d^2 \cdot (r-x) \\ &= (r-x) \cdot a(Z_x). \end{aligned}$$

这意味着:如果把圆盘 S_x 和 C_x 平移到点 P 的右边与点 P 距离为 d 的点 $Q(3r, 0)$,并且把 x 轴看成杠杆,支点为 P,则这两个圆盘一起与处于原来位置的圆盘 Z_x 平衡.

由此可知,如果平行移动球 S 和圆锥 C,使它们的形心与点 O 重合,则它们一起将与处于原来位置的圆柱 Z 平衡.

由于对称性,Z 的形心在原点 O,所以由杠杆定律得到
$$2r[V(S)+V(C)]=rV(Z).$$
把已知的体积 $V(C)=1/3 \cdot \pi d^3$、$V(Z)=\pi d^3$ 代入上式,得到
$$V(S)=1/6 \cdot \pi d^3=4/3 \cdot \pi r^3.$$
阿基米德指出,最初他就是这样推导出球的体积公式的,由此他又得出了球的表面积公式.

1615 年,德国天文学家开普勒出版了《测定酒桶体积的新方法》一书,其中考虑并确定了 90 多种旋转体的精确和近似的体积. 他的方法是:把给定的立体划分为无穷多个无穷小部分,即立体的"不可分量",其大小和形状都便于求解给定的问题. 其基本思想是把曲边形看作边数无限增大时的直线形,由此采用了一种虽不严格但却有启发性的、把曲线转化为直线的方法,能以很简单的方式得出正确的结果. 例如,他把圆看作边数无限的正多边形,因此,圆周上每一点可以看作是顶点在圆心上而高等于半径的等腰三角形的底,于是圆面积就是这些无限多的三角形面积之和,用无限个同维的无穷小元素之和来确定曲边形的面积与曲面体的体积,这是开普勒求积术的核心,是开普勒对积分学的最大贡献,也是他的后继者们从他那里汲取的精华. 他的一些求和法对后来的积分运算具有显著的先驱作用.

1634 年,法国数学家罗伯瓦尔(G. P. de Roberval,1602—1675)在他的《不可分量论》中把面和体分别看作由细小的面和细小的体组成. 他在把一个图形分割为许多微小部分后,让它们的大小不断减小,而在这样做的过程中,主要用的是算术方法,其结果由无穷级数的和给出.

1635—1647 年,意大利数学家卡瓦列利(B. Cavalieri,1598—1647)在一系列论著中发展了他的"不可分量几何学",提出并应用了著名的"卡瓦列利原理":(1)如果两个平面片处于两条平行线之间,并且平行于这两条平行线的任何直线与这两个平面片相交,所截二线段长度相等,则这两个平面片的面积相等;(2)如果两个立体处于两个平行平面之间,并且平行于这两个平面的任何平面与这两个立体相交,所得二截面面积相等,则这两个立体的体积相等. 它与中国古代的"刘祖原理"在本质上完全一致.

卡瓦列利的工作标志着求积方法的一个重要进展. 在这部著作中,卡瓦列利提出了一个较为一般的求积方法——不可分量方法,其中应用了开普勒的无穷小元,所不同的是:

(1)开普勒想象给定的几何图形被分成无穷多个无穷小的图形,他用某种特定的方法把这些图形的面积或体积加起来,便得到给定图形的面积或体积;卡瓦列利则首先建立起两个给定几何图形的不可分微元之间的一

一对应关系.如果两个给定图形的对应的不可分量具有某种(不变的)比例,他便断定这两个图形的面积与体积也具有同样的比例,特别是,当一个图形的面积或体积事先已经知道时,另一个图形的面积或体积也可以得知.

(2) 开普勒认为几何图形是由同样维数的不可分量(即无穷小的面积或体积)组成的,这从对几何图形连续分割最终得到不可分单元的过程便可以想象出来;而卡瓦列利一般认为几何图形是由无穷多个维数较低的不可分量组成的.因此,他把面积看成是由平行的、等距离的线段组成的,把体积看成是由平行的、等距离的平面截面组成的,而不考虑这些不可分单元是否具有宽度或厚度.通常它们似乎被看作是没有宽度或厚度的,但是至少有一次他认为它们具有宽度或厚度,因为他说过这些不可分量类似于一块棉布中平行的棉纱,或者组成一本书的书页.

卡瓦列利方法的特点在于,通过对图形间的不可分量的比较来确定图形的面积或体积之间的关系.因此,卡瓦列利所得出的结论常常是图形的面积或体积之间的关系的一般叙述.

同一时期,费马(P. de Fermat,1601—1665,法国)、托利拆利(E. Torricelli,1608—1647,意大利)、帕斯卡(B. Pascal,1623—1662,法国)、沃利斯(J. Wallis,1616—1703,英国)都采用类似的观点与方法研究了各种面积、体积的计算问题.

三、反常积分

1823 年,法国数学家柯西(A. L. Cauchy,1789—1857)在他的《无穷小分析教程概论》中论述了在积分区间的某些值处函数变为无穷(瑕积分)或积分区间趋于无穷时(无穷积分)的反常积分.

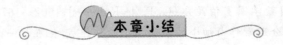

本章小结

一、主要内容
1. 原函数与不定积分的概念.
2. 不定积分的基本公式和性质.
3. 求不定积分的基本方法:第一类换元积分法、第二类换元积分法、分部积分法等.

二、方法要点
1. 考查原函数与不定积分的概念.
2. 利用基本积分公式直接求不定积分.
3. 利用第一类换元积分法求不定积分.
4. 利用第二类换元积分法求不定积分.
5. 利用分部积分法求不定积分.

能力训练四

一、填空题

1. 设 x^2 是 $f(x)$ 的一个原函数，则 $f(x)=$ _____ .

2. $\int \dfrac{1}{x^2} \cos \dfrac{1}{x} \, dx =$ _____ .

3. 若 $\int f(x) \, dx = e^{2x} + C$，则 $f(x) =$ _____ .

4. $\int 3x^2 e^{x^3} \, dx =$ _____ .

5. $\int d[\ln(x-1)] =$ _____ .

6. $\int x e^{-x} \, dx =$ _____ .

7. $\int x \, d(\cos x) =$ _____ .

8. 设 $f(x)$ 的一个原函数为 $\ln x$，则 $\int x f'(x) \, dx =$ _____ .

二、选择题

9. $1 - \dfrac{1}{x}$ 的全部原函数是 ( )

A. $\ln x$ B. $\dfrac{1}{x^2}$

C. $x - \ln|x| + C$ D. $1 - \ln|x| + C$

10. 经过点 $(1,0)$ 且切线斜率为 $3x^2$ 的曲线方程是 ( )

A. $y = x^3$ B. $y = x^3 + 1$ C. $y = x^3 - 1$ D. $y = x^3 + C$

11. 若 $\int d[f(x)] = \int d[g(x)]$，则下列各式不一定成立的是 ( )

A. $f(x) = g(x)$ B. $f'(x) = g'(x)$

C. $d[f(x)] = d[g(x)]$ D. $d\left[\int f'(x) \, dx\right] = d\left[\int g'(x) \, dx\right]$

12. 若 $f(x) = e^{-x}$，则 $\int \dfrac{f'(\ln x)}{x} \, dx =$ ( )

A. $-\dfrac{1}{x} + C$ B. $\dfrac{1}{x} + C$ C. $-\ln x + C$ D. $\ln x + C$

13. $\int e^{2x+1} \, dx =$ ( )

A. $e^{2x+1} + C$ B. e^{2x+1} C. $2e^{2x+1} + C$ D. $\dfrac{1}{2} e^{2x+1} + C$

14. 若 $\int f(x) \, dx = \dfrac{\ln x}{x} + C$，则 $f(x) =$ ( )

A. $\ln(\ln x)$ B. $\dfrac{1 - \ln x}{x^2}$ C. $\dfrac{\ln x - 1}{x^2}$ D. $\dfrac{1}{2}(\ln x)^2$

15. 设 $f(x) = e^{-x}$，则 $\int xf'(x)dx =$ (　　)

A. $xe^{-x} + e^{-x} + C$　　　　B. $xe^{-x} - e^{-x} + C$
C. $xe^{-x} + C$　　　　　　　D. $-xe^{-x} + C$

三、计算题

16. $\int \left(x - \dfrac{1}{x}\right)^2 dx.$　　　　17. $\int \dfrac{1}{x^2(1+x^2)} dx.$

18. $\int \tan^2 x\, dx.$　　　　　　19. $\int \sin^3 x \cos x\, dx.$

20. $\int x\sqrt{1+x^2}\, dx.$　　　　21. $\int \dfrac{1}{\sqrt{x}} \cos\sqrt{x}\, dx.$

22. $\int \dfrac{\sqrt{x-1}}{x} dx.$　　　　23. $\int \dfrac{1}{1+\sqrt{x+1}} dx.$

24. $\int xe^{2x}\, dx.$　　　　　　　25. $\int \arcsin x\, dx.$

四、解答题

26. 已知函数 $f(x)$ 的原函数为 $\dfrac{\sin x}{x}$，求不定积分 $\int xf'(2x)dx.$

第五章 定积分

学习目标

1. 理解定积分的概念及其性质,了解通过定积分的概念求定积分.
2. 能够通过定积分的几何意义求定积分.
3. 理解变上限的函数的概念,熟练掌握有关变上限的函数的求极限问题.熟练掌握牛顿-莱布尼兹公式.
4. 了解广义积分的概念,会计算一些简单的反常积分.

本章从几何与物理问题的实例出发,引出定积分的定义,然后讨论它的性质和计算方法.有关定积分的应用,将在第六章进行讨论.

第一节 定积分的概念与性质

一、两个实例

1. 曲边梯形的面积

如图 5-1 所示,由曲线弧 $\overparen{AB}$(曲边)、直线段 CD(底边)以及垂直于 CD 的两条直线段 AD,BC 所围成的平面图形称为**曲边梯形**.

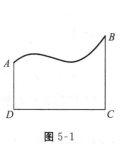

图 5-1

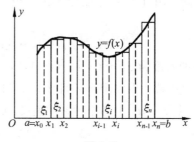

图 5-2

为了求得曲边梯形的面积,我们将它放在直角坐标系中.设曲边梯形由连续曲线 $y=f(x)$($f(x)\geqslant 0$)、x 轴以及两条直线 $x=a$,$x=b$($a<b$)所围成(图 5-2).

计算这个曲边梯形的面积,困难在于底边上各点处的高 $f(x)$ 在区间 $[a,b]$ 上是变动的,所以它的面积不能用矩形的面积公式直接计算. 然而,由于曲边梯形的高 $f(x)$ 在区间 $[a,b]$ 上是连续变化的,在很小一段区间上它的变化很小,近似于不变,因此我们可以按照以下方法计算曲边梯形的面积 A.

(1) 分割　用分点 $a=x_0<x_1<x_2<\cdots<x_{n-1}<x_n=b$ 将区间 $[a,b]$ 任意分成 n 个小区间：

$$[x_0,x_1],[x_1,x_2],\cdots,[x_{i-1},x_i],\cdots,[x_{n-1},x_n].$$

这些小区间的长度为 $\Delta x_i=x_i-x_{i-1}(i=1,2,\cdots,n)$，它们不一定相等. 经过每一个分点 $x_i(i=1,2,\cdots,n-1)$ 作垂直于 x 轴的直线，把曲边梯形分成 n 个窄曲边梯形. 设 ΔA_i 表示第 i 个窄曲边梯形的面积，则有

$$A = \Delta A_1 + \Delta A_2 + \cdots + \Delta A_n = \sum_{i=1}^{n}\Delta A_i.$$

(2) 近似代替　在每个小区间 $[x_{i-1},x_i]$ 上任取一点 $\xi_i(x_{i-1}\leqslant\xi_i\leqslant x_i)$，用矩形的面积 $f(\xi_i)\Delta x_i$ 近似代替第 i 个窄曲边梯形的面积 ΔA_i，即

$$\Delta A_i \approx f(\xi_i)\Delta x_i(i=1,2,\cdots,n).$$

(3) 求和　将这些小矩形的面积加起来，它近似地等于曲边梯形的面积 A，即

$$A = \sum_{i=1}^{n}\Delta A_i \approx \sum_{i=1}^{n}f(\xi_i)\Delta x_i.$$

(4) 取极限　记 $\lambda = \max_{1\leqslant i\leqslant n}\{\Delta x_i\}$，当所有小区间的长度趋于零，即当 $\lambda \to 0$ 时，$\sum_{i=1}^{n}f(\xi_i)\Delta x_i$ 的极限就是曲边梯形的面积 A，即

$$A = \lim_{\lambda \to 0}\sum_{i=1}^{n}f(\xi_i)\Delta x_i.$$

2. 变速直线运动的路程

设一物体做变速直线运动，已知速度 $v(t)$ 是时间间隔 $[T_1,T_2]$ 上的连续函数，且 $v(t)\geqslant 0$，要求计算在这段时间内物体所经过的路程 s.

如果物体做匀速直线运动，则路程 $s=v(T_2-T_1)$，但现在速度是随时间变化的，因此不能用这个公式直接计算. 然而，由于 $v(t)$ 是连续函数，在很短的一段时间内，速度的变化很小，近似于匀速，因此，类似于求曲边梯形的面积，可按如下步骤来求路程 s：

(1) 分割　用分点 $T_1=t_0<t_1<t_2<\cdots<t_{n-1}<t_n=T_2$ 将区间 $[T_1,T_2]$ 任意分成 n 个小区间：

$$[t_0,t_1],[t_1,t_2],\cdots,[t_{i-1},t_i],\cdots,[t_{n-1},t_n].$$

这些小区间的长度为 $\Delta t_i=t_i-t_{i-1}(i=1,2,\cdots,n)$.

(2) 近似代替　在每个小区间 $[t_{i-1},t_i]$ 上任取一时刻 $\tau_i(t_{i-1}\leqslant\tau_i\leqslant t_i)$，以 τ_i 时的速度 $v(\tau_i)$ 近似代替 $[t_{i-1},t_i]$ 上各个时刻的速度. 显然第 i 个小区间上的路程可近似地表示为

$$\Delta s_i \approx v(\tau_i)\Delta t_i(i=1,2,\cdots,n).$$

(3) 求和　将这些小区间上路程的近似值相加，得到在时间间隔 $[T_1,T_2]$ 上物体所经过的路程 s 的近似值，即

$$s \approx \sum_{i=1}^{n}v(\tau_i)\Delta t_i.$$

(4) 取极限　记 $\lambda = \max_{1\leqslant i\leqslant n}\{\Delta t_i\}$，当 $\lambda \to 0$ 时，$\sum_{i=1}^{n}v(\tau_i)\Delta t_i$ 的极限就是 $[T_1,T_2]$ 上的路程 s，即

$$s = \lim_{\lambda \to 0} \sum_{i=1}^{n} v(\tau_i) \Delta t_i.$$

二、定积分的概念

从上面两个例子可以看出,虽然两个问题的实际意义不同,但解决问题的方法与步骤都是相同的,它们都可以归结为求具有相同结构的一种特定和的极限,因此我们有必要对这种特定和的极限加以研究,从而引出定积分的定义.

定义 设函数 $f(x)$ 在 $[a,b]$ 上有界,用分点 $a = x_0 < x_1 < x_2 < \cdots < x_{n-1} < x_n = b$ 将区间 $[a,b]$ 任意分成 n 个小区间 $[x_{i-1}, x_i]$ $(i=1,2,\cdots,n)$,其长度为 $\Delta x_i = x_i - x_{i-1}$. 在每个小区间 $[x_{i-1}, x_i]$ 上任取一点 ξ_i $(x_{i-1} \leqslant \xi_i \leqslant x_i)$,作函数值 $f(\xi_i)$ 与小区间长度 Δx_i 的乘积 $f(\xi_i) \Delta x_i$,并求其和 $\sum_{i=1}^{n} f(\xi_i) \Delta x_i$. 记 $\lambda = \max_{1 \leqslant i \leqslant n} \{\Delta x_i\}$,如果极限 $\lim_{\lambda \to 0} \sum_{i=1}^{n} f(\xi_i) \Delta x_i$ 存在,则称此极限为 $f(x)$ 在 $[a,b]$ 上的**定积分**,记为 $\int_a^b f(x) \mathrm{d}x$,即

$$\int_a^b f(x) \mathrm{d}x = \lim_{\lambda \to 0} \sum_{i=1}^{n} f(\xi_i) \Delta x_i.$$

其中 $f(x)$ 称为**被积函数**,$f(x)\mathrm{d}x$ 称为**被积表达式**,x 称为**积分变量**,$[a,b]$ 称为**积分区间**,a,b 分别称为**积分下限**和**积分上限**.

由定积分的定义可知,前面两个例子可表示为:

(1) 曲边梯形的面积 $A = \int_a^b f(x) \mathrm{d}x$ $(f(x) \geqslant 0)$;

(2) 变速直线运动的路程 $s = \int_{T_1}^{T_2} v(t) \mathrm{d}t$.

说明 (1) 和式 $\sum_{i=1}^{n} f(\xi_i) \Delta x_i$ 与区间 $[a,b]$ 的分法及 ξ_i 的取法有关,但当极限 $\lim_{\lambda \to 0} \sum_{i=1}^{n} f(\xi_i) \Delta x_i$ 存在时,该极限是一个确定的数,与区间 $[a,b]$ 的分法及 ξ_i 的取法无关.

(2) 定积分 $\int_a^b f(x) \mathrm{d}x$ 的值与被积函数 $f(x)$ 及积分区间 $[a,b]$ 有关,而与积分变量用什么字母表示无关,例如

$$\int_a^b f(x) \mathrm{d}x = \int_a^b f(t) \mathrm{d}t = \int_a^b f(u) \mathrm{d}u.$$

(3) 在定积分的定义中,我们假定 $a < b$. 如果 $a > b$,我们规定

$$\int_a^b f(x) \mathrm{d}x = -\int_b^a f(x) \mathrm{d}x.$$

特别地,当 $a = b$ 时,规定 $\int_a^b f(x) \mathrm{d}x = 0$.

和 $\sum_{i=1}^{n} f(\xi_i) \Delta x_i$ 通常称为 $f(x)$ 的**积分和**. 如果 $f(x)$ 在 $[a,b]$ 上的定积分存在,则称 $f(x)$ 在 $[a,b]$ 上**可积**.

我们指出:若 $f(x)$ 在区间 $[a,b]$ 上连续,则 $f(x)$ 在 $[a,b]$ 上可积.

*例1 利用定义计算定积分 $\int_0^1 \mathrm{e}^x \mathrm{d}x$.

解 因为被积函数 $f(x) = e^x$ 在积分区间 $[0,1]$ 上连续,而连续函数是可积的,所以 $f(x) = e^x$ 在 $[0,1]$ 上可积. 又因为积分值与区间分法及 ξ_i 的取法无关,因此,为便于计算,不妨将区间 $[0,1]$ n 等分,分点为 $\frac{i}{n}(i=1,2,\cdots,n-1)$,每个小区间的长度 $\Delta x_i = \frac{1}{n}(i=1,2,\cdots,n)$,取 $\xi_i = x_i = \frac{i}{n}$(每个小区间的右端点)$(i=1,2,\cdots,n)$,于是积分和

$$\sum_{i=1}^{n} f(\xi_i)\Delta x_i = \sum_{i=1}^{n} e^{\xi_i}\Delta x_i = \sum_{i=1}^{n} e^{\frac{i}{n}} \cdot \frac{1}{n}$$

$$= \frac{e^{\frac{1}{n}} + e^{\frac{2}{n}} + \cdots + e^{\frac{n}{n}}}{n} = \frac{e^{\frac{1}{n}} + (e^{\frac{1}{n}})^2 + \cdots + (e^{\frac{1}{n}})^n}{n}$$

$$= \frac{\frac{e^{\frac{1}{n}} - (e^{\frac{1}{n}})^n \cdot e^{\frac{1}{n}}}{1 - e^{\frac{1}{n}}}}{n} = \frac{e^{\frac{1}{n}} - e^{\frac{n+1}{n}}}{(1 - e^{\frac{1}{n}})n}.$$

记 $\lambda = \max_{1 \leqslant i \leqslant n}\{\Delta x_i\} = \frac{1}{n}$,当 $\lambda \to 0$ 时,$n \to \infty$. 注意到当 $n \to \infty$ 时,$e^{\frac{1}{n}} - 1 \sim \frac{1}{n}$,所以,由定积分的定义有

$$\int_0^1 e^x dx = \lim_{\lambda \to 0} \sum_{i=1}^{n} e^{\xi_i}\Delta x_i = \lim_{n \to \infty} \frac{e^{\frac{1}{n}} - e^{\frac{n+1}{n}}}{(1 - e^{\frac{1}{n}})n} = \lim_{n \to \infty} \frac{e^{\frac{1}{n}} - e^{\frac{n+1}{n}}}{\left(-\frac{1}{n}\right) \cdot n}$$

$$= \lim_{n \to \infty}(e^{\frac{n+1}{n}} - e^{\frac{1}{n}}) = e - 1.$$

三、定积分的性质

在下面的讨论中,我们假定函数在所讨论的区间上都是可积的.

性质1 两个函数的代数和的定积分等于这两个函数定积分的代数和,即

$$\int_a^b [f(x) \pm g(x)]dx = \int_a^b f(x)dx \pm \int_a^b g(x)dx.$$

证
$$\int_a^b [f(x) \pm g(x)]dx = \lim_{\lambda \to 0}\sum_{i=1}^{n}[f(\xi_i) \pm g(\xi_i)]\Delta x_i$$

$$= \lim_{\lambda \to 0}\sum_{i=1}^{n}f(\xi_i)\Delta x_i \pm \lim_{\lambda \to 0}\sum_{i=1}^{n}g(\xi_i)\Delta x_i$$

$$= \int_a^b f(x)dx \pm \int_a^b g(x)dx.$$

性质1可推广到有限个函数的情形. 类似地,可以证明性质2、性质3.

性质2 被积函数的常数因子可以提到积分号外面,即

$$\int_a^b kf(x)dx = k\int_a^b f(x)dx \quad (k \text{ 为常数}).$$

性质3 被积函数为常数 k 时,积分值等于 k 乘上区间的长度,即

$$\int_a^b k\,dx = k(b-a).$$

特别地,当 $k=1$ 时,$\int_a^b 1\,dx = \int_a^b dx = b - a.$

性质4 若 $a < c < b$,则

$$\int_a^b f(x)\mathrm{d}x = \int_a^c f(x)\mathrm{d}x + \int_c^b f(x)\mathrm{d}x.$$

这个性质表明定积分对于积分区间具有可加性.

实际上,不论 a,b,c 的相对位置如何,总有等式

$$\int_a^b f(x)\mathrm{d}x = \int_a^c f(x)\mathrm{d}x + \int_c^b f(x)\mathrm{d}x$$

成立. 例如,当 $a<b<c$ 时,由于

$$\int_a^c f(x)\mathrm{d}x = \int_a^b f(x)\mathrm{d}x + \int_b^c f(x)\mathrm{d}x$$
$$= \int_a^b f(x)\mathrm{d}x - \int_c^b f(x)\mathrm{d}x,$$

于是
$$\int_a^b f(x)\mathrm{d}x = \int_a^c f(x)\mathrm{d}x + \int_c^b f(x)\mathrm{d}x.$$

性质 5 如果在区间 $[a,b]$ 上, $f(x) \geqslant 0$, 则

$$\int_a^b f(x)\mathrm{d}x \geqslant 0 \quad (a<b).$$

证 因为 $f(x) \geqslant 0$, 所以 $f(\xi_i) \geqslant 0 (i=1,2,\cdots,n)$. 又 $\Delta x_i \geqslant 0 (i=1,2,\cdots,n)$, 因此

$$\int_a^b f(x)\mathrm{d}x = \lim_{\lambda \to 0} \sum_{i=1}^n f(\xi_i) \Delta x_i \geqslant 0.$$

推论 如果在区间 $[a,b]$ 上, $f(x) \geqslant g(x)$, 则

$$\int_a^b f(x)\mathrm{d}x \geqslant \int_a^b g(x)\mathrm{d}x \quad (a<b).$$

性质 6 设 M 和 m 分别是 $f(x)$ 在 $[a,b]$ 上的最大值与最小值,则

$$m(b-a) \leqslant \int_a^b f(x)\mathrm{d}x \leqslant M(b-a).$$

证 因为 $m \leqslant f(x) \leqslant M$, 由性质 5 推论, 得

$$\int_a^b m\,\mathrm{d}x \leqslant \int_a^b f(x)\mathrm{d}x \leqslant \int_a^b M\,\mathrm{d}x.$$

再由性质 3,可得

$$m(b-a) \leqslant \int_a^b f(x)\mathrm{d}x \leqslant M(b-a).$$

性质 7(积分中值定理) 如果函数 $f(x)$ 在闭区间 $[a,b]$ 上连续,则至少存在一点 $\xi \in [a,b]$, 使得

$$\int_a^b f(x)\mathrm{d}x = f(\xi)(b-a).$$

这个公式叫作**积分中值公式**.

证 把性质 6 中的不等式同除以 $b-a$, 得

$$m \leqslant \frac{1}{b-a}\int_a^b f(x)\mathrm{d}x \leqslant M.$$

从而根据闭区间上连续函数的介值定理(第一章第九节定理 7 推论),至少存在一点 $\xi \in [a,b]$, 使得 $f(\xi) = \dfrac{1}{b-a}\int_a^b f(x)\mathrm{d}x$, 从而得到

$$\int_a^b f(x)dx = f(\xi)(b-a).$$

积分中值定理的几何意义是：曲线 $y = f(x)$, x 轴以及直线 $x = a, x = b$ 所围成的曲边梯形的面积等于以区间 $[a,b]$ 为底，以这个区间上某一点 ξ 处曲线 $y = f(x)$ 的纵坐标 $f(\xi)$ 为高的矩形的面积（图 5-3）.

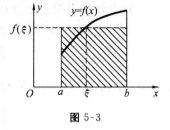

图 5-3

显然，积分中值公式

$$\int_a^b f(x)dx = f(\xi)(b-a) \quad (\xi \text{ 在 } a \text{ 与 } b \text{ 之间})$$

不论 $a < b$ 或 $a > b$ 都是成立的.

既然定积分的值与区间的分法及 ξ_i 的取法无关，我们不妨将区间 $[a,b]$ n 等分，分点为

$$a = x_0 < x_1 < x_2 < \cdots < x_{n-1} < x_n = b,$$

并且取 $\xi_i = x_i (i = 1, 2, \cdots, n)$，于是

$$f(\xi) = \frac{1}{b-a}\int_a^b f(x)dx$$

$$= \frac{1}{b-a} \lim_{n\to\infty} \sum_{i=1}^n f(\xi_i) \frac{b-a}{n}$$

$$= \lim_{n\to\infty} \frac{f(x_1) + f(x_2) + \cdots + f(x_n)}{n}.$$

通常称 $f(\xi) = \frac{1}{b-a}\int_a^b f(x)dx$ 为 $f(x)$ 在区间 $[a,b]$ 上的平均值，这是有限个数的算术平均值概念的推广.

例 2 不计算积分，比较 $\int_1^2 \ln x \, dx$ 与 $\int_1^2 \ln^2 x \, dx$ 的大小.

解 当 $x \in [1,2]$ 时，$0 \leq \ln x < 1$，于是 $\ln x \geq \ln^2 x$. 由定积分性质 5 的推论，得

$$\int_1^2 \ln x \, dx \geq \int_1^2 \ln^2 x \, dx.$$

例 3 证明不等式：$2e^{-\frac{1}{4}} \leq \int_0^2 e^{x^2-x} dx \leq 2e^2$.

证 设 $f(x) = e^{x^2-x}$, $f(x)$ 在闭区间 $[0,2]$ 上连续. 下面求 $f(x)$ 在区间 $[0,2]$ 上的最大值 M 和最小值 m.

函数 $f(x)$ 的导数 $f'(x) = (2x-1)e^{x^2-x}$，令 $f'(x) = 0$，得驻点 $x = \frac{1}{2}$. 比较 $f(x)$ 在 $x = 0, \frac{1}{2}, 2$ 处的函数值：

$$f(0) = e^0 = 1, f\left(\frac{1}{2}\right) = e^{-\frac{1}{4}}, f(2) = e^2,$$

$f(x) = e^{x^2-x}$ 在 $[0,2]$ 上的最大值 $M = f(2) = e^2$，最小值 $m = f\left(\frac{1}{2}\right) = e^{-\frac{1}{4}}$. 由定积分的性质 6，得

$$2e^{-\frac{1}{4}} \leq \int_0^2 e^{x^2-x} dx \leq 2e^2.$$

例 4 计算从 0 到 T 这段时间内自由落体的平均速度.

解 自由落体的速度为 $v=gt$,所求的平均速度为

$$\bar{v} = \frac{1}{T-0}\int_0^T gt\,\mathrm{d}t = \frac{1}{T}\cdot\left(\frac{1}{2}gt^2\right)\Big|_0^T$$
$$= \frac{1}{2}gT.$$

四、定积分的几何意义

由前面的讨论可知,如果 $f(x)\geqslant 0$,则定积分 $\int_a^b f(x)\mathrm{d}x$ 表示由曲线 $y=f(x)$,x 轴以及 $x=a,x=b$ 所围成的曲边梯形的面积 A,即

$$\int_a^b f(x)\mathrm{d}x = A.$$

如果 $f(x)<0$,则曲边梯形位于 x 轴的下方(图 5-4),此时曲边梯形的面积

$$A = \lim_{\lambda\to 0}\sum_{i=1}^n [-f(\xi_i)]\Delta x_i = -\lim_{\lambda\to 0}\sum_{i=1}^n f(\xi_i)\Delta x_i = -\int_a^b f(x)\mathrm{d}x,$$

即

$$\int_a^b f(x)\mathrm{d}x = -A.$$

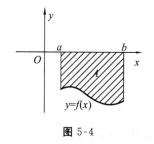
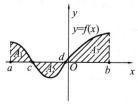

图 5-4　　　　图 5-5

一般地,如果 $f(x)$ 在 $[a,b]$ 上的值有正有负(图 5-5),那么定积分

$$\int_a^b f(x)\mathrm{d}x = \int_a^c f(x)\mathrm{d}x + \int_c^d f(x)\mathrm{d}x + \int_d^b f(x)\mathrm{d}x$$
$$= A_1 - A_2 + A_3,$$

其中 A_1,A_2,A_3 表示各个曲边梯形的面积.

综上可知,定积分 $\int_a^b f(x)\mathrm{d}x$ 表示由曲线 $y=f(x)$,x 轴以及 $x=a,x=b$ 所围成的各个曲边梯形面积的代数和.

例 5 由定积分的几何意义,指出下列定积分的值:

(1) $\int_0^a \sqrt{a^2-x^2}\mathrm{d}x\,(a>0)$;　　(2) $\int_{-\frac{\pi}{2}}^{\frac{\pi}{2}}\sin x\mathrm{d}x.$

解 (1) $\int_0^a \sqrt{a^2-x^2}\mathrm{d}x$ 表示由曲线 $y=\sqrt{a^2-x^2}$(以 $(0,0)$ 为圆心,a 为半径的上半圆),x 轴以及直线 $x=0,x=a$ 所围成的曲边梯形(图 5-6 阴影部分)的面积.于是

$$\int_0^a \sqrt{a^2-x^2}\mathrm{d}x = \frac{1}{4}\pi a^2.$$

从图 5-6 易见 $\int_{-a}^a \sqrt{a^2-x^2}\mathrm{d}x = 2\int_0^a \sqrt{a^2-x^2}\mathrm{d}x = \frac{1}{2}\pi a^2.$

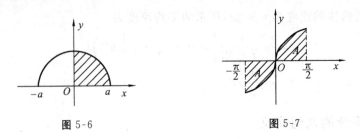

图 5-6　　　　　　　　　图 5-7

(2) 在 $\left[-\dfrac{\pi}{2},\dfrac{\pi}{2}\right]$ 上 $\sin x$ 为奇函数，其图形关于原点对称（图 5-7），因此两个曲边梯形的面积相等，设为 A. 于是

$$\int_{-\frac{\pi}{2}}^{\frac{\pi}{2}}\sin x\mathrm{d}x=\int_{-\frac{\pi}{2}}^{0}\sin x\mathrm{d}x+\int_{0}^{\frac{\pi}{2}}\sin x\mathrm{d}x=-A+A=0.$$

同步训练　5-1

1. 设有一质量分布不均匀的细棒，长度为 l. 假定细棒在点 x 处的线密度为 $\rho(x)$（取棒的一端为原点，x 轴与棒相合），试用定积分表示出细棒的质量 m.

2. 不计算积分，比较下列各组积分值的大小：

(1) $\int_{0}^{1}\mathrm{e}^{x}\mathrm{d}x$ 与 $\int_{0}^{1}\mathrm{e}^{x^2}\mathrm{d}x$；　　(2) $\int_{1}^{\mathrm{e}}x\mathrm{d}x$ 与 $\int_{1}^{\mathrm{e}}\ln(1+x)\mathrm{d}x$.

3. 证明下列不等式：

(1) $6\leqslant\int_{1}^{4}(x^2+1)\mathrm{d}x\leqslant 51$；　　(2) $1\leqslant\int_{0}^{1}\mathrm{e}^{x^2}\mathrm{d}x\leqslant\mathrm{e}$.

第二节　定积分与不定积分的关系

从表面上看，定积分与不定积分是两个不相干的概念，其实这两者之间存在着非常密切的内在联系. 本节要探讨这两个概念之间的关系，从而得出利用原函数计算定积分的公式——牛顿-莱布尼兹（Newton-Leibniz）公式，亦称微积分基本公式.

一、变上限的定积分及其微分

设函数 $f(x)$ 在区间 $[a,b]$ 上连续，不妨设 $f(x)\geqslant 0$，x 为 $[a,b]$ 上的任一点，如图 5-8 所示，则阴影部分（曲边梯形）的面积为 $\int_{a}^{x}f(x)\mathrm{d}x$. 这里，$x$ 既表示定积分的上限，又表示积分变量，容易相混. 由于定积分与积分变量用什么字母表示无关，因此可以把积分变量改用其他符号. 例如用 t 表示，于是阴影部分的面积为 $\int_{a}^{x}f(t)\mathrm{d}t(a\leqslant x\leqslant b)$，显然它是积分上限 x 的函数，记为 $\Phi(x)$，即

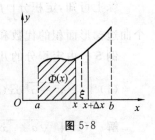

图 5-8

$$\Phi(x)=\int_{a}^{x}f(t)\mathrm{d}t(a\leqslant x\leqslant b).$$

下面我们证明:变上限的定积分 $\Phi(x)=\int_a^x f(t)dt(a\leqslant x\leqslant b)$ 是函数 $f(x)$ 的一个原函数.

定理 1 如果函数 $f(x)$ 在 $[a,b]$ 上连续,则函数 $\Phi(x)=\int_a^x f(t)dt(a\leqslant x\leqslant b)$ 可微,且微分

$$d\Phi(x)=d\int_a^x f(t)dt=f(x)dx. \tag{1}$$

证 当上限 x 取得增量 $\Delta x(x+\Delta x\in[a,b])$ 时,函数 $\Phi(x)$ 的增量

$$\Delta\Phi(x)=\Phi(x+\Delta x)-\Phi(x)$$
$$=\int_a^{x+\Delta x}f(t)dt-\int_a^x f(t)dt=\int_x^{x+\Delta x}f(t)dt.$$

由积分中值定理,得

$$\Delta\Phi(x)=\int_x^{x+\Delta x}f(t)dt=f(\xi)\Delta x(\xi\text{ 在 }x\text{ 与 }x+\Delta x\text{ 之间}).$$

又因为 $f(x)$ 在 $[x,x+\Delta x]$ 上连续,所以 $f(\xi)=f(x)+\alpha$,其中 α 为 $\Delta x\to 0$ 时的无穷小,于是

$$\Delta\Phi(x)=f(\xi)\Delta x=[f(x)+\alpha]\cdot\Delta x=f(x)\Delta x+\alpha\Delta x$$
$$=f(x)\Delta x+o(\Delta x).$$

由微分定义可知,函数 $\Phi(x)$ 可微,且微分

$$d\Phi(x)=f(x)\Delta x=f(x)dx.$$

由(1)式可得 $\Phi(x)$ 的导数

$$\Phi'(x)=\frac{d}{dx}\int_a^x f(t)dt=f(x). \tag{2}$$

(2)式就是说,如果函数 $f(x)$ 在 $[a,b]$ 上连续,那么变动上限的定积分 $\Phi(x)=\int_a^x f(t)dt(a\leqslant x\leqslant b)$ 是 $f(x)$ 的一个原函数.这同时也证明了上一章给出的一个结论:连续函数的原函数一定存在.

例 1 (1) 应用定理 1,有

$$d\int_a^x\sin^2 3t\,dt=\sin^2 3x\,dx.$$

(2) 由于不定积分与微分互为逆运算,所以

$$d\int\sin^2 3x\,dx=\sin^2 3x\,dx.$$

(3) 由于定积分是一个确定的数,所以

$$d\int_a^b\sin^2 3x\,dx=0.$$

例 2 计算导数 $\dfrac{d}{dx}\int_0^{x^2}\sqrt{1+t^2}\,dt.$

解 由定理 1 及一阶微分形式不变性,有

$$d\int_0^{x^2}\sqrt{1+t^2}\,dt=\sqrt{1+(x^2)^2}\,d(x^2)=2x\sqrt{1+x^4}\,dx,$$

于是 $\dfrac{d}{dx}\int_0^{x^2}\sqrt{1+t^2}\,dt=2x\sqrt{1+x^4}.$

一般地，如果函数 $\varphi(x)$ 可微，则有
$$d\int_a^{\varphi(x)} f(t)dt = f[\varphi(x)]d\varphi(x) = f[\varphi(x)]\varphi'(x)dx.$$
于是 $\quad \dfrac{d}{dx}\int_a^{\varphi(x)} f(t)dt = f[\varphi(x)]\varphi'(x).$

例 3 求由 $\int_0^y e^t dt + \int_0^x \cos t dt = 0$ 所确定的隐函数 y 对 x 的导数 $\dfrac{dy}{dx}$.

解 等式两边求微分，得
$$d\int_0^y e^t dt + d\int_0^x \cos t dt = 0,$$
即 $\quad e^y dy + \cos x dx = 0,$

于是 $\quad \dfrac{dy}{dx} = -\dfrac{\cos x}{e^y}.$

例 4 求极限 $\lim\limits_{x\to 0} \dfrac{\int_x^0 \cos t^2 dt}{x}.$

解 这是一个 $\dfrac{0}{0}$ 型的未定式，我们应用洛必达法则来计算.

$$\lim_{x\to 0} \dfrac{\int_x^0 \cos t^2 dt}{x} = \lim_{x\to 0} \dfrac{\left(\int_x^0 \cos t^2 dt\right)'}{(x)'}$$
$$= -\lim_{x\to 0} \dfrac{\cos x^2}{1} = -1.$$

二、牛顿-莱布尼兹公式

定理 2 如果函数 $F(x)$ 是连续函数 $f(x)$ 在区间 $[a,b]$ 上的一个原函数，则
$$\int_a^b f(x)dx = F(b) - F(a). \tag{3}$$

*证 由定理 1 知，$\Phi(x) = \int_a^x f(t)dt$ 也是 $f(x)$ 的一个原函数，因而与 $F(x)$ 相差一个常数，即
$$\int_a^x f(t)dt - F(x) = C \quad (C\text{ 为某个常数}). \tag{4}$$

在(4)式中令 $x=a$，注意到 $\int_a^a f(t)dt = 0$，故有 $C = -F(a)$. 于是
$$\int_a^x f(t)dt = F(x) - F(a). \tag{5}$$

在(5)式中令 $x=b$，就得到所要证明的公式(3).

公式(3)称为**牛顿-莱布尼兹公式**，亦称**微积分基本公式**，可以简记为
$$\int_a^b f(x)dx = F(x)\Big|_a^b \text{ 或 } \int_a^b f(x)dx = [F(x)]_a^b.$$

牛顿-莱布尼兹公式揭示了定积分与被积函数的原函数或不定积分之间的联系，这就给定积分的计算提供了一个有效而简便的方法.

例 5 计算第一节中的定积分 $\int_0^1 e^x dx.$

解 由牛顿-莱布尼兹公式,有
$$\int_0^1 e^x dx = e^x \Big|_0^1 = e^1 - e^0 = e - 1.$$

例 6 计算 $\int_{-1}^{\sqrt{3}} \dfrac{1}{1+x^2} dx$.

解 $\int_{-1}^{\sqrt{3}} \dfrac{1}{1+x^2} dx = \arctan x \Big|_{-1}^{\sqrt{3}} = \arctan\sqrt{3} - \arctan(-1)$
$= \dfrac{\pi}{3} - \left(-\dfrac{\pi}{4}\right) = \dfrac{7}{12}\pi.$

例 7 设 $f(x) = \begin{cases} x+1, & x \leqslant 1, \\ \dfrac{1}{2}x^2, & x > 1. \end{cases}$ 求 $\int_0^2 f(x) dx$.

解 $\int_0^2 f(x) dx = \int_0^1 f(x) dx + \int_1^2 f(x) dx$
$= \int_0^1 (x+1) dx + \int_1^2 \dfrac{1}{2}x^2 dx$
$= \left(\dfrac{1}{2}x^2 + x\right)\Big|_0^1 + \dfrac{1}{6}x^3 \Big|_1^2$
$= \left(\dfrac{3}{2} - 0\right) + \dfrac{1}{6}(8-1) = \dfrac{8}{3}.$

同步训练 5-2

1. 求函数 $\Phi(x) = \int_1^x t\cos^2 t \, dt$ 在点 $x=1, x=\pi$ 处的导数.

2. 计算下列定积分：

(1) $\int_{-\frac{1}{2}}^{\frac{1}{2}} \dfrac{1}{\sqrt{1-x^2}} dx$; (2) $\int_0^1 (1-x)\sqrt{x\sqrt{x}}\, dx$; (3) $\int_0^{\pi} \cos^2 \dfrac{x}{2} dx$;

(4) $\int_1^4 |x-2|\, dx$; (5) $\int_1^2 \left(x + \dfrac{1}{x}\right)^2 dx$; (6) $\int_0^1 2^x e^x dx$;

(7) $\int_0^{\frac{\pi}{4}} \tan^2\theta \, d\theta$; (8) $\int_{-1}^0 \dfrac{3x^4 + 3x^2 + 1}{x^2 + 1} dx$.

3. 求函数 $I(x) = \int_0^x t e^{-t^2} dt$ 的极值.

4. 求下列极限：

(1) $\lim\limits_{x \to 0} \dfrac{\int_0^x \ln(1+t) dt}{x^2}$; (2) $\lim\limits_{x \to 0} \dfrac{\tan x^2}{\int_x^0 \sin t \, dt}$.

5. 一质点自静止时自由落下,速度 $v(t) = gt$,求从 $t=0$ 到 $t=4$ 这段时间内的平均速度.

第三节　定积分的换元积分法和分部积分法

一、定积分的换元积分法

与不定积分的换元法相对应,定积分也有**换元积分法**.

定理 1　设 $\int f(u)\mathrm{d}u = F(u) + C, u = \varphi(x)$ 有连续导数,则

$$\int_a^b f[\varphi(x)]\varphi'(x)\mathrm{d}x = \int_a^b f[\varphi(x)]\mathrm{d}\varphi(x) = F[\varphi(x)]\Big|_a^b.$$

例 1　求 $\int_0^{\frac{\pi}{2}} \cos^5 x \sin x \mathrm{d}x$.

解
$$\int_0^{\frac{\pi}{2}} \cos^5 x \sin x \mathrm{d}x = -\int_0^{\frac{\pi}{2}} \cos^5 x \mathrm{d}(\cos x) = -\frac{1}{6}\cos^6 x \Big|_0^{\frac{\pi}{2}}$$
$$= -\frac{1}{6}(0-1) = \frac{1}{6}.$$

例 2　求 $\int_1^e \frac{1+\ln^2 x}{x} \mathrm{d}x$.

解
$$\int_1^e \frac{1+\ln^2 x}{x} \mathrm{d}x = \int_1^e (1+\ln^2 x)\mathrm{d}(\ln x) = \int_1^e \mathrm{d}(\ln x) + \int_1^e \ln^2 x \mathrm{d}(\ln x)$$
$$= \ln x \Big|_1^e + \frac{1}{3}\ln^3 x \Big|_1^e = (1-0) + \frac{1}{3}(1-0)$$
$$= \frac{4}{3}.$$

例 3　求 $\int_0^{\frac{1}{2}} \frac{1+x}{\sqrt{1-x^2}} \mathrm{d}x$.

解
$$\int_0^{\frac{1}{2}} \frac{1+x}{\sqrt{1-x^2}} \mathrm{d}x = \int_0^{\frac{1}{2}} \frac{1}{\sqrt{1-x^2}} \mathrm{d}x + \int_0^{\frac{1}{2}} \frac{x}{\sqrt{1-x^2}} \mathrm{d}x$$
$$= \arcsin x \Big|_0^{\frac{1}{2}} - \frac{1}{2}\int_0^{\frac{1}{2}} \frac{1}{\sqrt{1-x^2}} \mathrm{d}(1-x^2)$$
$$= \left(\frac{\pi}{6} - 0\right) - \sqrt{1-x^2} \Big|_0^{\frac{1}{2}}$$
$$= \frac{\pi}{6} - \frac{\sqrt{3}}{2} + 1.$$

定理 2　设函数 $f(x)$ 在 $[a,b]$ 上连续,函数 $x = \varphi(t)$ 在 $[\alpha,\beta]$ 上单调且有连续导数,$\varphi(\alpha) = a, \varphi(\beta) = b$,则

$$\int_a^b f(x)\mathrm{d}x = \int_\alpha^\beta f[\varphi(t)]\varphi'(t)\mathrm{d}t.$$

例 4　求 $\int_0^4 \frac{x+2}{\sqrt{2x+1}} \mathrm{d}x$.

解　为去根号,令 $x = \frac{t^2-1}{2}(t>0)$,则 $\mathrm{d}x = t\mathrm{d}t, \sqrt{2x+1} = t$,且当 $x=0$ 时,$t=1$;当 $x=4$ 时,$t=3$. 于是

$$\int_0^4 \frac{x+2}{\sqrt{2x+1}}dx = \int_1^3 \frac{\frac{t^2-1}{2}+2}{t} \cdot t dt$$

$$= \frac{1}{2}\int_1^3 (t^2+3)dt = \frac{1}{2}\left(\frac{1}{3}t^3 \Big|_1^3 + 3t \Big|_1^3\right)$$

$$= \frac{1}{2}\left[\left(9-\frac{1}{3}\right)+3(3-1)\right] = \frac{22}{3}.$$

例 5 利用换元积分法求 $\int_0^a \sqrt{a^2-x^2}dx\,(a>0)$.

解 为去根号,令 $x=a\sin t\left(-\frac{\pi}{2}\leqslant t\leqslant\frac{\pi}{2}\right)$,则

$$dx = a\cos t dt, \quad \sqrt{a^2-x^2} = a\cos t,$$

且当 $x=0$ 时,$t=0$;当 $x=a$ 时,$t=\frac{\pi}{2}$. 于是

$$\int_0^a \sqrt{a^2-x^2}dx = \int_0^{\frac{\pi}{2}} a\cos t \cdot a\cos t dt = a^2\int_0^{\frac{\pi}{2}} \cos^2 t dt$$

$$= a^2\int_0^{\frac{\pi}{2}} \frac{1+\cos 2t}{2}dt$$

$$= \frac{a^2}{2}\left(t\Big|_0^{\frac{\pi}{2}} + \frac{1}{2}\sin 2t\Big|_0^{\frac{\pi}{2}}\right) = \frac{1}{4}\pi a^2.$$

例 6 设 $f(x)$ 在 $[-a,a]$ 上连续,证明:

(1) 若 $f(x)$ 在 $[-a,a]$ 上为偶函数,则

$$\int_{-a}^a f(x)dx = 2\int_0^a f(x)dx;$$

(2) 若 $f(x)$ 在 $[-a,a]$ 上为奇函数,则

$$\int_{-a}^a f(x)dx = 0.$$

证 因为 $\int_{-a}^a f(x)dx = \int_{-a}^0 f(x)dx + \int_0^a f(x)dx$,

对积分 $\int_{-a}^0 f(x)dx$ 作代换 $x=-t$,则

$$\int_{-a}^0 f(x)dx = \int_a^0 f(-t)d(-t) = -\int_a^0 f(-t)dt$$

$$= \int_0^a f(-x)dx.$$

于是 $\int_{-a}^a f(x)dx = \int_0^a [f(x)+f(-x)]dx.$

(1) 若 $f(x)$ 在 $[-a,a]$ 上为偶函数,即 $f(-x)=f(x)$,则

$$\int_{-a}^a f(x)dx = \int_0^a [f(x)+f(-x)]dx = 2\int_0^a f(x)dx.$$

(2) 若 $f(x)$ 在 $[-a,a]$ 上为奇函数,即 $f(-x)=-f(x)$,则

$$\int_{-a}^a f(x)dx = \int_0^a [f(x)+f(-x)]dx = 0.$$

利用例 6 的结论,常可简化计算偶函数、奇函数在对称于原点的区间上的定积分.

例 7 求 $\int_{-\frac{\pi}{2}}^{\frac{\pi}{2}} \sqrt{\cos x - \cos^3 x}\,dx$.

解 由于积分区间关于原点对称，被积函数为偶函数，于是

$$\int_{-\frac{\pi}{2}}^{\frac{\pi}{2}} \sqrt{\cos x - \cos^3 x}\,dx = 2\int_{0}^{\frac{\pi}{2}} \sqrt{\cos x - \cos^3 x}\,dx$$

$$= 2\int_{0}^{\frac{\pi}{2}} \cos^{\frac{1}{2}} x \sin x\,dx$$

$$= -2\int_{0}^{\frac{\pi}{2}} \cos^{\frac{1}{2}} x\,d(\cos x)$$

$$= -\frac{4}{3}\cos^{\frac{3}{2}} x \Big|_{0}^{\frac{\pi}{2}} = \frac{4}{3}.$$

例 8 求 $\int_{-1}^{1} \frac{x^2 \sin x}{x^4 + 1}\,dx$.

解 由于积分区间关于原点对称，被积函数为奇函数，于是

$$\int_{-1}^{1} \frac{x^2 \sin x}{x^4 + 1}\,dx = 0.$$

例 9 设 $f(x)$ 在 $[a,b]$ 上连续，证明：

$$\int_{a}^{b} f(x)\,dx = \int_{a}^{b} f(a+b-x)\,dx.$$

证 设 $x = a+b-t$，则 $dx = -dt$，且当 $x=a$ 时，$t=b$；当 $x=b$ 时，$t=a$. 于是

$$\int_{a}^{b} f(x)\,dx = -\int_{b}^{a} f(a+b-t)\,dt = \int_{a}^{b} f(a+b-t)\,dt$$

$$= \int_{a}^{b} f(a+b-x)\,dx.$$

例 10 设 $f(x) = \begin{cases} \dfrac{1}{1+x}, & x \geqslant 0, \\ 1+e^x, & x < 0, \end{cases}$ 求 $\int_{0}^{2} f(x-1)\,dx$.

解 令 $x-1=t$，则 $dx=dt$，且当 $x=0$ 时，$t=-1$；当 $x=2$ 时，$t=1$. 于是

$$\int_{0}^{2} f(x-1)\,dx = \int_{-1}^{1} f(t)\,dt = \int_{-1}^{0} f(t)\,dt + \int_{0}^{1} f(t)\,dt$$

$$= \int_{-1}^{0} (1+e^t)\,dt + \int_{0}^{1} \frac{1}{1+t}\,dt$$

$$= (t+e^t)\Big|_{-1}^{0} + \ln|1+t|\Big|_{0}^{1}$$

$$= [1-(-1+e^{-1})] + (\ln 2 - 0)$$

$$= 2 - e^{-1} + \ln 2.$$

二、定积分的分部积分法

计算不定积分有分部积分法，相应地，计算定积分也有分部积分法.

设函数 $u=u(x)$ 及 $v=v(x)$ 在区间 $[a,b]$ 上具有连续导数，则有

$$d(uv) = u\,dv + v\,du,$$

移项，得

$$u\,dv = d(uv) - v\,du.$$

分别求等式两边在 $[a,b]$ 上的定积分，得

$$\int_a^b u\,\mathrm{d}v = \int_a^b \mathrm{d}(uv) - \int_a^b v\,\mathrm{d}u,$$

即

$$\int_a^b u\,\mathrm{d}v = (uv)\Big|_a^b - \int_a^b v\,\mathrm{d}u.$$

这就是定积分的**分部积分公式**.

例 11 求 $\int_1^4 \ln x\,\mathrm{d}x$.

解
$$\begin{aligned}
\int_1^4 \ln x\,\mathrm{d}x &= (x\ln x)\Big|_1^4 - \int_1^4 x\,\mathrm{d}(\ln x) \\
&= (4\ln 4 - 0) - \int_1^4 x \cdot \frac{1}{x}\,\mathrm{d}x \\
&= 4\ln 4 - \int_1^4 \mathrm{d}x = 4\ln 4 - 3.
\end{aligned}$$

例 12 求 $\int_0^1 \mathrm{e}^{\sqrt{x}}\,\mathrm{d}x$.

解 为去根号,令 $x = t^2 (t \geqslant 0)$,则 $\mathrm{d}x = 2t\,\mathrm{d}t$,$\sqrt{x} = t$,且当 $x = 0$ 时,$t = 0$;当 $x = 1$ 时,$t = 1$. 于是

$$\begin{aligned}
\int_0^1 \mathrm{e}^{\sqrt{x}}\,\mathrm{d}x &= \int_0^1 \mathrm{e}^t \cdot 2t\,\mathrm{d}t = 2\int_0^1 t\mathrm{e}^t\,\mathrm{d}t \\
&= 2\int_0^1 t\,\mathrm{d}(\mathrm{e}^t) = 2\left(t\mathrm{e}^t\Big|_0^1 - \int_0^1 \mathrm{e}^t\,\mathrm{d}t\right) \\
&= 2[(\mathrm{e} - 0) - \mathrm{e}^t\Big|_0^1] = 2(\mathrm{e} - \mathrm{e} + 1) = 2.
\end{aligned}$$

例 13 设 $f(x)$ 的一个原函数为 $\sin x$,求 $\int_0^{\frac{\pi}{2}} xf(x)\,\mathrm{d}x$.

解 由题设,$f(x) = (\sin x)' = \cos x$,于是

$$\begin{aligned}
\int_0^{\frac{\pi}{2}} xf(x)\,\mathrm{d}x &= \int_0^{\frac{\pi}{2}} x\cos x\,\mathrm{d}x = \int_0^{\frac{\pi}{2}} x\,\mathrm{d}(\sin x) \\
&= x\sin x\Big|_0^{\frac{\pi}{2}} - \int_0^{\frac{\pi}{2}} \sin x\,\mathrm{d}x \\
&= \left(\frac{\pi}{2} - 0\right) + \cos x\Big|_0^{\frac{\pi}{2}} = \frac{\pi}{2} - 1.
\end{aligned}$$

同步训练 5-3

1. 计算下列定积分:

(1) $\int_3^8 \frac{x}{\sqrt{1+x}}\,\mathrm{d}x$;

(2) $\int_1^3 \frac{x}{1+x^2}\,\mathrm{d}x$;

(3) $\int_0^1 \frac{1}{(2x+1)^3}\,\mathrm{d}x$;

(4) $\int_0^{\frac{\pi}{2}} \mathrm{e}^{\sin x}\cos x\,\mathrm{d}x$;

(5) $\int_0^1 x\mathrm{e}^{-\frac{x^2}{2}}\,\mathrm{d}x$;

(6) $\int_1^{\mathrm{e}^2} \frac{1}{x\sqrt{1+\ln x}}\,\mathrm{d}x$;

(7) $\int_0^1 x\mathrm{e}^{-2x}\,\mathrm{d}x$;

(8) $\int_0^1 x\arctan x\,\mathrm{d}x$;

(9) $\int_{-1}^1 (x^2 + 2x^5\cos x + 1)\,\mathrm{d}x$;

(10) $\int_{-5}^5 \frac{x\sin^2 x}{1+x^2+x^4}\,\mathrm{d}x$.

2. 设函数 $f(x)$ 在所给区间上连续,证明:

(1) $\int_0^{\frac{\pi}{2}} f(\sin x)dx = \int_0^{\frac{\pi}{2}} f(\cos x)dx$; (2) $\int_0^1 x^m(1-x)^n dx = \int_0^1 x^n(1-x)^m dx$.

3. 已知 $\int_0^x f(t)dt = \frac{1}{2}x^2$，求 $\int_0^1 e^{-x} f(x)dx$.

4. 若 $f(t)$ 是连续函数且为奇函数，证明 $\int_0^x f(t)dt$ 是偶函数；若 $f(t)$ 是连续函数且为偶函数，证明 $\int_0^x f(t)dt$ 是奇函数.

*第四节 广义积分

前面讨论的定积分是以积分区间为有限区间且被积函数有界为前提的，但在一些实际问题中，我们常遇到积分区间为无穷区间，或者被积函数有无穷间断点的积分，这就需要将定积分的概念加以推广，从而形成"广义积分"的概念. 相应地，也称一般的定积分为常义积分.

一、积分区间为无穷区间

定义1 设函数 $f(x)$ 在区间 $[a, +\infty)$ 上连续，取 $b>a$，如果极限 $\lim\limits_{b \to +\infty} \int_a^b f(x)dx$ 存在，则称此极限为函数 $f(x)$ **在无穷区间** $[a, +\infty)$ **上的广义积分**，记为 $\int_a^{+\infty} f(x)dx$，即

$$\int_a^{+\infty} f(x)dx = \lim_{b \to +\infty} \int_a^b f(x)dx. \tag{1}$$

这时也称**广义积分** $\int_a^{+\infty} f(x)dx$ **收敛**；如果上述极限不存在，就称**广义积分** $\int_a^{+\infty} f(x)dx$ **发散**.

类似地，设 $f(x)$ 在区间 $(-\infty, b]$ 上连续，取 $a<b$，如果极限 $\lim\limits_{a \to -\infty} \int_a^b f(x)dx$ 存在，则定义

$$\int_{-\infty}^b f(x)dx = \lim_{a \to -\infty} \int_a^b f(x)dx. \tag{2}$$

这时也称广义积分 $\int_{-\infty}^b f(x)dx$ 收敛；否则，就称广义积分 $\int_{-\infty}^b f(x)dx$ 发散.

设函数 $f(x)$ 在区间 $(-\infty, +\infty)$ 上连续，如果广义积分 $\int_{-\infty}^0 f(x)dx$ 和 $\int_0^{+\infty} f(x)dx$ 都收敛，则定义

$$\int_{-\infty}^{+\infty} f(x)dx = \int_{-\infty}^0 f(x)dx + \int_0^{+\infty} f(x)dx$$
$$= \lim_{a \to -\infty} \int_a^0 f(x)dx + \lim_{b \to +\infty} \int_0^b f(x)dx.$$

这时也称广义积分 $\int_{-\infty}^{+\infty} f(x)dx$ 收敛；否则，就称广义积分 $\int_{-\infty}^{+\infty} f(x)dx$ 发散.

设 $F(x)$ 是 $f(x)$ 在相应连续区间上的一个原函数，则(1)式可写为

$$\int_a^{+\infty} f(x)dx = F(x)\Big|_a^{+\infty} = F(+\infty) - F(a). \tag{1'}$$

类似地,(2)式可写为

$$\int_{-\infty}^{b} f(x)\mathrm{d}x = F(x)\Big|_{-\infty}^{b} = F(b) - F(-\infty). \tag{2'}$$

这里,$F(+\infty) = \lim\limits_{x \to +\infty} F(x)$,$F(-\infty) = \lim\limits_{x \to -\infty} F(x)$.

例 1 求 $\int_{e}^{+\infty} \dfrac{1}{x(\ln x)^2}\mathrm{d}x$.

解
$$\int_{e}^{+\infty} \frac{1}{x(\ln x)^2}\mathrm{d}x = \int_{e}^{+\infty} \frac{1}{(\ln x)^2}\mathrm{d}(\ln x) = \left(-\frac{1}{\ln x}\right)\Big|_{e}^{+\infty}$$
$$= -\left(\lim_{x \to +\infty}\frac{1}{\ln x} - 1\right) = 1.$$

例 2 求 $\int_{-\infty}^{+\infty} \dfrac{1}{1+x^2}\mathrm{d}x$.

解
$$\int_{-\infty}^{+\infty} \frac{1}{1+x^2}\mathrm{d}x = \int_{-\infty}^{0}\frac{1}{1+x^2}\mathrm{d}x + \int_{0}^{+\infty}\frac{1}{1+x^2}\mathrm{d}x$$
$$= \arctan x\Big|_{-\infty}^{0} + \arctan x\Big|_{0}^{+\infty}$$
$$= -\left(-\frac{\pi}{2}\right) + \frac{\pi}{2} = \pi.$$

这个广义积分的几何意义是:位于曲线 $y = \dfrac{1}{1+x^2}$ 的下方、x 轴上方的图形面积(图 5-9).

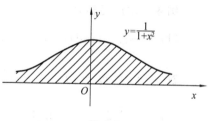

图 5-9

例 3 讨论广义积分 $\int_{1}^{+\infty} \dfrac{1}{x^p}\mathrm{d}x$ 的敛散性.

解 当 $p = 1$ 时,
$$\int_{1}^{+\infty} \frac{1}{x^p}\mathrm{d}x = \int_{1}^{+\infty}\frac{1}{x}\mathrm{d}x = \ln|x|\Big|_{1}^{+\infty}$$
$$= +\infty;$$

当 $p \neq 1$ 时,
$$\int_{1}^{+\infty} \frac{1}{x^p}\mathrm{d}x = \frac{1}{1-p}x^{1-p}\Big|_{1}^{+\infty}$$
$$= \begin{cases} +\infty, & p < 1, \\ \dfrac{1}{p-1}, & p > 1. \end{cases}$$

因此,当 $p > 1$ 时,广义积分 $\int_{1}^{+\infty} \dfrac{1}{x^p}\mathrm{d}x$ 收敛,其值为 $\dfrac{1}{p-1}$;当 $p \leqslant 1$ 时,此广义积分发散.

二、被积函数有无穷间断点

定义 2 设函数 $f(x)$ 在 $(a,b]$ 上连续,而 $\lim\limits_{x \to a^+} f(x) = \infty$. 取 $\varepsilon > 0$,如果极限 $\lim\limits_{\varepsilon \to 0^+} \int_{a+\varepsilon}^{b} f(x)\mathrm{d}x$ 存在,则称此极限为**函数 $f(x)$ 在 $(a,b]$ 上的广义积分**,仍然记为 $\int_{a}^{b} f(x)\mathrm{d}x$,即

$$\int_{a}^{b} f(x)\mathrm{d}x = \lim_{\varepsilon \to 0^+} \int_{a+\varepsilon}^{b} f(x)\mathrm{d}x. \tag{3}$$

这时也称广义积分 $\int_a^b f(x)\mathrm{d}x$ **收敛**. 如果上述极限不存在,就称**广义积分** $\int_a^b f(x)\mathrm{d}x$ **发散**.

类似地,设 $f(x)$ 在 $[a,b)$ 上连续,而 $\lim\limits_{x\to b^-}f(x)=\infty$. 取 $\varepsilon>0$, 如果极限 $\lim\limits_{\varepsilon\to 0^+}\int_a^{b-\varepsilon}f(x)\mathrm{d}x$ 存在,则定义

$$\int_a^b f(x)\mathrm{d}x=\lim_{\varepsilon\to 0^+}\int_a^{b-\varepsilon}f(x)\mathrm{d}x. \tag{4}$$

这时也称广义积分 $\int_a^b f(x)\mathrm{d}x$ 收敛;否则,就称广义积分 $\int_a^b f(x)\mathrm{d}x$ 发散.

设 $f(x)$ 在 $[a,b]$ 上除点 $c(a<c<b)$ 外连续,而 $\lim\limits_{x\to c}f(x)=\infty$. 如果两个广义积分 $\int_a^c f(x)\mathrm{d}x$ 和 $\int_c^b f(x)\mathrm{d}x$ 都收敛,则定义

$$\begin{aligned}\int_a^b f(x)\mathrm{d}x &= \int_a^c f(x)\mathrm{d}x+\int_c^b f(x)\mathrm{d}x \\ &= \lim_{\varepsilon\to 0^+}\int_a^{c-\varepsilon}f(x)\mathrm{d}x+\lim_{\varepsilon'\to 0^+}\int_{c+\varepsilon'}^b f(x)\mathrm{d}x.\end{aligned} \tag{5}$$

这时也称广义积分 $\int_a^b f(x)\mathrm{d}x$ 收敛;否则,就称广义积分 $\int_a^b f(x)\mathrm{d}x$ 发散.

例 4 求广义积分:

(1) $\int_0^a \dfrac{1}{\sqrt{a^2-x^2}}\mathrm{d}x \quad (a>0)$;   (2) $\int_0^1 \ln x\,\mathrm{d}x$.

解 (1) 函数 $f(x)=\dfrac{1}{\sqrt{a^2-x^2}}$ 在 $[0,a)$ 上连续,而 $\lim\limits_{x\to a^-}\dfrac{1}{\sqrt{a^2-x^2}}=+\infty$. 于是

$$\begin{aligned}\int_0^a \frac{1}{\sqrt{a^2-x^2}}\mathrm{d}x &= \lim_{\varepsilon\to 0^+}\int_0^{a-\varepsilon}\frac{1}{\sqrt{a^2-x^2}}\mathrm{d}x \\ &= \lim_{\varepsilon\to 0^+}\arcsin\frac{x}{a}\Big|_0^{a-\varepsilon}=\lim_{\varepsilon\to 0^+}\left(\arcsin\frac{a-\varepsilon}{a}-0\right) \\ &= \arcsin 1=\frac{\pi}{2}.\end{aligned}$$

这个广义积分的几何意义是:位于曲线 $y=\dfrac{1}{\sqrt{a^2-x^2}}$ 之下、x 轴之上、直线 $x=0$ 与 $x=a$ 之间的图形面积(图 5-10).

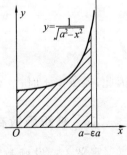

图 5-10

(2) 函数 $f(x)=\ln x$ 在 $(0,1]$ 上连续,而 $\lim\limits_{x\to 0^+}\ln x=-\infty$. 于是

$$\begin{aligned}\int_0^1 \ln x\,\mathrm{d}x &= \lim_{\varepsilon\to 0^+}\int_{0+\varepsilon}^1 \ln x\,\mathrm{d}x \\ &= \lim_{\varepsilon\to 0^+}\left[x\ln x\Big|_\varepsilon^1-\int_\varepsilon^1 x\,\mathrm{d}(\ln x)\right] \\ &= \lim_{\varepsilon\to 0^+}(-\varepsilon\ln\varepsilon-1+\varepsilon)=-\lim_{\varepsilon\to 0^+}\frac{\ln\varepsilon}{\dfrac{1}{\varepsilon}}-1 \\ &= -\lim_{\varepsilon\to 0^+}\frac{\dfrac{1}{\varepsilon}}{-\dfrac{1}{\varepsilon^2}}-1=\lim_{\varepsilon\to 0^+}\varepsilon-1=-1.\end{aligned}$$

这个广义积分的几何意义是：位于曲线 $y = \ln x$ 之上、x 轴之下、直线 $x = 0$ 与 $x = 1$ 之间的图形面积的相反数（图 5-11）.

设 $F(x)$ 是 $f(x)$ 在其连续区间上的一个原函数，则(3)式可简写为

$$\int_a^b f(x)\mathrm{d}x = F(x)\Big|_a^b = F(b) - F(a^+), \qquad (3')$$

这里，$F(a^+)$ 是 $F(x)$ 在 $x = a$ 处的右极限. 若 $F(a^+)$ 不存在，则广义积分 $\int_a^b f(x)\mathrm{d}x$ 发散.

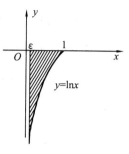

图 5-11

类似地，(4)式可简写为

$$\int_a^b f(x)\mathrm{d}x = F(x)\Big|_a^b = F(b^-) - F(a). \qquad (4')$$

这里，$F(b^-)$ 是 $F(x)$ 在 $x = b$ 处的左极限. 若 $F(b^-)$ 不存在，则广义积分 $\int_a^b f(x)\mathrm{d}x$ 发散.

(5)式可简写为

$$\int_a^b f(x)\mathrm{d}x = F(x)\Big|_a^c + F(x)\Big|_c^b = F(b) - F(c^+) + F(c^-) - F(a). \qquad (5')$$

若 $F(c^+)$ 或 $F(c^-)$ 不存在，则广义积分 $\int_a^b f(x)\mathrm{d}x$ 发散.

特别地，在(5′)式中，如果 $F(c^+) = F(c^-)$，即 $\lim\limits_{x \to c} F(x)$ 存在，则(5′)式即为

$$\int_a^b f(x)\mathrm{d}x = F(b) - F(a). \qquad (5'')$$

这和常义积分的牛顿-莱布尼兹公式具有完全相同的形式.

例 5 讨论下列广义积分的敛散性：

(1) $\int_{-1}^{1} \dfrac{1}{x^2}\mathrm{d}x$；　　　　(2) $\int_{-1}^{1} \dfrac{1}{\sqrt[3]{x}}\mathrm{d}x$.

解 (1) 函数 $f(x) = \dfrac{1}{x^2}$ 在 $[-1, 0)$ 和 $(0, 1]$ 上连续，而 $\lim\limits_{x \to 0} \dfrac{1}{x^2} = +\infty$.

由于 $\int_0^1 \dfrac{1}{x^2}\mathrm{d}x = \left(-\dfrac{1}{x}\right)\Big|_0^1 = -1 + \lim\limits_{x \to 0^+} \dfrac{1}{x} = +\infty$，即广义积分 $\int_0^1 \dfrac{1}{x^2}\mathrm{d}x$ 发散，所以广义积分 $\int_{-1}^{1} \dfrac{1}{x^2}\mathrm{d}x$ 发散.

(2) 函数 $f(x) = \dfrac{1}{\sqrt[3]{x}}$ 在 $[-1, 0)$ 和 $(0, 1]$ 上连续，而 $\lim\limits_{x \to 0} \dfrac{1}{\sqrt[3]{x}} = \infty$. 在 $[-1, 0)$ 和 $(0, 1]$ 上，$F(x) = \dfrac{3}{2}x^{\frac{2}{3}}$ 是 $f(x) = \dfrac{1}{\sqrt[3]{x}}$ 的一个原函数，又 $\lim\limits_{x \to 0} F(x) = 0$，因此由(5″)式，得

$$\int_{-1}^{1} \dfrac{1}{\sqrt[3]{x}}\mathrm{d}x = \dfrac{3}{2}x^{\frac{2}{3}}\Big|_{-1}^{1} = \dfrac{3}{2}(1 - 1) = 0.$$

注意 例 5(1)不能这样计算：

$$\int_{-1}^{1} \dfrac{1}{x^2}\mathrm{d}x = \left(-\dfrac{1}{x}\right)\Big|_{-1}^{1} = -1 - 1 = -2.$$

原因在于 $F(x) = -\dfrac{1}{x}$ 在 $x = 0$ 处的极限不存在，所以不能直接用(5″)式.

例6 证明广义积分 $\int_0^1 \dfrac{1}{x^q} dx$ 当 $q < 1$ 时收敛；当 $q \geqslant 1$ 时发散.

证 当 $q = 1$ 时，
$$\int_0^1 \dfrac{1}{x^q} dx = \int_0^1 \dfrac{1}{x} dx = \ln|x|\Big|_0^1 = 0 - \lim_{x \to 0^+} \ln|x| = +\infty.$$

当 $q \neq 1$ 时，
$$\int_0^1 \dfrac{1}{x^q} dx = \dfrac{1}{1-q} x^{1-q}\Big|_0^1 = \dfrac{1}{1-q} - \lim_{x \to 0^+} \dfrac{1}{1-q} x^{1-q}$$
$$= \begin{cases} \dfrac{1}{1-q}, & q < 1, \\ +\infty, & q > 1. \end{cases}$$

因此，当 $q < 1$ 时，广义积分 $\int_0^1 \dfrac{1}{x^q} dx$ 收敛，其值为 $\dfrac{1}{1-q}$；当 $q \geqslant 1$ 时，此广义积分发散.

同步训练 5-4

1. 判别下列广义积分的敛散性. 如果收敛，则计算其值：

(1) $\int_1^{+\infty} \dfrac{1}{x^4} dx$；

(2) $\int_0^{+\infty} e^{-ax} dx \quad (a > 0)$；

(3) $\int_1^{+\infty} \dfrac{\arctan x}{x^2} dx$；

(4) $\int_{\frac{2}{\pi}}^{+\infty} \dfrac{1}{x^2} \sin \dfrac{1}{x} dx$；

(5) $\int_{-1}^1 \dfrac{x}{\sqrt{1-x^2}} dx$；

(6) $\int_0^2 \dfrac{1}{(1-x)^2} dx$；

(7) $\int_1^e \dfrac{1}{x\sqrt{1-(\ln x)^2}} dx$；

(8) $\int_1^2 \dfrac{x}{\sqrt{x-1}} dx$.

2. 当 k 为何值时，广义积分 $\int_2^{+\infty} \dfrac{1}{x(\ln x)^k} dx$ 收敛？又 k 为何值时，这个广义积分发散？

阅读材料五

积分概念与方法的发展

一、古代的面积与体积计算

积分思想源于复杂图形的面积、体积计算. 公元前 5 世纪，希腊数学家在研究化圆为方问题时发明了割圆术. 公元前 4 世纪，欧多克索斯(Eudoxus，公元前 400—公元前 347)将上述过程发展为处理面积、体积等问题的一般方法，称为穷竭法，它的理论基础是欧多克索斯原理(欧几里得《原本》第 10 篇命题 1)：对于两个不相等的量，若从较大的量减去一个大于其半的量，再从所余量减去一个大于其半的量，并重复执行这一步骤，就能使所余的一个量小于原来那个较小的量，于是，最初那个较大的量最终将被"穷竭".

根据上述原理并使用"双归谬法"，欧多克索斯严格地证明了关于面积和体积的一些基本结果，例如：圆与圆之比等于其直径平方之比；等高三棱锥的体积之比等于其底之比；任一[正]圆锥是与其同底等高圆柱的三分之一；球的比等于它们直径的三次比．它们后来被欧几里得收入《原本》第 12 篇．

公元前 3 世纪，阿基米德（Archimedes，公元前 287—公元前 212）运用穷竭法、无穷分割、级数求和、不等式运算等一系数方法，计算了圆面积、椭圆面积、抛物线弓形面积、阿基米德螺线扇形面积以及螺线任意两圈所夹的面积；计算了锥体和台体体积、球体积和圆锥曲线旋转体的体积；计算了半圆、抛物线弓形、球或抛物体被平面所截部分的重心．如果用今天的眼光来看，这些工作还缺乏严格思想的全部基础，特别是缺少函数与极限的明确概念，但它们预示了积分学的原理，在概念上相当接近后来的定积分，在方法上类似于今天的微元法，在思想上成为中世纪后期至近代早期不可分量理论的先导．

中国古代数学家对面积、体积问题进行过大量研究，其中一些工作可以被看作积分思想的萌芽，成书于春秋末年的《庄子·天下》中有"无厚不可积也，其大千里"的命题，是说积线不能成面，积面不能成体，《墨经》中也有类似的命题．

公元 263 年，魏晋间杰出数学家刘徽为《九章算术》作注，在关于面积、体积的多处注文中体现了初步的积分思想，为推求圆面积，他创立了"割圆术"，求得圆周率 $\pi = \frac{157}{50} = 3.14$ 和 $\pi = \frac{3927}{1250} = 3.1416$ 两个近似值；在推求圆型立体体积时，他分别作圆柱、圆锥、圆台的外切方柱、方锥、方台，由横截面积之比为 $\pi:4$ 断言其体积之比为 $\pi:4$，从而由方型立体推得圆型立体的体积公式．为了推求球体积公式，他在正方体上作相互垂直的两圆柱，称两圆柱的公共部分为"牟合方盖"，指出牟合方盖与其内切球体的体积之比为 $4:\pi$，在算法理论和数学思想上都给后人以极大的启发．实际上，二百多年后，祖冲之的儿子祖暅正是沿着刘徽的思路完成了球体积公式的推导，并概括出"刘祖原理"；"缘幂势既同，则积不容异."即：由于横截面积之间的关系已经处处相同，体积之间的关系也不能不是这样．这与 17 世经意大利数学家卡瓦列里（B. Cavalieri，1598—1647）所给出的原理是一致的，时间上却要早 1000 多年，中国古代数学家称由长方体（或正方体）沿其一对对棱分割而得的两个直角三棱柱为堑堵，沿着堑堵的一个顶点及其一条对棱将其分割，得到一个底为长方形、一侧棱与底垂直的四棱锥，称为阳马；同时得到一个侧面都是直角三角形的四面体，称为鳖臑，堑堵体积为其三度乘积的二分之一．为推求阳马、鳖臑体积，刘徽利用无限分割取极限的方法证明了"刘徽原理"：在堑堵中，阳马体积：鳖臑体积 $=2:1$，从而由堑堵体积即可推得阳马与鳖臑体积．这些工作虽不如希腊数学的同类成果丰富，但在思想深度上是毫不逊色的．

15 世纪阿拉伯数学家阿尔·卡西（al-Kashi，？—1429）在《圆周论》（1424）中运用割圆术求得了 π 的 17 位准确数字，成为中世纪数学史上的杰出成就．

二、从形态幅度研究到不可分量算法

1. 欧洲中世纪后期的形态幅度研究

14 世纪 20 年代至 40 年代，牛津大学默顿学院（Merton College）的一批逻辑学家和自然哲学家在研究所谓"形态幅度"时得到一个重要结果：如果一个物体在给定的一段时间内进行匀加速运动,那么它经过的总的距离 s 等于它在这一段时间内以初速度 v_0 和末速度 v_t 的平均速度(即在这一段时间的中点的瞬时速度)进行匀速运动所经过的距离.14 世纪中叶,法国学者奥尔斯姆(N. Oresme,约 1323—1382)应用他的均匀变化率概念和图解表示法给出了上述命题的几何证明,他的证明虽然在近代意义下不太严格,但其基本思想与后来的定积分相当接近.在《论质量与运动的构型》一书中,他隐含地引入了一些具有重要意义的思想,其中包括作为时间-速度图下的面积来计算距离的"积分"法或连续求和法,虽然他只是在匀加速运动的情况下才有完成这种计算的作图方法.

2. 不可分量方法

17 世纪上半叶,欧洲一些数学家继承并发展了历史上的"不可分量"方法以处理面积、体积面积,成为积分方法的直接先导.

首先做出重要贡献的是德国科学家开普勒(J. Kepler,1571—1630),他在《测定酒桶体积的新方法》(1615)一书中把给定的立体划分为无穷多个无穷小部分,即立体的"不可分量",其大小和形状都便于求解给定的问题.其基本思想是把曲边形看作边数无限增大时的直线形,由此采用了一种虽不严格但却有启发性的、把曲线转化为直线的方法.用无限个同维的无穷小元素之和来确定曲边形的面积与曲面体的体积,这是开普勒求积术的核心,也是他的后继者们从他那里汲取的精华.他的一些求和法对后来的积分运算具有显著的先驱作用,尽管从数学严格性的观点看,这样的方法是不合乎要求的,但是它们以很简单的方式得出正确的结果,实际上就是今天仍在使用的"微元法".

法国数学家罗伯瓦尔(G. P. de Roberval,1602—1675)的工作可能受到开普勒的影响,在写于 1634 年的《不可分量论》中,他把面和体分别看作由细小的面和细小的体组成,在把一个图形分割为许多微小部分后,他让它们的大小不断减小,而在这样做的过程中,主要用的是算术方法,其结果由无穷级数的和给出,他用这种方法求得了多种曲线之下的面积,例如抛物线、高次抛物线、双曲线、摆线和正弦曲线;还求得与这些曲线有关的各种体积的重心.在他的工作中可以找出许多积分法的萌芽,其中有几个等价于代数函数和三角函数的定积分求法.

意大利数学家卡瓦列里的《用新的方法推进连续体的不可分量几何学》(1635)标志着求积方法的一个重要进展.在这部著作中,卡瓦列里提出了一个较为一般的求积方法,其中应用了开普勒的无穷小元,所不同的是:① 开普勒想象给定的几何图形被分成无穷多个无穷小的图形,他用某种特定的方法把这些图形的面积或体积加起来,便得到给定图形的面积或体积;卡瓦列里则首先建立起两个给定几何图形的不可分微元之间的一一对应关系.如果两个给定图形的对应的不可分量具有某种(不变的)比例,他便断定这两个图形的面积或体积也具有同样的比例,特别是,当一个图形的面积或体积事先已经知道时,另一个图形的面积或体积也可以得知.他的这种观点被后人称为卡瓦列里原理,它与中国古代的刘(徽)祖(暅)原理完全一致.② 开普勒认为几何图形是由同样维数的不可分量(即无穷小的面积或体积)组成的,这从对几何图形连续分割最终得到不可分单元的过程便可以想象出;而卡瓦列里一般认为几何图形是由无穷多个维数较低的不可分量组成的,因此,他把面积看成是由平行的、等距离的线段组成的,把体积看成是由平行的、等距离的平面截面组成的,而通常不考虑这些不可分单元是否具有宽度或厚度.由于卡瓦列里方法的着眼点是两个图形对应的不可分量之间的关系,而不是每个面积或体积中的不可分量的全体,因此也就避免了回答组成面积或体积的不可分量是有限还是无限的问题,当然也就避免了直接使用极限概念.另一方面,求积(积分)过程实质上是无限过程,但在卡瓦列里的方法中却竭力回避极限概念,这必然会产生更深刻的矛盾.实际上,他本人及其同时代人已经发现了几个著名的不可分量悖论.

大约在 1637 年,法国数学家费马(P. de Fermat,1601—1665)完成了一篇手稿《求最大值与最小值的方法》.在积分概念与方法的早期发展中,这一工作占有极为重要的地位.费马不仅成功地克服了卡瓦列里不可分量方法的致命弱点,而且几乎采用了近代定积分的全部过程,即:① 用统一的矩形条来分割曲线形;② 用矩形序列的面积之和来近似地代替曲线形面积;③ 利用曲线的方程求出各窄长矩形的面积,进而通过有限项级数之和求得曲线形面积的近似值;④ 用相当于现在所谓和式极限的方法获得精确结果.除了一些细节需要改进,费马实际上已经使用了近代意义上的定积分,所差的是尚未抽象出积分这个概念,也就是说,他没有认识到所进行的运算本身的重要意义.对他来说,这个运算正如所有他的前人已经做过的一样,只是求面积的问题,亦即回答一个具体的几何问题.另一方面,为建立真正的微积分学,需要建立计算积分的一般而强有力的方法,实际上是在认识到积分是微分的逆运算之后,利用反微分(不定积分)来计算积分(定积分),即微积分基本定理.费马虽然在计算曲线长度时接触到了微分与积分的互逆关系,但却未充分注意,更未加以深入研究从而建立有关的运算法则.

托利拆利(E. Torricelli,1608—1647)是卡瓦列里的朋友,他充分理解不可分量方法的优点与缺点.1646 年,他在《关于双曲线的无限性》一书中对不可分量概念做出了实质性的改革,他说:"把不可分量看成相等的,即把点与点在长度上、线与线在宽度上、面与面在厚度上看作相等的说法纯属空话,它既难以证明又毫无直观基础."他的方法是结合开普勒与卡瓦利里方法各自优点的产物,他用开普勒的同维无限小量去代替卡瓦列里的低维不可分量,从而消除了前述悖论,但仍然保留了卡瓦列里不可分量方法在求积上的有效性.

沃利斯(J. Wallis,1616—1703)是在牛顿(I. Newton,1643—1727)、莱布尼兹(G. W. Leibniz,1646—1716)之前对微积分方法贡献最多的人之一(另一个是费马),也是牛顿在英国的直接前辈之一(另一个是巴罗),是当时最富有创造力的数学家之一.他在求积法方面的主要著作是《无穷算术》(1655),在这部著作中,他把由卡瓦列里开创,并由费马发展的不可分量方法,翻译成了数的语言,从而把几何方法算术化,使得以往出现在几何中的极限方法转移到了数的世界中,并且被解析化.其结果不仅使无限的概念以解析的形式出现在数学中,而且把有限的算术变成无限的算术,为微积分的确立扫除了思想障碍.

此外,法国数学家帕斯卡(B. Pascal,1623—1662)在论文《论四分之一圆的正弦》(1658)中、英国数学家巴罗(I. Barrow,1630—1677)在《几何学讲义》(1670年出版)中都在一定程度上接触到了积分的思想与方法,前者对莱布尼兹、后者对牛顿的微积分工作产生了至关重要的影响.

三、积分概念的确立

1666年10月,牛顿完成了他在微积分学方面的开创性论文《流数短论》,有关积分的基本问题是:"已知表示线段 x 和运动速度 p,q 之比 p/q 的关系方法,求另一线段 y". 当给定的方程具有简单的形式 $y/x=\varphi(x)$ 时,就是我们所说的反微分问题,而在一般情况下,$g(x,y/x)=0$ 是一个微分方程. 在这篇短文中,牛顿不仅讨论了如何借助于反微分来解决积分问题,即微积分基本定理,而且明确指出反微分"总能做出可以解决的一切问题".

从前各种无穷小方法的根据基本上都是把面积定义为和的极限(或者更粗略地说,定义为无穷小的即不可分的面积元素之和),而牛顿却完全是从考虑变化率出发来解决面积的体积问题的. 事实上,用和来得到面积、体积或者重心,在他的著作中是少见的. 牛顿称流数的逆为流量,他的积分是不定积分,是要由给定的流数来确定流量;他把面积问题和体积问题解释为变化率问题的反问题,从而解决了这些问题. 另一方面,对于我们所说的定积分,牛顿也是清楚的,正如虽然莱布尼兹的积分以定积分为主,但同时也熟悉不定积分一样. 牛顿引入的法则是:首先确定所求面积(对于 x)的变化率,然后通过反微分计算面积,把计算面积的流数法同变化率联系起来,这就第一次清楚地说明了切线问题和面积问题之间的互逆关系,也说明了这两种类型的计算不过是以独特的、通用的算法为特征的同一数学问题的两个不同侧面.

与牛顿的积分概念不同,莱布尼兹的积分是曲线下面积的分割求和或者说是微分的无穷和,也就是今天所说的定积分. 当然,他们二人最终都是通过反微分的方法来计算他们的积分;在计算上利用求积问题和切线问题之间的互逆关系(牛顿-莱布尼兹公式)是他们共同的基本贡献. 在1677年的一篇修改稿中,莱布尼兹明确地将积分 $\int y \mathrm{d}x$ 等同于高为 y、宽为 $\mathrm{d}x$ 的一些无穷小矩形之和:"我把一个图形的面积表示为由纵坐标和横坐标之差构成的所有矩形之和,即 $B_1D_1+B_2D_2+B_3D_3+\cdots$. 因为狭窄的三角形 $C_1D_1C_2,C_2D_2C_3$ 等,与这些矩形相比为无穷小,可以忽略不计;所以,在我的微积分中,图形的面积用 $\int y \mathrm{d}x$,即由每一个 y 和相应的 $\mathrm{d}x$ 构成的这些矩形来表示."接着他就引入了微积分基本定理,并将求积问题化为反切线问题.

从希腊时代直到17世纪中叶,人们通过种种办法已经知道面积等于微元之和. 这些方法如果用极限概念恰当地加以解释的话,就相当于现在称之为定积分的方法. 通过巴罗、牛顿和莱布尼兹的工作,取得了一个重要的发现,即求面积的问题无非就是求曲线的切线的逆问题. 既然那些方便的算法——流数法和微分法——随着后一类型的问题已经相应地发展起来,只要经过一个逆转的步骤,求面积的方法就能系统化了.这种观念在很大程度上决定了17世纪的积分概念.另一方面,积分的思想是受面积概念的启发而产生的,但是在19世纪末以前,面积概念本身还完全是直观的,而没有建立在精确的定义的基础上.

一、主要内容

（一）定积分的概念

1. 定积分的概念及其几何意义.
2. 函数可积的条件.
3. 定积分的性质.

（二）微积分基本定理

1. 变上限的定积分.
2. 牛顿-莱布尼兹(Newton-Leibniz)公式.

（三）定积分的求法

1. 定积分的换元积分法.
2. 定积分的分部积分法.
3. 奇函数与偶函数在对称区间上的积分.

（四）广义积分

二、方法要点

1. 利用定积分的概念求定积分.
2. 利用变上限积分函数的导数求极限.
3. 利用定积分的换元积分法求定积分.
4. 利用定积分的分部积分法求定积分.
5. 计算广义积分.

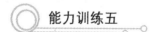

一、填空题

1. 已知 $\Phi(x) = \int_0^x e^{t^2} dt$，则 $\Phi''(x) =$ _____.

2. 设 $\int_0^a x^3 dx = 4(a > 0)$，则 $a =$ _____.

3. $\left[\int_1^x (3t + \sin t) dt \right]' =$ _____.

4. $d\left[\int_a^b f(x) dx \right] =$ _____.

5. 定积分 $\int_0^{\frac{\pi}{4}} \cos 2x \, dx =$ _____.

6. 定积分 $\int_{-\frac{\pi}{4}}^{\frac{\pi}{4}} \frac{1+x^3}{\cos^2 x} dx =$ _____.

7. 极限 $\lim\limits_{x \to 0} \dfrac{\int_0^x \sqrt{1+t^2} dt}{x} =$ _____.

8. 若 $f(x)$ 在 $[a,b]$ 上连续，则在 $[a,b]$ 上至少存在一点 ξ，使 $\int_a^b f(x) dx =$ _____ $(b-a)$.

二、选择题

9. 下列各式正确的是 ( )

A. $\int_0^1 x dx \leqslant \int_0^1 x^2 dx$ 　　B. $\int_1^2 x dx \leqslant \int_1^2 x^2 dx$

C. $\int_1^e \ln x dx \leqslant \int_1^e \ln^2 x dx$ 　　D. $\int_e^{e^2} \ln x dx \geqslant \int_e^{e^2} \ln^2 x dx$

10. $\dfrac{d}{dx} \int_x^0 \sin t^2 dt =$ ( )

A. $\sin x^2$ 　　B. $-\sin x^2$
C. $2x \sin x^2$ 　　D. $-2x \sin x^2$

11. 设 $y = \int_0^x (t-1)(t-2) dt$，则 $y'|_{x=0} =$ ( )

A. -2 　　B. -1 　　C. 2 　　D. 1

12. 下列定积分值为负的是 ( )

A. $\int_0^{\frac{\pi}{2}} \sin x dx$ 　　B. $\int_{-\frac{\pi}{2}}^0 \cos x dx$

C. $\int_{-3}^{-2} x^3 dx$ 　　D. $\int_{-3}^{-2} x^2 dx$

13. 积分 $\int_{-4}^4 (x^5 + 5\sin x) dx =$ ( )

A. 0 　　B. 1 　　C. -1 　　D. 2

14. $\lim\limits_{x \to 0} \dfrac{\int_0^x \sin t dt}{\int_0^x t dt} =$ ( )

A. 1 　　B. 0 　　C. 2 　　D. -1

15. 若 $F(x)$ 是 $f(x)$ 的一个原函数，则下列等式成立的是 ( )

A. $\int_a^b F(x) dx = f(b) - f(a)$ 　　B. $\int_a^b f(x) dx = F(b) - F(a)$

C. $\left[\int_a^x F(t) dt\right]' = f(x)$ 　　D. $\left[\int_a^x f(t) dt\right]' = F(x)$

三、计算题

16. $\int_{-1}^1 (x^2 - 3x + 2) dx$.　　17. $\int_1^2 \dfrac{2x}{1+x^2} dx$.

18. $\int_1^e \dfrac{1}{x} \ln x dx$.　　19. $\int_0^1 \dfrac{x^2}{1+x^2} dx$.

20. $\int_0^{\frac{\pi}{2}} \sin^5 x \cos x \, dx$.

21. $\int_0^1 x e^x \, dx$.

22. $\int_1^e x \ln x \, dx$.

23. $\int_0^3 x \sqrt{1+x} \, dx$.

24. $\int_1^3 |x-2| \, dx$.

25. $\int_0^4 \frac{dx}{1+\sqrt{x}}$.

四、证明题

26. 用定积分的定义证明：$\int_0^1 x^2 \, dx = \frac{1}{3}$.

第六章 定积分与二重积分及其应用

学习目标

1. 理解定积分的微元法,能用于求某些几何量和物理量.
2. 熟练掌握计算平面图形的面积.
3. 熟练掌握求截面面积函数已知的立体(特别是旋转体体积)的体积,了解求平面曲线的弧长问题.
4. 理解二重积分的概念和性质.熟练掌握二重积分在直角坐标系中的计算,了解二重积分在极坐标系中的计算.
5. 了解二重积分的应用.

本章首先介绍定积分的微元法(又称元素法),在接下来的各节中应用这一方法讨论其在几何、物理方面的一些问题.

第一节 定积分的微元法与平面图形的面积

一、定积分的微元法

上一章在求曲边梯形的面积问题和求变速直线运动的路程问题时,我们通过"分割、近似代替、求和、取极限"这四个步骤建立了所求量的计算公式.以曲边梯形的面积问题为例,我们来回顾一下.

设 $f(x)$ 在区间 $[a,b]$ 上连续且 $f(x) \geqslant 0$,则以曲线 $y=f(x)$ 为曲边、$[a,b]$ 为底的曲边梯形的面积为

$$A = \lim_{\lambda \to 0} \sum_{i=1}^{n} f(\xi_i) \Delta x_i, \tag{1}$$

引出定积分的概念后,(1)式即为

$$A = \int_a^b f(x) \mathrm{d}x \quad (f(x) \geqslant 0). \tag{2}$$

我们注意到,所求量 A 与区间 $[a,b]$ 有关,如果把区间 $[a,b]$ 分成 n 个部分区间,则所求量 A 相应地被分成 n 个部分量 $\Delta A_i (i=1,2,\cdots,n)$,而所求量等于所有部分量之和,即 $A = \sum_{i=1}^{n} \Delta A_i$,这一性质称为所求量对于区间具有可加性.还要指出,由于 $y=f(x)$ 在区间 $[a,b]$ 上连续,因此以 $f(\xi_i) \Delta x_i$ 近似代替部分量 ΔA_i 时,它们只相差一个比 Δx_i 高阶的无

穷小量,因此和式 $\sum_{i=1}^{n} f(\xi_i)\Delta x_i$ 的极限是 A 的精确值(式(1)).再由定积分的定义,又可将 A 表示为定积分(式(2)).

在"分割、近似代替、求和、取极限"这四个步骤中,主要的是第二步,这一步是要确定 ΔA_i 的近似值 $f(\xi_i)\Delta x_i$. 在实用上,为了简便起见,省略下标 i,用 ΔA 表示任一小区间 $[x,x+\mathrm{d}x]$ 上的窄曲边梯形的面积,取 $[x,x+\mathrm{d}x]$ 的左端点 x 为 ξ,则

$$\Delta A \approx f(x)\mathrm{d}x.$$

上式右端 $f(x)\mathrm{d}x$ 称为**面积微元**,记为 $\mathrm{d}A = f(x)\mathrm{d}x$. 于是

$$A = \lim \sum f(x)\mathrm{d}x = \int_a^b f(x)\mathrm{d}x.$$

一般地,如果某一实际问题中的所求量 F 与一个变量 x 的变化区间 $[a,b]$ 有关,且所求量对于区间 $[a,b]$ 具有可加性;又部分量 ΔF_i 的近似值可表示为 $f(\xi_i)\Delta x_i$(两者只相差一个比 Δx_i 高阶的无穷小),则可考虑用定积分来表达这个量 F. 通常写出这个量 F 的积分表达式的步骤是:

(1) 根据问题的具体情况,选取一个变量,如以 x 为积分变量,并确定它的变化区间 $[a,b]$;

(2) 分割区间 $[a,b]$,取其中任意一个小区间并记为 $[x,x+\mathrm{d}x]$,求出相应的部分量 ΔF 的近似值 $f(x)\mathrm{d}x$,称为 F 的**微元**,记为 $\mathrm{d}F = f(x)\mathrm{d}x$;

(3) 以 $\mathrm{d}F = f(x)\mathrm{d}x$ 为被积表达式,在区间 $[a,b]$ 上作定积分,得

$$F = \int_a^b f(x)\mathrm{d}x.$$

这就是所求量 F 的积分表达式.

这个方法通常称为**微元法**. 下面各节中我们将应用这个方法来讨论几何、物理方面的一些问题.

二、平面图形的面积

1. 直角坐标系情形

如图 6-1 所示,求由连续曲线 $y=f(x), y=g(x)$ 与直线 $x=a, x=b(a<b)$ 所围成的平面图形的面积.

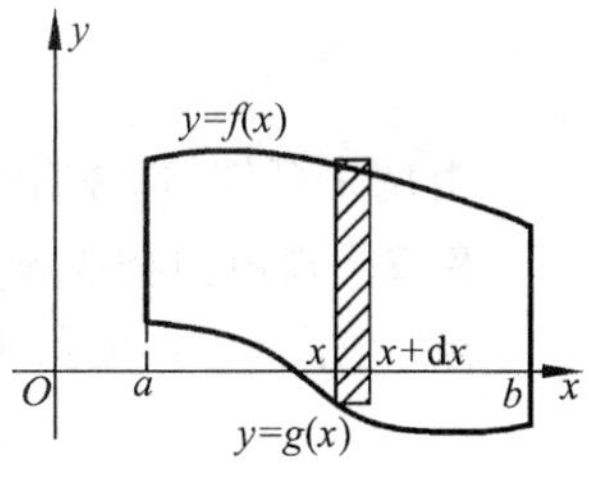

取 x 为积分变量,其变化区间为 $[a,b]$. 在 $[a,b]$ 上任取一个小区间 $[x,x+\mathrm{d}x]$,相应区间 $[x,x+\mathrm{d}x]$ 上的窄条的面积近似于高为 $f(x)-g(x)$、底为 $\mathrm{d}x$ 的窄矩形的面积,从而得到面积微元

图 6-1

$$\mathrm{d}A = [f(x)-g(x)] \cdot \mathrm{d}x.$$

以面积微元为被积表达式,在 $[a,b]$ 上作定积分,得所求面积为

$$A = \int_a^b [f(x)-g(x)]\mathrm{d}x.$$

考虑到 $f(x) \geqslant g(x)$ 和 $f(x) \leqslant g(x)$ 的不同情形,因此所求面积为

$$A = \int_a^b |f(x)-g(x)|\,\mathrm{d}x. \tag{3}$$

特别地,由连续曲线 $y=f(x)$,x 轴与直线 $x=a, x=b(a<b)$ 所围成的平面图形的面

积为

$$A = \int_a^b |f(x)|\,dx. \qquad (3')$$

类似地,如果平面图形由连续曲线 $x=\varphi(y), x=\psi(y)$ 与直线 $y=c, y=d(c<d)$ 围成(图 6-2),则这个平面图形的面积为

$$A = \int_c^d |\varphi(y) - \psi(y)|\,dy. \qquad (4)$$

特别地,由连续曲线 $x=\varphi(y)$, y 轴与直线 $y=c, y=d(c<d)$ 所围成的平面图形的面积为

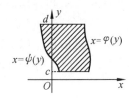

图 6-2

$$A = \int_c^d |\varphi(y)|\,dy. \qquad (4')$$

例 1 求由 $y=\dfrac{1}{x}, y=x$ 与 $x=2$ 所围成的平面图形的面积.

解 如图 6-3 所示,$y=x$ 和 $y=\dfrac{1}{x}$ 的交点为 $(1,1)$. 取 x 为积分变量,由公式(3),所求面积为

$$A = \int_1^2 \left(x - \frac{1}{x}\right) dx$$
$$= \left(\frac{1}{2}x^2 - \ln|x|\right)\bigg|_1^2 = \frac{3}{2} - \ln 2.$$

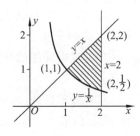

图 6-3

也可取 y 为积分变量. 求出 $y=x$ 和 $x=2$ 的交点 $(2,2)$ 以及 $y=\dfrac{1}{x}$ 和 $x=2$ 的交点 $\left(2,\dfrac{1}{2}\right)$,将积分区间 $\left[\dfrac{1}{2},2\right]$ 分成两个部分区间 $\left[\dfrac{1}{2},1\right]$ 及 $[1,2]$. 由公式(4),所求面积为

$$A = \int_{\frac{1}{2}}^1 \left(2 - \frac{1}{y}\right) dy + \int_1^2 (2-y)\,dy$$
$$= (2y - \ln|y|)\bigg|_{\frac{1}{2}}^1 + \left(2y - \frac{1}{2}y^2\right)\bigg|_1^2$$
$$= \frac{3}{2} - \ln 2.$$

由例 1 可知,选择合适的积分变量可以减少计算量.

例 2 求由抛物线 $y^2=2x$ 及直线 $y=x-4$ 所围成的平面图形的面积.

解 如图 6-4 所示. 解方程组

$$\begin{cases} y^2 = 2x, \\ y = x - 4, \end{cases}$$

得 $y^2=2x$ 与 $y=x-4$ 的交点 $(2,-2), (8,4)$.

取 y 为积分变量,由公式(4),所求面积为

$$A = \int_{-2}^4 \left[(y+4) - \frac{y^2}{2}\right] dy$$
$$= \left(\frac{1}{2}y^2 + 4y - \frac{1}{6}y^3\right)\bigg|_{-2}^4 = 18.$$

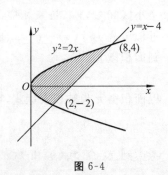

图 6-4

例3 求椭圆 $\dfrac{x^2}{a^2}+\dfrac{y^2}{b^2}=1$ 的面积.

解 如图 6-5 所示. 所求面积
$$A=4A_1,$$
其中 A_1 表示该椭圆在第一象限部分的面积. 由公式(3′),得
$$A=4A_1=4\int_0^a y\mathrm{d}x.$$

图 6-5

为了求此积分,利用椭圆的参数方程
$$\begin{cases}x=a\cos t,\\ y=b\sin t\end{cases}\left(t\in\left[0,\dfrac{\pi}{2}\right]\right),$$

则
$$A=4\int_{\frac{\pi}{2}}^{0}b\sin t\mathrm{d}(a\cos t)=4ab\int_0^{\frac{\pi}{2}}\sin^2t\mathrm{d}t$$
$$=4ab\int_0^{\frac{\pi}{2}}\dfrac{1-\cos2t}{2}\mathrm{d}t=2ab\left(t-\dfrac{1}{2}\sin2t\right)\Big|_0^{\frac{\pi}{2}}$$
$$=2ab\cdot\dfrac{\pi}{2}=\pi ab.$$

当 $a=b=r$ 时,即得圆面积的公式 $A=\pi r^2$.

也可应用公式(4′)计算 A,请读者自己完成.

2. 极坐标系情形

有些平面图形,用极坐标来计算它们的面积比较方便.

设曲线由极坐标方程
$$r=r(\theta)\quad(\alpha\leqslant\theta\leqslant\beta)$$
给出,其中 $r(\theta)$ 在 $[\alpha,\beta]$ 上连续. 曲线 $r=r(\theta)$ 与射线 $\theta=\alpha,\theta=\beta$ 所围成的平面图形称为**曲边扇形**(图 6-6). 怎样计算曲边扇形的面积呢?

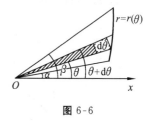

图 6-6

取极角 θ 为积分变量,其变化区间为 $[\alpha,\beta]$,在 $[\alpha,\beta]$ 上任取一个小区间 $[\theta,\theta+\mathrm{d}\theta]$,相应区间 $[\theta,\theta+\mathrm{d}\theta]$ 上的窄曲边扇形的面积近似于半径为 $r=r(\theta)$、中心角为 $\mathrm{d}\theta$ 的圆扇形的面积,从而利用扇形的面积公式得到曲边扇形的面积微元

$$\mathrm{d}A=\dfrac{1}{2}[r(\theta)]^2\mathrm{d}\theta.$$

以面积微元为被积表达式,在 $[\alpha,\beta]$ 上作定积分,得所求面积为
$$A=\int_\alpha^\beta\dfrac{1}{2}[r(\theta)]^2\mathrm{d}\theta. \tag{5}$$

例4 求由曲线 $r=2a\cos\theta(a>0)$ 所围成的平面图形的面积.

解 因为 $r\geqslant 0$,故 $\cos\theta\geqslant 0$,因此 θ 的取值范围是 $\left[-\dfrac{\pi}{2},\dfrac{\pi}{2}\right]$. 由公式(5),所求面积为

$$A=\int_{-\frac{\pi}{2}}^{\frac{\pi}{2}}\dfrac{1}{2}(2a\cos\theta)^2\mathrm{d}\theta=2a^2\int_{-\frac{\pi}{2}}^{\frac{\pi}{2}}\cos^2\theta\mathrm{d}\theta$$
$$=2a^2\int_{-\frac{\pi}{2}}^{\frac{\pi}{2}}\dfrac{1+\cos2\theta}{2}\mathrm{d}\theta=2a^2\left(\dfrac{1}{2}\theta+\dfrac{1}{4}\sin2\theta\right)\Big|_{-\frac{\pi}{2}}^{\frac{\pi}{2}}=\pi a^2.$$

说明 利用 $\begin{cases} x = r\cos\theta, \\ y = r\sin\theta \end{cases}$ 将极坐标方程 $r = 2a\cos\theta$ 化为直角坐标方程:

$r = 2a\cos\theta \Rightarrow r^2 = 2ar\cos\theta \Rightarrow x^2 + y^2 = 2ax \Rightarrow (x-a)^2 + y^2 = a^2.$

可以看出平面图形即为以 $(a,0)$ 为圆心、a 为半径的圆(图 6-7),因此所求面积 $A = \pi a^2$.

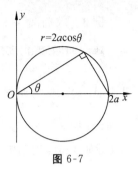

图 6-7

同步训练 6-1

1. 求由下列各曲线所围成的平面图形的面积:
   (1) $y = e^x, y = e^{-x}$ 与直线 $x = 1$;
   (2) $y = \ln x$, y 轴与直线 $y = \ln a$, $y = \ln b (b > a > 0)$;
   (3) $y = x^2$ 与 $y = 2 - x^2$;
   (4) $y = x^2$ 与直线 $y = x$, $y = 2x$.

2. 求由摆线 $\begin{cases} x = a(t - \sin t), \\ y = a(1 - \cos t) \end{cases} (a > 0)$ 的一拱(图 6-8)与 x 轴所围成的平面图形的面积.

3. 求心脏线 $r = a(1 + \cos\theta)(a > 0)$ 所围成的平面图形(图 6-9)的面积.

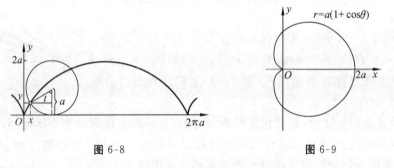

图 6-8   图 6-9

4. 求圆盘 $r \leqslant 1$ 被心脏线 $r = 1 + \cos\theta$ 所分割成的两部分的面积.

第二节 利用定积分求体积和弧长

一、截面面积为已知的立体的体积

如图 6-10 所示,设一立体在过点 $x = a$, $x = b$ ($a < b$) 且垂直于 x 轴的两个平面之间,以 $A(x)$ 表示过点 x ($a \leqslant x \leqslant b$) 且垂直于 x 轴的截面面积,称为立体的**截面面积函数**. 假定 $A(x)$ 为已知的连续函数,下面来求此立体的体积.

取 x 为积分变量,其变化区间为 $[a,b]$. 在 $[a,b]$ 上任取一个小区间 $[x, x+dx]$,相应区间 $[x, x+$

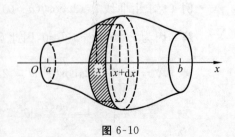

图 6-10

dx]上的薄片的体积近似于底面积为 $A(x)$、高为 dx 的柱体的体积,从而得到体积微元
$$dV = A(x)dx.$$
以 $A(x)dx$ 为被积表达式,在$[a,b]$上作定积分,得所求体积为
$$V = \int_a^b A(x)dx. \tag{1}$$

例 1 一平面经过半径为 R 的圆柱体的底面圆的中心,与底面的夹角为 α(图 6-11).求此平面截圆柱体所得立体的体积.

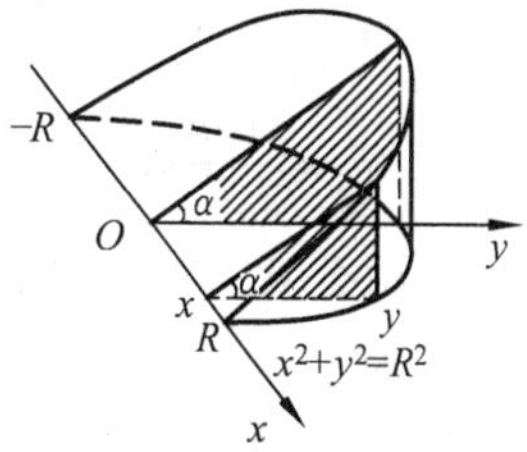

解 取这个平面与圆柱体的底面交线为 x 轴,底面上过圆心且垂直于 x 轴的直线为 y 轴.那么,底面圆的方程为 $x^2+y^2=R^2$.过 x 轴上的点 $x(-R\leqslant x\leqslant R)$ 且垂直于 x 轴的平面截立体所得的截面是一个直角三角形,因此截面的面积为
$$A(x) = \frac{1}{2}\sqrt{R^2-x^2} \cdot \sqrt{R^2-x^2}\tan\alpha$$
$$= \frac{1}{2}(R^2-x^2)\tan\alpha.$$

图 6-11

由公式(1),所求体积为
$$V = \int_{-R}^R A(x)dx = \int_{-R}^R \frac{1}{2}(R^2-x^2)\tan\alpha dx$$
$$= \frac{1}{2}\tan\alpha\left(R^2x - \frac{1}{3}x^3\right)\Big|_{-R}^R$$
$$= \frac{2}{3}R^3\tan\alpha.$$

旋转体是一类特殊的空间立体.设旋转体由连续曲线 $y=f(x)$,直线 $x=a,x=b(a<b)$ 与 x 轴所围成的平面图形绕 x 轴旋转一周所得(图 6-12).以过点 $x(a\leqslant x\leqslant b)$ 且垂直于 x 轴的平面去截旋转体,其截面是半径为 $|f(x)|$ 的圆盘,于是截面面积 $A(x)=\pi[f(x)]^2$.由公式(1),旋转体的体积为
$$V = \int_a^b \pi[f(x)]^2 dx. \tag{2}$$

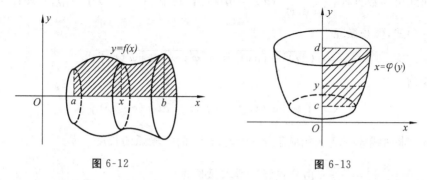

图 6-12   图 6-13

类似地,由连续曲线 $x=\varphi(y)$,直线 $y=c,y=d(c<d)$ 与 y 轴所围成的平面图形绕 y 轴旋转一周所得的旋转体(图 6-13)的体积为
$$V = \int_c^d \pi[\varphi(y)]^2 dy. \tag{3}$$

例2 求由 $y=x^3$，直线 $x=2$ 与 x 轴所围成的平面图形分别绕 x 轴及 y 轴旋转所得的旋转体的体积.

解 平面图形如图 6-14 所示（阴影部分）. 由公式(2)，平面图形绕 x 轴旋转一周所得的旋转体的体积为

$$V_x = \int_0^2 \pi (x^3)^2 \mathrm{d}x = \int_0^2 \pi x^6 \mathrm{d}x = \pi \cdot \frac{1}{7} x^7 \Big|_0^2$$
$$= \frac{128}{7}\pi.$$

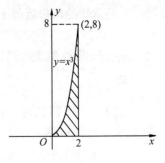

图 6-14

由公式(3)，平面图形绕 y 轴旋转一周所得的旋转体的体积为

$$V_y = \int_0^8 \pi \cdot 2^2 \mathrm{d}y - \int_0^8 \pi (\sqrt[3]{y})^2 \mathrm{d}y = 32\pi - \frac{3\pi}{5} y^{\frac{5}{3}} \Big|_0^8 = 32\pi - \frac{96}{5}\pi = \frac{64}{5}\pi.$$

二、平面曲线的弧长

现在我们来计算光滑曲线 $y=f(x)$（即具有连续的导数 $f'(x)$）上相应于 x 从 a 到 b 的一段弧的长度.

如图 6-15 所示，取 x 为积分变量，其变化区间为 $[a, b]$. 在 $[a,b]$ 上任取一个小区间 $[x, x+\mathrm{d}x]$，相应区间 $[x, x+\mathrm{d}x]$ 上的一段弧 $\overset{\frown}{MN}$ 的长度 Δs 近似于该曲线在点 $M(x, f(x))$ 处的切线上相应的一小段的长度 $|MP|$，从而得到**弧长微元**

$$\mathrm{d}s = \sqrt{(\mathrm{d}x)^2 + (\mathrm{d}y)^2} = \sqrt{1+(y')^2}\mathrm{d}x. \quad (4)$$

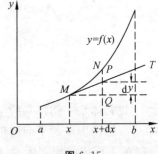

图 6-15

以弧长微元为被积表达式，在 $[a,b]$ 上作定积分，得所求弧长为

$$s = \int_a^b \sqrt{1+(y')^2}\mathrm{d}x. \quad (5)$$

若曲线由参数方程 $\begin{cases} x = \varphi(t) \\ y = \psi(t) \end{cases}$ $(\alpha \leqslant t \leqslant \beta)$ 给出，其中 $\varphi(t), \psi(t)$ 在 $[\alpha, \beta]$ 上具有连续的导数，则由(4)式，弧长微元

$$\mathrm{d}s = \sqrt{(\mathrm{d}x)^2 + (\mathrm{d}y)^2} = \sqrt{[\varphi'(t)]^2 + [\psi'(t)]^2}\mathrm{d}t.$$

所求弧长为

$$s = \int_\alpha^\beta \sqrt{[\varphi'(t)]^2 + [\psi'(t)]^2}\mathrm{d}t \quad (\alpha \leqslant \beta). \quad (6)$$

例3 求曲线 $y=x^{\frac{3}{2}}$ 上相应于 $x=0$ 到 $x=1$ 的一段弧的长度.

解 $y' = \frac{3}{2} x^{\frac{1}{2}} = \frac{3\sqrt{x}}{2}$. 由公式(5)，所求弧长为

$$s = \int_0^1 \sqrt{1+(y')^2}\mathrm{d}x = \int_0^1 \sqrt{1+\left(\frac{3\sqrt{x}}{2}\right)^2}\mathrm{d}x$$
$$= \int_0^1 \sqrt{1+\frac{9x}{4}}\mathrm{d}x = \frac{8}{27}\left(1+\frac{9x}{4}\right)^{\frac{3}{2}} \Big|_0^1$$

$$= \frac{13\sqrt{13}-8}{27}.$$

例 4 求摆线 $x=a(t-\sin t), y=a(1-\cos t)(a>0)$ 的一拱的弧长.

解 由于 $x'(t)=a(1-\cos t), y'(t)=a\sin t$, 应用公式(6), 所求弧长为

$$\begin{aligned} s &= \int_0^{2\pi} \sqrt{[x'(t)]^2+[y'(t)]^2}\,dt \\ &= \int_0^{2\pi} \sqrt{a^2(1-\cos t)^2+a^2\sin^2 t}\,dt \\ &= \int_0^{2\pi} \sqrt{2a^2(1-\cos t)}\,dt = 2a\int_0^{2\pi} \sin\frac{t}{2}\,dt \\ &= -4a\cos\frac{t}{2}\Big|_0^{2\pi} = 8a. \end{aligned}$$

同步训练 6-2

1. 求以抛物线 $y=4-x^2$ 与 $y=0$ 所围成的图形为底面, 而垂直于 y 轴的所有截面都是高为 2 的矩形的立体的体积.

2. 求下列曲线所围成的图形按指定的轴旋转一周所得的旋转体的体积:

(1) $y=x^2$ 与 $x=y^2$, 绕 y 轴;

(2) $y=x^2$ 与 $y=1$, 绕 x 轴;

(3) 摆线 $x=a(t-\sin t), y=a(1-\cos t)$ 的一拱与 $y=0$, 绕 x 轴.

3. 求抛物线 $y=x^2$ 在点 $(1,1)$ 处的切线与抛物线自身及 x 轴所围成的图形绕 x 轴旋转一周所得的旋转体的体积.

4. 求下列曲线的弧长:

(1) $y=\ln x, \sqrt{3}\leqslant x\leqslant\sqrt{8}$;

提示: 由积分表查得

$$\int \frac{\sqrt{x^2+a^2}}{x}dx = \sqrt{x^2+a^2}-a\ln\frac{a+\sqrt{x^2+a^2}}{x}+C.$$

(2) $y=\int_0^x \sqrt{\sin x}\,dx, 0\leqslant x\leqslant\pi$;

(3) 星形线 $x=a\cos^3 t, y=a\sin^3 t(a>0), 0\leqslant t\leqslant 2\pi$, 如图 6-16 所示.

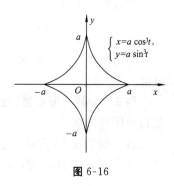

图 6-16

5. 证明: 若曲线的极坐标方程为 $r=r(\theta)$, 则相应于 $\theta=\alpha$ 与 $\theta=\beta$ 的一段弧长为

$$s = \int_\alpha^\beta \sqrt{[r(\theta)]^2+[r'(\theta)]^2}\,d\theta.$$

*第三节 定积分在物理上的某些应用

定积分在物理上有着广泛的应用. 在上一章曾提到可用定积分计算变速直线运动的路程, 现在再举一些例子.

一、变力沿直线所做的功

设一物体在连续的变力 $F(x)$ 的作用下沿力的方向做直线运动,求物体从 $x=a$ 移动到 $x=b$ 时,变力 $F(x)$ 所做的功(图 6-17).

利用微元法.取 x 为积分变量,其变化区间为 $[a,b]$.在 $[a,b]$ 上任取一个小区间 $[x,x+\mathrm{d}x]$,由于力 $F(x)$ 是连续变化的,因此当 $\mathrm{d}x$ 很小时,区间 $[x,x+\mathrm{d}x]$ 上的变力近似于常力 $F(x)$(这里的 $F(x)$ 表示点 x 处的力),从而得到功微元

$$\mathrm{d}W=F(x)\mathrm{d}x.$$

以功微元为被积表达式,在 $[a,b]$ 上作定积分,则变力 $F(x)$ 在 $[a,b]$ 上所做的功为

$$W=\int_a^b F(x)\mathrm{d}x. \tag{1}$$

例1 设质量分别为 m_1 和 m_2 的两个质点 A,B,它们相距为 a.将质点 B 沿直线 AB 移至距 A 为 b 的位置 B',求克服引力所做的功.

解 作 x 轴如图 6-18 所示,质点 A,B 之间的引力为

$$F(x)=k\cdot\frac{m_1 m_2}{x^2}.$$

其中 x 表示两个质点之间的距离,所以 $F(x)$ 是变力.

取 x 为积分变量,它的变化区间为 $[a,b]$.由公式(1),克服引力所做的功为

$$W=\int_b^a F(x)\mathrm{d}x=\int_a^b k\cdot\frac{m_1 m_2}{x^2}\mathrm{d}x$$
$$=km_1 m_2\left(\frac{1}{a}-\frac{1}{b}\right).$$

若将质点 B 沿直线 AB 移至无穷远处,则克服引力所做的功就是广义积分

$$W=\int_a^{+\infty}F(x)\mathrm{d}x=\int_a^{+\infty}k\cdot\frac{m_1 m_2}{x^2}\mathrm{d}x=\frac{km_1 m_2}{a}.$$

下面再举一个计算功的例子,它虽然不是一个变力所做的功,但也可以用定积分来计算.

例2 一圆锥形水池,池口直径为 20m,深为 15m,池中盛满了水,求将全部池水抽到池口外所做的功.

解 如图 6-19 所示作坐标系,取水的深度 x 为积分变量,其变化区间为 $[0,15]$.相应于 $[0,15]$ 上的任一小区间 $[x,x+\mathrm{d}x]$ 内一薄层水的质量近似为 $\rho\pi\left[10\left(1-\dfrac{x}{15}\right)\right]^2\mathrm{d}x$ kg,这里水的密度 $\rho=10^3$ kg/m³.这一薄层水抽到池口外所做的功近似地为(即功微元)

$$\mathrm{d}W=\rho g\pi\left[10\left(1-\frac{x}{15}\right)\right]^2\mathrm{d}x\cdot x$$
$$=100\rho g\pi x\left(1-\frac{x}{15}\right)^2\mathrm{d}x(\mathrm{J}).$$

于是,将全部池水抽到池口外所做的功为

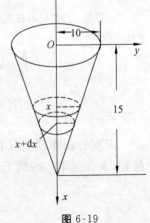

图 6-19

$$W = \int_0^{15} 100\rho g \pi x \left(1 - \frac{x}{15}\right)^2 dx$$
$$= 100\pi\rho g \cdot \frac{75}{4} \approx 5.77 \times 10^7 \text{(J)}.$$

二、液体的压力

由物理学知识我们知道,在液体中深为 h 的地方,压强(即单位面积所受的压力)为 $p=\rho g h$,这里 ρ 是液体的密度,g 是重力加速度. 在同一点处压强在各个方向是相等的. 如果有一面积为 A 的平板水平地放置在液体中深为 h 的地方,那么平板一侧所受的压力为
$$P = p \cdot A.$$
如果平板垂直放置在液体中,那么,因为不同深度的点处压强 p 是不同的,所以平板一侧所受的压力就不能用上述方法直接计算,我们可以应用微元法来讨论这一问题.

例 3 一直径为 6m 的圆形管道内,有一道闸门,问盛水半满时,闸门所受的压力是多少?

解 如图 6-20 所示作坐标系,圆的方程为 $x^2 + y^2 = 9$.

利用微元法,取水的深度 x 为积分变量,其变化区间为 $[0,3]$,在 $[0,3]$ 上任取一个小区间 $[x, x+dx]$,闸门从深度 x 到 $x+dx$ 的一层(阴影部分)上各处的压强是不同的,但当 dx 很小时,近似于水深 x 处的压强 $\rho g x$,又阴影部分的面积近似于 $2\sqrt{9-x^2} dx$,从而得到压力微元
$$dP = \rho g x \cdot 2\sqrt{9-x^2} dx.$$

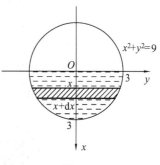

图 6-20

以压力微元为被积表达式,在 $[0,3]$ 上作定积分,则盛水半满时,闸门所受的压力为
$$P = \int_0^3 \rho g x \cdot 2\sqrt{9-x^2} dx = -\frac{2}{3}\rho g (9-x^2)^{\frac{3}{2}}\Big|_0^3 = 18\rho g \approx 1.764 \times 10^5 \text{(N)}.$$

同步训练 6-3

1. 有一质点按规律 $x=t^3$ 做直线运动,介质的阻力与速度的平方成正比,求质点从 $x=0$ 移到 $x=1$ 时,克服介质阻力所做的功.

2. 如果 1N 的力能使弹簧伸长 0.01m,现在要使弹簧伸长 0.1m,问需做功多少?

3. 高 20cm,顶上宽 20cm 的半椭圆板(图 6-21)直立于水中,试计算它的一侧所受的压力.

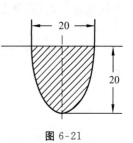

图 6-21

4. 一个等腰梯形截面的水槽深 20cm,底宽 40cm,顶宽 80cm,如果槽里装满了水,求水槽的一端所受的水压力.

第四节　二重积分的概念和性质

一、二重积分的概念

1. 两个实例

实例 1　曲顶柱体的体积

设有一立体,它的底是 xOy 平面上的有界闭区域 D,侧面是以 D 的边界曲线为准线而母线平行于 z 轴的柱面,顶是曲面 $z=f(x,y)$,这里 $f(x,y) \geqslant 0$ 且在 D 上连续(图 6-22),这种立体称为**曲顶柱体**.

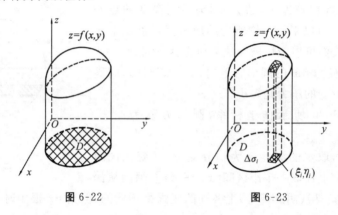

图 6-22　　　　　图 6-23

类似于求曲边梯形的面积,采用"分割、近似代替、求和、取极限"的方法来求曲顶柱体的体积.

(1) 分割　将区域 D 任意分成 n 个小区域 $\Delta\sigma_1, \Delta\sigma_2, \cdots, \Delta\sigma_n$,且以 $\Delta\sigma_i$ 表示第 i 个小区域的面积,相应地把曲顶柱体分为 n 个以 $\Delta\sigma_i$ 为底、母线平行于 z 轴的小曲顶柱体,它们的体积分别记为 $\Delta V_1, \Delta V_2, \cdots, \Delta V_n$.

(2) 近似代替　对每个小曲顶柱体,当 $\Delta\sigma_i$ 很小时,其高度 $f(x,y)$ 变化很小,故可将小曲顶柱体近似看作以 $\Delta\sigma_i$ 为底、$f(\xi_i, \eta_i)$ 为高的平顶柱体(图 6-23),其中 (ξ_i, η_i) 为 $\Delta\sigma_i$ 上任取的一点,从而得到第 i 个小曲顶柱体体积 ΔV_i 的近似值

$$\Delta V_i \approx f(\xi_i, \eta_i) \Delta\sigma_i, i=1,2,\cdots,n.$$

(3) 求和　把求得的 n 个小曲顶柱体的体积相加,便得到所求曲顶柱体体积的近似值

$$V = \sum_{i=1}^{n} \Delta V_i \approx \sum_{i=1}^{n} f(\xi_i, \eta_i) \Delta\sigma_i.$$

(4) 取极限　区域 D 分割得越细密,上式右端的和式越接近于体积 V. 令 n 个小区域中的最大直径 $\lambda \to 0$,则上述和式的极限就是曲顶柱体的体积 V,即

$$V = \lim_{\lambda \to 0} \sum_{i=1}^{n} f(\xi_i, \eta_i) \Delta\sigma_i.$$

说明　有界闭区域的直径是指该区域中任意两点间距离的最大值.

实例 2　平面薄片的质量

设有一质量非均匀分布的平面薄片,在 xOy 平面上占有区域 D,它在点 (x,y)

处的面密度 $\rho(x,y)$ 在 D 上连续,且 $\rho(x,y)>0$,求此薄片的质量 M.

我们也可用求曲顶柱体体积的方法来解决.

(1) 分割　将区域 D 任意分成 n 个小区域 $\Delta\sigma_1,\Delta\sigma_2,\cdots,\Delta\sigma_n$,并且以 $\Delta\sigma_i$ 表示第 i 个小区域的面积,(ξ_i,η_i) 为 $\Delta\sigma_i$ 内的任意一点(图 6-23).

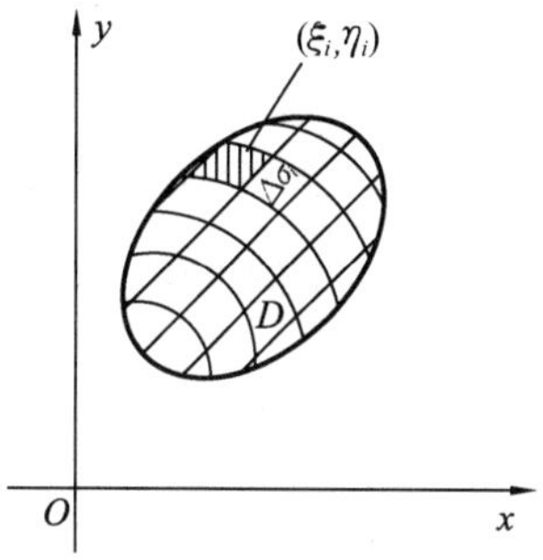

(2) 近似代替　当小区域 $\Delta\sigma_i$ 的直径很小时,第 i 个小薄片的质量 ΔM_i 的近似值为
$$\Delta M_i \approx \rho(\xi_i,\eta_i)\Delta\sigma_i, i=1,2,\cdots,n.$$

(3) 求和　将求得的 n 个小薄片的质量相加,便得到整个薄片质量的近似值
$$M = \sum_{i=1}^{n}\Delta M_i \approx \sum_{i=1}^{n}\rho(\xi_i,\eta_i)\Delta\sigma_i.$$

(4) 取极限　将 D 无限细分,即 n 个小区域中的最大直径 $\lambda \to 0$ 时,和式的极限就是薄片的质量,即
$$M = \lim_{\lambda \to 0}\sum_{i=1}^{n}\rho(\xi_i,\eta_i)\Delta\sigma_i.$$

图 6-24

上面两个实例的具体意义虽然不同,但解决的方法相同,都可归结为求二元函数的某种特定和式的极限,对这种和式的极限加以一般性地研究,就可以抽象出下述二重积分的概念.

2. 二重积分的概念

定义　设 $z=f(x,y)$ 是定义在有界闭区域 D 上的有界函数,将 D 任意分割为 n 个小区域 $\Delta\sigma_i(i=1,2,\cdots,n)$,且 $\Delta\sigma_i$ 也表示第 i 个小区域的面积,在每个小区域 $\Delta\sigma_i$ 上任取一点 (ξ_i,η_i),作乘积 $f(\xi_i,\eta_i)\Delta\sigma_i(i=1,2,\cdots,n)$,并作和式 $\sum_{i=1}^{n}f(\xi_i,\eta_i)\Delta\sigma_i$.若当各小区域的直径中的最大值 λ 趋于零时,此和式的极限存在,则称此极限为函数 $z=f(x,y)$ 在区域 D 上的**二重积分**,记为 $\iint\limits_{D}f(x,y)\mathrm{d}\sigma$,即
$$\iint\limits_{D}f(x,y)\mathrm{d}\sigma = \lim_{\lambda \to 0}\sum_{i=1}^{n}f(\xi_i,\eta_i)\Delta\sigma_i.$$

其中 $f(x,y)$ 称为**被积函数**,D 称为**积分区域**,$f(x,y)\mathrm{d}\sigma$ 称为**被积表达式**,$\mathrm{d}\sigma$ 称为**面积微元**,x 与 y 称为**积分变量**.

可以证明,当 $f(x,y)$ 在有界闭区域 D 上连续时,和式极限 $\lim\limits_{\lambda \to 0}\sum_{i=1}^{n}f(\xi_i,\eta_i)\Delta\sigma_i$ 必定存在.因此可得二重积分存在的充分条件:若 $f(x,y)$ 在积分区域 D 上连续,则二重积分 $\iint\limits_{D}f(x,y)\mathrm{d}\sigma$ 一定存在.

由于二重积分定义中对区域 D 的划分是任意的,因此在直角坐标系中若用平行于坐标轴的直线网来划分区域 D,则除了靠近边界曲线的一些小区域外,其余绝大部分的小区域都是矩形.小矩形 $\Delta\sigma$ 的边长为 Δx 和 Δy,则 $\Delta\sigma$ 的面积 $\Delta\sigma = \Delta x \cdot \Delta y$(图 6-25),因此**直角坐标系中的面积微元** $\mathrm{d}\sigma$ 可记为 $\mathrm{d}x\mathrm{d}y$,从而二重积分也常记为

$$\iint\limits_{D} f(x,y)\mathrm{d}x\mathrm{d}y.$$

由二重积分的定义,可以知道:

(1) 实例 1 中曲顶柱体的体积 $V = \iint\limits_{D} f(x,y)\mathrm{d}\sigma$;

(2) 实例 2 中平面薄片的质量 $M = \iint\limits_{D} \rho(x,y)\mathrm{d}\sigma$.

二重积分的几何意义是十分明显的,当 $f(x,y) \geqslant 0$

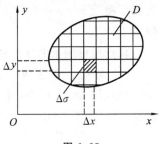

图 6-25

时, $\iint\limits_{D} f(x,y)\mathrm{d}\sigma$ 表示以 D 为底、以 $z = f(x,y)$ 为顶的曲顶柱体的体积;当 $f(x,y) \leqslant 0$ 时,柱体在 xOy 平面的下方,二重积分就是曲顶柱体体积的负值;如果 $f(x,y)$ 在 D 的某些区域上是正的,而在 D 的另外一些区域上是负的,那么 $f(x,y)$ 在 D 上的二重积分等于这些部分区域上柱体体积的代数和.特别地,当 $f(x,y) = 1$ 时,$\iint\limits_{D} f(x,y)\mathrm{d}\sigma = \iint\limits_{D} \mathrm{d}\sigma$ 表示区域 D 的面积,即

$$\iint\limits_{D} \mathrm{d}\sigma = \sigma.$$

其中 σ 表示区域 D 的面积.

注意 二重积分 $\iint\limits_{D} f(x,y)\mathrm{d}\sigma$ 是积分和式的极限,它是一个定数,只与被积函数 $f(x,y)$ 和积分区域 D 有关,而与积分变量的记号无关.例如,

$$\iint\limits_{D} f(x,y)\mathrm{d}x\mathrm{d}y = \iint\limits_{D} f(u,v)\mathrm{d}u\mathrm{d}v = \iint\limits_{D} f(s,t)\mathrm{d}s\mathrm{d}t.$$

二、二重积分的性质

设二元函数 $f(x,y), g(x,y)$ 在有界闭区域 D 上可积.与定积分类似,二重积分有如下性质:

性质 1 被积函数的常数因子可以提到积分号的外面,即

$$\iint\limits_{D} kf(x,y)\mathrm{d}\sigma = k\iint\limits_{D} f(x,y)\mathrm{d}\sigma \quad (k \text{ 为常数}).$$

性质 2 有限个函数代数和的二重积分等于各个函数的二重积分的代数和,即

$$\iint\limits_{D} [f(x,y) \pm g(x,y)]\mathrm{d}\sigma = \iint\limits_{D} f(x,y)\mathrm{d}\sigma \pm \iint\limits_{D} g(x,y)\mathrm{d}\sigma.$$

性质 3(二重积分的可加性) 如果闭区域 D 被有限条曲线分为有限个部分区域,则在 D 上的二重积分等于在各部分区域上的二重积分的和.例如,若闭区域 D 分为两个闭区域 D_1 和 D_2(图 6-26),则

$$\iint\limits_{D} f(x,y)\mathrm{d}\sigma = \iint\limits_{D_1} f(x,y)\mathrm{d}\sigma + \iint\limits_{D_2} f(x,y)\mathrm{d}\sigma.$$

性质 4 若在区域 D 上,$f(x,y) \leqslant g(x,y)$,则

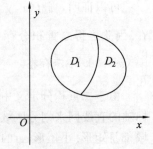

图 6-26

$$\iint\limits_D f(x,y)\mathrm{d}\sigma \leqslant \iint\limits_D g(x,y)\mathrm{d}\sigma.$$

特别地,由于
$$-|f(x,y)| \leqslant f(x,y) \leqslant |f(x,y)|,$$
所以又有
$$\left|\iint\limits_D f(x,y)\mathrm{d}\sigma\right| \leqslant \iint\limits_D |f(x,y)|\mathrm{d}\sigma.$$

性质 5(二重积分的估值定理) 设 M 和 m 分别为函数 $f(x,y)$ 在有界闭区域 D 上的最大值与最小值,则
$$m\sigma \leqslant \iint\limits_D f(x,y)\mathrm{d}\sigma \leqslant M\sigma,$$
其中 σ 为积分区域 D 的面积.

性质 6(二重积分的中值定理) 设函数 $f(x,y)$ 在有界闭区域 D 上连续,σ 是区域 D 的面积,则在 D 上至少存在一点 (ξ,η),使得
$$\iint\limits_D f(x,y)\mathrm{d}\sigma = f(\xi,\eta)\cdot\sigma$$
成立.

当 $f(x,y) \geqslant 0$ 时,二重积分中值定理的几何意义是:在区域 D 上以曲面 $f(x,y)$ 为顶的曲顶柱体的体积,等于以积分区域 D 为底、以 $f(\xi,\eta)$ 为高的平顶柱体的体积.

例 1 比较二重积分 $\iint\limits_D (x+y)^2\mathrm{d}\sigma$ 与 $\iint\limits_D (x+y)^3\mathrm{d}\sigma$ 的大小,其中 D 由 x 轴、y 轴及直线 $x+y=1$ 围成.

解 如图 6-27 所示.因为在区域 D 上,有
$$0 \leqslant x+y \leqslant 1,$$
所以
$$(x+y)^2 \geqslant (x+y)^3,$$
从而
$$\iint\limits_D (x+y)^2\mathrm{d}\sigma \geqslant \iint\limits_D (x+y)^3\mathrm{d}\sigma.$$

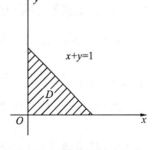

图 6-27

例 2 利用二重积分的性质,估计积分 $I = \iint\limits_D (x^2+4y^2+9)\mathrm{d}\sigma$ 的值,其中 D 是圆形区域:$x^2+y^2 \leqslant 4$.

解 先求函数 $f(x,y) = x^2+4y^2+9$ 在区域 D 上的最大值 M 和最小值 m.

在区域 D 的内部,令 $\dfrac{\partial f}{\partial x} = 2x = 0, \dfrac{\partial f}{\partial y} = 8y = 0$,得唯一驻点 $(0,0)$,且 $f(0,0) = 9$.

在区域 D 的边界 $x^2+y^2 = 4$ 上,有
$$f(x,y) = x^2+4y^2+9 = 13+3y^2.$$
由于 $0 \leqslant y^2 \leqslant 4$,因此
$$13 \leqslant f(x,y) \leqslant 25,$$
所以 $f(x,y)$ 在区域 D 上的最大值和最小值分别为 $M = 25$ 和 $m = 9$.

再求得区域 D 的面积 $\sigma = 4\pi$.

最后由性质 5 得
$$36\pi \leqslant I \leqslant 100\pi.$$

同步训练 6-4

1. 用二重积分表示半球 $x^2+y^2+z^2 \leqslant a^2, z \geqslant 0$ 的体积.

2. 计算 $\iint\limits_{D} d\sigma$,其中 D 为:

   (1) $|x| \leqslant 3, |y| \leqslant 2$;

   (2) $\dfrac{x^2}{4}+\dfrac{y^2}{9} \leqslant 1$;

   (3) $4 \leqslant x^2+y^2 \leqslant 25$.

3. 利用二重积分的性质,比较积分 $\iint\limits_{D}\ln(x+y)d\sigma$ 与 $\iint\limits_{D}[\ln(x+y)]^2 d\sigma$ 的大小,其中 D 是三角形区域,三顶点分别为 $(1,0),(1,1),(2,0)$.

4. 利用二重积分的性质,估计积分 $\iint\limits_{D}(x+y+1)d\sigma$ 的值,其中 D 为矩形 $0 \leqslant x \leqslant 1, 0 \leqslant y \leqslant 2$.

第五节 二重积分的计算

类似于定积分,若按定义用求和式的极限来计算二重积分,那是十分困难的,为此需要寻求其他实际可行的计算方法.借助二重积分的几何意义可以得到将二重积分化为连续计算两次定积分的计算方法.

一、二重积分在直角坐标系中的计算

若积分区域 D 可用不等式
$$\varphi_1(x) \leqslant y \leqslant \varphi_2(x), a \leqslant x \leqslant b$$
来表示,其中函数 $\varphi_1(x)$ 与 $\varphi_2(x)$ 在区间 $[a,b]$ 上连续(图6-28),则称它为 **x 型区域**.

若积分区域 D 可用不等式
$$\psi_1(y) \leqslant x \leqslant \psi_2(y), c \leqslant y \leqslant d$$
来表示,其中函数 $\psi_1(y)$ 与 $\psi_2(y)$ 在区间 $[c,d]$ 上连续(图6-29),则称它为 **y 型区域**.

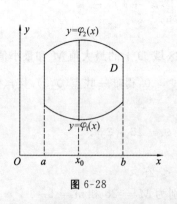

图 6-28

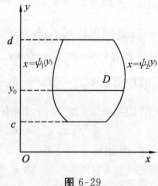

图 6-29

区域的特点:当 D 为 x 型区域时,垂直于 x 轴的直线 $x=x_0(a<x_0<b)$ 与区域 D 的边界至多交于两点;当 D 为 y 型区域时,垂直于 y 轴的直线 $y=y_0(c<y_0<d)$ 与区域 D 的边界至多交于两点.

如果积分区域 D 与穿过区域 D 内部且垂直于 x 轴或垂直于 y 轴的直线的交点多于两个（图 6-30），此时可用垂直于坐标轴的直线把 D 分成有限个除边界外无公共点的 x 型区域或 y 型区域，因而一般区域上的二重积分计算就化为 x 型或 y 型区域上二重积分的计算.

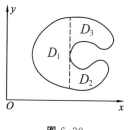

图 6-30

下面先讨论积分区域 D 为 x 型（图 6-28）时，二重积分 $\iint_D f(x,y)\mathrm{d}x\mathrm{d}y$ 的计算.

根据二重积分的几何意义，当 $f(x,y) \geqslant 0$ 时，二重积分 $\iint_D f(x,y)\mathrm{d}x\mathrm{d}y$ 表示以 D 为底、以 $z = f(x,y)$ 为顶的曲顶柱体的体积，即

$$V = \iint_D f(x,y)\mathrm{d}\sigma = \iint_D f(x,y)\mathrm{d}x\mathrm{d}y.$$

下面应用第六章中计算"截面面积函数为已知的立体的体积"的方法，求该曲顶柱体的体积.

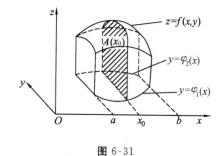

在 $[a,b]$ 上任意取定一点 x_0，过点 x_0 作平行于 yOz 面的平面 $x = x_0$，此平面截曲顶柱体，得到以 $[\varphi_1(x_0), \varphi_2(x_0)]$ 为底、以 $z = f(x_0, y)$ 为曲边的曲边梯形（图 6-31 中阴影部分），其面积为

$$A(x_0) = \int_{\varphi_1(x_0)}^{\varphi_2(x_0)} f(x_0, y)\mathrm{d}y.$$

图 6-31

一般地，过区间 $[a,b]$ 上任意一点 x 且平行于 yOz 面的平面截曲顶柱体所得的截面面积为

$$A(x) = \int_{\varphi_1(x)}^{\varphi_2(x)} f(x,y)\mathrm{d}y.$$

由截面面积函数为已知的立体的体积公式，得曲顶柱体的体积为

$$V = \int_a^b A(x)\mathrm{d}x = \int_a^b \left[\int_{\varphi_1(x)}^{\varphi_2(x)} f(x,y)\mathrm{d}y\right]\mathrm{d}x.$$

从而有

$$\iint_D f(x,y)\mathrm{d}x\mathrm{d}y = \int_a^b \left[\int_{\varphi_1(x)}^{\varphi_2(x)} f(x,y)\mathrm{d}y\right]\mathrm{d}x.$$

该公式通常也写成

$$\iint_D f(x,y)\mathrm{d}x\mathrm{d}y = \int_a^b \mathrm{d}x \int_{\varphi_1(x)}^{\varphi_2(x)} f(x,y)\mathrm{d}y.$$

上式右端是一个先对 y 后对 x 的**二次积分**，即先把 x 看作常数，把 $f(x,y)$ 只看作 y 的函数，并对 y 计算从 $\varphi_1(x)$ 到 $\varphi_2(x)$ 的定积分，然后把所得的结果（是 x 的函数）再对 x 计算在区间 $[a,b]$ 上的定积分，从而解决了二重积分的计算. 上述讨论中假定 $f(x,y) \geqslant 0$，实际上没有这个限制，公式仍然成立.

如果区域 D 是 y 型（图 6-29），类似可得

$$\iint_D f(x,y)\mathrm{d}x\mathrm{d}y = \int_c^d \left[\int_{\psi_1(y)}^{\psi_2(y)} f(x,y)\mathrm{d}x\right]\mathrm{d}y.$$

或记为
$$\iint_D f(x,y)\mathrm{d}x\mathrm{d}y = \int_c^d \mathrm{d}y \int_{\psi_1(y)}^{\psi_2(y)} f(x,y)\mathrm{d}x.$$

称为先对 x 后对 y 的二次积分.

如果区域 D 既不是 x 型又不是 y 型(图 6-30),此时 $D = D_1 \cup D_2 \cup D_3$,则
$$\iint_D f(x,y)\mathrm{d}\sigma = \iint_{D_1} f(x,y)\mathrm{d}\sigma + \iint_{D_2} f(x,y)\mathrm{d}\sigma + \iint_{D_3} f(x,y)\mathrm{d}\sigma,$$

再将右端的二重积分分别化成二次积分进行计算.

例 1 计算 $\iint_D xy\mathrm{d}x\mathrm{d}y$,其中 D 是由曲线 $y = x^2, y^2 = x$ 围成的区域.

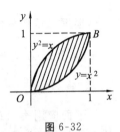

图 6-32

解 画出积分区域 D 的图形,如图 6-32 所示. 解方程组 $\begin{cases} y = x^2 \\ y^2 = x \end{cases}$,得两曲线的交点坐标为 $O(0,0)$ 和 $B(1,1)$.

若将 D 看成 x 型区域,则有
$$D = \{(x,y) \mid 0 \leqslant x \leqslant 1, x^2 \leqslant y \leqslant \sqrt{x}\}.$$

于是
$$\iint_D xy\mathrm{d}x\mathrm{d}y = \int_0^1 \mathrm{d}x \int_{x^2}^{\sqrt{x}} xy\mathrm{d}y = \int_0^1 \left[\frac{1}{2}xy^2\right]_{x^2}^{\sqrt{x}} \mathrm{d}x$$
$$= \frac{1}{2}\int_0^1 (x^2 - x^5)\mathrm{d}x = \frac{1}{2}\left(\frac{1}{3}x^3 - \frac{1}{6}x^6\right)\Big|_0^1 = \frac{1}{12}.$$

若将 D 看成 y 型区域,则有
$$D = \{(x,y) \mid 0 \leqslant y \leqslant 1, y^2 \leqslant x \leqslant \sqrt{y}\}.$$

于是
$$\iint_D xy\mathrm{d}x\mathrm{d}y = \int_0^1 \mathrm{d}y \int_{y^2}^{\sqrt{y}} xy\mathrm{d}x = \int_0^1 \left[\frac{1}{2}yx^2\right]_{y^2}^{\sqrt{y}} \mathrm{d}y$$
$$= \frac{1}{2}\int_0^1 (y^2 - y^5)\mathrm{d}y = \frac{1}{2}\left(\frac{1}{3}y^3 - \frac{1}{6}y^6\right)\Big|_0^1 = \frac{1}{12}.$$

例 2 计算 $\iint_D xy\mathrm{d}x\mathrm{d}y$,其中 D 是由抛物线 $y^2 = x$ 及直线 $y = x - 2$ 所围成的区域.

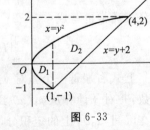

图 6-33

解 画出积分区域 D 的图形,如图 6-33 所示. 解方程组 $\begin{cases} y^2 = x \\ y = x - 2 \end{cases}$,得两曲线的交点为 $(1,-1), (4,2)$.

若将 D 看成 y 型区域,则有
$$D = \{(x,y) \mid -1 \leqslant y \leqslant 2, y^2 \leqslant x \leqslant y + 2\}.$$

于是
$$\iint_D xy\mathrm{d}x\mathrm{d}y = \int_{-1}^2 \mathrm{d}y \int_{y^2}^{y+2} xy\mathrm{d}x = \int_{-1}^2 \left[\frac{1}{2}x^2 y\right]_{y^2}^{y+2} \mathrm{d}y$$

$$= \frac{1}{2} \int_{-1}^{2} [y(y+2)^2 - y^5] dy$$

$$= \frac{1}{2} \left(\frac{1}{4} y^4 + \frac{4}{3} y^3 + 2y^2 - \frac{1}{6} y^6 \right) \Big|_{-1}^{2}$$

$$= 5 \frac{5}{8}.$$

若将 D 看成 x 型区域,则必须用直线 $x = 1$ 将 D 分成 D_1 和 D_2 两个区域:

$$D_1 = \{(x,y) \mid 0 \leqslant x \leqslant 1, -\sqrt{x} \leqslant y \leqslant \sqrt{x}\},$$

$$D_2 = \{(x,y) \mid 1 \leqslant x \leqslant 4, x-2 \leqslant y \leqslant \sqrt{x}\}.$$

于是

$$\iint_D xy\,dxdy = \iint_{D_1} xy\,dxdy + \iint_{D_2} xy\,dxdy$$

$$= \int_0^1 dx \int_{-\sqrt{x}}^{\sqrt{x}} xy\,dy + \int_1^4 dx \int_{x-2}^{\sqrt{x}} xy\,dy$$

$$= 5 \frac{5}{8}.$$

可见,将区域 D 看成 x 型区域,计算比较麻烦.

例 3 计算 $\iint_D \frac{\sin y}{y} dxdy$,其中 D 是由抛物线 $y^2 = x$ 和直线 $y = x$ 围成的区域.

解 画出积分区域 D 的图形,如图 6-34 所示. 解方程组 $\begin{cases} y^2 = x, \\ y = x \end{cases}$ 得两曲线交点的坐标为 $(0,0), (1,1)$.

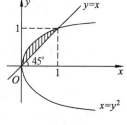

图 6-34

若将 D 看成 y 型区域,则有

$$D = \{(x,y) \mid 0 \leqslant y \leqslant 1, y^2 \leqslant x \leqslant y\}.$$

于是

$$\iint_D \frac{\sin y}{y} dxdy = \int_0^1 dy \int_{y^2}^{y} \frac{\sin y}{y} dx = \int_0^1 \left[\frac{\sin y}{y} x \right]_{y^2}^{y} dy$$

$$= \int_0^1 \frac{\sin y}{y} (y - y^2) dy = \int_0^1 \sin y\,dy - \int_0^1 y\sin y\,dy$$

$$= -\cos y \Big|_0^1 - (-y\cos y + \sin y) \Big|_0^1$$

$$= 1 - \sin 1.$$

若将 D 看成 x 型区域,则有

$$D = \{(x,y) \mid 0 \leqslant x \leqslant 1, x \leqslant y \leqslant \sqrt{x}\}.$$

于是

$$\iint_D \frac{\sin y}{y} dxdy = \int_0^1 dx \int_x^{\sqrt{x}} \frac{\sin y}{y} dy.$$

由于 $\frac{\sin y}{y}$ 的原函数不是初等函数,因而该题只能用 y 型区域来计算.

例 4 计算 $\iint_D e^{-y^2} dxdy$,其中 D 是由直线 $y = x, y = z$ 及 $x = 0$ 所围成的区域.

解 画出积分区域 D 的图形,如图 6-35 所示.

若将 D 看成 y 型区域,则有

$$D = \{(x,y) \mid 0 \leqslant y \leqslant 1, 0 \leqslant x \leqslant y\}.$$

于是
$$\iint_D e^{-y^2} dxdy = \int_0^1 dy \int_0^y e^{-y^2} dx = \int_0^1 [xe^{-y^2}]_0^y dy$$
$$= \int_0^1 y e^{-y^2} dy = -\frac{1}{2} e^{-y^2} \Big|_0^1$$
$$= \frac{1}{2}(1 - e^{-1}).$$

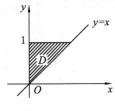

图 6-35

若将 D 看成 x 型区域,则有
$$D = \{(x,y) \mid 0 \leqslant x \leqslant 1, x \leqslant y \leqslant 1\}.$$

于是
$$\iint_D e^{-y^2} dxdy = \int_0^1 dx \int_x^1 e^{-y^2} dy.$$

由于 e^{-y^2} 的原函数不能用初等函数表示,因此该题用 x 型区域无法求得.

由上面的例子可见,将二重积分化为二次积分时,积分次序的选择有时无关紧要(如例 1),有时却非常重要,如果选择不当,会使计算麻烦(如例 2),甚至无法得出结果(如例 3、例 4).积分次序的选择,不仅要看积分区域的形状,还要考虑被积函数的特点.

另外,有些以二次积分的形式给出的积分按给出的积分次序积分较为困难,甚至无法积分,此时可以考虑交换所给的积分次序,然后计算.

交换积分次序的基本步骤是:

(1) 根据所给的二次积分的积分限,写出积分区域 D 的表达式;

(2) 画出积分区域 D 的图形;

(3) 根据图形写出积分区域 D 的另一类型的表达式;

(4) 将原积分化为新的二次积分.

例 5 交换二次积分
$$\int_0^2 dy \int_{y^2}^{2y} f(x,y) dx$$
的积分顺序.

解 由积分的上、下限知积分区域为
$$D = \{(x,y) \mid 0 \leqslant y \leqslant 2, y^2 \leqslant x \leqslant 2y\}.$$

画出积分区域 D,如图 6-36 所示,将积分区域 D 表示为
$$D = \left\{(x,y) \,\middle|\, 0 \leqslant x \leqslant 4, \frac{x}{2} \leqslant y \leqslant \sqrt{x}\right\},$$

于是
$$\int_0^2 dy \int_{y^2}^{2y} f(x,y) dx = \int_0^4 dx \int_{\frac{x}{2}}^{\sqrt{x}} f(x,y) dy.$$

例 6 交换二次积分
$$\int_0^1 dy \int_0^{2y} f(x,y) dx + \int_1^3 dy \int_0^{3-y} f(x,y) dx$$
的积分次序.

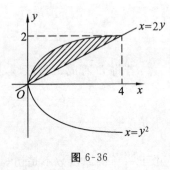

图 6-36

解 首先画出两个积分区域:
$$D_1 = \{(x,y) \mid 0 \leqslant y \leqslant 1, 0 \leqslant x \leqslant 2y\},$$
$$D_2 = \{(x,y) \mid 1 \leqslant y \leqslant 3, 0 \leqslant x \leqslant 3-y\}.$$

如图 6-37 所示. $D_1 \cup D_2$ 可表示为

$$D = \left\{(x,y) \,\Big|\, 0 \leqslant x \leqslant 2, \frac{x}{2} \leqslant y \leqslant 3-x\right\}.$$

于是

$$\int_0^1 \mathrm{d}y \int_0^{2y} f(x,y)\mathrm{d}x + \int_1^3 \mathrm{d}y \int_0^{3-y} f(x,y)\mathrm{d}x = \int_0^2 \mathrm{d}x \int_{\frac{x}{2}}^{3-x} f(x,y)\mathrm{d}y.$$

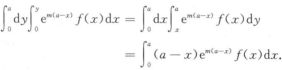

图 6-37

例 7 设 $f(x)$ 是连续函数,证明:

$$\int_0^a \mathrm{d}y \int_0^y \mathrm{e}^{m(a-x)} f(x)\mathrm{d}x = \int_0^a (a-x)\mathrm{e}^{m(a-x)} f(x)\mathrm{d}x.$$

证 交换积分次序,则有

$$\int_0^a \mathrm{d}y \int_0^y \mathrm{e}^{m(a-x)} f(x)\mathrm{d}x = \int_0^a \mathrm{d}x \int_x^a \mathrm{e}^{m(a-x)} f(x)\mathrm{d}y$$
$$= \int_0^a (a-x)\mathrm{e}^{m(a-x)} f(x)\mathrm{d}x.$$

*二、二重积分在极坐标系中的计算

如果二重积分的积分区域的边界曲线用极坐标方程表示比较方便,且被积函数用极坐标表达也比较简单,这时可以考虑利用极坐标来计算. 下面介绍二重积分在极坐标系中的计算法.

如图 6-38 所示,用以极点为中心的一族同心圆和以极点为顶点的一族射线把区域 D 分成 n 个小区域. 设 $\Delta\sigma$ 是半径为 r 和 $r+\Delta r$ 的两圆弧与极角等于 θ 和 $\theta+\Delta\theta$ 的两条射线所围成的小区,则由扇形面积公式得

$$\Delta\sigma = \frac{1}{2}(r+\Delta r)^2 \Delta\theta - \frac{1}{2}r^2 \Delta\theta$$
$$= r \cdot \Delta r \cdot \Delta\theta + \frac{1}{2}(\Delta r)^2 \cdot \Delta\theta.$$

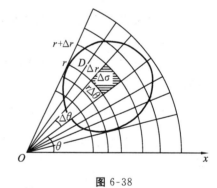

图 6-38

省略高阶无穷小 $\frac{1}{2}(\Delta r)^2 \Delta\theta$,得

$$\Delta\sigma \approx r \cdot \Delta r \cdot \Delta\theta.$$

于是**极坐标系中的面积微元**为

$$\mathrm{d}\sigma = r\mathrm{d}r\mathrm{d}\theta.$$

再利用直角坐标和极坐标的变换公式

$$x = r\cos\theta, y = r\sin\theta,$$

将被积函数 $f(x,y)$ 变成 $f(r\cos\theta, r\sin\theta)$,便可将直角坐标系中的二重积分变换为极坐标系中的二重积分:

$$\iint_D f(x,y)\mathrm{d}x\mathrm{d}y = \iint_D f(r\cos\theta, r\sin\theta) r\mathrm{d}r\mathrm{d}\theta.$$

极坐标系中的二重积分同样可化为先对 r 后对 θ 的二次积分来计算. 根据积分区域 D 的具体特点可分为以下几种类型:

(1) 若极点在区域 D 外，区域夹在射线 $\theta = \alpha$ 与 $\theta = \beta$ 之间，其边界曲线的方程为 $r = r_1(\theta)$ 及 $r = r_2(\theta)$（图 6-39），此时区域 D 可表示为
$$D = \{(r,\theta) \mid \alpha \leqslant \theta \leqslant \beta, r_1(\theta) \leqslant r \leqslant r_2(\theta)\},$$
从而
$$\iint\limits_{D} f(r\cos\theta, r\sin\theta) r \mathrm{d}r \mathrm{d}\theta = \int_{\alpha}^{\beta} \mathrm{d}\theta \int_{r_1(\theta)}^{r_2(\theta)} f(r\cos\theta, r\sin\theta) r \mathrm{d}r.$$

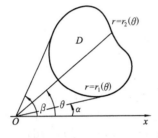
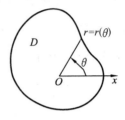

图 6-39　　　　　　图 6-40

(2) 若极点在区域 D 内（图 6-40），此时区域 D 可表示为
$$D = \{(r,\theta) \mid 0 \leqslant \theta \leqslant 2\pi, 0 \leqslant r \leqslant r(\theta)\},$$
从而
$$\iint\limits_{D} f(r\cos\theta, r\sin\theta) r \mathrm{d}r \mathrm{d}\theta = \int_{0}^{2\pi} \mathrm{d}\theta \int_{0}^{r(\theta)} f(r\cos\theta, r\sin\theta) r \mathrm{d}r.$$

(3) 若极点在区域 D 的边界曲线上（图 6-41），此时区域 D 可表示为
$$D = \{(r,\theta) \mid \alpha \leqslant \theta \leqslant \beta, 0 \leqslant r \leqslant r(\theta)\},$$
从而
$$\iint\limits_{D} f(r\cos\theta, r\sin\theta) r \mathrm{d}r \mathrm{d}\theta = \int_{\alpha}^{\beta} \mathrm{d}\theta \int_{0}^{r(\theta)} f(r\cos\theta, r\sin\theta) r \mathrm{d}r.$$

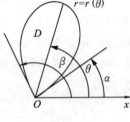

图 6-41

特别地，若区域 D 由圆 $(x-a)^2 + y^2 = a^2$ 围成（图 6-42），则
$$D = \left\{(r,\theta) \mid -\frac{\pi}{2} \leqslant \theta \leqslant \frac{\pi}{2}, 0 \leqslant r \leqslant 2a\cos\theta\right\},$$

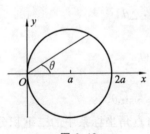
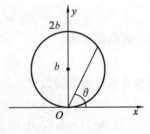

图 6-42　　　　　　图 6-43

从而
$$\iint\limits_{D} f(r\cos\theta, r\sin\theta) r \mathrm{d}r \mathrm{d}\theta = \int_{-\frac{\pi}{2}}^{\frac{\pi}{2}} \mathrm{d}\theta \int_{0}^{2a\cos\theta} f(r\cos\theta, r\sin\theta) r \mathrm{d}r.$$

若区域 D 由圆 $x^2 + (y-b)^2 = b^2$ 围成（图 6-43），则

$$D = \{(r,\theta) \mid 0 \leqslant \theta \leqslant \pi, 0 \leqslant r \leqslant 2b\sin\theta\},$$

从而

$$\iint\limits_{D} f(r\cos\theta, r\sin\theta) r \mathrm{d}r\mathrm{d}\theta = \int_0^\pi \mathrm{d}\theta \int_0^{2b\sin\theta} f(r\cos\theta, r\sin\theta) r \mathrm{d}r.$$

例 8 计算 $\iint\limits_{D}(1-x^2-y^2)\mathrm{d}x\mathrm{d}y$,其中 $D = \{(x,y) \mid x^2+y^2 \leqslant 1\}$.

解 积分区域 D(图 6-44) 可表示为
$D = \{(r,\theta) \mid 0 \leqslant \theta \leqslant 2\pi, 0 \leqslant r \leqslant 1\}.$

所以

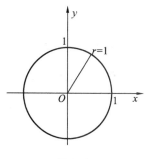

图 6-44

$$\begin{aligned}\iint\limits_{D}(1-x^2-y^2)\mathrm{d}x\mathrm{d}y &= \iint\limits_{D}(1-r^2) r \mathrm{d}r\mathrm{d}\theta \\ &= \int_0^{2\pi} \mathrm{d}\theta \int_0^1 (r-r^3)\mathrm{d}r \\ &= \int_0^{2\pi} \left[\frac{1}{2}r^2 - \frac{1}{4}r^4\right]_0^1 \mathrm{d}\theta \\ &= \int_0^{2\pi} \frac{1}{4} \mathrm{d}\theta \\ &= \frac{\pi}{2}.\end{aligned}$$

例 9 计算 $\iint\limits_{D} \sqrt{x^2+y^2}\,\mathrm{d}x\mathrm{d}y$,其中 D 由圆 $(x-a)^2+y^2 = a^2$ 围成.

解 积分区域 D(图 6-42) 可表示为
$$D = \left\{(r,\theta) \,\Big|\, -\frac{\pi}{2} \leqslant \theta \leqslant \frac{\pi}{2}, 0 \leqslant r \leqslant 2a\cos\theta\right\}.$$

所以

$$\begin{aligned}\iint\limits_{D} \sqrt{x^2+y^2}\,\mathrm{d}x\mathrm{d}y &= \int_{-\frac{\pi}{2}}^{\frac{\pi}{2}} \mathrm{d}\theta \int_0^{2a\cos\theta} r^2 \mathrm{d}r = \int_{-\frac{\pi}{2}}^{\frac{\pi}{2}} \frac{8}{3}a^3 \cos^3\theta \mathrm{d}\theta \\ &= \frac{16}{3}a^3 \int_0^{\frac{\pi}{2}} \cos^3\theta \mathrm{d}\theta = \frac{16}{3}a^3 \cdot \frac{2}{3} = \frac{32}{9}a^3.\end{aligned}$$

例 10 计算 $\iint\limits_{D} \mathrm{e}^{-(x^2+y^2)}\mathrm{d}x\mathrm{d}y$,其中 D 是四分之一圆域:$x^2+y^2 \leqslant R^2(R>0), x \geqslant 0, y \geqslant 0$.

解 积分区域 D(图 6-45) 可表示为
$$D = \left\{(r,\theta) \,\Big|\, 0 \leqslant \theta \leqslant \frac{\pi}{2}, 0 \leqslant r \leqslant R\right\}.$$

所以

$$\begin{aligned}\iint\limits_{D} \mathrm{e}^{-(x^2+y^2)}\mathrm{d}x\mathrm{d}y &= \iint\limits_{D} \mathrm{e}^{-r^2} r \mathrm{d}r\mathrm{d}\theta = \int_0^{\frac{\pi}{2}} \mathrm{d}\theta \int_0^R \mathrm{e}^{-r^2} r \mathrm{d}r \\ &= \int_0^{\frac{\pi}{2}} \left[-\frac{1}{2}\mathrm{e}^{-r^2}\right]_0^R \mathrm{d}\theta = \frac{\pi}{4}(1-\mathrm{e}^{-R^2}).\end{aligned}$$

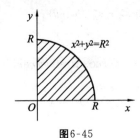
图6-45

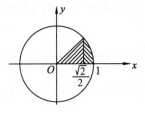
图6-46

例11 计算积分 $I = \int_0^{\frac{\sqrt{2}}{2}} dx \int_0^x \sqrt{x^2+y^2} dy + \int_{\frac{\sqrt{2}}{2}}^1 dx \int_0^{\sqrt{1-x^2}} \sqrt{x^2+y^2} dy$.

解 积分区域

$$D_1 = \left\{ (x,y) \,\Big|\, 0 \leqslant x \leqslant \frac{\sqrt{2}}{2}, 0 \leqslant y \leqslant x \right\},$$

$$D_2 = \left\{ (x,y) \,\Big|\, \frac{\sqrt{2}}{2} \leqslant x \leqslant 1, 0 \leqslant y \leqslant \sqrt{1-x^2} \right\}.$$

画出积分区域 $D = D_1 \cup D_2$ 的图形,如图 6-46 所示,则区域 D 的极坐标表示为

$$D = \left\{ (r,\theta) \,\Big|\, 0 \leqslant \theta \leqslant \frac{\pi}{4}, 0 \leqslant r \leqslant 1 \right\}.$$

所以

$$I = \iint_D \sqrt{x^2+y^2}\, dxdy = \int_0^{\frac{\pi}{4}} d\theta \int_0^1 r \cdot r\, dr$$

$$= \int_0^{\frac{\pi}{4}} \left[\frac{1}{3} r^3\right]_0^1 d\theta = \frac{1}{3}\theta \Big|_0^{\frac{\pi}{4}} = \frac{\pi}{12}.$$

同步训练 6-5

1. 计算下列二重积分:

(1) $\iint\limits_D xy\, dxdy$,其中 D 由直线 $y = x+2$ 及抛物线 $y = x^2$ 围成;

(2) $\iint\limits_D \frac{x^2}{y^2}\, dxdy$,其中 D 由直线 $x = 2, y = x$ 及双曲线 $xy = 1$ 围成;

(3) $\iint\limits_D (x^2+y^2)\, dxdy$,其中 D 由直线 $x = 1, y = 0$ 及抛物线 $y = x^2$ 围成;

(4) $\iint\limits_D \sin y^2\, dxdy$,其中 D 由直线 $x = 1, x = 3, y = 2$ 及 $y = x-1$ 围成;

(5) $\iint\limits_D \frac{\sin x}{x}\, dxdy$,其中 D 由直线 $y = 0, y = x$ 及 $x = 1$ 围成.

2. 交换下列二次积分的积分次序:

(1) $\int_0^1 dy \int_0^y f(x,y) dx$;   (2) $\int_0^1 dy \int_{y^2}^y f(x,y) dx$;   (3) $\int_1^e dx \int_0^{\ln x} f(x,y) dy$;

(4) $\int_0^1 dx \int_{x^2}^{2-x} f(x,y) dy$;   (5) $\int_0^2 dx \int_x^{2x} f(x,y) dy$.

3. 计算下列二重积分:

(1) $\iint\limits_D x^2\, dxdy$,其中 $D = \{(x,y) \mid 1 \leqslant x^2+y^2 \leqslant 4\}$;

(2) $\iint\limits_{D} e^{x^2+y^2} dxdy$,其中 $D = \{(x,y) \mid x^2+y^2 \leqslant 1\}$;

(3) $\iint\limits_{D} \sqrt{x^2+y^2} dxdy$,其中 D 是由 $x^2+y^2 \leqslant 2y$ 及 $x=0$ 围成的第一象限内的区域;

(4) $\iint\limits_{D} \arctan\left(\dfrac{y}{x}\right) dxdy$,其中 $D = \{(x,y) \mid 1 \leqslant x^2+y^2 \leqslant 4, x \geqslant 0, y \geqslant 0\}$;

(5) $\iint\limits_{D} \sin(x^2+y^2) dxdy$,其中 D 为圆域: $x^2+y^2 \leqslant \pi$ 在 x 轴上方的部分.

4. 计算下列二次积分:

(1) $\int_0^1 dx \int_x^1 e^{-y^2} dy$;

(2) $\int_0^{2a} dy \int_0^{\sqrt{2ay-y^2}} \sqrt{x^2+y^2} dx (a>0)$;

(3) $\int_0^1 dy \int_0^{\sqrt{1-y^2}} \sin(\pi\sqrt{x^2+y^2}) dx$.

第六节　二重积分的应用

*一、二重积分在几何上的应用

1. 空间立体的体积

一般地,设空间立体 Ω 在 xOy 面上的投影区域为 D,其上下两个曲面的方程分别为
$$z = f_2(x,y), z = f_1(x,y).$$
立体 Ω 的界面与任意平行于 z 轴且穿过区域内部的直线至多有两个交点(图 6-47).

显然,空间立体 Ω 的体积可以看成分别以 $z = f_2(x,y)$ 和 $z = f_1(x,y)$ 为顶、以区域 D 为底的两个曲顶柱体的体积之差. 由二重积分的几何意义,可得

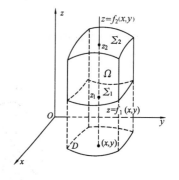

图 6-47

$$V = \iint\limits_{D} f_2(x,y) d\sigma - \iint\limits_{D} f_1(x,y) d\sigma$$
$$= \iint\limits_{D} [f_2(x,y) - f_1(x,y)] d\sigma.$$

注意　以上公式显然要求 $f_2(x,y) \geqslant f_1(x,y)$,想一想如果没有这个条件该如何来求.

例 1　求两个半径相等的直交圆柱面所围成的立体的体积.

解　设这两个圆柱面的方程分别为
$$x^2+y^2 = R^2, x^2+z^2 = R^2.$$
利用立体对坐标面的对称性,算出它在第一卦限部分(图 6-48(a))的体积 V_1,即得 $V = 8V_1$.

所求立体在第一卦限部分可看成是一曲顶柱体,其底为 xOy 面上的四分之一的圆 D(图 6-48(b)),即
$$D = \{(x,y) \mid 0 \leqslant x \leqslant R, 0 \leqslant y \leqslant \sqrt{R^2-x^2}\},$$

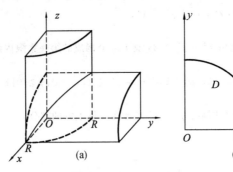

图 6-48

它的顶是柱面 $z = \sqrt{R^2 - x^2}$,于是

$$V_1 = \iint_D \sqrt{R^2 - x^2}\,d\sigma = \int_0^R dx \int_0^{\sqrt{R^2-x^2}} \sqrt{R^2 - x^2}\,dy$$

$$= \int_0^R \left[\sqrt{R^2 - x^2}\, y\right]_0^{\sqrt{R^2-x^2}} dx = \int_0^R (R^2 - x^2)\,dx = \frac{2}{3}R^3.$$

从而所求立体的体积为

$$V = 8V_1 = \frac{16}{3}R^3.$$

例 2 求球面 $x^2 + y^2 + z^2 = 4a^2$ 与圆柱面 $x^2 + y^2 = 2ax$ 所围立体(含在柱体内部)的体积.

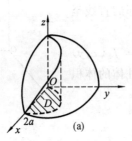

图 6-49

解 由对称性可知,以球面 $z = \sqrt{4a^2 - x^2 - y^2}$ 为曲顶、以

$$D = \{(x, y) \mid 0 \leqslant x \leqslant 2a, 0 \leqslant y \leqslant \sqrt{2ax - x^2}\}$$

为底的曲顶柱体(图 6-49)体积的 4 倍为所求的体积,即

$$V = 4\iint_D \sqrt{4a^2 - x^2 - y^2}\,dxdy = 4\iint_D \sqrt{4a^2 - r^2}\,rdrd\theta$$

$$= 4\int_0^{\frac{\pi}{2}} d\theta \int_0^{2a\cos\theta} \sqrt{4a^2 - r^2}\,rdr$$

$$= 4 \cdot \left(-\frac{1}{2}\right) \int_0^{\frac{\pi}{2}} d\theta \int_0^{2a\cos\theta} \sqrt{4a^2 - r^2}\,d(4a^2 - r^2)$$

$$= -2 \cdot \frac{2}{3} \int_0^{\frac{\pi}{2}} \left[(4a^2 - r^2)^{\frac{3}{2}}\right]_0^{2a\cos\theta} d\theta$$

$$= -\frac{4}{3} \int_0^{\frac{\pi}{2}} (8a^3 \sin^3\theta - 8a^3)\,d\theta$$

$$= \frac{32}{3}a^3\left(\frac{\pi}{2}-\frac{2}{3}\right).$$

例3 求由曲面 $z=x^2+2y^2$ 和 $z=6-2x^2-y^2$ 所围成的立体的体积.

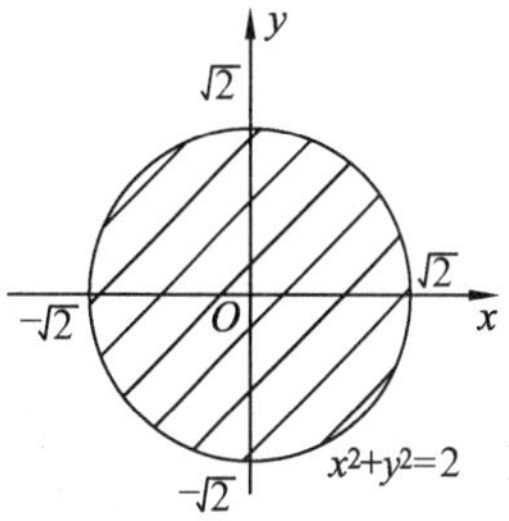

解 令 $z_1(x,y)=x^2+2y^2, z_2(x,y)=6-2x^2-y^2$. 先求出此立体在 xOy 面上的投影区域.

消去 z 得投影柱面方程为 $x^2+y^2=2$，即立体在 xOy 面上的投影区域为
$$D: x^2+y^2 \leqslant 2.$$

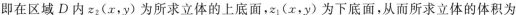

图 6-50

在区域 D 内，由于
$$z_2(x,y)-z_1(x,y)=(6-2x^2-y^2)-(x^2+2y^2)$$
$$=6-3(x^2+y^2)\geqslant 0,$$

即在区域 D 内 $z_2(x,y)$ 为所求立体的上底面，$z_1(x,y)$ 为下底面，从而所求立体的体积为

$$V=\iint_D[(6-2x^2-y^2)-(x^2+2y^2)]\mathrm{d}x\mathrm{d}y$$
$$=\iint_D[6-3(x^2+y^2)]\mathrm{d}x\mathrm{d}y$$
$$=\int_0^{2\pi}\mathrm{d}\theta\int_0^{\sqrt{2}}(6-3r^2)r\mathrm{d}r$$
$$=2\pi\left(3r^2-\frac{3}{4}r^4\right)\Big|_0^{\sqrt{2}}$$
$$=6\pi.$$

2. 曲面的面积

设空间曲面 Σ 的方程为 $z=f(x,y)$，它在 xOy 面上的投影为有界闭区域 D，函数 $f(x,y)$ 在 D 上具有连续的偏导数，求曲面 Σ 的面积 S.

在区域 D 上任取一直径很小的区域 $\mathrm{d}\sigma$（它的面积也记为 $\mathrm{d}\sigma$），在 $\mathrm{d}\sigma$ 中任取一点 $P(x,y,0)$，在曲面 Σ 上相应地有点 $N(x,y,f(x,y))$ 与 P 对应. 过点 N 作曲面 Σ 的切平面 Π，其法向量 $\boldsymbol{n}=\{-f_x(x,y),-f_y(x,y),1\}$. 以 $\mathrm{d}\sigma$ 的边界曲线为准线作母线平行于 z 轴的柱面，此柱面在曲面 Σ 上截下一小片曲面，记为 ΔS（ΔS 也表示这小片曲面的面积），在切平面 Π 上截下一小片平面，记为 $\mathrm{d}S$（$\mathrm{d}S$ 也表示这一小片平面的面积）. 显然 $\mathrm{d}\sigma$ 同时是它们在 xOy 面上的投影. 由于 $\mathrm{d}\sigma$ 的直径很小，可以用切平面 Π 上的那一小片平面的面积 $\mathrm{d}S$ 近似代替曲面 Σ 上的那一小片曲面的面积 ΔS. 设在点 N 处切平面的法向量 $\boldsymbol{n}$ 与 z 轴正向的夹角为 γ（图 6-51），则

$$\Delta S\approx\mathrm{d}S=\frac{1}{\cos\gamma}\mathrm{d}\sigma.$$

由于
$$\cos\gamma=\frac{1}{\sqrt{1+f_x^2(x,y)+f_y^2(x,y)}},$$

因此
$$\mathrm{d}S=\sqrt{1+f_x^2(x,y)+f_y^2(x,y)}\mathrm{d}\sigma.$$

这就是曲面 Σ 的面积微元，以它为被积表达式在区域 D 上积分，得曲面 Σ 的面积为

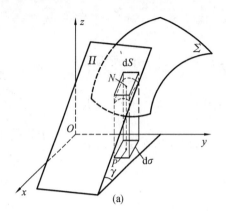
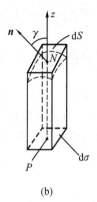

图 6-51

$$S = \iint_D \mathrm{d}S = \iint_D \sqrt{1 + f_x^2(x,y) + f_y^2(x,y)}\,\mathrm{d}\sigma$$
$$= \iint_D \sqrt{1 + f_x^2(x,y) + f_y^2(x,y)}\,\mathrm{d}x\mathrm{d}y. \tag{1}$$

若曲面方程为 $x = g(y,z)$ 或 $y = h(z,x)$，则可分别把曲面投影到 yOz 面上（其投影区域记为 D_{yz}）或 zOx 面上（其投影区域记为 D_{zx}），类似地可得计算曲面面积的公式如下：

$$S = \iint_{D_{yz}} \sqrt{1 + g_y^2(y,z) + g_z^2(y,z)}\,\mathrm{d}y\mathrm{d}z,$$
$$S = \iint_{D_{zx}} \sqrt{1 + h_z^2(z,x) + h_x^2(z,x)}\,\mathrm{d}z\mathrm{d}x.$$

例 4 计算球面 $x^2 + y^2 + z^2 = a^2$ 含在圆柱面 $x^2 + y^2 = ax(a > 0)$ 内部的那部分面积.

解 设球面含在圆柱面内部的那部分在第一卦限的曲面（图 6-52）的面积为 S_1，由对称性可知，所求面积 $S = 4S_1$.

第一卦限内的球面方程为
$$z = \sqrt{a^2 - x^2 - y^2},$$
它在 xOy 面上的投影区域为
$$D = \{(x,y) \mid 0 \leqslant x \leqslant a, 0 \leqslant y \leqslant \sqrt{ax - x^2}\}.$$

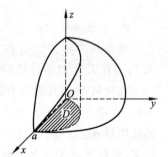

图 6-52

由公式(1)，有
$$S = 4S_1 = 4\iint_D \sqrt{1 + \left(\frac{\partial z}{\partial x}\right)^2 + \left(\frac{\partial z}{\partial y}\right)^2}\,\mathrm{d}\sigma$$
$$= 4\iint_D \frac{a}{\sqrt{a^2 - x^2 - y^2}}\,\mathrm{d}x\mathrm{d}y = 4a\iint_D \frac{1}{\sqrt{a^2 - r^2}}r\mathrm{d}r\mathrm{d}\theta.$$

又在极坐标系下，区域
$$D = \left\{(r,\theta) \,\middle|\, 0 \leqslant \theta \leqslant \frac{\pi}{2}, 0 \leqslant r \leqslant a\cos\theta\right\},$$

所以 $S = 4a\displaystyle\int_0^{\frac{\pi}{2}}\mathrm{d}\theta\int_0^{a\cos\theta}\frac{r}{\sqrt{a^2 - r^2}}\mathrm{d}r = 4a\int_0^{\frac{\pi}{2}}[-\sqrt{a^2 - r^2}]_0^{a\cos\theta}\mathrm{d}\theta$

$$= 4a\int_0^{\frac{\pi}{2}}(a - a\sin\theta)\,\mathrm{d}\theta = 4a^2\left(\frac{\pi}{2} - 1\right).$$

二、二重积分在物理上的应用

1. 平面薄片的质量

设平面薄片占有 xOy 面上的有界闭区域 D，其面密度为 $\rho(x,y)$，由第一节实例2可知该薄片的质量为

$$M = \iint_D \rho(x,y)\,\mathrm{d}\sigma. \tag{2}$$

例 5 设平面薄片所占区域 D 由两条直线 $y = x$，$x = 0$ 及两个圆 $x^2 + (y-a)^2 = a^2$，$x^2 + (y-b)^2 = b^2$ $(0 < a < b)$ 围成（图 6-53 中阴影部分），其面密度 $\rho(x,y) = kxy\,(k > 0)$，求这个薄片的质量.

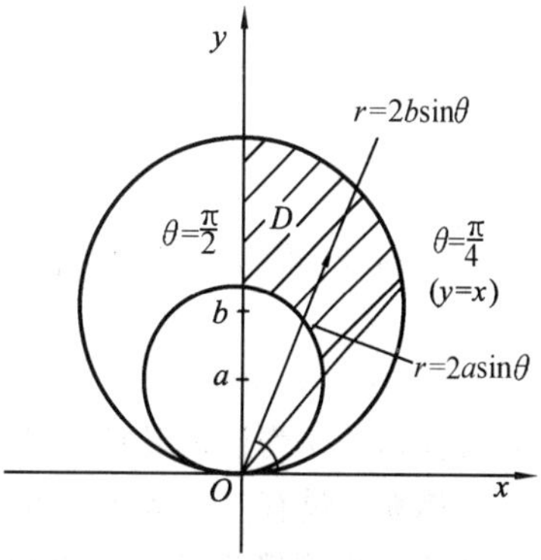

解 区域 D 在极坐标系下可表示为

$$D = \left\{(r,\theta) \,\middle|\, \frac{\pi}{4} \leqslant \theta \leqslant \frac{\pi}{2},\ 2a\sin\theta \leqslant r \leqslant 2b\sin\theta\right\}.$$

由公式(2)，有

$$\begin{aligned}
M &= \iint_D kxy\,\mathrm{d}\sigma \\
&= k\iint_D (r\cos\theta)(r\sin\theta)\,r\,\mathrm{d}r\,\mathrm{d}\theta \\
&= k\int_{\frac{\pi}{4}}^{\frac{\pi}{2}}\mathrm{d}\theta \int_{2a\sin\theta}^{2b\sin\theta} r^3\sin\theta\cos\theta\,\mathrm{d}r = k\int_{\frac{\pi}{4}}^{\frac{\pi}{2}}\sin\theta\cos\theta\left[\frac{r^4}{4}\right]_{2a\sin\theta}^{2b\sin\theta}\mathrm{d}\theta \\
&= 4k(b^4 - a^4)\int_{\frac{\pi}{4}}^{\frac{\pi}{2}}\sin^5\theta\cos\theta\,\mathrm{d}\theta = 4k(b^4 - a^4)\left[\frac{\sin^6\theta}{6}\right]_{\frac{\pi}{4}}^{\frac{\pi}{2}} \\
&= \frac{7}{12}k(b^4 - a^4).
\end{aligned}$$

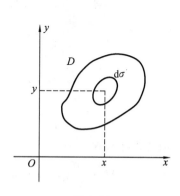

图 6-53

2. 平面薄片的质心

设一平面薄片在 xOy 面上占有闭区域 D，其面密度 $\rho(x,y)$ 是 D 上的连续函数，如图 6-54 所示.

在区域 D 上任取一个直径很小的区域 $\mathrm{d}\sigma$（$\mathrm{d}\sigma$ 也表示小区域的面积），(x,y) 是该小区域内的一点. 由于 $\rho(x,y)$ 在 D 上连续，且 $\mathrm{d}\sigma$ 的直径很小，故薄片上相应于 $\mathrm{d}\sigma$ 部分的质量近似等于 $\rho(x,y)\mathrm{d}\sigma$，该部分质量可近似看作集中在点 (x,y) 处，则平面薄片对 x 轴和 y 轴的静力矩微元分别为

$$\mathrm{d}M_x = y\rho(x,y)\mathrm{d}\sigma,\quad \mathrm{d}M_y = x\rho(x,y)\mathrm{d}\sigma.$$

该薄片关于 x 轴和 y 轴的静力矩分别为

图 6-54

$$M_x = \iint_D y\rho(x,y)\,d\sigma,$$
$$M_y = \iint_D x\rho(x,y)\,d\sigma.$$
(3)

于是该薄片的质心坐标为

$$\bar{x} = \frac{M_y}{M} = \frac{\iint_D x\rho(x,y)\,d\sigma}{\iint_D \rho(x,y)\,d\sigma},$$
$$\bar{y} = \frac{M_x}{M} = \frac{\iint_D y\rho(x,y)\,d\sigma}{\iint_D \rho(x,y)\,d\sigma}.$$
(4)

特别地,若薄片是均匀的(即面密度 ρ 为常数),面积为 A,则

$$\bar{x} = \frac{1}{A}\iint_D x\,d\sigma,\ \bar{y} = \frac{1}{A}\iint_D y\,d\sigma.$$

此时称 $(\bar{x},\bar{y})$ 为该薄片所占平面图形的质心.

例 6 设有一个等腰直角三角形薄片,腰长为 a,各点处的面密度等于该点到直角顶点距离的平方,求该薄片的质心.

解 建立直角坐标系,取等腰直角三角形的直角顶点为坐标原点,两腰分别在 x 轴和 y 轴的正半轴上,则薄片所占的区域为 D(阴影部分),如图 6-55 所示.

据题意,在区域 D 上任意一点 (x,y) 处的面密度为
$$\rho(x,y) = x^2 + y^2.$$

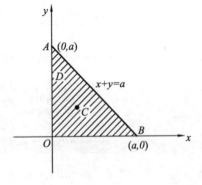

图 6-55

由公式(2),有
$$M = \iint_D \rho(x,y)\,d\sigma = \iint_D (x^2+y^2)\,dxdy$$
$$= \int_0^a dx \int_0^{a-x}(x^2+y^2)\,dy = \int_0^a \left[x^2 y + \frac{1}{3}y^3\right]_0^{a-x} dx$$
$$= \int_0^a \left[x^2(a-x) + \frac{1}{3}(a-x)^3\right]dx$$
$$= \left[\frac{a}{3}x^3 - \frac{1}{4}x^4 - \frac{1}{12}(a-x)^4\right]_0^a = \frac{a^4}{6}.$$

由公式(3),有
$$M_x = \iint_D y\rho(x,y)\,d\sigma = \iint_D y(x^2+y^2)\,dxdy$$
$$= \int_0^a y\,dy \int_0^{a-y}(x^2+y^2)\,dx = \int_0^a y\left[\frac{1}{3}(a-y)^3 + y^2(a-y)\right]dy$$
$$= \int_0^a \left(\frac{a^3}{3}y - a^2 y^2 + 2ay^3 - \frac{4}{3}y^4\right)dy$$

$$= \left[\frac{a^3}{6}y^2 - \frac{a^2}{3}y^3 + \frac{a}{2}y^4 - \frac{4}{15}y^5\right]_0^a = \frac{a^5}{15}.$$

同理可得

$$M_y = \iint\limits_{D} x\rho(x,y)\mathrm{d}\sigma = \frac{a^5}{15}.$$

故由公式(4),所求薄片的质心坐标为

$$\bar{x} = \frac{M_y}{M} = \frac{2}{5}a, \bar{y} = \frac{M_x}{M} = \frac{2}{5}a,$$

即质心在点 $\left(\frac{2}{5}a, \frac{2}{5}a\right)$ 处.

例 7 求位于两圆 $r = 2\cos\theta, r = 4\cos\theta$ 之间的均匀薄片的质心.

解 区域 D 的图形如图 6-56 所示. 由于区域 D 关于 x 轴对称,故均匀薄片的质心 $(\bar{x},\bar{y})$ 在 x 轴上,即 $\bar{y} = 0$.

由于

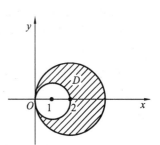

图 6-56

$$\iint\limits_{D} x\mathrm{d}\sigma = \iint\limits_{D} r\cos\theta \cdot r\mathrm{d}r\mathrm{d}\theta = \int_{-\frac{\pi}{2}}^{\frac{\pi}{2}}\mathrm{d}\theta\int_{2\cos\theta}^{4\cos\theta} r^2\cos\theta \mathrm{d}r$$

$$= \int_{-\frac{\pi}{2}}^{\frac{\pi}{2}}\left[\frac{r^3}{3}\cos\theta\right]_{2\cos\theta}^{4\cos\theta}\mathrm{d}\theta = \frac{1}{3}\int_{-\frac{\pi}{2}}^{\frac{\pi}{2}}(64\cos^4\theta - 8\cos^4\theta)\mathrm{d}\theta$$

$$= \frac{56}{3}\int_{-\frac{\pi}{2}}^{\frac{\pi}{2}}\cos^4\theta \mathrm{d}\theta = \frac{56}{3} \cdot 2\int_{0}^{\frac{\pi}{2}}\cos^4\theta \mathrm{d}\theta$$

$$= \frac{56}{3} \times 2 \times \frac{3}{4} \times \frac{1}{2} \times \frac{\pi}{2} = 7\pi,$$

而区域 D 的面积

$$A = \pi \cdot 2^2 - \pi \cdot 1^2 = 3\pi,$$

因此

$$\bar{x} = \frac{1}{A}\iint\limits_{D} x\mathrm{d}\sigma = \frac{7\pi}{3\pi} = \frac{7}{3},$$

故所求的平面薄片的质心为 $\left(\frac{7}{3}, 0\right)$.

3. 平面薄片的转动惯量

设有一平面薄片,它在 xOy 面上占有区域 D,点 (x,y) 处的面密度为 $\rho(x,y)$,且 $\rho(x,y)$ 在 D 上连续. 现用微元法求该薄片对于 x 轴、y 轴及原点的转动惯量 I_x, I_y 及 I_0.

在区域 D 上任取一直径很小的区域 $\mathrm{d}\sigma$($\mathrm{d}\sigma$ 也表示该区域的面积),(x,y) 是该小区域内的一点. 由于 $\mathrm{d}\sigma$ 的直径很小,且 $\rho(x,y)$ 在 D 上连续,所以薄片中相应于 $\mathrm{d}\sigma$ 的质量近似于 $\rho(x,y)\mathrm{d}\sigma$,且该质量可近似地看作是集中在点 (x,y) 处. 于是薄片对于 x 轴、y 轴及原点 O 的转动惯量微元分别为

$$\mathrm{d}I_x = y^2\rho(x,y)\mathrm{d}\sigma, \quad \mathrm{d}I_y = x^2\rho(x,y)\mathrm{d}\sigma, \quad \mathrm{d}I_0 = (x^2+y^2)\rho(x,y)\mathrm{d}\sigma.$$

以上述微元为被积表达式,分别在区域 D 上积分,得

$$I_x = \iint_D y^2 \rho(x,y)\,d\sigma,$$
$$I_y = \iint_D x^2 \rho(x,y)\,d\sigma, \tag{5}$$
$$I_0 = \iint_D (x^2+y^2)\rho(x,y)\,d\sigma.$$

显然 $I_0 = I_x + I_y$.

例8 求圆心在原点、半径为 a 的均匀薄圆板对坐标轴和原点的转动惯量.

解 设薄圆板 D 的面密度为 ρ（常数），则薄圆板的质量 $M = \pi\rho a^2$. 又由薄圆板的对称性知 $I_x = I_y$.

在极坐标系下 D 可表示为
$$D = \{(r,\theta) \mid 0 \leqslant \theta \leqslant 2\pi, 0 \leqslant r \leqslant a\}.$$

由公式(5)，有
$$I_x = I_y = \iint_D y^2 \rho\,d\sigma = \rho \int_0^{2\pi} d\theta \int_0^a r^2 \sin^2\theta \cdot r\,dr$$
$$= \rho \int_0^{2\pi} \sin^2\theta\,d\theta \int_0^a r^3\,dr = \frac{\pi}{4}\rho a^4 = \frac{1}{4}Ma^2.$$

从而 $I_0 = I_x + I_y = \frac{1}{2}Ma^2.$

+三、二重积分的其他应用

下面举例说明二重积分在其他方面的一些应用.

例9 证明 $\int_0^{+\infty} e^{-x^2}\,dx = \frac{\sqrt{\pi}}{2}$.

证 这是在概率统计中有重要应用的概率积分. 由于 $\int e^{-x^2}\,dx$ 不能用初等函数表示，故不能直接计算.

如图 6-57 所示，设
$D_1 = \{(x,y) \mid x^2+y^2 \leqslant R^2, x \geqslant 0, y \geqslant 0\}$,
$D_2 = \{(x,y) \mid x^2+y^2 \leqslant 2R^2, x \geqslant 0, y \geqslant 0\}$,
$S = \{(x,y) \mid 0 \leqslant x \leqslant R, 0 \leqslant y \leqslant R\}$.

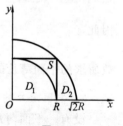

图 6-57

由 $D_1 \subset S \subset D_2$ 及 $e^{-x^2-y^2} > 0$，有
$$\iint_{D_1} e^{-x^2-y^2}\,dx\,dy < \iint_S e^{-x^2-y^2}\,dx\,dy < \iint_{D_2} e^{-x^2-y^2}\,dx\,dy.$$

因为
$$\iint_S e^{-x^2-y^2}\,dx\,dy = \int_0^R e^{-x^2}\,dx \cdot \int_0^R e^{-y^2}\,dy = \left(\int_0^R e^{-x^2}\,dx\right)^2,$$

而利用第二节第二部分中例 3 的结果，有
$$\iint_{D_1} e^{-x^2-y^2}\,dx\,dy = \frac{\pi}{4}(1-e^{-R^2}),$$

$$\iint_{D_2} e^{-x^2-y^2} dxdy = \frac{\pi}{4}(1-e^{-2R^2}),$$

所以
$$\frac{\pi}{4}(1-e^{-R^2}) < \left(\int_0^R e^{-x^2} dx\right)^2 < \frac{\pi}{4}(1-e^{-2R^2}),$$

令 $R \to \infty$，则
$$\frac{\pi}{4}(1-e^{-R^2}) \to \frac{\pi}{4}, \quad \frac{\pi}{4}(1-e^{-2R^2}) \to \frac{\pi}{4},$$

于是
$$\int_0^\infty e^{-x^2} dx = \frac{\sqrt{\pi}}{2}.$$

例 10 设 $f(x)$ 在区间 $[a,b]$ 上连续，证明：
$$\left[\int_a^b f(x)dx\right]^2 \leqslant (b-a)\int_a^b f^2(x)dx.$$

证 因为
$$\left[\int_a^b f(x)dx\right]^2 = \int_a^b f(x)dx \cdot \int_a^b f(x)dx$$
$$= \int_a^b f(x)dx \cdot \int_a^b f(y)dy = \iint_D f(x)f(y)dxdy,$$

其中 $D = \{(x,y) \mid a \leqslant x \leqslant b, a \leqslant y \leqslant b\}$.

又因为
$$(b-a)\int_a^b f^2(x)dx = \int_a^b dy \int_a^b f^2(x)dx$$
$$= \iint_D f^2(x)dxdy = \iint_D f^2(y)dxdy,$$

所以
$$(b-a)\int_a^b f^2(x)dx - \left[\int_a^b f(x)dx\right]^2$$
$$= \frac{1}{2}\left[\iint_D f^2(x)dxdy + \iint_D f^2(y)dxdy\right] - \iint_D f(x)f(y)dxdy$$
$$= \frac{1}{2}\iint_D [f^2(x) + f^2(y) - 2f(x)f(y)]dxdy$$
$$= \frac{1}{2}\iint_D [f(x) - f(y)]^2 dxdy \geqslant 0,$$

即
$$\left[\int_a^b f(x)dx\right]^2 \leqslant (b-a)\int_a^b f^2(x)dx.$$

例 11 设 $f(x)$ 在 $[a,b]$ 上连续，且 $f(x) > 0$，证明：
$$\int_a^b f(x)dx \int_a^b \frac{1}{f(x)}dx \geqslant (b-a)^2.$$

证 因为
$$\int_a^b f(x)dx \int_a^b \frac{1}{f(x)}dx = \iint_D \frac{f(x)}{f(y)}dxdy = \iint_D \frac{f(y)}{f(x)}dxdy,$$

其中 $D = \{(x,y) \mid a \leqslant x \leqslant b, a \leqslant y \leqslant b\}$，所以
$$\int_a^b f(x)dx \int_a^b \frac{1}{f(x)}dx = \frac{1}{2}\iint_D \left[\frac{f(x)}{f(y)} + \frac{f(y)}{f(x)}\right]dxdy = \frac{1}{2}\iint_D \frac{f^2(x) + f^2(y)}{f(x)f(y)}dxdy$$
$$\geqslant \frac{1}{2}\iint_D \frac{2f(x)f(y)}{f(x)f(y)}dxdy = \iint_D dxdy = (b-a)^2.$$

同步训练 6-6

1. 求圆锥面 $z = \sqrt{x^2+y^2}$ 与旋转抛物面 $z = 6-x^2-y^2$ 所围成的立体的体积.

2. 求平面 $2x+y+z=4$ 与三个坐标平面所围成的四面体的体积.

3. 求球面 $x^2+y^2+z^2=4R^2$ 与圆柱面 $x^2+y^2=R^2$ 所围成的圆柱体外部的体积.

4. 求半径为 a 的球的表面积.

5. 设平面薄片所占闭区域 D 由直线 $x+y=2$, $y=x$ 和 x 轴围成,它的面密度为 $\rho(x,y)=x^2+y^2$, 求该薄片的质量.

6. 求由坐标轴与直线 $2x+y=6$ 所围成的三角形均匀薄片的质心坐标.

7. 已知均匀薄片(面密度 $\rho=1$)所占区域 D 位于第一象限内,由曲线 $y^2=1-x$,直线 $x=0$ 及 $y=0$ 围成,求该均匀薄片对 y 轴的转动惯量.

8. 已知函数 $f(x,y)$ 连续,且 $f(x,y) = x + \iint\limits_{D} yf(u,v)dudv$,其中 D 由曲线 $y=\dfrac{1}{x}$,直线 $x=1$, $y=2$ 围成,求 $f(x,y)$.

阅读材料六

牛顿与莱布尼兹

一、牛顿(英,1642—1727 年)

伽利略死的那年牛顿出生.

英国诗人波普的诗:Nature and Nature's laws lay hid in night. God said, let Newton be! and all was light(自然和自然定律隐藏在茫茫黑夜中.上帝说,让牛顿出世吧!于是一切都豁然明朗).

牛顿是个遗腹子,17 岁时被母亲从他就读的中学召回田庄务农,校长劝说:"在繁杂的农务中埋没这样一位天才,对世界来说将是多么巨大的损失."1661 年,牛顿进入剑桥大学三一学院,受教于巴罗,同时钻研伽利略、开普勒、笛卡儿和沃利斯等人的著作,影响最深的是笛卡儿《几何学》(1637)、沃利斯《无穷算术》(1655). 1665 年夏至 1667 年春,剑桥大学因瘟疫流行而关闭,牛顿离校返乡,竟成为牛顿科学生涯中的黄金岁月,如制定微积分、发现万有引力、提出光学颜色理论等,可以说描绘了牛顿一生大多数科学创造的蓝图.

1669 年,26 岁的牛顿晋升为数学教授,并担任卢卡斯讲座的教授至 1701 年,1699 年伦敦造币局局长,1703 年皇家学会会长,1705 年封爵.

第一个创造性成果:二项定理(1665)及无穷级数(1666),在研读沃利斯的《无穷算术》时,试图修改他的求圆面积的级数时发现这一定理. 第一篇微积分文献:《流数简论》(1666)(fluxion),它反映了牛顿微积分的运动学背景,以速度形式引进了"流数"概念. 为什么称为流数,牛顿说道,"我把时间看作是连续流动或增长,其他量则随时间而连续增长,我从时间的流动性出发,把所有其他增长速度称为流数."借助求逆运算来求面积,从而建立了所谓"微积分基本定理",创造了首末比方法:求函数自变量与因变量变化之比的极限,牛顿关于流数的记号

1684年,天文学家哈雷(英,1656—1742年)到剑桥拜访牛顿.在哈雷的督促下,1686年年底,牛顿写成划时代的伟大著作《自然哲学的数学原理》一书.皇家学会经费不足,出不了这本书,后来靠了哈雷的资助,这部科学史上最伟大的著作之一才能够在1687年出版,立即对整个欧洲产生了巨大的影响.它运用微积分工具,严格证明了包括开普勒行星运动三大定律、万有引力定律在内的一系列结果,将其应用于流体运动、声、光、潮汐、彗星及至宇宙体系,把经典力学确立为完整而严密的体系,把天体力学和地面上的物体力学统一起来,实现了物理学史上第一次大的综合,充分显示了这一新数学工具的威力.

《自然哲学的数学原理》由导论和三篇组成.

导论:定义、基本定理、定律及相关的说明(绝对时空概念、运动合成法则、运动三定律、力的合成与分解法则、伽利略相对性原理);

第一篇:解决引力问题;

第二篇:讨论物体在介质中的运动;

第三篇:论宇宙体系.

他通过论证开普勒行星运动定律与他的引力理论间的一致性,展示了地面物体与天体的运动都遵循着相同的自然定律,从而消除了对太阳中心说的最后一丝疑虑,并推动了科学革命.

拉格朗日(法,1717—1783年):牛顿是历史上最有才能的人,也是最幸运的人,因为宇宙体系只能被发现一次.

牛顿:"如果我看得更远些,那是因为我站在巨人们的肩膀上."(1676年2月5日至胡克的信)

牛顿:"科学研究虽然是艰苦而又枯燥的,但要坚持,因为它给上帝的创造提供证据."

牛顿:"我不知道世人怎么看,但在我自己看来,我只不过是一个在海滨玩耍的小孩,不时地为比别人找到一块更光滑、更美丽的卵石和贝壳而感到高兴,而在我面前的真理的海洋,却完全是个谜."

爱因斯坦:"理解力的产品要比喧嚷纷扰的世代经久,它能经历好多个世纪而继续发出光和热."(纪念牛顿诞生300周年时所说)

牛顿终身未娶,晚年由外甥女凯瑟琳协助管家.伏尔泰在《牛顿哲学原理》中记述了有关"牛顿苹果"的事,是凯瑟琳告诉伏尔泰的.

牛顿墓碑上的拉丁铭文:此地安葬的是艾撒克·牛顿勋爵,他用近乎神圣的心智和独具特色的数学原则,探索出行星的运动和形状、彗星的轨迹、海洋的潮汐、光线的不同谱调和由此而产生的其他学者以前所未能想像到的颜色的特性.以他在研究自然、古物和圣经中的勤奋、聪明和虔诚,他依据自己的哲学证明了至尊上帝的万能,并以其个人的方式表述了福音书的简明至理.人们为此欣喜:人类历史上曾出现如此辉煌的荣耀.他生于1642年12月25日,卒于1727年3月20日.

二、莱布尼兹（德，1646—1716 年）

德国最重要的自然科学家、数学家、物理学家和哲学家，一个举世罕见的科学天才，和牛顿同为微积分的创建人．他博览群书，涉猎百科，对丰富人类的科学知识宝库做出了不可磨灭的贡献．

1661 年，莱布尼兹进入莱比锡大学学习法律，开始接触伽利略、开普勒、笛卡儿、帕斯卡以及巴罗等人的科学思想．1664 年，莱布尼兹完成了论文《论法学之艰难》，获哲学硕士学位．1665 年，莱布尼兹向莱比锡大学提交了博士论文《论身份》，1666 年，审查委员会以他太年轻（年仅 20 岁）而拒绝授予他法学博士学位，1667 年，阿尔特多夫大学授予他法学博士学位，还聘请他为法学教授．

1667 年，经男爵推荐给选帝候迈因兹，从此莱布尼兹登上了政治舞台，投身于外交界，1672—1676 年留居巴黎．在这期间，他深受惠更斯的启发，决心钻研高等数学，并研究了笛卡儿、费尔马、帕斯卡等人的著作，开始创造性的工作，兴趣越来越明显地表现在数学和自然科学方面．1677 年 1 月，莱布尼兹抵达汉诺威，在布伦兹维克公爵府中任职，此后汉诺威成了他的永久居住地．在 1700 年世纪转变时期，莱布尼兹热心地从事于科学院的筹划、建设事务．1700 年，建立了柏林科学院，他出任首任院长．当时全世界的四大科学院：英国皇家学会、法国科学院、罗马科学与数学科学院、柏林科学院都以莱布尼次作为核心成员．据传，他还曾经通过传教士，建议中国清朝的康熙皇帝（1654—1722 年）在北京建立科学院．

莱布尼兹奋斗的主要目标是寻求一种可以获得知识和创造发明的普遍方法，这种努力导致许多数学的发现．莱布尼兹的博学多才在科学史上罕有所比，他的研究领域及其成果遍及数学、物理学、力学、逻辑学、生物学、化学、地理学、解剖学、动物学、植物学、气体学、航海学、地质学、语言学、法学、哲学、神学、历史和外交等．

莱布尼兹微积分思想的产生首先是出于几何的考虑，尤其是特征三角形的研究，如帕斯卡（法，1623—1662 年）的特征三角形，在《关于四分之一圆的正弦》中"突然看到了一束光明"，关注自变量的增量 Δx 与函数的增量 Δy 为直角边组成的直角三角形．莱布尼兹看到帕斯卡的方法可以推广，对任意给定的曲线都可以作这样的无限小三角形，由此可"迅速地、毫无困难地建立大量的定理"．此外，在 1666 年《组合艺术》一书中讨论数列求和问题，注意到数列求和运算与求差运算存在着互逆关系．

第一篇发表的微分学论文：1684 年 10 月，在《教师学报》上发表的论文《一种求极大与极小值和求切线的新方法》，这篇仅有 6 页的论文，内容并不丰富，说理也颇含糊，但却有着划时代的意义，其中含有求两函数积的高阶微分的莱布尼兹公式．对于光的折射定律的推证特别有意义，莱布尼兹在证完这条定律后，夸耀微分学方法的魔力说："凡熟悉微分学的人都能像本文这样魔术般做到的事情，却曾使其他渊博的学者百思不解．"

第一篇发表的积分学论文：《深奥的几何与不可分量及无限的分析》（1686），给出摆线方程，积分号第一次出现于印刷出版物．

1679年，莱布尼兹著《二进制算术》，成为二进制记数的发明人．发现中国古老的六十四卦易图结构可以用二进制数学予以解释，用二进制数学来理解古老的中国文化，收藏了关于中国的书籍50多册，200多封信件中谈到中国．第一位全面认识东方文化尤其是中国文化的西方学者．他还认为他有办法用他创造二进制时的灵感让整个中国信基督教，因为上帝可用1表示，而不可用0表示，以致他写信告诉受到康熙皇帝重用的葡萄牙传教士闵明我(1657—1712年)，希望这能够使中国康熙皇帝信基督教，从而使整个中国信基督教．

1697年，莱布尼兹著《中国新事萃编》(Novissima Sinica)："我们从前谁也不信这世界上有比我们的伦理更美满、立身处事之道更进步的民族存在，现在从东方的中国，给我们以一大觉醒！东西双方比较起来，我觉得在工艺技术上，彼此难分高低；关于思想理论方面，我们虽优于东方一等，而在实践哲学方面，实在不能不承认我们相形见拙."

1859年，李善兰和伟烈亚历译《代微积拾级》："我国康熙(1654—1722年)时，西国来本之、奈瑞创微分、积分二术."

三、微积分优先权之争

1699年，德丢勒(瑞士，1664—1753年)说："牛顿是微积分的第一发明人"，而莱布尼兹作为"第二发明人"，"曾从牛顿那里有所借鉴"．莱布尼兹立即对此作了反驳．1712年，英国皇家学会成立了"牛顿和莱布尼兹发明微积分优先权争论委员会"，1713年，英国皇家学会裁定"确认牛顿为第一发明人"．1713年，莱布尼兹发表了《微积分的历史和起源》一文，总结了自己创立微积分学的思路，说明了自己成就的独立性．

英国与欧洲大陆数学家分道扬镳，成为科学史上最不幸的一章．

1687年出版的《自然哲学的数学原理》的第一版和第二版也写道："十年前在我和最杰出的几何学家莱布尼兹的通信中，我表明我已经知道确定极大值和极小值的方法、作切线的方法以及类似的方法，但我在交换的信件中隐瞒了这方法……这位最卓越的科学家在回信中写道，他也发现了一种同样的方法．他并诉述了他的方法，它与我的方法几乎没有什么不同，除了他的措词和符号而外."因此，后来人们公认牛顿和莱布尼兹是各自独立地创建微积分的．

本章小结

一、主要内容

1. 理解定积分的微元法，能够运用微元法解决实际问题：求平面图形的面积、旋转体的体积及解决一些物理问题．

2. 理解二重积分的概念及性质，能够熟练地掌握将二重积分转化为二次积分，能够熟练地交换积分次序．

3. 熟练掌握二重积分在直角坐标和极坐标中的计算．

4. 了解二重积分在几何和物理中的应用.

二、方法要点

1. 理解定积分的微元法,能根据实际问题建立对应的微元.
2. 利用定积分求平面图形的面积.
3. 利用定积分求旋转体的体积.
4. 利用二重积分的概念及性质进行估值运算.
5. 能够进行二重积分的交换积分次序.
6. 求二重积分在直角坐标和极坐标中的计算.

能力训练六

一、填空题

1. 曲线 $y=1-x^2$ 与 x 轴所围成的图形的面积为_____.

2. 由两条抛物线 $y=x^2$，$y^2=x$ 所围成的平面图形的面积为_____.

3. 曲线 $y=x^2-x+1$ 与直线 $x=-1$，$x=2$ 及 $y=0$ 所围成的图形的面积为_____.

4. 若两曲线 $y=x^2$ 与 $y=cx^3(c>0)$ 所围成的图形的面积为 $\dfrac{2}{3}$，则 $c=$ _____.

5. 由曲线 $y=\sqrt{x}$ 与直线 $x=1$，$x=4$ 和 x 轴所围图形绕 x 轴旋转所得旋转体的体积为_____.

6. 由曲线 $y=x^3$，直线 $x=2$ 及 $y=0$ 所围图形绕 x 轴旋转所得旋转体的体积为_____.

7. 已知 $D=\{(x,y)\mid 0\leqslant x\leqslant 2, 0\leqslant y\leqslant 2\}$，则 $\iint\limits_{D} e^{x+y}dxdy=$ _____.

8. 已知 $\int_0^y f(x)dx=\dfrac{y}{1+y^2}$，则 $\int_{-2}^{2}dy\int_0^y f(x)dx=$ _____.

9. 已知 $\int_0^1 dx\int_{-1}^{x} f(x,y)dy=9$，则 $\int_0^1 du\int_{-1}^{v} f(u,v)dv=$ _____.

10. 已知 $D=\{(x,y)\mid x^2+y^2\leqslant 1, x^2\geqslant 0, y\geqslant 0\}$，则 $\iint\limits_{D} e^{x^2+y^2}dxdy=$ _____.

二、选择题

11. 设 $f(x)$ 在 $[-a,a]$ 上连续 $(a>0)$，且为奇函数，则曲线 $y=f(x)$，x 轴，$x=-a$，$x=a$ 所围成的图形的面积为 (　　)

A. 0 B. $2\int_0^a |f(x)|dx$ C. $\int_{-a}^a f(x)dx$ D. $2\int_0^a f(x)dx$

12. 抛物线 $y=x^2$ 与直线 $y=x$ 所围成的平面图形的面积等于 (　　)

A. 1 B. $\dfrac{1}{2}$ C. $\dfrac{1}{3}$ D. $\dfrac{1}{6}$

13. 由曲线 $y=\sqrt{x}$，直线 $x=1$ 及 x 轴所围图形绕 x 轴旋转所得旋转体的体积为 (　　)

A. π B. $\dfrac{\pi}{2}$ C. $\dfrac{\pi}{3}$ D. $\dfrac{2\pi}{3}$

14. 图 6-58 中阴影部分的面积的总和是 （ ）

A. $\displaystyle\int_a^b f(x)\mathrm{d}x$

B. $\left|\displaystyle\int_a^b f(x)\mathrm{d}x\right|$

C. $\displaystyle\int_a^{c_1} f(x)\mathrm{d}x + \int_{c_1}^{c_2} f(x)\mathrm{d}x + \int_{c_2}^b f(x)\mathrm{d}x$

D. $\displaystyle\int_a^{c_1} f(x)\mathrm{d}x - \int_{c_1}^{c_2} f(x)\mathrm{d}x + \int_{c_2}^b f(x)\mathrm{d}x$

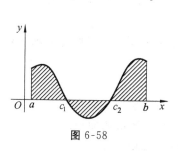

图 6-58

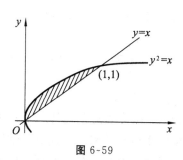

图 6-59

15. 如图 6-59 所示，求曲线 $y^2=x$，$y=x$ 和 $y=\sqrt{3}$ 所围图形的面积，下列式子错误的是 （ ）

A. $S=\displaystyle\int_0^1 (y-y^2)\mathrm{d}y+\int_1^{\sqrt{3}}(y^2-y)\mathrm{d}y$ B. $S=\displaystyle\int_1^{\sqrt{3}}(x-\sqrt{x})\mathrm{d}x+\int_{\sqrt{3}}^3(\sqrt{3}-\sqrt{x})\mathrm{d}x$

C. $S=\displaystyle\int_1^3(\sqrt{3}-\sqrt{x})\mathrm{d}x-\dfrac{1}{2}(\sqrt{3}-1)^2$ D. $S=\displaystyle\int_1^{\sqrt{3}}(y^2-y)\mathrm{d}y$

16. 若圆周 $x^2+y^2=8R^2$ 所围成的图形面积为 S，则 $\displaystyle\int_0^{2\sqrt{2}R}\sqrt{8R^2-x^2}\mathrm{d}x$ 的值为 （ ）

A. S B. $\dfrac{1}{4}S$ C. $\dfrac{1}{2}S$ D. $2S$

17. 交换二次积分的积分次序 $\displaystyle\int_0^1\mathrm{d}x\int_x^1 \mathrm{e}^{y^2}\mathrm{d}y=$ （ ）

A. $\displaystyle\int_x^1\mathrm{d}y\int_0^1 \mathrm{e}^{y^2}\mathrm{d}x$ B. $\displaystyle\int_x^1\mathrm{d}x\int_0^1 \mathrm{e}^{y^2}\mathrm{d}y$ C. $\displaystyle\int_0^1\mathrm{d}y\int_0^y \mathrm{e}^{y^2}\mathrm{d}x$ D. $\displaystyle\int_0^1\mathrm{d}y\int_x^1 \mathrm{e}^{y^2}\mathrm{d}x$

18. 已知 $\displaystyle\int_0^1 f(x)\mathrm{d}x=\pi$，则 $\displaystyle\int_0^1\mathrm{d}x\int_0^1 f(x)f(y)\mathrm{d}y=$ （ ）

A. 0   B. π C. 2π D. π^2

19. 设 D 是由 $x=0$，$y=1$ 及 $y=x$ 所围成的区域，则 $\displaystyle\iint_D f(x,y)\mathrm{d}x\mathrm{d}y=$ （ ）

A. $\displaystyle\int_0^1\mathrm{d}y\int_0^1 f(x,y)\mathrm{d}x$ B. $\displaystyle\int_0^1\mathrm{d}x\int_0^x f(x,y)\mathrm{d}y$

C. $\displaystyle\int_0^1\mathrm{d}y\int_y^1 f(x,y)\mathrm{d}x$ D. $\displaystyle\int_0^1\mathrm{d}x\int_x^1 f(x,y)\mathrm{d}y$

20. 已知区域 $D=\{(x,y)\mid 4\leqslant x^2+y^2\leqslant 9\}$，则 $\displaystyle\iint_D \mathrm{d}\sigma=$ （ ）

A. 4π B. 5π C. 9π D. 13π

三、解答题

21. 求由曲线 $y=x^2$ 及直线 $y=2x+3$ 所围成的图形的面积.

22. 求由曲线 $y=\ln x$,直线 $x=e$ 及 x 轴围成的平面图形的面积.

23. 设抛物线 $y^2=2x$ 与该曲线在点 $\left(\dfrac{1}{2},1\right)$ 处的法线所围成的平面图形为 D,求 D 的面积.

24. 求由抛物线 $y=x^2$ 在点 $(1,1)$ 处的切线与抛物线自身及 x 轴所围图形的面积,并求此图形绕 x 轴旋转所得旋转体的体积.

25. 求抛物线 $y=x^2$ 与直线 $y=2x$ 所围图形分别绕 x 轴和 y 轴旋转所形成的旋转体的体积.

26. 求曲线 $y=\sin x$ 从 $x=0$ 到 $x=\pi$ 一段和 x 轴围成的图形绕 x 轴旋转所形成的旋转体的体积.

27. 设有抛物线 $y=4x-x^2$.

(1) 抛物线上哪一点处的切线与 x 轴平行？写出该切线的方程.

(2) 求由抛物线与其水平切线及 y 轴围成的平面图形的面积.

(3) 求该平面图形绕 x 轴旋转所成的旋转体的体积.

28. 从原点作抛物线 $f(x)=x^2-2x+4$ 的两条切线,记由这两条切线与抛物线所围成的图形为 S.求：

(1) S 的面积；

(2) 图形 S 绕 x 轴旋转一周所得的立体的体积.

29. 计算 $\iint\limits_{D} xy\,dxdy$,其中 D 是由曲线 $y=x^2$,$y^2=x$ 围成的闭区域.

30. 计算 $\iint\limits_{D} (3x+2y)\,d\sigma$,其中 D 是由曲线 $x=0,y=0$ 及直线 $x+y=2$ 所围成的区域.

31. 计算 $\iint\limits_{D} x^2\,dxdy$,其中 $D=\{(x,y)\mid 1\leqslant x^2+y^2\leqslant 4\}$.

32. 已知 $f(x,y)$ 连续,且 $f(x,y)=x+\iint\limits_{D} yf(u,v)\,dudv$,其中 D 由曲线 $y=\dfrac{1}{x}$ 和直线 $x=1,y=2$ 围成,求 $f(x,y)$.

专业应用模块

第七章 微分方程

1. 了解微分方程,微分方程的阶、解、通解、初始条件、特解等概念.
2. 熟练掌握可分离变量微分方程及一阶线性微分方程的解法,会解简单的齐次方程.
3. 掌握特殊的高阶微分方程 $y^{(n)}=f(x), y''=f(x,y'), y''=f(y,y')$ 的降阶法.
4. 知道二阶线性微分方程解的结构.
5. 熟练掌握二阶常系数齐次线性微分方程的解法.
6. 掌握自由项为多项式 $P_n(x), e^{ax}(A\cos\beta x+B\sin\beta x)$ 的二阶常系数非齐次线性微分方程的解法.

利用函数关系可以对客观事物的规律性进行研究.在许多实际问题中,往往不能直接建立变量间的函数关系,但可以得到含有未知函数的导数或微分的关系式,即通常所说的微分方程.微分方程是描述客观事物的数量关系的一种重要的数学模型.微分方程建立以后,对它进行研究,求出未知函数来,就是解微分方程.本章主要介绍微分方程的基本概念及几种常用的微分方程的解法.

第一节 微分方程的基本概念

先考察两个实际问题.

例1 已知曲线通过点 $(1,2)$,且曲线上任一点 $M(x,y)$ 处的切线斜率等于该点横坐标的平方,求该曲线的方程.

解 设所求曲线方程为 $y=y(x)$.根据导数的几何意义,未知函数 $y=y(x)$ 应满足关系式

$$\frac{dy}{dx}=x^2. \tag{1}$$

此外,由于曲线通过点 $(1,2)$,因此 $y(x)$ 还应满足下列条件:

$$y\big|_{x=1}=y(1)=2. \tag{2}$$

对(1)式两边积分,得

$$y = \int x^2 \mathrm{d}x = \frac{1}{3}x^3 + C. \tag{3}$$

将条件(2)代入(3)式,得

$$2 = \frac{1}{3} + C, \text{即 } C = \frac{5}{3}.$$

将 $C = \frac{5}{3}$ 代入(3)式,得所求的曲线方程为

$$y = \frac{1}{3}x^3 + \frac{5}{3}. \tag{4}$$

例 2 列车在平直线路上以 20m/s 的速度行驶.当制动时获得加速度 -0.4m/s^2.问开始制动后多长时间列车才能停住?列车在这段时间里行驶了多少路程?

解 设列车在开始制动后 t s 内行驶了 s m.据题意,表示制动阶段列车运动规律的函数 $s=s(t)$ 应满足关系式

$$\frac{\mathrm{d}^2 s}{\mathrm{d}t^2} = -0.4. \tag{5}$$

此外,未知函数 $s=s(t)$ 还应满足下列条件:

$$t=0 \text{ 时}, s=0, v=\frac{\mathrm{d}s}{\mathrm{d}t}=20. \tag{6}$$

对(5)式两边积分,得

$$v = \frac{\mathrm{d}s}{\mathrm{d}t} = -0.4t + C_1; \tag{7}$$

再积分一次,得

$$s = -0.2t^2 + C_1 t + C_2. \tag{8}$$

将条件"$t=0$ 时,$v=20$"代入(7)式,得

$$C_1 = 20;$$

将条件"$t=0$ 时,$s=0$"代入(8)式,得

$$C_2 = 0.$$

将 $C_1 = 20, C_2 = 0$ 代入(7)、(8)式,得

$$v = -0.4t + 20, \tag{9}$$
$$s = -0.2t^2 + 20t. \tag{10}$$

在(9)式中令 $v=0$,得到列车从开始制动到完全停住所需的时间

$$t = \frac{20}{0.4} = 50(\text{s}),$$

再将 $t=50$ 代入(10)式,得到列车在制动阶段行驶的路程

$$s = -0.2 \times 50^2 + 20 \times 50$$
$$= 500(\text{m}).$$

上述两例都归结为建立含有未知函数导数的方程,然后设法求出未知函数.

定义 表示一元未知函数、未知函数的导数(或微分)及自变量之间的关系的方程,称为**常微分方程**,简称**微分方程**或**方程**.

说明 在微分方程中,自变量及未知函数可以不出现,但未知函数的导数则必须出现.

微分方程中所出现的未知函数的最高阶导数的阶数,称为**微分方程的阶**.例如,方程

(1)是一阶微分方程;方程(5)是二阶微分方程.又如,方程 $x^5 y''' + \dfrac{1}{1+x} y' + 6xy^5 = 2e^x$ 是三阶微分方程.

若函数 $y=y(x)$ 代入微分方程后能使方程成为恒等式,则这个函数就称为该**微分方程的解**.

如果微分方程的解中含有任意常数,且独立(即不能合并)的任意常数的个数与微分方程的阶数相同,这样的解称为**微分方程的通解**.如果微分方程的通解中的任意常数被确定,这种不含任意常数的解称为**特解**.用来确定微分方程通解中任意常数的条件(通常描述未知函数在初始时刻的状态)称为**初始条件**.

例如,(3)、(4)式是方程(1)的解.其中(3)式是通解,(4)式是特解.(2)式是方程(1)的初始条件.

又如,(8)式是方程(5)的通解,(10)式是方程(5)满足初始条件(6)的特解.

求微分方程满足初始条件的特解问题称为**初值问题**.

微分方程的每一个特解在几何上表示一条平面曲线,称为微分方程的**积分曲线**;微分方程的通解在几何上表示一族曲线,称为微分方程的**积分曲线族**.

例3 验证函数 $y = C_1 e^x + C_2 e^{2x}$ (C_1, C_2 为任意常数)是微分方程 $y'' - 3y' + 2y = 0$ 的通解,并求方程满足初始条件 $y(0)=0, y'(0)=1$ 的特解.

解 求出 $y = C_1 e^x + C_2 e^{2x}$ 的一阶及二阶导数:
$$y' = C_1 e^x + 2C_2 e^{2x}, \qquad y'' = C_1 e^x + 4C_2 e^{2x}.$$
于是 $y'' - 3y' + 2y = C_1 e^x + 4C_2 e^{2x} - 3(C_1 e^x + 2C_2 e^{2x}) + 2(C_1 e^x + C_2 e^{2x}) = 0$,
又 C_1, C_2 为两个独立的任意常数,所以函数 $y = C_1 e^x + C_2 e^{2x}$ 是所给方程的通解.

将初始条件 $y(0)=0, y'(0)=1$ 代入 y, y',得
$$C_1 + C_2 = 0, C_1 + 2C_2 = 1,$$
解得 $C_1 = -1, C_2 = 1$.于是所求特解为
$$y = -e^x + e^{2x}.$$

同步训练 7-1

1. 指出下列微分方程的阶数:
   (1) $x^2 dx + y dy = 0$;
   (2) $xy''' - y' + x = 0$;
   (3) $(y'')^2 + 5(y')^4 - y^6 + x^9 = 0$;
   (4) $y^{(5)} + \ln(x+y) = y'' + 5y$.
2. 验证函数 $y = C_1 \cos x + C_2 \sin x$ 是微分方程 $y'' + y = 0$ 的通解.
3. 验证函数 $y = Ce^{-x} + x - 1$ 是微分方程 $y' + y = x$ 的通解,并求满足初始条件 $y|_{x=0} = 2$ 的特解.
4. 已知 $y = C_1 e^{-x} + C_2 e^{2x}$ 是微分方程 $y'' + ay' + by = 0$ 的通解,求 a, b 的值.
5. 一曲线通过点 $(1,2)$,且在该曲线上任一点 $M(x,y)$ 处的切线的斜率为 $3x^2$,求该曲线的方程.

第二节 一阶微分方程

一阶微分方程的一般形式为

$$F(x, y, y') = 0 \quad \text{或} \quad \dfrac{dy}{dx} = f(x, y). \tag{1}$$

下面讨论几种常用的一阶微分方程及其解法.

一、可分离变量的微分方程

若一阶微分方程(1)能化成
$$g(y)\mathrm{d}y = f(x)\mathrm{d}x \tag{2}$$
的形式,则方程(1)就称为**可分离变量的微分方程**.

将一个可分离变量的微分方程化为形如(2)式的方程,这一步骤称为**分离变量**.

对(2)式两边积分有
$$\int g(y)\mathrm{d}y = \int f(x)\mathrm{d}x.$$

若 $G(y)$ 是 $g(y)$ 的一个原函数,$F(x)$ 是 $f(x)$ 的一个原函数,则(2)式的通解为
$$G(y) = F(x) + C.$$

例 1 求微分方程 $y' - \mathrm{e}^y \sin x = 0$ 的通解.

解 分离变量,得
$$\mathrm{e}^{-y}\mathrm{d}y = \sin x \mathrm{d}x,$$

两边积分
$$\int \mathrm{e}^{-y}\mathrm{d}y = \int \sin x \mathrm{d}x,$$

得
$$-\mathrm{e}^{-y} = -\cos x + C,$$

从而原方程的通解为
$$\cos x - \mathrm{e}^{-y} = C.$$

该通解是以隐函数形式给出的,通常称为微分方程的**隐式解**.

例 2 求微分方程 $(x + xy^2)\mathrm{d}x + (y - x^2 y)\mathrm{d}y = 0$ 的通解.

解 分离变量,得
$$\frac{y}{1+y^2}\mathrm{d}y = -\frac{x}{1-x^2}\mathrm{d}x,$$

两边积分
$$\int \frac{y}{1+y^2}\mathrm{d}y = -\int \frac{x}{1-x^2}\mathrm{d}x,$$

得
$$\ln(1+y^2) = \ln(1-x^2) + \ln C,$$

从而原方程的通解为
$$1 + y^2 = C(1 - x^2).$$

例 3 求微分方程 $(1 + \mathrm{e}^x)y \cdot y' = \mathrm{e}^x$ 满足初始条件 $y|_{x=0} = 1$ 的特解.

解 分离变量,得
$$y\mathrm{d}y = \frac{\mathrm{e}^x}{1+\mathrm{e}^x}\mathrm{d}x,$$

两边积分
$$\int y\mathrm{d}y = \int \frac{\mathrm{e}^x}{1+\mathrm{e}^x}\mathrm{d}x,$$

得
$$\frac{1}{2}y^2 = \ln(1+\mathrm{e}^x) + C.$$

由初始条件 $y|_{x=0} = 1$,得 $C = \frac{1}{2} - \ln 2$. 于是所求特解为

$$y^2 = 2\ln(1+e^x) + 1 - 2\ln 2.$$

例 4 求微分方程 $y' = (x+y)^2$ 的通解.

解 令 $u = x+y$,则 $y' = u' - 1$,代入原方程,得
$$u' - 1 = u^2,$$
即
$$u' = 1 + u^2.$$
分离变量,得
$$\frac{1}{1+u^2}du = dx,$$
两边积分
$$\int \frac{1}{1+u^2}du = \int dx,$$
得
$$\arctan u = x + C,$$
即
$$\tan(x+C) = u.$$
将 $u = x+y$ 代入上式,得原方程的通解为
$$y = \tan(x+C) - x.$$

二、齐次方程

若一阶微分方程(1)能化成
$$\frac{dy}{dx} = \varphi\left(\frac{y}{x}\right) \tag{3}$$
的形式,则方程(1)就称为**齐次方程**.

对于齐次方程,求解的方法是作变量代换:

令 $u = \frac{y}{x}$,即 $y = xu$,于是 $\frac{dy}{dx} = u + x\frac{du}{dx}$,代入方程(3)得
$$u + x\frac{du}{dx} = \varphi(u),$$
分离变量,得
$$\frac{du}{\varphi(u) - u} = \frac{dx}{x},$$
两边积分,得
$$\int \frac{1}{\varphi(u) - u}du = \int \frac{1}{x}dx,$$
求出积分后将 u 换成 $\frac{y}{x}$,即得方程(3)的通解.

例 5 求微分方程 $xy' = y(1 + \ln y - \ln x)$ 的通解.

解 方程变形为
$$\frac{dy}{dx} = \frac{y}{x}\left(1 + \ln \frac{y}{x}\right),$$
这是齐次方程.令 $u = \frac{y}{x}$,则 $\frac{dy}{dx} = u + x\frac{du}{dx}$,方程化为
$$u + x\frac{du}{dx} = u(1 + \ln u),$$

分离变量,得
$$\frac{1}{u\ln u}du = \frac{1}{x}dx \ (u\neq 1),$$

两边积分
$$\int \frac{1}{u\ln u}du = \int \frac{1}{x}dx,$$

得
$$\ln\ln u = \ln x + \ln C,$$

即
$$u = e^{Cx}.$$

将 $u=\frac{y}{x}$ 代入上式,即得
$$y = xe^{Cx}.$$

另外,$u=1$ 即 $y=x$ 也是原方程的解,但已包含在上式中,因此上式即为原方程的通解.

***例 6** 设曲线 l 位于 xOy 平面的第一象限内,l 上任一点 M 处的切线与 y 轴总相交,交点记为 A,已知 $|\overline{MA}|=|\overline{OA}|$,且 l 过点 $\left(\frac{3}{2},\frac{3}{2}\right)$,求 l 的方程.

解 设点 $M(x,y)$,则切线 MA 的方程为
$$\overline{Y}-y = y'(\overline{X}-x).$$

令 $\overline{X}=0$,则 $\overline{Y}=y-xy'$,故点 A 的坐标为 $(0, y-xy')$. 由 $|\overline{MA}|=|\overline{OA}|$,有
$$|y-xy'| = \sqrt{(x-0)^2+(y-y+xy')^2},$$

化简得
$$2yy' - \frac{1}{x}y^2 = -x,$$

即
$$\frac{dy}{dx} = \frac{1}{2}\frac{y}{x} - \frac{1}{2}\frac{x}{y},$$

这是齐次方程. 令 $u=\frac{y}{x}$,则 $\frac{dy}{dx} = u+x\frac{du}{dx}$,代入上面的方程,有
$$u + x\frac{du}{dx} = \frac{1}{2}u - \frac{1}{2u},$$

即
$$x\frac{du}{dx} = -\frac{1}{2}\left(u+\frac{1}{u}\right),$$
$$\frac{2u}{u^2+1}du = -\frac{1}{x}dx,$$

两边积分,得
$$\ln(u^2+1) = \ln\frac{1}{x} + \ln C,$$
$$u^2 + 1 = \frac{C}{x}.$$

将 $u=\frac{y}{x}$ 代入上式,得 $y^2 = Cx - x^2$.

由于曲线位于第一象限,故 $y=\sqrt{Cx-x^2}$. 将初始条件 $y|_{x=\frac{3}{2}}=\frac{3}{2}$ 代入,得 $C=3$. 于是所求曲线方程为
$$y = \sqrt{3x-x^2} \quad (0<x<3).$$

三、一阶线性微分方程

形如
$$\frac{dy}{dx} + P(x)y = Q(x) \tag{4}$$
的方程,称为**一阶线性微分方程**.

若 $Q(x) \equiv 0$,则方程(4)变为
$$\frac{dy}{dx} + P(x)y = 0, \tag{5}$$
称方程(5)为对应于方程(4)的**一阶齐次线性微分方程**;而当 $Q(x) \not\equiv 0$ 时,方程(4)称为**一阶非齐次线性微分方程**.

方程(5)是可分离变量方程.分离变量,得
$$\frac{dy}{y} = -P(x)dx.$$

两边积分
$$\int \frac{1}{y} dy = -\int P(x) dx,$$

于是
$$\ln y = -\int P(x) dx + \ln C,$$

即
$$y = Ce^{-\int P(x)dx}. \tag{6}$$

(6)式是方程(5)的通解.由于(6)式中已含有任意常数 C,因此不妨约定不定积分 $\int P(x)dx$ 是 $P(x)$ 的一个原函数.

现在来分析一阶非齐次线性微分方程(4)的解.

设 $y = y(x)$ 是方程(4)的解,那么
$$\frac{dy}{y} = -P(x)dx + \frac{Q(x)}{y}dx,$$

由于 y 是 x 的函数,于是两边积分
$$\int \frac{dy}{y} = -\int P(x)dx + \int \frac{Q(x)}{y}dx,$$

得
$$\ln y = -\int P(x)dx + \int \frac{Q(x)}{y}dx,$$

即
$$y = e^{\int \frac{Q(x)}{y}dx} \cdot e^{-\int P(x)dx},$$

因为 $e^{\int \frac{Q(x)}{y}dx}$ 也是 x 的函数,用 $C(x)$ 表示,所以
$$y = C(x)e^{-\int P(x)dx}. \tag{7}$$

比较(6)、(7)式可知,将对应的齐次线性微分方程的通解 $y = Ce^{-\int P(x)dx}$ 中的常数 C 变为待定函数 $C(x)$,即为非齐次线性微分方程的通解形式.

由(7)式,得
$$\frac{dy}{dx} = C'(x)e^{-\int P(x)dx} - C(x)P(x)e^{-\int P(x)dx}, \tag{8}$$

将(7)、(8)式代入(4)式,得

$$C'(x)\mathrm{e}^{-\int P(x)\mathrm{d}x} - C(x)P(x)\mathrm{e}^{-\int P(x)\mathrm{d}x} + C(x)P(x)\mathrm{e}^{-\int P(x)\mathrm{d}x} = Q(x),$$

即
$$C'(x)\mathrm{e}^{-\int P(x)\mathrm{d}x} = Q(x),$$
$$C'(x) = Q(x)\mathrm{e}^{\int P(x)\mathrm{d}x},$$

两边积分,得
$$C(x) = \int Q(x)\mathrm{e}^{\int P(x)\mathrm{d}x}\mathrm{d}x + C,$$

于是非齐次线性方程(4)的通解为
$$y = \mathrm{e}^{-\int P(x)\mathrm{d}x}\left[\int Q(x)\mathrm{e}^{\int P(x)\mathrm{d}x}\mathrm{d}x + C\right]. \tag{9}$$

上述求一阶非齐次线性微分方程通解的方法称为**常数变易法**. 利用公式(9)也可直接求得通解.

公式(9)可写成
$$y = C\mathrm{e}^{-\int P(x)\mathrm{d}x} + \mathrm{e}^{-\int P(x)\mathrm{d}x}\int Q(x)\mathrm{e}^{\int P(x)\mathrm{d}x}\mathrm{d}x,$$

其中第一项是对应的齐次线性方程(5)的通解,第二项是非齐次线性方程(4)的一个特解(在(9)式中令$C=0$即得). 由此可见,一阶非齐次线性微分方程的通解等于对应的齐次线性微分方程的通解与它本身的一个特解之和.

例7 求微分方程 $y' - \dfrac{2}{x}y = 2x^3$ 的通解.

解法1 常数变易法.

先求对应的齐次线性微分方程 $y' - \dfrac{2}{x}y = 0$ 的通解. 分离变量,得
$$\frac{1}{y}\mathrm{d}y = \frac{2}{x}\mathrm{d}x,$$

两边积分,得
$$\ln y = 2\ln x + \ln C,$$

即
$$y = Cx^2.$$

设原方程的通解为
$$y = C(x)x^2,$$

其中 $C(x)$ 为待定函数. 将上式对 x 求导,得
$$y' = C'(x)x^2 + 2C(x)x.$$

将上面两式代入原方程,得
$$C'(x)x^2 + 2C(x)x - \frac{2}{x}C(x)x^2 = 2x^3,$$

即
$$C'(x) = 2x,$$

两边积分,得
$$C(x) = x^2 + C.$$

于是所求的通解为
$$y = (x^2 + C)x^2.$$

解法2 公式法.

由于 $P(x)=-\dfrac{2}{x}, Q(x)=2x^3$，代入公式(9)，得原方程的通解为

$$y = e^{-\int P(x)dx}\left[\int Q(x)e^{\int P(x)dx}dx + C\right] = e^{\int \frac{2}{x}dx}\left(\int 2x^3 e^{-\int \frac{2}{x}dx}dx + C\right)$$

$$= e^{2\ln x}\left(\int 2x^3 e^{-2\ln x}dx + C\right) = x^2\left(\int 2x\,dx + C\right) = x^2(x^2 + C).$$

例 8 求微分方程 $(y^2-6x)\dfrac{dy}{dx}+2y=0$ 满足初始条件 $y(1)=1$ 的特解.

解 方程可写成 $\dfrac{dy}{dx}=\dfrac{2y}{6x-y^2}$，它不属于前面讨论过的可分离变量的微分方程、齐次方程及一阶线性微分方程中的任何一种，但若将 y 看作自变量，把 $x=x(y)$ 看作未知函数，则原方程可写成

$$\frac{dx}{dy}-\frac{3}{y}x = -\frac{y}{2},$$

它是关于未知函数 $x(y)$ 的一阶非齐次线性微分方程.

由于 $P(y)=-\dfrac{3}{y}, Q(y)=-\dfrac{y}{2}$，因此

$$x = e^{-\int P(y)dy}\left[\int Q(y)e^{\int P(y)dy}dy + C\right]$$

$$= e^{\int \frac{3}{y}dy}\left[\int \left(-\frac{y}{2}\right)e^{-\int \frac{3}{y}dy}dy + C\right] = e^{3\ln y}\left(-\int \frac{y}{2}e^{-3\ln y}dy + C\right)$$

$$= y^3\left(-\int \frac{y}{2}\cdot\frac{1}{y^3}dy + C\right) = y^3\left(\frac{1}{2y} + C\right) = Cy^3 + \frac{1}{2}y^2,$$

这就是原方程的通解.

将初始条件 $y(1)=1$ 代入通解中，得 $C=\dfrac{1}{2}$. 于是所求特解为

$$x = \frac{1}{2}y^3 + \frac{1}{2}y^2.$$

例 9 设函数 $f(x)$ 可导，且满足 $f(x)=\displaystyle\int_0^x tf(t)dt + \dfrac{1}{2}x^2$，求函数 $f(x)$.

解 等式两边对 x 求导，得

$$f'(x) = xf(x) + x,$$

即

$$f'(x) - xf(x) = x.$$

上式是关于未知函数 $f(x)$ 的一阶非齐次线性微分方程，其中

$$P(x) = -x, \qquad Q(x) = x.$$

由通解公式(9)，得

$$f(x) = e^{\int x\,dx}\left(\int xe^{-\int x\,dx}dx + C\right)$$

$$= e^{\frac{1}{2}x^2}\left(\int xe^{-\frac{1}{2}x^2}dx + C\right)$$

$$= e^{\frac{1}{2}x^2}\left(-e^{-\frac{1}{2}x^2} + C\right)$$

$$= Ce^{\frac{1}{2}x^2} - 1.$$

又由已知等式，得初始条件 $f(0)=0$，代入通解中，得

$$C = 1.$$

于是所求函数为
$$f(x) = e^{\frac{1}{2}x^2} - 1.$$

同步训练 7-2

1. 求下列微分方程的通解:

(1) $y' = 2xy$;

(2) $\dfrac{dy}{dx} = 10^{x+y}$;

(3) $xy' - y\ln y = 0$;

(4) $\dfrac{dy}{dx} = \dfrac{y}{x} + \dfrac{y^2}{x^2}$.

2. 求下列微分方程的特解:

(1) $y' = e^{2x-y}, y(0) = 0$;

(2) $xy' - y = 0, y|_{x=1} = 2$;

(3) $\ln y' = x, y|_{x=0} = 2$;

(4) $(1+e^x)y \cdot y' = e^x, y|_{x=0} = 1$.

3. 求下列微分方程的通解:

(1) $y' + y = e^{-x}$;

(2) $y' + 2xy = xe^{-x^2}$;

(3) $\dfrac{dy}{dx} + 2xy = 4x$;

(4) $y' + y\cos x = e^{-\sin x}$.

4. 求下列微分方程的特解:

(1) $2y' + y = 3, y|_{x=0} = 10$;

(2) $xy' - y = 2, y|_{x=1} = 3$;

(3) $(x+1)y' - 2y = (x+1)^4, y(0) = \dfrac{1}{2}$;

(4) $y' + y\cos x = e^{-\sin x}, y(0) = 1$.

5. 设函数 $f(x)$ 可导,且满足 $f(x) + 2\displaystyle\int_0^x f(t)dt = x^2$,求函数 $f(x)$.

*6. 求方程 $y' - y = \cos x - \sin x$ 满足条件当 $x \to +\infty$ 时 y 有界的特解.

第三节 可降阶的高阶微分方程

二阶及二阶以上的微分方程称为**高阶微分方程**. 对于高阶微分方程,没有较为普遍适用的解法. 本节介绍三种常见的容易降阶的高阶微分方程及其解法.

一、$y^{(n)} = f(x)$ 型的微分方程

对微分方程
$$y^{(n)} = f(x) \tag{1}$$

连续积分 n 次,就可以得到通解.

例1 求微分方程 $y''' = e^{2x} - \cos x$ 的通解.

解 对方程两边连续积分三次,得
$$y'' = \int (e^{2x} - \cos x)dx = \dfrac{1}{2}e^{2x} - \sin x + C_1,$$
$$y' = \int \left(\dfrac{1}{2}e^{2x} - \sin x + C_1\right)dx$$

$$= \frac{1}{4}e^{2x} + \cos x + C_1 x + C_2,$$

$$y = \int \left(\frac{1}{4}e^{2x} + \cos x + C_1 x + C_2\right) dx$$

$$= \frac{1}{8}e^{2x} + \sin x + \frac{C_1}{2}x^2 + C_2 x + C_3.$$

由于 $\dfrac{C_1}{2}$ 为任意常数,不妨仍记为 C_1,于是所求通解为

$$y = \frac{1}{8}e^{2x} + \sin x + C_1 x^2 + C_2 x + C_3.$$

二、$y'' = f(x, y')$ 型的微分方程

微分方程

$$y'' = f(x, y') \tag{2}$$

的特点是不显含未知函数 y. 若令 $y' = p(x)$,则 $y'' = p'(x)$,于是方程(2)即为

$$p' = f(x, p). \tag{3}$$

若一阶微分方程(3)的通解为

$$p = \varphi(x, C_1),$$

即

$$\frac{dy}{dx} = \varphi(x, C_1). \tag{4}$$

对(4)式两边积分,得方程(2)的通解为

$$y = \int \varphi(x, C_1) dx + C_2.$$

例 2 求微分方程 $xy'' + y' = 4x$ 的通解.

解 方程变形为

$$y'' = 4 - \frac{y'}{x},$$

属于 $y'' = f(x, y')$ 型. 设 $y' = p$,则 $y'' = p'$. 代入上述方程并整理得

$$p' + \frac{1}{x}p = 4.$$

利用第二节中的公式(9),得

$$p = e^{-\int \frac{1}{x} dx}\left(\int 4 e^{\int \frac{1}{x} dx} dx + C_1\right) = e^{-\ln x}\left(\int 4 e^{\ln x} dx + C_1\right)$$

$$= \frac{1}{x}\left(\int 4x \, dx + C_1\right) = 2x + \frac{C_1}{x}.$$

将 $p = y'$ 代入上式,得

$$y' = 2x + \frac{C_1}{x},$$

两边积分,得原方程的通解为

$$y = x^2 + C_1 \ln x + C_2.$$

例 3 求微分方程

$$(1 + x^2)y'' = 2xy'$$

满足初始条件
$$y|_{x=0}=1, y'|_{x=0}=3$$
的特解.

解 所给方程属于 $y''=f(x,y')$ 型. 设 $y'=p$, 则 $y''=p'$. 代入方程, 得
$$(1+x^2)p'=2xp.$$

分离变量, 得
$$\frac{dp}{p}=\frac{2x}{1+x^2}dx \ (p\neq 0),$$

两边积分, 得
$$\ln p=\ln(1+x^2)+\ln C_1,$$
即
$$p=y'=C_1(1+x^2).$$

另外, $p=0$(此时 y 为常数)也是原方程的解, 但已包含在上式中.

由条件 $y'|_{x=0}=3$, 得 $C_1=3$. 所以
$$y'=3(1+x^2),$$

两边再积分, 得
$$y=x^3+3x+C_2,$$

由条件 $y|_{x=0}=1$, 得
$$C_2=1.$$

于是所求特解为
$$y=x^3+3x+1.$$

三、$y''=f(y,y')$ 型的微分方程

微分方程
$$y''=f(y,y') \tag{5}$$

中不显含自变量 x. 若令 $y'=p(y)$, 利用复合函数的求导法则, 则
$$y''=\frac{dp}{dx}=\frac{dp}{dy}\cdot\frac{dy}{dx}=p\frac{dp}{dy},$$

于是方程(5)就变形为
$$p\frac{dp}{dy}=f(y,p). \tag{6}$$

若一阶微分方程(6)的通解为
$$p=\varphi(y,C_1),$$
即
$$y'=\varphi(y,C_1), \tag{7}$$

对(7)式分离变量再积分, 得方程(5)的通解为
$$\int\frac{dy}{\varphi(y,C_1)}=x+C_2.$$

例 4 求微分方程 $yy''-(y')^2=0$ 的通解.

解 所给方程属于 $y''=f(y,y')$ 型. 设 $y'=p(y)$, 则 $y''=p\frac{dp}{dy}$, 代入原方程得
$$yp\frac{dp}{dy}-p^2=0.$$

当 $y \neq 0, p \neq 0$ 时,约去 p 并分离变量,得

$$\frac{1}{p}\mathrm{d}p = \frac{1}{y}\mathrm{d}y,$$

两边积分,得

$$\ln p = \ln y + \ln C_1,$$

即

$$p = C_1 y.$$

将 $p = y'$ 代入上式,得

$$y' = C_1 y,$$

再分离变量并积分,得

$$\ln y = C_1 x + \ln C_2,$$

即

$$y = C_2 \mathrm{e}^{C_1 x}. \tag{8}$$

由于 $y = 0$ 和 $p = 0$(此时 y 为常数)也是原方程的解,但已包含在(8)式中,因此(8)式即为原方程的通解.

例 5 求微分方程 $y'' = 2yy'$ 满足初始条件 $y|_{x=0} = 1, y'|_{x=0} = 2$ 的特解.

解 所给方程属于 $y'' = f(y, y')$ 型. 设 $y' = p(y)$,则 $y'' = p\dfrac{\mathrm{d}p}{\mathrm{d}y}$,代入原方程,得

$$p\frac{\mathrm{d}p}{\mathrm{d}y} = 2yp,$$

分离变量,得

$$\mathrm{d}p = 2y\mathrm{d}y,$$

两边积分

$$\int \mathrm{d}p = \int 2y\mathrm{d}y,$$

得

$$p = y^2 + C_1,$$

即

$$y' = y^2 + C_1.$$

将初始条件 $y|_{x=0} = 1, y'|_{x=0} = 2$ 代入上式,得 $C_1 = 1$. 于是

$$y' = y^2 + 1.$$

再分离变量,得

$$\frac{1}{1+y^2}\mathrm{d}y = \mathrm{d}x,$$

两边积分

$$\int \frac{1}{1+y^2}\mathrm{d}y = \int \mathrm{d}x,$$

即

$$\arctan y = x + C_2.$$

将初始条件 $y|_{x=0} = 1$ 代入上式,得 $C_2 = \dfrac{\pi}{4}$.

所以所求特解为

$$\arctan y = x + \frac{\pi}{4},$$

即

$$y = \tan\left(x + \frac{\pi}{4}\right).$$

同步训练 7-3

1. 求下列微分方程的通解：
   (1) $y''=e^{2x}$；
   (2) $y'''=\cos 2x$；
   (3) $xy''+y'-x^2=0$；
   (4) $(1+x^2)y''=2xy'$；
   (5) $y''+2y'=0$；
   (6) $y''=1+(y')^2$.

2. 求下列微分方程满足初始条件的特解：
   (1) $xy''+y'=x^2, y|_{x=1}=1, y'|_{x=1}=\dfrac{1}{3}$；
   (2) $(x+1)y''-y'+1=0, y|_{x=0}=1, y'|_{x=0}=2$；
   (3) $x^2y''-(y')^2=0, y|_{x=1}=0, y'|_{x=1}=1$.

第四节 二阶常系数线性微分方程

形如
$$y''+P(x)y'+Q(x)y=f(x) \tag{1}$$
的微分方程，称为**二阶线性微分方程**.

当 $f(x)\equiv 0$ 时，方程(1)变为
$$y''+P(x)y'+Q(x)y=0, \tag{2}$$
称为**二阶齐次线性微分方程**；当 $f(x)\not\equiv 0$ 时，方程(1)称为**二阶非齐次线性微分方程**，并称方程(2)为对应于方程(1)的齐次线性微分方程.

当 $P(x),Q(x)$ 分别为常数 p 和 q 时，方程(1)和(2)分别为
$$y''+py'+qy=f(x), \tag{3}$$
$$y''+py'+qy=0. \tag{4}$$
称方程(3)、(4)为**二阶常系数线性微分方程**.

二阶线性微分方程具有相同的解的结构. 下面，我们先分析其解的结构，在此基础上，讨论二阶常系数线性微分方程的解法.

一、二阶线性微分方程解的结构

1. 二阶齐次线性微分方程解的结构

定理 1(齐次线性微分方程解的叠加性) 若函数 y_1 与 y_2 是方程(2)的解，则函数 $y=C_1y_1+C_2y_2$ 也是方程(2)的解，其中 C_1,C_2 是任意常数.

证 因为 y_1 与 y_2 是方程(2)的解，所以
$$y_1''+P(x)y_1'+Q(x)y_1=0,$$
$$y_2''+P(x)y_2'+Q(x)y_2=0,$$
从而
$$y''+P(x)y'+Q(x)y$$
$$=(C_1y_1+C_2y_2)''+P(x)(C_1y_1+C_2y_2)'+Q(x)(C_1y_1+C_2y_2)$$
$$=C_1[y_1''+P(x)y_1'+Q(x)y_1]+C_2[y_2''+p(x)y_2'+Q(x)y_2]$$
$$=0,$$

即 $y=C_1y_1+C_2y_2$ 是方程(2)的解.

定理 1 仅指出 $y=C_1y_1+C_2y_2$ 是方程(2)的解,由于两个任意常数 C_1 和 C_2 未必独立,所以 $y=C_1y_1+C_2y_2$ 未必是(2)的通解.

为了检验常数 C_1,C_2 是否独立,下面介绍两个函数线性相关及线性无关的概念.

若函数 $y_1(x)$ 与 $y_2(x)$ 的比值为常数,即 $\dfrac{y_1(x)}{y_2(x)}=k$,则称函数 $y_1(x)$ 与 $y_2(x)$ **线性相关**;否则,称函数 $y_1(x)$ 与 $y_2(x)$ **线性无关**. 例如,函数 e^x 与 e^{-x} 线性无关,而函数 $2x$ 与 $5x$ 线性相关.

若 $y_1(x)$ 与 $y_2(x)$ 线性相关,即 $\dfrac{y_1(x)}{y_2(x)}=k$,则 $y=C_1y_1+C_2y_2=(C_1k+C_2)y_2=C_3y_2$,这说明 y 中实际上只含一个任意常数. 若 $y(x)$ 与 $y_2(x)$ 线性无关,则 $y=C_1y_1+C_2y_2$ 中的两个任意常数 C_1 与 C_2 不能合并为一个任意常数,即 C_1 与 C_2 是两个独立的任意常数.

由此,我们得到二阶齐次线性微分方程的通解结构定理.

定理 2(齐次线性微分方程通解的结构) 若 y_1 与 y_2 是方程(2)的两个线性无关的特解,则 $y=C_1y_1+C_2y_2$ 是方程(2)的通解,其中 C_1,C_2 是任意常数.

由定理 2 知,求二阶齐次线性微分方程通解的关键是求它的两个线性无关的特解.

例 1 验证函数 $y_1=e^x$ 与 $y_2=e^{-x}$ 是微分方程 $y''-y=0$ 的解,并写出该方程的通解.

解 因为 $y_1''=e^x, y_2''=e^{-x}$,所以
$$y_1''-y_1=e^x-e^x=0, \quad y_2''-y_2=e^{-x}-e^{-x}=0,$$
即 y_1 与 y_2 是微分方程 $y''-y=0$ 的解.

又因为 y_1 与 y_2 线性无关,所以 $y''-y=0$ 的通解为
$$y=C_1e^x+C_2e^{-x} \quad (C_1,C_2 \text{ 是任意常数}).$$

2. 二阶非齐次线性微分方程解的结构

定理 3(非齐次线性微分方程通解的结构) 设 y^* 是二阶非齐次线性微分方程(1)的一个特解,Y 是对应的齐次线性微分方程(2)的通解,则 $y=Y+y^*$ 是方程(1)的通解.

证 因为 y^*,Y 分别是方程(1)和(2)的特解和通解,所以
$$y^{*''}+P(x)y^{*'}+Q(x)y^*=f(x),$$
$$Y''+P(x)Y'+Q(x)Y=0,$$
于是 $y''+P(x)y'+Q(x)y$
$$=(Y+y^*)''+P(x)(Y+y^*)'+Q(x)(Y+y^*)$$
$$=[Y''+P(x)Y'+Q(x)Y]+[y^{*''}+P(x)y^{*'}+Q(x)y^*]=f(x).$$

所以 $y=Y+y^*$ 是方程(1)的解. 又因为 Y 是方程(2)的通解,即 Y 中含有两个独立的任意常数,所以 $y=Y+y^*$ 中也含有两个独立的任意常数,从而 $y=Y+y^*$ 是方程(1)的通解.

例 2 验证函数 $y^*=-x^2-2$ 是微分方程 $y''-y=x^2$ 的一个特解,并写出该方程的通解.

解 因为 $y^{*'}=-2x, y^{*''}=-2$,所以
$$y^{*''}-y^*=-2+(x^2+2)=x^2,$$
即 y^* 是微分方程 $y''-y=x^2$ 的一个特解.

又由例 1 知,$y''-y=0$ 的通解为
$$Y=C_1e^x+C_2e^{-x},$$

于是，由定理 3 可得微分方程 $y''-y=x^2$ 的通解为
$$y=Y+y^*=C_1\mathrm{e}^x+C_2\mathrm{e}^{-x}-(x^2+2),$$
其中 C_1,C_2 是任意常数.

下面的定理对于求二阶非齐次线性微分方程的某些特解很有帮助.

定理 4（非齐次线性微分方程解的叠加性） 设二阶非齐次线性微分方程为
$$y''+P(x)y'+Q(x)y=f_1(x)+f_2(x), \tag{5}$$
如果 y_1^* 与 y_2^* 分别是方程
$$y''+P(x)y'+Q(x)y=f_1(x)$$
与
$$y''+P(x)y'+Q(x)y=f_2(x)$$
的特解，则 $y_1^*+y_2^*$ 是方程(5)的特解.

只需将 $y_1^*+y_2^*$ 代入(5)式验证，下面留给读者完成.

定理 4 的结论可推广到方程(5)右端含有有限多项相加的情形.

二、二阶常系数齐次线性微分方程的解法

由定理 2 可知，要求方程(4)的通解，只需求出它的两个线性无关的特解 y_1 和 y_2，则 $y=C_1y_1+C_2y_2$（C_1,C_2 是任意常数）就是方程(4)的通解.

当 r 为常数时，指数函数 $y=\mathrm{e}^{rx}$ 和它的各阶导数都只相差一个常数因子，因此我们用函数 $y=\mathrm{e}^{rx}$ 来尝试，看能否适当地选取常数 r，使 $y=\mathrm{e}^{rx}$ 满足方程(4).

将 $y=\mathrm{e}^{rx}, y'=r\mathrm{e}^{rx}$ 及 $y''=r^2\mathrm{e}^{rx}$ 代入方程(4)，得
$$(r^2+pr+q)\mathrm{e}^{rx}=0,$$
由于 $\mathrm{e}^{rx}\neq 0$，所以
$$r^2+pr+q=0. \tag{6}$$
由此可见，只要常数 r 满足方程(6)，函数 $y=\mathrm{e}^{rx}$ 就是微分方程(4)的解. 我们把代数方程(6)称为微分方程(4)的**特征方程**.

特征方程(6)是一个二次方程，其中 r^2,r 的系数及常数项依次是微分方程(4)中 y'', y' 及 y 的系数.

特征方程的两个根分别记为 r_1 和 r_2，称为**特征根**. 特征根有三种情况，因此方程(4)的通解也有三种情况：

(1) 当 $p^2-4q>0$ 时，特征方程(6)有两个不相等的实根 r_1 及 r_2，此时微分方程(4)有两个特解 $y_1=\mathrm{e}^{r_1 x}$ 和 $y_2=\mathrm{e}^{r_2 x}$. 由于
$$\frac{y_1}{y_2}=\frac{\mathrm{e}^{r_1 x}}{\mathrm{e}^{r_2 x}}=\mathrm{e}^{(r_1-r_2)x}\neq 常数,$$
即 y_1 与 y_2 线性无关，因此方程(4)的通解为
$$y=C_1\mathrm{e}^{r_1 x}+C_2\mathrm{e}^{r_2 x}.$$

(2) 当 $p^2-4q=0$ 时，特征方程(6)有两个相等的实根 $r_1=r_2=r$，这时只得到方程(4)的一个特解 $y_1=\mathrm{e}^{rx}$，还需求出一个与 y_1 线性无关的特解 y_2.

设 $\dfrac{y_2}{y_1}=u(x)$，其中 $u(x)$ 为待定函数（不是常数），则
$$y_2=u(x)y_1=u(x)\mathrm{e}^{rx}.$$

因为

$$y_2' = e^{rx}(u' + ru), \quad y_2'' = e^{rx}(u'' + 2ru' + r^2 u),$$

将 y_2, y_2' 及 y_2'' 代入方程(4)并整理,得

$$e^{rx}[u'' + (2r+p)u' + (r^2+pr+q)u] = 0.$$

由于 r 是特征方程的重根,故 $r^2+pr+q=0, 2r+p=0$. 又 $e^{rx} \neq 0$,于是有

$$u'' = 0,$$

解得 $u = C_1 + C_2 x$. 因此不妨取待定函数 $u=x$,即得到方程(4)的另一个与 $y_1=e^{rx}$ 线性无关的特解 $y_2 = xe^{rx}$,从而方程(4)的通解为

$$y = (C_1 + C_2 x) e^{rx}.$$

(3) 当 $p^2 - 4q < 0$ 时,特征方程(6)有一对共轭复根 $r_{1,2} = \alpha \pm \beta i$ (α, β 为实数且 $\beta \neq 0$),此时方程(4)有两个复数形式的特解 $y_1 = e^{(\alpha+\beta i)x}$ 和 $y_2 = e^{(\alpha-\beta i)x}$.

根据欧拉公式 $e^{i\theta} = \cos\theta + i\sin\theta$ 可得

$$y_1 = e^{\alpha x}(\cos\beta x + i\sin\beta x), \quad y_2 = e^{\alpha x}(\cos\beta x - i\sin\beta x),$$

由定理1知,$\frac{1}{2}y_1 + \frac{1}{2}y_2 = e^{\alpha x}\cos\beta x$ 和 $\frac{1}{2i}y_1 - \frac{1}{2i}y_2 = e^{\alpha x}\sin\beta x$ 均为方程(4)的特解,且 $\frac{e^{\alpha x}\cos\beta x}{e^{\alpha x}\sin\beta x} = \cot\beta x \neq $ 常数,因此方程(4)的通解为

$$y = e^{\alpha x}(C_1 \cos\beta x + C_2 \sin\beta x).$$

综上所述,求二阶常系数齐次线性微分方程

$$y'' + py' + qy = 0$$

的通解的步骤如下:

第一步 写出微分方程的特征方程 $r^2 + pr + q = 0$;

第二步 求出特征方程的两个根 r_1 及 r_2;

第三步 根据特征根的不同情况,按下表写出微分方程的通解:

特征方程 $r^2+pr+q=0$ 的两个根 r_1, r_2	微分方程 $y''+py'+qy=0$ 的通解
两个不相等的实根 r_1, r_2	$y = C_1 e^{r_1 x} + C_2 e^{r_2 x}$
两个相等的实根 $r_1 = r_2 = r$	$y = (C_1 + C_2 x) e^{rx}$
一对共轭复根 $r_{1,2} = \alpha \pm \beta i$	$y = e^{\alpha x}(C_1 \cos\beta x + C_2 \sin\beta x)$

例3 求微分方程 $y'' - 4y' + 3y = 0$ 的通解.

解 特征方程为 $r^2 - 4r + 3 = 0$,有两个不相等的实根 $r_1 = 1, r_2 = 3$. 于是所求的通解为

$$y = C_1 e^x + C_2 e^{3x}.$$

例4 求微分方程 $y'' + 2y' + 2y = 0$ 的通解.

解 特征方程为 $r^2 + 2r + 2 = 0$,有一对共轭复根 $r_{1,2} = -1 \pm i$. 于是所求的通解为

$$y = e^{-x}(C_1 \cos x + C_2 \sin x).$$

例5 求微分方程 $\frac{d^2 s}{dt^2} + 2\frac{ds}{dt} + s = 0$ 满足初始条件 $s|_{t=0} = 4, \frac{ds}{dt}\big|_{t=0} = -2$ 的特解.

解 特征方程为 $r^2 + 2r + 1 = 0$,有两个相等的实根 $r_1 = r_2 = -1$. 于是原方程的通解为

$$s = (C_1 + C_2 t) e^{-t},$$

其导数
$$\frac{ds}{dt} = (C_2 - C_1 - C_2 t) e^{-t}.$$

代入初始条件 $s|_{t=0} = 4, \dfrac{ds}{dt}\bigg|_{t=0} = -2$,求得
$$C_1 = 4, C_2 = 2.$$

故所求特解为
$$s = (4 + 2t) e^{-t}.$$

三、二阶常系数非齐次线性微分方程的解法

由定理 3 知,求二阶常系数非齐次线性微分方程(3)的通解,归结为求对应的齐次线性方程(4)的通解 Y 和(3)的一个特解 y^*,求(4)的通解 Y 前面已经解决,下面介绍求方程(3)的一个特解 y^* 的方法.

这里我们只讨论 $f(x) = e^{\lambda x}[P_l(x)\cos\omega x + P_s(x)\sin\omega x]$ 的情形,其中 λ, ω 是实数,$P_l(x), P_s(x)$ 分别是 x 的 l 次、s 次多项式,其中一个可为零.

我们不加证明地指出:这时方程(3)具有形如
$$y^* = x^k e^{\lambda x}[Q_m(x)\cos\omega x + R_m(x)\sin\omega x] \tag{7}$$

的特解.其中 $Q_m(x), R_m(x)$ 是 m 次多项式,$m = \max\{l, s\}$,而
$$k = \begin{cases} 0, & \lambda + \omega i \text{ 不是特征方程的根,} \\ 1, & \lambda + \omega i \text{ 是特征方程的单根,} \\ 2, & \omega = 0 \text{ 且 } \lambda \text{ 是特征方程的重根.} \end{cases}$$

特别地,当 $\omega = 0$ 时,$f(x) = P_l(x) e^{\lambda x}$,这是一种常见的形式,此时特解(7)即为
$$y^* = x^k Q_l(x) e^{\lambda x}.$$

其中
$$k = \begin{cases} 0, & \lambda \text{ 不是特征方程的根,} \\ 1, & \lambda \text{ 是特征方程的单根,} \\ 2, & \lambda \text{ 是特征方程的重根.} \end{cases}$$

例 6 求微分方程 $y'' - 5y' + 6y = e^x$ 的通解.

解 先求对应的齐次方程的通解 Y.

由 $r^2 - 5r + 6 = 0$,得 $r_1 = 2, r_2 = 3$,于是
$$Y = C_1 e^{2x} + C_2 e^{3x}.$$

这里 $f(x) = e^x$,即 $\lambda = 1, \omega = 0$.由于 $\lambda = 1$ 不是特征方程的根,所以应设
$$y^* = A e^x.$$

求导得 $y^{*\prime} = y^{*\prime\prime} = A e^x$.代入原方程,得
$$A e^x - 5 A e^x + 6 A e^x = e^x,$$

即
$$A = \frac{1}{2},$$

于是
$$y^* = \frac{1}{2} e^x.$$

从而所求通解为
$$y = Y + y^* = C_1 e^{2x} + C_2 e^{3x} + \frac{1}{2} e^x.$$

例7 求微分方程 $y''-6y'+9y=(x+1)\mathrm{e}^{3x}$ 的通解.

解 先求对应的齐次方程的通解 Y.

由 $r^2-6r+9=0$, 得 $r_1=r_2=3$, 于是
$$Y=(C_1+C_2x)\mathrm{e}^{3x}.$$

这里 $f(x)=(x+1)\mathrm{e}^{3x}$, 即 $\lambda=3, \omega=0$. 由于 $\lambda=3$ 是特征方程的重根, 所以应设
$$y^*=x^2(a_0x+a_1)\mathrm{e}^{3x}.$$

求导得
$$y^{*\prime}=[3a_0x^3+(3a_0+3a_1)x^2+2a_1x]\mathrm{e}^{3x},$$
$$y^{*\prime\prime}=[9a_0x^3+(18a_0+9a_1)x^2+(6a_0+12a_1)x+2a_1]\mathrm{e}^{3x},$$

代入原方程, 并约去 e^{3x}, 得
$$6a_0x+2a_1=x+1,$$

解得
$$a_0=\frac{1}{6}, a_1=\frac{1}{2}.$$

于是
$$y^*=x^2\left(\frac{1}{6}x+\frac{1}{2}\right)\mathrm{e}^{3x}.$$

从而所求通解为
$$y=Y+y^*=(C_1+C_2x)\mathrm{e}^{3x}+\frac{1}{6}x^2(x+3)\mathrm{e}^{3x}.$$

⁺例8 求微分方程 $y''+y=x\cos 2x$ 的一个特解.

解 这里 $f(x)=x\cos 2x$, 即 $\lambda=0, \omega=2$.

特征方程为 $r^2+1=0$, 特征根 $r_{1,2}=\pm\mathrm{i}$. 由于 $\lambda+\omega\mathrm{i}=2\mathrm{i}$ 不是特征根, 所以应设
$$y^*=(a_0x+a_1)\cos 2x+(b_0x+b_1)\sin 2x.$$

求导得
$$y^{*\prime}=(2b_0x+a_0+2b_1)\cos 2x+(-2a_0x+b_0-2a_1)\sin 2x,$$
$$y^{*\prime\prime}=(-4a_0x+4b_0-4a_1)\cos 2x+(-4b_0x-4a_0-4b_1)\sin 2x,$$

代入原方程, 得
$$(-3a_0x+4b_0-3a_1)\cos 2x-(3b_0x+4a_0+3b_1)\sin 2x=x\cos 2x,$$

即
$$\begin{cases} -3a_0=1, \\ 4b_0-3a_1=0, \\ -3b_0=0, \\ -4a_0-3b_1=0, \end{cases}$$

解得 $a_0=-\frac{1}{3}, a_1=0, b_0=0, b_1=\frac{4}{9}$, 于是求得一个特解为
$$y^*=-\frac{1}{3}x\cos 2x+\frac{4}{9}\sin 2x.$$

⁺例9 求微分方程 $y''-y'-2y=x+\cos 2x$ 的一个特解.

解 由定理 4, 若 y_1^* 是方程 $y''-y'-2y=x$ 的一个特解, y_2^* 是方程 $y''-y'-2y=\cos 2x$ 的一个特解, 则 $y^*=y_1^*+y_2^*$ 是所给方程的一个特解.

特征方程为 $r^2-r-2=0$, 特征根 $r_1=-1, r_2=2$.

这里 $f_1(x)=x$, 即 $\lambda=0, \omega=0$. 由于 $\lambda=0$ 不是特征根, 所以应设
$$y_1^*=a_0x+a_1.$$

求导得 $y_1^{*\prime}=a_0, y_1^{*\prime\prime}=0$. 代入方程 $y''-y'-2y=x$ 并整理,得
$$-2a_0 x-a_0-2a_1=x,$$
解得
$$a_0=-\frac{1}{2}, a_1=\frac{1}{4}.$$
于是
$$y_1^*=-\frac{1}{2}x+\frac{1}{4}.$$

这里 $f_2(x)=\cos 2x$, 即 $\lambda=0, \omega=2$. 由于 $\lambda+\omega i=2i$ 不是特征根,所以应设
$$y_2^*=b_0\cos 2x+b_1\sin 2x.$$
求导得
$$y_2^{*\prime}=-2b_0\sin 2x+2b_1\cos 2x,$$
$$y_2^{*\prime\prime}=-4b_0\cos 2x-4b_1\sin 2x.$$
代入方程 $y''-y'-2y=\cos 2x$ 并整理,得
$$(-6b_0-2b_1)\cos 2x+(2b_0-6b_1)\sin 2x=\cos 2x,$$
即
$$\begin{cases}-6b_0-2b_1=1,\\ 2b_0-6b_1=0,\end{cases}$$
解得 $b_0=-\dfrac{3}{20}, b_1=-\dfrac{1}{20}.$

于是
$$y_2^*=-\frac{3}{20}\cos 2x-\frac{1}{20}\sin 2x.$$
所以,原方程的一个特解为
$$y^*=y_1^*+y_2^*=-\frac{1}{2}x+\frac{1}{4}-\frac{3}{20}\cos 2x-\frac{1}{20}\sin 2x.$$

+例 10 方程 $y''+4y=\sin x$ 的一条积分曲线通过点 $(0,1)$,并在这一点与直线 $y=1$ 相切,求此曲线方程.

解 先求对应的齐次方程的通解 Y.

由 $r^2+4=0$,得 $r_{1,2}=\pm 2i$,于是
$$Y=C_1\cos 2x+C_2\sin 2x.$$
这里 $f(x)=\sin x$,即 $\lambda=0, \omega=1$. 由于 $\lambda+\omega i=i$ 不是特征根,所以应设
$$y^*=A\cos x+B\sin x.$$
求导得
$$y^{*\prime}=-A\sin x+B\cos x,$$
$$y^{*\prime\prime}=-A\cos x-B\sin x.$$
将 y^* 与 $y^{*\prime\prime}$ 代入原方程并整理,得
$$3A\cos x+3B\sin x=\sin x,$$
解得
$$A=0, B=\frac{1}{3}.$$
于是
$$y^*=\frac{1}{3}\sin x.$$
因此原方程的通解为
$$y=Y+y^*=C_1\cos 2x+C_2\sin 2x+\frac{1}{3}\sin x.$$
将初始条件 $y|_{x=0}=1, y'|_{x=0}=0$ 代入上式得
$$C_1=1, C_2=-\frac{1}{6}.$$

于是所求曲线方程为
$$y=\cos 2x - \frac{1}{6}\sin 2x + \frac{1}{3}\sin x.$$

+ 例 11 设质量为 m 的质点从液面由静止开始在液体中下降. 假定液体的阻力与速度 v 成正比,试求质点下降时的位移 s 与时间 t 的关系.

解 取坐标系如图 7-1 所示,质点从坐标原点开始下降,在下降过程中受两个力的作用:一个是向下的重力 mg;另一个是向上的阻力 kv(k 是大于零的比例常数). 由于质点下降的加速度为 $\dfrac{\mathrm{d}v}{\mathrm{d}t}$,根据牛顿第二定律,得

$$m\frac{\mathrm{d}v}{\mathrm{d}t} = mg - kv.$$

又因为质点从静止开始运动,所以
$$s|_{t=0} = 0, v|_{t=0} = 0.$$

于是得微分方程

$$\begin{cases} \dfrac{\mathrm{d}v}{\mathrm{d}t} + \dfrac{k}{m}v = g, \\ v|_{t=0} = 0, s|_{t=0} = 0, \end{cases}$$

即
$$\begin{cases} \dfrac{\mathrm{d}^2 s}{\mathrm{d}t^2} + \dfrac{k}{m}\dfrac{\mathrm{d}s}{\mathrm{d}t} = g, \\ \dfrac{\mathrm{d}s}{\mathrm{d}t}\bigg|_{t=0} = 0, s|_{t=0} = 0. \end{cases}$$

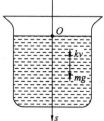

图 7-1

这是二阶常系数非齐次线性微分方程,其通解为
$$s = C_1 + C_2 \mathrm{e}^{-\frac{k}{m}t} + \frac{mg}{k}t.$$

由初始条件 $\dfrac{\mathrm{d}s}{\mathrm{d}t}\bigg|_{t=0} = 0, s|_{t=0} = 0$ 得
$$C_1 = -\frac{m^2 g}{k^2}, C_2 = \frac{m^2 g}{k^2}.$$

所以位移 s 与时间 t 的关系为
$$s = \frac{mg}{k}\left[t - \frac{m}{k}(1 - \mathrm{e}^{-\frac{k}{m}t})\right].$$

同步训练 7-4

1. 求下列微分方程的通解:
   (1) $y'' - 9y = 0$;
   (2) $y'' + 6y' + 13y = 0$;
   (3) $y'' - 2y' + y = 0$;
   (4) $3y'' - 2y' - 8y = 0$;
   (5) $4y'' + 4y' + 17y = 0$;
   (6) $\dfrac{\mathrm{d}^2 s}{\mathrm{d}t^2} - 10\dfrac{\mathrm{d}s}{\mathrm{d}t} + 25s = 0.$

2. 求下列微分方程的特解:
   (1) $y'' - 4y' + 3y = 0, y(0) = 6, y'(0) = 10$;
   (2) $y'' + 12y' + 36y = 0, y(0) = 3, y'(0) = 0$;
   (3) $y'' + 4y' + 29y = 0, y(0) = 0, y'(0) = 15.$

3. 求下列微分方程的通解：

(1) $y''-y'-2y=4e^x$；

(2) $y''-2y'-3y=x+1$；

(3) $y''+y=2\sin 2x$；

(4) $y''+2y'+2y=\cos x$.

阅读材料七

常微分方程

对有关微分方程问题的研究早在微积分的初创年代就开始了. 牛顿和莱布尼兹在建立微分与积分运算时就指出了它们的互逆性, 实际上是解决了最简单的微分方程 $y=f'(x)$ 的求解问题. 此外, 牛顿、莱布尼兹也都用无穷级数和待定系数法解出了某些初等的微分方程. 1693 年, 荷兰科学家惠更斯(C. Huygens, 1629—1695)在《教师学报》中明确说到了微分方程, 而莱布尼兹则在这一杂志同年的另一篇文章中称微分方程为特征三角形的边的函数, 并给出了齐次方程和线性方程的通解. 微分方程的解有时叫该方程的积分, 因为求微分方程解的问题在某种意义上正是普遍积分问题的一种推广.

用分离变量法求解微分方程的最早努力是由莱布尼兹作出的, 用这种方法, 他解决了形如 $ydx/dy=f(x)g(y)$ 的方程, 因为只要把它写成 $dx/f(x)=g(y)dy/y$, 就能在两边进行积分. 但莱布尼兹并没有建立一般的方法. 1691 年, 他把自己在这方面的工作写信告诉了惠更斯. 同年他又解出了一阶齐次方程 $y'=f(y/x)$; 他令 $y=vx$, 代入方程就使变量可以分离. 1694 年, 瑞士数学家约翰•伯努利(Johann Bermoulli, 1667—1748)在《教师学报》上对分离变量法与齐次方程的求解作了更加完整的说明.

通常所说的伯努利方程, 最初是约翰•伯努利的哥哥雅各•伯努利(Jacob Bermoulli, 1654—1705)于 1695 年提出的. 1696 年, 莱布尼兹证明: 利用变量替换 $z=y^{1-a}$, 可以将方程化为 y 与 y^2 的一次方程. 同年, 雅各•伯努利本质上用分离变量法解出了这一方程, 约翰•伯努利给出了另一种解法, 提出了常系数微分方程的解法, 得到并解出了与一族曲线都正交的轨线所满足的微分方程, 还对齐次微分方程的解法进行了研究.

1691 年, 雅各•伯努利研究了船帆在风力下的形状问题, 即膜盖问题, 从而引出了一个二阶方程 $d^2x/ds^2=(dy/ds)^3$, 其中 s 为弧长. 同年, 约翰•伯努利在自己的微积分教科书中处理了这个问题, 证明了它与悬链线问题在数学上是相同的. 从 17 世纪末开始, 三体问题、摆的运动及弹性理论等的数学描述引出了一系列常微分方程, 其中以三体问题最为重要, 二阶常微分方程在其中占有中心位置, 约翰•伯努利、欧拉、黎卡提、泰勒等人在这方面都做出了重要工作.

在 18 世纪, 由于声学和音乐中提出的问题, 使得不少数学家致力于常微分方程和偏微分方程等新兴学科的研究, 英国数学家泰勒(B. Taylor, 1685—1731)在确定振动弦的形状问题时研究了二阶常微分方程, 并用他建立的泰勒公式求解微分方程.

到 18 世纪末, 微分方程已发展成一个极为重要的数学分支, 并且成为研究自然科学的有效工具. 可以用初等积分法求解的常微分方程的基本类型已经研究清楚; 建立了几种系统的近似解法; 引入了一系列基本概念, 如微分方程的通解、特解、奇解、积分因子、全微分、通积分等.

19 世纪以前,数学家们对微分方程总是力图求出显式的解,即以初等函数表示的封闭形式的解(但对一般微分方程来说这种可能性极小)或是幂级数形式的解. 19 世纪初,人们开始研究定解问题,即不是把精力放在求方程的通解上,而直接研究带有某种定解条件的解. 首先是法国数学家柯西(A. L. Cauchy,1789—1857)在 1825 年左右开始了对微分方程论的一个基本问题——初值问题解的存在及唯一性定理的研究. 后来这方面的理论有了很大发展,这些基本理论包括:解的存在及唯一性,延展性,解的整体存在性,解对初值和参数的连续依赖性和可微性,奇解,等等. 这些问题构成了微分方程的一般基础理论.

本章小结

一、主要内容

1. 微分方程、方程的阶、解、通解、初始条件和特解等概念.
2. 可分离变量的微分方程及一阶线性微分方程的解法.
3. 可降阶的高阶微分方程.
4. 二阶线性微分方程的通解结构.
5. 二阶常系数线性微分方程的解法.
6. 微分方程的应用.

二、方法要点

1. 判断微分方程的阶、解、通解.
2. 利用可分离变量求解微分方程.
3. 求解一阶齐次、非齐次线性微分方程.
4. 求解以下三种可降阶的高阶微分方程:

(1) $y^{(n)} = f(x)$,积分 n 次;

(2) $y'' = f(x, y')$,特点:不显含未知函数 y,令 $z = y'$, $z' = y''$,降阶后方程为 $z' = f(x, z)$;

(3) $y'' = f(y, y')$,特点:不显含自变量 x,令 $y' = p(x)$, $y'' = p\dfrac{\mathrm{d}p}{\mathrm{d}y}$,降阶后方程为 $p\dfrac{\mathrm{d}p}{\mathrm{d}y} = f(y, p)$.

5. 二阶常系数齐次线性微分方程 $y'' + py' + qy = 0$ 通解的求法:

(1) 写出对应的特征方程 $\lambda^2 + p\lambda + q = 0$;

(2) 求出特征根 λ_1, λ_2;

(3) 根据特征方程的不同情形,按下列形式写出微分方程 $y'' + py' + qy = 0$ 的通解 y:

若 $\lambda_1 \neq \lambda_2$,实根,则 $y = C_1 e^{\lambda_1 x} + C_2 e^{\lambda_2 x}$;

若 $\lambda_1 = \lambda_2$,等根,则 $y = e^{\lambda_1 x}(C_1 + C_2 x)$;

若 $\lambda_{1,2} = \alpha \pm \beta i$ 是一对共轭复根,则 $y = e^{\alpha x}(C_1 \cos\beta x + C_2 \sin\beta x)$.

6. 二阶常系数非齐次线性微分方程 $y'' + py' + qy = f(x)$ 通解的求法:

(1) 求出对应的齐次微分方程 $y'' + py' + qy = 0$ 的通解 Y;

（2）按 $f(x)$ 的形式用待定系数法求出非齐次微分方程 $y''+py'+qy=f(x)$ 的特解 y^*；

（3）写出二阶常系数非齐次线性微分方程的通解 $y=Y+y^*$.

能力训练七

一、填空题

1. 微分方程 $y'=2xy$ 满足初始条件 $y(0)=1$ 的特解为 _____.

2. 方程 $y''=e^{2x}$ 的通解为 _____.

3. 方程 $y''+2y'+5y=0$ 的通解为 _____.

4. 已知 $y=C_1e^{-x}+C_2e^{2x}$ 为方程 $y''+ay'+by=0$ 的通解，则 $a=$ _____，$b=$ _____.

5. 微分方程 $y'-3xy=2x$ 的通解为 _____.

6. 微分方程 $y''+y'=e^{-x}$ 满足初始条件 $y(0)=1$，$y'(0)=-1$ 的特解为 _____.

7. 通解为 $y=C_1e^{-x}+C_2e^{-2x}$ 的二阶常系数线性齐次微分方程是 _____.

二、选择题

8. 微分方程 $y'+\dfrac{y}{x}=e^x$ 是 （　　）

A. 可分离变量的微分方程　　B. 齐次微分方程

C. 一阶线性微分方程　　D. 以上都不是

9. 微分方程 $y''-4y'+3y=0$ 的通解为 （　　）

A. $y=e^x+e^{-x}$　　B. $y=e^x-e^{-x}$

C. $y=C_1e^x+C_2e^{-x}$　　D. $y=C_1e^{2x}+C_2e^{-2x}$

10. 微分方程 $\dfrac{dx}{y}-\dfrac{dy}{x}=0$ 满足初始条件的特解为 （　　）

A. $3x+4y=c$　　B. $x^2+y^2=25$　　C. $x^2+y^2=c$　　D. $y^2-x^2=7$

11. 已知 $y=e^{-x}$ 为 $y''+ay'-2y=0$ 的一个解，则 （　　）

A. $a=0$　　B. $a=1$　　C. $a=-1$　　D. $a=2$

12. 微分方程 $y^{(3)}=x$ 的通解为 （　　）

A. $y=\dfrac{1}{24}x^4+\dfrac{1}{2}C_1x^2+C_2x+C_3$　　B. $y=\dfrac{1}{24}x^4+C$

C. $y=\dfrac{1}{6}x^3+C_1x+C_2$　　D. $y=\dfrac{1}{6}x^4+C_1x^2+C_2x+C_3$

13. 微分方程 $y''-2y=e^x$ 的特解形式为 （　　）

A. $y^*=Ae^x$　　B. $y^*=Axe^x$　　C. $y^*=2e^x$　　D. $y^*=e^x$

三、计算题

14. 求下列微分方程满足初始条件的特解：

（1）$y'+y=e^{-x}$，$y(0)=1$；　　（2）$\dfrac{dx}{y}+\dfrac{dy}{x}=0$，$y(3)=4$.

15. 求下列微分方程的通解：

(1) $xy^2 dx + (1+x^2) dy = 0$；

(2) $y' + \dfrac{y}{x} = \sin x$；

(3) $\dfrac{dy}{dx} - 3xy = 2x$；

(4) $yy'' - (y')^2 = 0$；

(5) $y'' + y' - 2y = 0$；

(6) $y'' - 2y' + y = 0$；

(7) $y'' + y' = x$.

四、解答题

16. 设连续函数 $f(x)$ 满足方程 $f(x) + 2\displaystyle\int_0^x f(t) dt = x^2$，求 $f(x)$.

第八章 向量代数与空间解析几何

学习目标

1. 理解空间直角坐标系.
2. 理解向量的概念.
3. 掌握向量的坐标及运算(线性运算、数量积及向量积),能够求两个向量的夹角和向量的方向余弦.掌握两个向量平行与垂直的充要条件.
4. 了解平面方程、直线方程的概念.会求简单的平面方程、直线方程.
5. 了解曲面方程的概念.知道常用二次曲面的方程及其图形,知道以坐标轴为旋转轴的旋转曲面及母线平行于坐标轴的柱面方程及其图形.
6. 了解空间曲线的参数方程、一般方程和空间曲线在坐标平面上的投影.
7. 了解偏导数的几何应用.

本章首先建立空间直角坐标系,使空间中的点与三元有序实数组之间建立一一对应关系,以沟通空间图形与数的研究,并引进在工程技术上有着广泛应用的向量,介绍向量的一些运算,然后以向量为工具讨论空间的平面和直线;最后简单介绍空间曲面和空间曲线的有关内容.

本章介绍的知识除其本身的意义外,与多元函数的微积分有着密切联系,对于学习多元函数的微积分有十分重要的作用.

第一节 向量的概念及其线性运算

一、空间直角坐标系

1. 空间直角坐标系

在空间任意取定一点 O,过点 O 作三条互相垂直的数轴,它们都以 O 为原点,且一般具有相同的长度单位.这三条数轴分别称为 x 轴(横轴)、y 轴(纵轴)、z 轴(竖轴),统称为**坐标轴**.三条坐标轴的正向符合右手法则,即用右手握 z 轴,当其四指从 x 轴正向以 $\frac{\pi}{2}$ 的角度转向 y 轴正向时,大拇指的指向就是 z 轴的正向,如图 8-1 所示.这样的三条坐标轴就构成了一个**空间直角坐标系**,点 O 称为**坐标原点**(或原点).

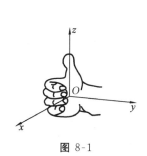

图 8-1

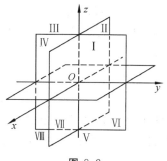

图 8-2

任意两条坐标轴可以确定一个平面,称为**坐标面**.由 x 轴和 y 轴确定的坐标面称为 xOy 面,类似地有 yOz 面和 zOx 面.三个坐标面将空间分成八个部分,每一部分称为一个**卦限**,如图 8-2 所示.其中第Ⅰ、Ⅱ、Ⅲ、Ⅳ卦限位于 xOy 面上方,含有 x 轴、y 轴、z 轴正方向的部分为第Ⅰ卦限,从第Ⅰ卦限起逆时针依次为第Ⅱ、Ⅲ、Ⅳ卦限;第Ⅴ、Ⅵ、Ⅶ、Ⅷ卦限位于 xOy 面下方,分别与第Ⅰ、Ⅱ、Ⅲ、Ⅳ卦限对应.

设 M 为空间的已知点,过点 M 分别作垂直于坐标轴的三个平面,与 x 轴、y 轴、z 轴的交点依次记为 P,Q,R(图 8-3).点 P,Q,R 称为**点 M 在坐标轴上的投影**.设点 P,Q,R 在 x 轴、y 轴、z 轴上的坐标依次为 x,y,z,则点 M 唯一地确定了一个三元有序实数组 (x,y,z);反之,对任意一个三元有序实数组 (x,y,z),可依次在 x 轴、y 轴、z 轴上分别取坐标为 x,y,z 的点 P,Q,R,然后过点 P,Q,R 分别作垂直于 x

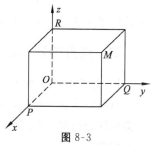

图 8-3

轴、y 轴、z 轴的平面,这三个平面相交于唯一的一点,设为 M,即一个三元有序实数组 (x,y,z) 唯一地确定了空间的一点 M.

于是空间任意一点 M 和一个三元有序实数组 (x,y,z) 之间建立了一一对应关系,称这个三元有序实数组 (x,y,z) 为**点 M 的坐标**,并依次称 x,y,z 为点 M 的**横坐标**、**纵坐标**和**竖坐标**.坐标为 (x,y,z) 的点 M,记为 $M(x,y,z)$.

显然,坐标原点 O 的坐标为 $(0,0,0)$;x 轴、y 轴和 z 轴上任意一点的坐标分别为 $(x,0,0),(0,y,0)$ 和 $(0,0,z)$;xOy 面,yOz 面和 zOx 面上任意一点的坐标分别为 $(x,y,0)$,$(0,y,z)$ 和 $(x,0,z)$.

点 $M(x,y,z)$ 关于 xOy 面的对称点的坐标为 $(x,y,-z)$,关于 x 轴的对称点的坐标为 $(x,-y,-z)$,关于坐标原点 O 的对称点的坐标为 $(-x,-y,-z)$.类似地,可得到点 M 关于其他坐标面及坐标轴的对称点和坐标.

2. 空间两点间的距离公式

设 $M_1(x_1,y_1,z_1),M_2(x_2,y_2,z_2)$ 为空间两点,如图 8-4 所示,过 M_1,M_2 各作三个平面分别垂直于三条坐标轴,在 x 轴、y 轴、z 轴上的交点依次为 $P_i,Q_i,R_i(i=1,2)$,六个平面围成一个长方体,线段 M_1P,M_1Q,M_1R 是它的三条棱,它的对角线 M_1M_2 的长度设为 d,则

$$d^2 = |M_1M_2|^2$$

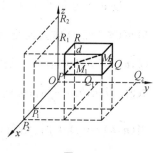

图 8-4

$$= |M_1P|^2 + |M_1Q|^2 + |M_1R|^2$$
$$= |P_1P_2|^2 + |Q_1Q_2|^2 + |R_1R_2|^2.$$

由于 $\quad |P_1P_2| = |x_2-x_1|, |Q_1Q_2| = |y_2-y_1|, |R_1R_2| = |z_2-z_1|,$

所以 $\quad d^2 = |M_1M_2|^2 = |x_2-x_1|^2 + |y_2-y_1|^2 + |z_2-z_1|^2,$

即 $\quad d = \sqrt{(x_2-x_1)^2 + (y_2-y_1)^2 + (z_2-z_1)^2}.$ (1)

(1)式称为**空间两点间的距离公式**.

特别地,空间任一点 $M(x,y,z)$ 与坐标原点 $O(0,0,0)$ 的距离为
$$d = |OM| = \sqrt{x^2+y^2+z^2}.$$

例 1 在 x 轴上求一点,使其与点 $A(4,1,5)$ 和点 $B(3,5,2)$ 的距离相等.

解 设所求点为 $M(x,0,0)$,依题意有
$$|MA| = |MB|.$$

由(1)式,得
$$\sqrt{(x-4)^2+(0-1)^2+(0-5)^2} = \sqrt{(x-3)^2+(0-5)^2+(0-2)^2},$$

上式两边平方,解得 $x=2$,因此所求点的坐标为 $(2,0,0)$.

二、向量的概念及其线性运算

1. 向量的基本概念

自然科学和工程技术中遇到的量,有的只有大小而没有方向,如长度、质量、面积等,这一类量称为**数量**(或标量);另一种是既有大小又有方向的量,如力、位移、速度等,这一类量称为**向量**(或矢量).

向量可以用有向线段表示,有向线段的长度表示向量的大小,有向线段的方向表示向量的方向,如以 M_1 为始点、M_2 为终点的向量,记为 $\overrightarrow{M_1M_2}$(图 8-5).有时也用小写黑体字母来表示向量,如 $\boldsymbol{a},\boldsymbol{b}$ 等.

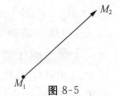

图 8-5

向量的大小称为**向量的模**,向量 $\overrightarrow{M_1M_2}$,$\boldsymbol{a}$ 的模依次记为 $|\overrightarrow{M_1M_2}|$,$|\boldsymbol{a}|$.模等于 1 的向量称为**单位向量**.模等于零的向量称为**零向量**,记为 $\boldsymbol{0}$.零向量没有确定的方向,也可以认为它的方向是任意的.

实际问题中,有些向量与始点有关而有些向量与始点无关,数学上我们只讨论与始点无关的向量,这种向量称为**自由向量**.

若向量 $\boldsymbol{a},\boldsymbol{b}$ 大小相等且方向相同,则称向量 $\boldsymbol{a}$ 与 $\boldsymbol{b}$ 相等,记为 $\boldsymbol{a}=\boldsymbol{b}$.也就是说,经过平行移动后能完全重合的向量是相等的.

设 $\boldsymbol{a},\boldsymbol{b}$ 为非零向量,平移使它们的始点重合,所得射线之间的夹角 $\theta(0\leqslant\theta\leqslant\pi)$ 称为**向量 $\boldsymbol{a},\boldsymbol{b}$ 的夹角**,如图 8-6 所示,记为 $(\widehat{\boldsymbol{a},\boldsymbol{b}})$ 或 $(\widehat{\boldsymbol{b},\boldsymbol{a}})$.当 $\boldsymbol{a},\boldsymbol{b}$ 中有一个是零向量时,规定其夹角可以在 $[0,\pi]$ 中任意取值.当 $(\widehat{\boldsymbol{a},\boldsymbol{b}})=\dfrac{\pi}{2}$ 时,称向量 $\boldsymbol{a}$ 与 $\boldsymbol{b}$ 垂直,记为 $\boldsymbol{a}\perp\boldsymbol{b}$.可以认为零向量与任何向量都垂直.

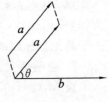

图 8-6

当 $(\widehat{\boldsymbol{a},\boldsymbol{b}})=0$ 或 π 时,称向量 $\boldsymbol{a}$ 与 $\boldsymbol{b}$ 平行,记为 $\boldsymbol{a}\parallel\boldsymbol{b}$.

2. 向量的加法

定义 1(向量加法的平行四边形法则) 设有两个非零向量 a,b,$a=\overrightarrow{OA}$,$b=\overrightarrow{OB}$,以 OA,OB 为边的平行四边形 $OACB$ 的对角线所对应的向量 $\overrightarrow{OC}$(图 8-7),称为**向量 a 与 b 的和**,记为 $a+b$.

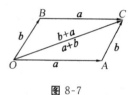

图 8-7

这个定义的等价说法是向量加法的三角形法则:

以向量 a 的终点作为向量 b 的始点,则由 a 的始点到 b 的终点的向量即为 a 与 b 的和.

向量加法的三角形法则可以推广到任意有限个向量相加的情形. 在图 8-8 中,$\overrightarrow{OC}$ 就是三个向量 a,b,c 的和,即 $\overrightarrow{OC}=a+b+c$;$\overrightarrow{OD}$ 就是四个向量 a,b,c,d 的和,即 $\overrightarrow{OD}=a+b+c+d$.

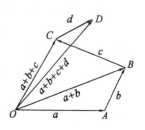

特别地,对任意向量 a,规定 $a+0=a$. 即零向量是向量加法运算的零元.

向量加法满足下列运算律:

(1) 交换律 $a+b=b+a$;

图 8-8

(2) 结合律 $(a+b)+c=a+(b+c)=a+b+c$.

设 a 为一向量,与 a 的模相等而方向相反的向量称为 a 的**负向量**,记为 $-a$(图 8-9). 规定向量 a 与 b 的差

$$a-b=a+(-b).$$

因此只要用向量的加法法则,把 $-b$ 加到向量 a 上,即得 a 与 b 的差 $a-b$

图 8-9

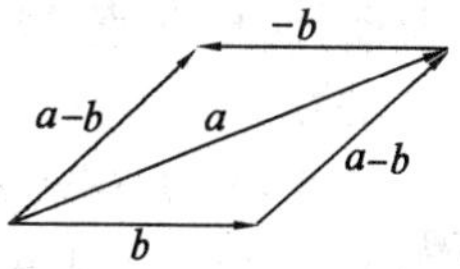

(图 8-10).

3. 向量与数的乘法

定义 2   设 λ 是一个实数,**向量 a 与 λ 的乘积**记为 λa,规定它是一个向量,满足:

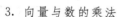

(1) $|\lambda a|=|\lambda||a|$;

(2) 当 $\lambda>0$ 时,λa 与 a 同向;当 $\lambda<0$ 时,λa 与 a 反向. 若 $\lambda=0$ 或 $a=\boldsymbol{0}$,则 $\lambda a=\boldsymbol{0}$.

图 8-10

特别地,当 $\lambda=\pm 1$ 时,有

$$1a=a,\quad (-1)a=-a.$$

设 λ,μ 为实数,a,b 为向量,向量与数的乘法满足下列运算律:

(1) 结合律 $\lambda(\mu a)=\mu(\lambda a)=(\lambda\mu)a$;

(2) 分配律 $(\lambda+\mu)a=\lambda a+\mu a$,$\lambda(a+b)=\lambda a+\lambda b$.

根据向量与数的乘法的规定,可以得出下列结论:

(1) 设向量 $a\neq \boldsymbol{0}$,则向量 b 平行于向量 a 的充要条件是存在唯一的实数 λ,使 $b=\lambda a$;

(2) 设 a° 表示与非零向量 a 同方向的单位向量,则 $a^{\circ}=\dfrac{a}{|a|}$,即 $a=|a|a^{\circ}$.

设 P_1,P_2 为 u 轴上坐标为 u_1,u_2 的任意两点,又 $\boldsymbol{\zeta}$ 为与 u 轴正向一致的单位向量(图 8-11),容易验证:

$$\overrightarrow{P_1P_2}=(u_2-u_1)\boldsymbol{\zeta}. \tag{2}$$

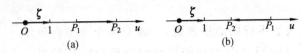

图 8-11

例 2 在 △ABC 中(图 8-12),D,E 分别为边 AC 和 BC 的中点,证明:$\overrightarrow{DE}=\dfrac{1}{2}\overrightarrow{AB}$.

证 设 $\overrightarrow{BC}=\boldsymbol{a},\overrightarrow{AC}=\boldsymbol{b}$,则
$$\overrightarrow{AB}=\overrightarrow{AC}+\overrightarrow{CB}=\overrightarrow{AC}-\overrightarrow{BC}=\boldsymbol{b}-\boldsymbol{a}.$$
因为 D,E 分别为边 AC 和 BC 的中点,所以
$$\overrightarrow{DC}=\frac{1}{2}\overrightarrow{AC}=\frac{1}{2}\boldsymbol{b},\ \overrightarrow{EC}=\frac{1}{2}\overrightarrow{BC}=\frac{1}{2}\boldsymbol{a}.$$

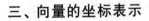

图 8-12

于是 $\overrightarrow{DE}=\overrightarrow{DC}+\overrightarrow{CE}=\overrightarrow{DC}-\overrightarrow{EC}=\dfrac{1}{2}\boldsymbol{b}-\dfrac{1}{2}\boldsymbol{a}=\dfrac{1}{2}(\boldsymbol{b}-\boldsymbol{a})$,

即 $\overrightarrow{DE}=\dfrac{1}{2}\overrightarrow{AB}$.

三、向量的坐标表示

1. 向径及其坐标表示式

始点为坐标原点,终点为 $M(x,y,z)$ 的向量 $\overrightarrow{OM}$ 称为点 M 的**向径**(也称为点 M 的**位置向量**),如图 8-13 所示,记为 $\boldsymbol{r}(M)=\overrightarrow{OM}$.

设 $\boldsymbol{i},\boldsymbol{j},\boldsymbol{k}$ 分别为 x 轴、y 轴、z 轴上与坐标轴正向一致的单位向量,称为**基本单位向量**.由图 8-13,根据向量的加法,有
$$\boldsymbol{r}(M)=\overrightarrow{OM}=\overrightarrow{OP}+\overrightarrow{OQ}+\overrightarrow{OR}.$$

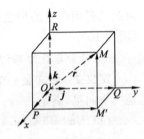

图 8-13

式中的向量 $\overrightarrow{OP},\overrightarrow{OQ},\overrightarrow{OR}$ 分别称为向径 $\boldsymbol{r}(M)$ 在 x 轴、y 轴、z 轴上的**分向量**.由(2)式知
$$\overrightarrow{OP}=x\boldsymbol{i},\ \overrightarrow{OQ}=y\boldsymbol{j},\ \overrightarrow{OR}=z\boldsymbol{k},$$
于是 $\boldsymbol{r}(M)=\overrightarrow{OM}=x\boldsymbol{i}+y\boldsymbol{j}+z\boldsymbol{k}$, (3)
或记为 $\boldsymbol{r}(M)=\overrightarrow{OM}=\{x,y,z\}$.

称 $x\boldsymbol{i}+y\boldsymbol{j}+z\boldsymbol{k}$ 为向径 $\boldsymbol{r}(M)$ 按基本单位向量的分解式,x,y,z 为向径 $\boldsymbol{r}(M)$ 的**坐标**(或称向径 $\boldsymbol{r}(M)$ 在三个坐标轴上的**投影**),并称表达式 $\{x,y,z\}$ 为向径 $\boldsymbol{r}(M)$ 的**坐标表示式**.可见向径 $\boldsymbol{r}(M)$ 的坐标与点 M 的坐标完全一致.

2. 向量的坐标表示式

设向量 $\boldsymbol{a}$ 的始点为 $M_1(x_1,y_1,z_1)$,终点为 $M_2(x_2,y_2,z_2)$,如图 8-14 所示.根据向量的减法,有
$$\boldsymbol{a}=\overrightarrow{M_1M_2}=\boldsymbol{r}(M_2)-\boldsymbol{r}(M_1),$$
由(3)式,得
$$\boldsymbol{a}=(x_2\boldsymbol{i}+y_2\boldsymbol{j}+z_2\boldsymbol{k})-(x_1\boldsymbol{i}+y_1\boldsymbol{j}+z_1\boldsymbol{k})$$
$$=(x_2-x_1)\boldsymbol{i}+(y_2-y_1)\boldsymbol{j}+(z_2-z_1)\boldsymbol{k}. \qquad(4)$$

记 $x_2-x_1=a_x, y_2-y_1=a_y, z_2-z_1=a_z$,
则 $\boldsymbol{a}=a_x\boldsymbol{i}+a_y\boldsymbol{j}+a_z\boldsymbol{k}$,
或记为 $\boldsymbol{a}=\{a_x, a_y, a_z\}$.

称 $a_x\boldsymbol{i}+a_y\boldsymbol{j}+a_z\boldsymbol{k}$ 为**向量 $\boldsymbol{a}$ 按基本单位向量的分解式**, a_x, a_y, a_z 为**向量 $\boldsymbol{a}$ 的坐标**（或称向量 $\boldsymbol{a}$ 在三个坐标轴上的投影），并称表达式 $\{a_x, a_y, a_z\}$ 为**向量 $\boldsymbol{a}$ 的坐标表示式**. 可见任一向量的坐标等于其终点与始点的相应坐标之差.

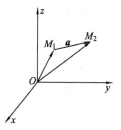

图 8-14

过点 M_1, M_2 各作垂直于三个坐标轴的平面, 这六个平面围成一个以线段 M_1M_2 为对角线的长方体（图 8-15），可以看出

$$\overrightarrow{M_1M_2}=\overrightarrow{M_1P}+\overrightarrow{M_1Q}+\overrightarrow{M_1R}$$
$$=\overrightarrow{P_1P_2}+\overrightarrow{Q_1Q_2}+\overrightarrow{R_1R_2}, \quad (5)$$

式中的向量 $\overrightarrow{P_1P_2}, \overrightarrow{Q_1Q_2}, \overrightarrow{R_1R_2}$ 分别称为**向量 $\overrightarrow{M_1M_2}$ 在 x 轴、y 轴、z 轴上的分向量**. 由(2)式知

$$\overrightarrow{P_1P_2}=(x_2-x_1)\boldsymbol{i}, \overrightarrow{Q_1Q_2}=(y_2-y_1)\boldsymbol{j},$$
$$\overrightarrow{R_1R_2}=(z_2-z_1)\boldsymbol{k},$$

代入(5)式，同样可得(4)式.

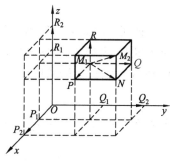

图 8-15

注意 向量在坐标轴上的分向量与向量在坐标轴上的投影（即向量的坐标）有本质的区别. 向量 $\boldsymbol{a}$ 在坐标轴上的投影是三个数值 a_x, a_y, a_z, 等于向量 $\boldsymbol{a}$ 的终点与始点的相应坐标之差. 而向量 $\boldsymbol{a}$ 在坐标轴上的分向量是三个向量 $a_x\boldsymbol{i}, a_y\boldsymbol{j}, a_z\boldsymbol{k}$.

一般地，我们给出向量 $\overrightarrow{AB}$ 在 u 轴上的投影与分向量的概念.

过点 A, B 分别作垂直于 u 轴的两个平面（图 8-16），平面与 u 轴的交点 A', B' 分别称为点 A, B 在 u 轴上的投影.

若 A', B' 在 u 轴上的坐标分别为 u_1, u_2, 则称 u_2-u_1 为**向量 $\overrightarrow{AB}$ 在 u 轴上的投影**, 记为

$$\mathrm{Prj}_u\overrightarrow{AB}=u_2-u_1.$$

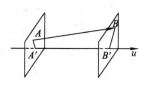

图 8-16

若 $\boldsymbol{\zeta}$ 为与 u 轴正向一致的单位向量，则 $\overrightarrow{AB}$ 在 u 轴上的分向量为 $(u_2-u_1)\boldsymbol{\zeta}$.

规定向量与轴的夹角就是向量与轴正向所成的角. 关于向量的投影，有下列结论：

(1) 若向量 $\boldsymbol{a}$ 与 u 轴的夹角为 φ, 则

$$\mathrm{Prj}_u\boldsymbol{a}=|\boldsymbol{a}|\cos\varphi.$$

(2) $\mathrm{Prj}_u(\boldsymbol{a}+\boldsymbol{b})=\mathrm{Prj}_u\boldsymbol{a}+\mathrm{Prj}_u\boldsymbol{b}$,

$\mathrm{Prj}_u(\lambda\boldsymbol{a})=\lambda\mathrm{Prj}_u\boldsymbol{a}$, λ 为常数.

利用向量的坐标，可得向量的加法、减法以及向量与数的乘法运算：

设 $\boldsymbol{a}=\{a_x, a_y, a_z\}, \boldsymbol{b}=\{b_x, b_y, b_z\}, \lambda$ 为常数，则

$\boldsymbol{a}+\boldsymbol{b}=(a_x+b_x)\boldsymbol{i}+(a_y+b_y)\boldsymbol{j}+(a_z+b_z)\boldsymbol{k}=\{a_x+b_x, a_y+b_y, a_z+b_z\}$,

$\boldsymbol{a}-\boldsymbol{b}=(a_x-b_x)\boldsymbol{i}+(a_y-b_y)\boldsymbol{j}+(a_z-b_z)\boldsymbol{k}=\{a_x-b_x, a_y-b_y, a_z-b_z\}$,

$\lambda\boldsymbol{a}=\lambda a_x\boldsymbol{i}+\lambda a_y\boldsymbol{j}+\lambda a_z\boldsymbol{k}=\{\lambda a_x, \lambda a_y, \lambda a_z\}$.

定理 两个非零向量 $\boldsymbol{a}=\{a_x,a_y,a_z\}$ 与 $\boldsymbol{b}=\{b_x,b_y,b_z\}$ 平行的充要条件是
$$\frac{a_x}{b_x}=\frac{a_y}{b_y}=\frac{a_z}{b_z}.$$

证 前面我们已经知道,若 $\boldsymbol{b}\neq\boldsymbol{0}$,则 $\boldsymbol{a}$ 与 $\boldsymbol{b}$ 平行的充要条件是存在唯一的实数 λ,使 $\boldsymbol{a}=\lambda\boldsymbol{b}$,即
$$\{a_x,a_y,a_z\}=\lambda\{b_x,b_y,b_z\}=\{\lambda b_x,\lambda b_y,\lambda b_z\}.$$
于是
$$a_x=\lambda b_x, a_y=\lambda b_y, a_z=\lambda b_z. \tag{6}$$
所以非零向量 $\boldsymbol{a}$ 与 $\boldsymbol{b}$ 平行的充要条件为
$$\frac{a_x}{b_x}=\frac{a_y}{b_y}=\frac{a_z}{b_z}. \tag{7}$$

说明 当 b_x,b_y,b_z 都不等于零时,(6)式与(7)式是等价的;当 b_x,b_y,b_z 中有一个或两个为零时,由(6)式推不出(7)式,但为了表达方便,仍将(6)、(7)式视为等价. 例如,$b_x=0$, $b_y\neq 0, b_z\neq 0$ 时,(6)式即为
$$a_x=0, a_y=\lambda b_y, a_z=\lambda b_z,$$
其等价形式应是 $a_x=0, \dfrac{a_y}{b_y}=\dfrac{a_z}{b_z}$,习惯上也写成
$$\frac{a_x}{0}=\frac{a_y}{b_y}=\frac{a_z}{b_z},$$
即当(7)式中某个分母为零时,相应的分子也为零.

类似地,$\dfrac{a_x}{0}=\dfrac{a_y}{0}=\dfrac{a_z}{b_z}(b_z\neq 0)$ 应理解为 $a_x=0, a_y=0, a_z$ 为任意非零常数.

例3 已知 $A(1,2,-4), \overrightarrow{AB}=\{-3,2,1\}$. 求:

(1) 点 B 的坐标;

(2) 向量 $\overrightarrow{AB}$ 按基本单位向量的分解式;

(3) 向量 $3\overrightarrow{BA}$ 在坐标轴上的投影及分向量.

解 (1) 设 $B(x,y,z)$,则
$$\overrightarrow{AB}=\{x-1,y-2,z+4\}=\{-3,2,1\}.$$
于是 $x-1=-3, y-2=2, z+4=1$,解得
$$x=-2, y=4, z=-3.$$
即点 B 的坐标为 $(-2,4,-3)$.

(2) $\overrightarrow{AB}$ 按基本单位向量的分解式为
$$\overrightarrow{AB}=-3\boldsymbol{i}+2\boldsymbol{j}+\boldsymbol{k}.$$

(3) 因为 $3\overrightarrow{BA}=-3\overrightarrow{AB}=-3\{-3,2,1\}=\{9,-6,-3\}$,所以 $3\overrightarrow{BA}$ 在 x 轴、y 轴、z 轴上的投影为 $9,-6,-3$;分向量为 $9\boldsymbol{i}, -6\boldsymbol{j}, -3\boldsymbol{k}$.

3. 向量的模与方向余弦的坐标表示式

设向量 $\boldsymbol{a}=\{a_x,a_y,a_z\}$,不妨将 $\boldsymbol{a}$ 平移,使其始点为坐标原点,设它的终点为 A(图 8-17),则 A 点的坐标为 (a_x,a_y,a_z). 由两点间的距离公式有
$$|\boldsymbol{a}|=|OA|=\sqrt{a_x^2+a_y^2+a_z^2}, \tag{8}$$
(8)式即为**向量的模的坐标表示式**.

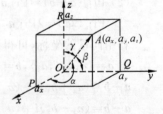

图 8-17

向量 a 的方向可以由 a 与三条坐标轴正向的夹角 α, β, γ(规定 $0 \leqslant \alpha, \beta, \gamma \leqslant \pi$)来确定,称 α, β, γ 为向量 a 的**方向角**.

由图 8-17,因为 $\triangle OPA, \triangle OQA, \triangle ORA$ 都是直角三角形(OA 是斜边),所以

$$\begin{cases} \cos\alpha = \dfrac{a_x}{|a|} = \dfrac{a_x}{\sqrt{a_x^2 + a_y^2 + a_z^2}}, \\ \cos\beta = \dfrac{a_y}{|a|} = \dfrac{a_y}{\sqrt{a_x^2 + a_y^2 + a_z^2}}, \\ \cos\gamma = \dfrac{a_z}{|a|} = \dfrac{a_z}{\sqrt{a_x^2 + a_y^2 + a_z^2}}. \end{cases} \tag{9}$$

称 $\cos\alpha, \cos\beta, \cos\gamma$ 为向量 a 的**方向余弦**,(9)式即为**向量的方向余弦的坐标表示式**.

由(9)式得 $\cos^2\alpha + \cos^2\beta + \cos^2\gamma = 1$.

由于向量 $a = \{a_x, a_y, a_z\} = |a|\{\cos\alpha, \cos\beta, \cos\gamma\}$,因此与非零向量 a 同方向的单位向量为

$$a° = \frac{a}{|a|} = \{\cos\alpha, \cos\beta, \cos\gamma\}.$$

例 4 已知两点 $M_1(-2, 4, \sqrt{2})$ 和 $M_2(-1, 3, 0)$,求向量 $a = \overrightarrow{M_1M_2}$ 的模、方向余弦、方向角以及与 a 同方向的单位向量.

解 因为 $a = \overrightarrow{M_1M_2} = \{-1-(-2), 3-4, 0-\sqrt{2}\} = \{1, -1, -\sqrt{2}\}$,所以 a 的模 $|a| = \sqrt{1^2 + (-1)^2 + (-\sqrt{2})^2} = 2$,

a 的方向余弦 $\cos\alpha = \dfrac{1}{2}, \cos\beta = -\dfrac{1}{2}, \cos\gamma = -\dfrac{\sqrt{2}}{2}$,

方向角 $\alpha = \dfrac{\pi}{3}, \beta = \dfrac{2\pi}{3}, \gamma = \dfrac{3\pi}{4}$,

与 a 同方向的单位向量 $a° = \{\cos\alpha, \cos\beta, \cos\gamma\} = \left\{\dfrac{1}{2}, -\dfrac{1}{2}, -\dfrac{\sqrt{2}}{2}\right\}$.

例 5 一船欲从河的南岸驶向北岸,已知水速(从东向西)为每分钟 4m,问船应以多大的速率并与河岸成多大的角度航行,才能使船的实际航行方向垂直于河岸,且每分钟前进 $4\sqrt{3}$m?

解 取船的出发点为坐标原点,x 轴与河的南岸重合(图 8-18),设水速为 v_0,船速为 v_1,船的实际航行速度为 v,则据题意有

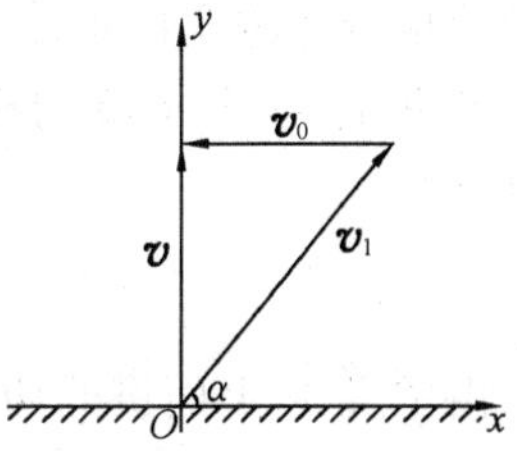

$$v = 4\sqrt{3}j, v_0 = -4i \text{ 且 } v = v_1 + v_0,$$

所以 $v_1 = v - v_0 = 4\sqrt{3}j + 4i = \{4, 4\sqrt{3}, 0\}$,

$|v_1| = \sqrt{4^2 + (4\sqrt{3})^2 + 0^2} = 8$,

从而 $\cos\alpha = \dfrac{4}{8} = \dfrac{1}{2}$,即 $\alpha = \dfrac{\pi}{3}$.

图 8-18

因此船应以每分钟 8m 的速率并与河岸成 $\dfrac{\pi}{3}$ 的角度航行才能符合要求.

同步训练 8-1

1. 求点 $M_1(2,-3,1)$ 和 $M_2(x,y,z)$ 关于原点、各坐标轴、各坐标面的对称点的坐标.
2. 求点 $A(5,-3,-4)$ 到原点、各坐标轴、各坐标面的距离.
3. 求下列各对点间的距离:
   (1) $A(-2,7,-4), B(-2,3,-1)$;
   (2) $M(4,1,-2), N(-1,-3,-4)$.
4. 在 x 轴上求一点,使它到点 $(-3,2,-2)$ 的距离为 3.
5. 证明以点 $A(4,1,9), B(10,-1,6), C(2,4,3)$ 为顶点的三角形为等腰直角三角形.
6. 已知向量 $\boldsymbol{a}=\{3,-1,2\}$,且始点为 $(2,0,-5)$,求它的终点.
7. 已知向量 $\boldsymbol{a}=\{1,-3,2\}, \boldsymbol{b}=\{-1,1,4\}$,求 $3\boldsymbol{a}, \boldsymbol{a}-3\boldsymbol{b}$ 的坐标.
8. 已知 $\boldsymbol{a}=m\boldsymbol{i}+5\boldsymbol{j}-\boldsymbol{k}$ 与 $\boldsymbol{b}=3\boldsymbol{i}+\boldsymbol{j}+n\boldsymbol{k}$ 平行,求 m 和 n.
9. 已知两点 $A(3,4,\sqrt{2})$ 和 $B(2,5,0)$,求向量 $\overrightarrow{AB}$ 的模、方向余弦和方向角.
10. 已知两点 $A(1,-1,2)$ 和 $B(-1,0,3)$,求方向和 $\overrightarrow{AB}$ 一致的单位向量.
11. 设向量 $\boldsymbol{a}$ 的模为 4,它与 u 轴的夹角为 $60°$,求 $\boldsymbol{a}$ 在 u 轴上的投影.
12. 一向量的终点为 $N(2,-1,7)$,它在 x 轴、y 轴和 z 轴上的投影依次为 $4, -4$ 和 7,求该向量的始点 M 的坐标.

第二节 两向量的数量积与向量积

一、两向量的数量积

1. 数量积的定义及其性质

先看一个例子. 一物体在常力 $\boldsymbol{F}$ 作用下由点 M_1 沿直线移动到点 M_2,位移为 $\boldsymbol{s}=\overrightarrow{M_1M_2}$,若 $\boldsymbol{F}$ 与 $\boldsymbol{s}$ 的夹角为 θ(图 8-19),则由物理学可知力 $\boldsymbol{F}$ 所做的功为

$$W=|\boldsymbol{F}||\boldsymbol{s}|\cos\theta.$$

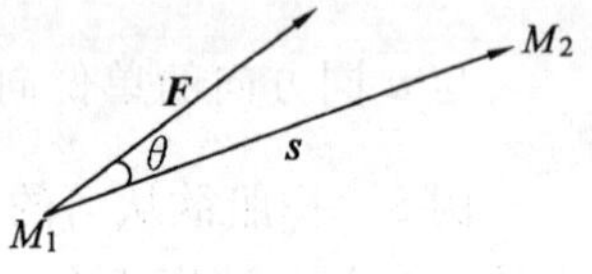

图 8-19

在实际问题中,有时会遇到这样一些数量,它等于两个向量的模与这两个向量的夹角的余弦的乘积. 我们给出如下定义:

定义 1 向量 $\boldsymbol{a}, \boldsymbol{b}$ 的模及它们的夹角的余弦的乘积,称为向量 $\boldsymbol{a}$ 与 $\boldsymbol{b}$ 的**数量积**,记为 $\boldsymbol{a} \cdot \boldsymbol{b}$,即

$$\boldsymbol{a} \cdot \boldsymbol{b}=|\boldsymbol{a}||\boldsymbol{b}|\cos(\widehat{\boldsymbol{a},\boldsymbol{b}}). \tag{1}$$

由定义 1,上面讲的功 W 就是 $\boldsymbol{F}$ 与位移 $\boldsymbol{s}$ 的数量积,即

$$W=\boldsymbol{F} \cdot \boldsymbol{s}.$$

由于数量积中乘法记号用"·"表示,因此数量积也称为**点积**. 必须注意,向量的数量积是一个数量.

由数量积的定义可得:

(1) $\boldsymbol{a} \cdot \boldsymbol{a}=|\boldsymbol{a}|^2$;

(2) 两个非零向量 $\boldsymbol{a}, \boldsymbol{b}$ 互相垂直的充要条件是

$$\boldsymbol{a}\cdot\boldsymbol{b}=0;$$

(3) $\boldsymbol{i}\cdot\boldsymbol{i}=\boldsymbol{j}\cdot\boldsymbol{j}=\boldsymbol{k}\cdot\boldsymbol{k}=1, \boldsymbol{i}\cdot\boldsymbol{j}=\boldsymbol{j}\cdot\boldsymbol{k}=\boldsymbol{k}\cdot\boldsymbol{i}=0.$

向量的数量积满足下列运算律：

(1) 交换律　$\boldsymbol{a}\cdot\boldsymbol{b}=\boldsymbol{b}\cdot\boldsymbol{a}$；

(2) 分配律　$(\boldsymbol{a}+\boldsymbol{b})\cdot\boldsymbol{c}=\boldsymbol{a}\cdot\boldsymbol{c}+\boldsymbol{b}\cdot\boldsymbol{c}$；

(3) 与数相乘的结合律

$$(\lambda\boldsymbol{a})\cdot\boldsymbol{b}=\lambda(\boldsymbol{a}\cdot\boldsymbol{b})=\boldsymbol{a}\cdot(\lambda\boldsymbol{b})\quad(\lambda\text{ 为常数}).$$

例 1　已知 $|\boldsymbol{a}|=4, |\boldsymbol{b}|=3, (\widehat{\boldsymbol{a},\boldsymbol{b}})=\dfrac{2}{3}\pi$，求向量 $\boldsymbol{c}=3\boldsymbol{a}+2\boldsymbol{b}$ 的模.

解　由于 $|\boldsymbol{c}|^2=\boldsymbol{c}\cdot\boldsymbol{c}=(3\boldsymbol{a}+2\boldsymbol{b})\cdot(3\boldsymbol{a}+2\boldsymbol{b})$

$$=(3\boldsymbol{a}+2\boldsymbol{b})\cdot(3\boldsymbol{a})+(3\boldsymbol{a}+2\boldsymbol{b})\cdot(2\boldsymbol{b})$$
$$=9\boldsymbol{a}\cdot\boldsymbol{a}+6\boldsymbol{b}\cdot\boldsymbol{a}+6\boldsymbol{a}\cdot\boldsymbol{b}+4\boldsymbol{b}\cdot\boldsymbol{b}$$
$$=9|\boldsymbol{a}|^2+12\boldsymbol{a}\cdot\boldsymbol{b}+4|\boldsymbol{b}|^2$$
$$=9|\boldsymbol{a}|^2+12|\boldsymbol{a}||\boldsymbol{b}|\cos(\widehat{\boldsymbol{a},\boldsymbol{b}})+4|\boldsymbol{b}|^2$$
$$=9\times 4^2+12\times 4\times 3\times\cos\dfrac{2}{3}\pi+4\times 3^2$$
$$=144+(-72)+36=108,$$

所以　$|\boldsymbol{c}|=\sqrt{108}=6\sqrt{3}$.

例 2　利用向量证明三角形的余弦定理.

证　如图 8-20 所示，$\overrightarrow{BC}=\overrightarrow{AC}-\overrightarrow{AB}$，于是

$$|\overrightarrow{BC}|^2=(\overrightarrow{AC}-\overrightarrow{AB})\cdot(\overrightarrow{AC}-\overrightarrow{AB})$$
$$=|\overrightarrow{AC}|^2-2\overrightarrow{AC}\cdot\overrightarrow{AB}+|\overrightarrow{AB}|^2$$
$$=|\overrightarrow{AC}|^2+|\overrightarrow{AB}|^2-2|\overrightarrow{AC}||\overrightarrow{AB}|\cos\theta,$$

若记 $|\overrightarrow{BC}|=a, |\overrightarrow{AC}|=b, |\overrightarrow{AB}|=c$，则有

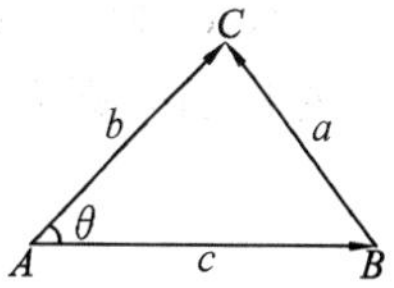

$$a^2=b^2+c^2-2bc\cos\theta.$$

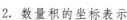

图 8-20

2. 数量积的坐标表示

下面利用向量的坐标来表示向量的数量积.

设　$\boldsymbol{a}=a_x\boldsymbol{i}+a_y\boldsymbol{j}+a_z\boldsymbol{k}, \boldsymbol{b}=b_x\boldsymbol{i}+b_y\boldsymbol{j}+b_z\boldsymbol{k}.$

根据数量积的运算律，有

$\boldsymbol{a}\cdot\boldsymbol{b}=(a_x\boldsymbol{i}+a_y\boldsymbol{j}+a_z\boldsymbol{k})\cdot(b_x\boldsymbol{i}+b_y\boldsymbol{j}+b_z\boldsymbol{k})$
$\quad=a_x\boldsymbol{i}\cdot(b_x\boldsymbol{i}+b_y\boldsymbol{j}+b_z\boldsymbol{k})+a_y\boldsymbol{j}\cdot(b_x\boldsymbol{i}+b_y\boldsymbol{j}+b_z\boldsymbol{k})+a_z\boldsymbol{k}\cdot(b_x\boldsymbol{i}+b_y\boldsymbol{j}+b_z\boldsymbol{k})$
$\quad=a_xb_x+a_yb_y+a_zb_z.$ 　　　　　　　　　(2)

由(2)式可知，两个向量的数量积等于它们对应坐标乘积之和，(2)式即为**数量积的坐标表示式**.

当 $\boldsymbol{a},\boldsymbol{b}$ 为非零向量时，有公式

$$\cos(\widehat{\boldsymbol{a},\boldsymbol{b}})=\dfrac{\boldsymbol{a}\cdot\boldsymbol{b}}{|\boldsymbol{a}||\boldsymbol{b}|}$$
$$=\dfrac{a_xb_x+a_yb_y+a_zb_z}{\sqrt{a_x^2+a_y^2+a_z^2}\sqrt{b_x^2+b_y^2+b_z^2}}. \quad(3)$$

(3)式即为两个向量夹角余弦的坐标表示式. 由(3)可知，两个向量 $\boldsymbol{a},\boldsymbol{b}$ 垂直的充要条件是

$$a_xb_x+a_yb_y+a_zb_z=0.$$

例3 已知 $a=\{1,-1,0\}$,$b=\{0,1,-1\}$,求 $a \cdot b$ 及 $(\widehat{a,b})$.

解 $a \cdot b = 1 \times 0 + (-1) \times 1 + 0 \times (-1) = -1$,

$$\cos(\widehat{a,b}) = \frac{a \cdot b}{|a||b|} = \frac{-1}{\sqrt{1^2+(-1)^2+0^2}\sqrt{0^2+1^2+(-1)^2}} = -\frac{1}{2},$$

所以 $(\widehat{a,b}) = \frac{2}{3}\pi$.

例4 设 $A(2,2,0)$,$B(3,3,-4)$,$C(2,5,-6)$,求 $\angle ABC$.

解 $\overrightarrow{BA}$ 与 $\overrightarrow{BC}$ 的夹角就是 $\angle ABC$. 因为

$$\overrightarrow{BA}=\{-1,-1,4\}, \quad \overrightarrow{BC}=\{-1,2,-2\},$$

则

$$\overrightarrow{BA} \cdot \overrightarrow{BC} = (-1) \times (-1) + (-1) \times 2 + 4 \times (-2) = -9,$$

$$|\overrightarrow{BA}| = \sqrt{(-1)^2+(-1)^2+4^2} = 3\sqrt{2},$$

$$|\overrightarrow{BC}| = \sqrt{(-1)^2+2^2+(-2)^2} = 3,$$

所以

$$\cos \angle ABC = \frac{\overrightarrow{BA} \cdot \overrightarrow{BC}}{|\overrightarrow{BA}||\overrightarrow{BC}|} = \frac{-9}{3\sqrt{2} \times 3} = -\frac{\sqrt{2}}{2}.$$

从而

$$\angle ABC = \frac{3}{4}\pi.$$

二、两向量的向量积

1. 向量积的定义及其性质

设 O 为一根杠杆 L 的支点,力 F 作用于此杠杆上的 P 点处,F 与 $\overrightarrow{OP}$ 的夹角为 θ(图 8-21),则力 F 对支点 O 的力矩是一个向量 M,它的模

$$|M| = |\overrightarrow{OQ}||F| = |\overrightarrow{OP}||F|\sin\theta.$$

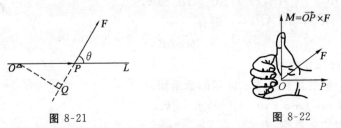

图 8-21　　　　　　图 8-22

而 M 的方向垂直于 $\overrightarrow{OP}$ 与 F 所决定的平面,M 的指向使 $\overrightarrow{OP}$,F,M 符合右手法则(图 8-22).

这种由两个已知向量按上面的规则来确定另一个向量的情况,在物理力学问题中是常见的,下面我们抽象出两个向量的向量积的概念.

定义 2 已知向量 a,b,向量 c 按下列规则确定:

(1) $|c| = |a||b|\sin(\widehat{a,b})$;

(2) c 同时垂直于 a,b 两个向量,且指向使 a,b,c 符合右手法则.

则称向量 c 为 a 与 b 的向量积,记为 $a \times b$,即

$$c = a \times b.$$

由定义 2,上面讲的力矩 M 就是 $\overrightarrow{OP}$ 与 F 的向量积,即

$$M = \overrightarrow{OP} \times F.$$

由于向量积中乘法记号用"×"表示，因此向量积也称为**叉积**. 向量积 $a \times b$ 是一个向量，它的模 $|a \times b|$ 的几何意义是以 a, b 为邻边的平行四边形的面积(图 8-23).

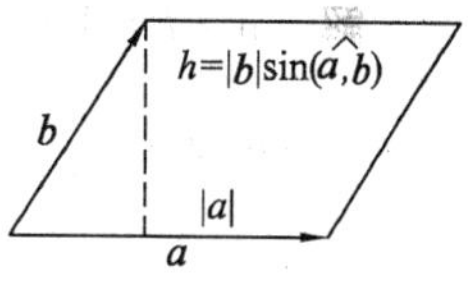

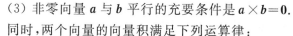

图 8-23

由向量积的定义可得

(1) $a \times a = 0$ (a 为任一向量);

(2) $i \times j = k, j \times k = i, k \times i = j,$
    $j \times i = -k, k \times j = -i, i \times k = -j;$

(3) 非零向量 a 与 b 平行的充要条件是 $a \times b = 0$.

同时，两个向量的向量积满足下列运算律：

(1) 反交换律 $b \times a = -a \times b;$

(2) 与数相乘的结合律

$$(\lambda a) \times b = a \times (\lambda b) = \lambda(a \times b) \quad (\lambda \text{ 为常数});$$

(3) 分配律

$$(a+b) \times c = a \times c + b \times c.$$

例 5 设 m, n 是互相垂直的单位向量，$a = m - n, b = m + n$，求 $|a \times b|$.

解 因为 $a \times b = (m-n) \times (m+n)$
$= m \times m - n \times m + m \times n - n \times n$
$= 2(m \times n),$

所以 $|a \times b| = 2|m \times n| = 2|m||n|\sin\frac{\pi}{2} = 2.$

例 6 设向量 $a = m + 2n, b = 2m + n$，其中 m, n 是夹角为 $\frac{\pi}{6}$ 的单位向量，求以 a, b 为邻边的平行四边形的面积.

解 由向量积的模的几何意义可知，所求平行四边形的面积为
$$A = |a \times b|.$$

因为 $a \times b = (m+2n) \times (2m+n)$
$= 2(m \times m) + 4(n \times m) + m \times n + 2(n \times n)$
$= -3(m \times n),$

又 m, n 是单位向量，且 $(\widehat{m, n}) = \frac{\pi}{6}$，所以

$$A = |a \times b| = |-3(m \times n)| = 3|m||n|\sin(\widehat{m, n}) = 3\sin\frac{\pi}{6} = \frac{3}{2}.$$

2. 向量积的坐标表示

下面利用向量的坐标来表示向量积.

设 $a = a_x i + a_y j + a_z k, b = b_x i + b_y j + b_z k$，根据向量积的运算律，有

$a \times b = (a_x i + a_y j + a_z k) \times (b_x i + b_y j + b_z k)$
$= a_x i \times (b_x i + b_y j + b_z k) + a_y j \times (b_x i + b_y j + b_z k) +$
$\quad a_z k \times (b_x i + b_y j + b_z k)$
$= (a_y b_z - a_z b_y) i - (a_x b_z - a_z b_x) j + (a_x b_y - a_y b_x) k.$ \quad (4)

为了便于记忆,将(4)式改写成行列式形式:

$$a \times b = \begin{vmatrix} i & j & k \\ a_x & a_y & a_z \\ b_x & b_y & b_z \end{vmatrix}.$$

由于非零向量 a 与 b 平行的充要条件为 $a \times b = 0$,由(4)式,即有

$$a_y b_z - a_z b_y = 0, a_x b_z - a_z b_x = 0, a_x b_y - a_y b_x = 0$$

或

$$\frac{a_x}{b_x} = \frac{a_y}{b_y} = \frac{a_z}{b_z}.$$

例7 求垂直于向量 $a = \{2, -2, 3\}$ 和 $b = \{4, 0, -6\}$ 的单位向量 c°.

解 由向量积的定义可知,向量 $a \times b$ 垂直于 a, b. 因为

$$a \times b = \begin{vmatrix} i & j & k \\ 2 & -2 & 3 \\ 4 & 0 & -6 \end{vmatrix} = 12i + 24j + 8k,$$

$$|a \times b| = \sqrt{12^2 + 24^2 + 8^2} = 28,$$

所以 $c^\circ = \pm \dfrac{a \times b}{|a \times b|} = \pm \dfrac{1}{7}(3i + 6j + 2k).$

同步训练 8-2

1. 已知 $|a| = 3, |b| = 4, (\widehat{a,b}) = \dfrac{2}{3}\pi$,求:

   (1) $a \cdot b$;(2) $(3a - 2b) \cdot (a + 2b)$;(3) $|a \times b|$.

2. 已知 $a = i - 2j + 2k, b = -i + j$,求:

   (1) $a \cdot b$;(2) $(3a + 2b) \cdot (a - 2b)$;(3) $(\widehat{a,b})$.

3. 已知 $a = \{3, -1, 2\}, b = \{1, 2, -1\}$,求 $(-2a) \cdot (3b)$.

4. 求与向量 $a = \{2, 1, -2\}$ 平行,且满足 $a \cdot b = -18$ 的向量 b.

5. 已知 $a = \{1, -1, 3\}, b = \{2, -3, 1\}$,求:

   (1) $a \times b$;(2) 以 a, b 为邻边的平行四边形面积.

6. 如果 $a = \{3, 2, 1\}, b = \left\{2, \dfrac{4}{3}, k\right\}$. 试确定 k 的值,使

   (1) $a \perp b$;(2) $a \parallel b$.

7. 求垂直于向量 $a = \{1, -3, -1\}$ 和 $b = \{2, -1, 3\}$ 的单位向量.

8. 已知三角形的三个顶点 $A(3, 4, -1), B(2, 0, 3), C(-3, 5, 4)$,求 $\triangle ABC$ 的面积.

9. 已知 $a \perp b$,且 $|a| = 3, |b| = 4$,计算 $|(a+b) \times (a-b)|$.

10. 已知 $|a| = 2, |b| = 3, |a - b| = \sqrt{7}$,求夹角 $(\widehat{a,b})$.

11. 设 a, b, c 为单位向量,且满足 $a + b + c = 0$,求 $a \cdot b + b \cdot c + c \cdot a$.

12. 已知向量 $a = \{2, -3, 1\}, b = \{1, -1, 3\}, c = \{1, -2, 0\}$,求 $(a \times b) \cdot c$.

第三节 平面和空间直线

平面和直线是空间中最基本的几何图形,本节以向量为工具对平面和直线进行讨论.

一、平面

1. 平面的点法式方程

和平面垂直的非零向量称为该**平面的法线向量**,简称为**法向量**. 容易知道,平面的法向量有无穷多个,它们之间互相平行,且平面上的任一向量都与该平面的法向量垂直.

由于过空间一点有唯一一个平面垂直于已知直线,因此给定了平面的一个法向量和该平面上的一个点,平面就完全确定了.

设平面 Π 过点 $M_0(x_0, y_0, z_0)$,$\boldsymbol{n} = \{A, B, C\}$($A, B, C$ 不全为零)是它的一个法向量,点 $M(x, y, z)$ 是平面 Π 上任意一点(图 8-24),于是 $\overrightarrow{M_0M} \perp \boldsymbol{n}$,即

$$\boldsymbol{n} \cdot \overrightarrow{M_0M} = 0.$$

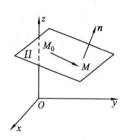

图 8-24

由于 $\boldsymbol{n} = \{A, B, C\}$,$\overrightarrow{M_0M} = \{x - x_0, y - y_0, z - z_0\}$,

所以 $\qquad A(x - x_0) + B(y - y_0) + C(z - z_0) = 0,$ (1)

即平面 Π 上任一点的坐标都满足方程(1).

反过来,若点 $M(x, y, z)$ 的坐标 x, y, z 满足方程(1),则由(1)式可得 $\boldsymbol{n} \cdot \overrightarrow{M_0M} = 0$,因此 $\overrightarrow{M_0M}$ 与 $\boldsymbol{n}$ 垂直,即 M 在平面 Π 上.

所以方程(1)就是过 $M_0(x_0, y_0, z_0)$ 且以 $\boldsymbol{n} = \{A, B, C\}$ 为法向量的平面的方程,称为**平面的点法式方程**.

例 1 求过三点 $M_1(1, 1, -1)$,$M_2(-2, -2, 2)$ 和 $M_3(1, -1, 2)$ 的平面方程.

解 由于向量 $\overrightarrow{M_1M_2} = \{-3, -3, 3\}$ 和 $\overrightarrow{M_1M_3} = \{0, -2, 3\}$ 在所求平面上,所以可取

$$\boldsymbol{n} = \overrightarrow{M_1M_2} \times \overrightarrow{M_1M_3} = \begin{vmatrix} \boldsymbol{i} & \boldsymbol{j} & \boldsymbol{k} \\ -3 & -3 & 3 \\ 0 & -2 & 3 \end{vmatrix} = -3\boldsymbol{i} + 9\boldsymbol{j} + 6\boldsymbol{k}.$$

根据平面的点法式方程,得所求的平面方程为

$$-3(x-1) + 9(y-1) + 6(z+1) = 0,$$

即 $\qquad x - 3y - 2z = 0.$

2. 平面的一般式方程

将方程(1)变形,可得

$$Ax + By + Cz + (-Ax_0 - By_0 - Cz_0) = 0.$$

若令 $D = -Ax_0 - By_0 - Cz_0$,则上式即为

$$Ax + By + Cz + D = 0.$$ (2)

(2)式说明平面方程是 x, y, z 的三元一次方程. 反之,任意一个三元一次方程 $Ax + By + Cz + D = 0$(其中 A, B, C 不同时为零),它的图形是否是一个平面呢?

设 (x_0, y_0, z_0) 是满足方程(2)的一组解,则有

$$Ax_0 + By_0 + Cz_0 + D = 0.$$ (3)

由(2)式减去(3)式,得
$$A(x-x_0)+B(y-y_0)+C(z-z_0)=0, \tag{4}$$
方程(4)是一个过点 $M(x_0,y_0,z_0)$ 且以 $\boldsymbol{n}=\{A,B,C\}$ 为法向量的平面方程. 又由于方程(4)和方程(2)同解,所以,方程(2)表示一个平面. 称方程(2)为**平面的一般式方程**.

下面给出方程(2)的一些特殊情形.

若 $D=0$,则方程 $Ax+By+Cz=0$ 表示通过原点的平面.

若 $A=0$,则方程 $By+Cz+D=0$ 表示平行于 x 轴的平面. 特别地,若 $A=0$ 且 $D=0$,则方程 $By+Cz=0$ 表示通过 x 轴的平面. 类似地,可讨论 B 或 C 为零的情形.

若 $A=0, B=0$,则方程 $Cz+D=0$ 表示同时平行于 x 轴和 y 轴(即平行于 xOy 面的平面). 特别地,若 $A=0, B=0$ 且 $D=0$,则方程 $Cz=0$(即 $z=0$)就表示 xOy 面. 类似地,可讨论 $A=0, C=0$ 或 $B=0, C=0$ 的情形.

例 2 利用平面的一般式方程,求例 1 中的平面方程.

解 设所求的平面方程为
$$Ax+By+Cz+D=0.$$
因为平面过点 $M_1(1,1,-1), M_2(-2,-2,2)$ 和 $M_3(1,-1,2)$,所以
$$\begin{cases} A+B-C+D=0, \\ -2A-2B+2C+D=0, \\ A-B+2C+D=0. \end{cases}$$
解得 $B=-3A, C=-2A, D=0$. 于是所求的平面方程为
$$x-3y-2z=0.$$

例 3 求通过 x 轴和点 $M(2,-4,1)$ 的平面方程.

解 由于平面通过 x 轴,故设所求的平面方程为
$$By+Cz=0.$$
又因为点 $M(2,-4,1)$ 在平面上,所以
$$-4B+C=0,$$
即 $C=4B$. 于是所求的平面方程为
$$y+4z=0.$$

例 4 已知平面和三个坐标轴的交点依次为 $M_1(a,0,0), M_2(0,b,0), M_3(0,0,c)$,其中 a,b,c 均不等于零,求此平面方程.

解 设所求的平面方程为
$$Ax+By+Cz+D=0.$$
因为平面过点 $M_1(a,0,0), M_2(0,b,0)$ 和 $M_3(0,0,c)$,所以
$$\begin{cases} Aa+D=0, \\ Bb+D=0, \\ Cc+D=0. \end{cases}$$
解得 $A=-\dfrac{D}{a}, B=-\dfrac{D}{b}, C=-\dfrac{D}{c}$. 于是所求的平面方程为
$$-\frac{D}{a}x-\frac{D}{b}y-\frac{D}{c}z+D=0,$$

即
$$\frac{x}{a}+\frac{y}{b}+\frac{z}{c}=1. \tag{5}$$

方程(5)称为**平面的截距式方程**,其中 a,b,c 分别称为平面在 x 轴、y 轴、z 轴上的**截距**.

3. 平面与平面的位置关系

两平面的法向量的夹角 θ,称为**两平面的夹角**,通常取 $0 \leqslant \theta \leqslant \frac{\pi}{2}$,如图 8-25 所示. 设两平面的方程分别为 $\Pi_1: A_1 x+B_1 y+C_1 z+D_1=0$ 和 $\Pi_2: A_2 x+B_2 y+C_2 z+D_2=0$. 由于 $\boldsymbol{n}_1=\{A_1, B_1, C_1\}$ 和 $\boldsymbol{n}_2=\{A_2, B_2, C_2\}$ 分别是平面 Π_1, Π_2 的法向量,根据两向量的夹角的余弦公式,并注意到 $0 \leqslant \theta \leqslant \frac{\pi}{2}$,平面 Π_1 与 Π_2 的夹角 θ 可由

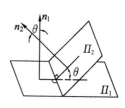

图 8-25

$$\cos\theta=\frac{|\boldsymbol{n}_1 \cdot \boldsymbol{n}_2|}{|\boldsymbol{n}_1||\boldsymbol{n}_2|}=\frac{|A_1 A_2+B_1 B_2+C_1 C_2|}{\sqrt{A_1^2+B_1^2+C_1^2}\sqrt{A_2^2+B_2^2+C_2^2}} \tag{6}$$

来确定.

例 5 求平面 $2x-y+2z+1=0$ 与平面 $x-y+5=0$ 的夹角.

解 由公式(6),有
$$\cos\theta=\frac{|2\times1+(-1)\times(-1)+2\times0|}{\sqrt{2^2+(-1)^2+2^2}\sqrt{1^2+(-1)^2+0^2}}=\frac{\sqrt{2}}{2},$$

因此,所求夹角 $\theta=\frac{\pi}{4}$.

由两向量垂直、平行的充要条件可以推得两个平面垂直、平行的充要条件:
(1) Π_1, Π_2 互相垂直的充要条件为
$$A_1 A_2+B_1 B_2+C_1 C_2=0;$$
(2) Π_1, Π_2 互相平行的充要条件为
$$\frac{A_1}{A_2}=\frac{B_1}{B_2}=\frac{C_1}{C_2}.$$

例 6 求过点 $(1,1,1)$ 且与平面 $\Pi_1: x-y+z=7$ 和 $\Pi_2: 3x+2y-12z+5=0$ 垂直的平面.

解 设所求的平面方程为
$$A(x-1)+B(y-1)+C(z-1)=0.$$
由于所求平面与平面 Π_1, Π_2 垂直,因此
$$\begin{cases} A-B+C=0, \\ 3A+2B-12C=0. \end{cases}$$
解得 $B=\frac{3}{2}A, C=\frac{1}{2}A$. 于是所求平面方程为
$$(x-1)+\frac{3}{2}(y-1)+\frac{1}{2}(z-1)=0,$$
即
$$2x+3y+z-6=0.$$

4. 点到平面的距离公式

设点 $P_0(x_0,y_0,z_0)$ 是平面 Π：$Ax+By+Cz+D=0$ 外的一点，在平面 Π 上任取一点 $P_1(x_1,y_1,z_1)$，作向量 $\overrightarrow{P_1P_0}=\{x_0-x_1, y_0-y_1,z_0-z_1\}$，由图 8-26 可知，点 P_0 到平面 Π 的距离

$$d=|\overrightarrow{P_1P_0}||\cos\theta|$$

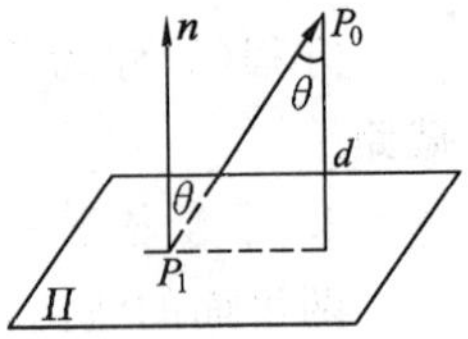

（其中 θ 是 $\overrightarrow{P_1P_0}$ 与平面 Π 的法向量 $\boldsymbol{n}=\{A,B,C\}$ 的夹角）．

由 $\cos\theta=\dfrac{\overrightarrow{P_1P_0}\cdot\boldsymbol{n}}{|\overrightarrow{P_1P_0}||\boldsymbol{n}|}$，得

$$d=\frac{|\overrightarrow{P_1P_0}\cdot\boldsymbol{n}|}{|\boldsymbol{n}|}=\frac{|A(x_0-x_1)+B(y_0-y_1)+C(z_0-z_1)|}{\sqrt{A^2+B^2+C^2}}.$$

图 8-26

又因为 $P_1(x_1,y_1,z_1)$ 在平面 Π 上，即 $Ax_1+By_1+Cz_1+D=0$，所以

$$d=\frac{|Ax_0+By_0+Cz_0+D|}{\sqrt{A^2+B^2+C^2}}. \tag{7}$$

(7)式称为**点到平面的距离公式**．

例 7 求点 $(-2,-4,3)$ 到平面 $2x-y+2z+3=0$ 的距离．

解 由公式(7)，有

$$d=\frac{|2\times(-2)+(-1)\times(-4)+2\times 3+3|}{\sqrt{2^2+(-1)^2+2^2}}=\frac{9}{3}=3.$$

例 8 求两平行平面 Π_1：$Ax+By+Cz+D_1=0$ 和 Π_2：$Ax+By+Cz+D_2=0$ 间的距离．

解 由于 A,B,C 不全为零，因此不妨设 $C\neq 0$．在平面 Π_1 上取一点 $P_0\left(0,0,-\dfrac{D_1}{C}\right)$，$P_0$ 到 Π_2 的距离 d 即为 Π_1 和 Π_2 间的距离．由公式(7)，有

$$d=\frac{\left|A\times 0+B\times 0+C\times\left(-\dfrac{D_1}{C}\right)+D_2\right|}{\sqrt{A^2+B^2+C^2}}=\frac{|D_2-D_1|}{\sqrt{A^2+B^2+C^2}}.$$

二、空间直线

1. 空间直线的点向式方程与参数方程

如果一个非零向量平行于一条已知直线，这个向量就称为这条直线的**方向向量**．

容易知道，当直线 L 上一点 $M_0(x_0,y_0,z_0)$ 和它的一个方向向量 $\boldsymbol{s}=\{m,n,p\}$ 为已知时，直线 L 的位置就完全确定了．现在我们来建立直线 L 的方程．

设点 $M(x,y,z)$ 是直线 L 上的任一点，那么，向量 $\overrightarrow{M_0M}=\{x-x_0,y-y_0,z-z_0\}$ 与 L 的方向向量 $\boldsymbol{s}=\{m,n,p\}$ 平行（图 8-27），所以两向量的对应坐标成比例，即

$$\frac{x-x_0}{m}=\frac{y-y_0}{n}=\frac{z-z_0}{p}. \tag{8}$$

反过来，若点 $M(x,y,z)$ 的坐标 x,y,z 满足方程(8)，则由(8)式可知 $\overrightarrow{M_0M}\parallel\boldsymbol{s}$，因此 M 在直线 L 上．所以方程(8)就是过点 $M_0(x_0,y_0,z_0)$ 且有方向向量 $\boldsymbol{s}=\{m,n,p\}$ 的直线的方程，称为**直线**

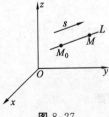

图 8-27

的点向式方程.

直线的任一方向向量 s 的坐标 m,n,p 称为直线的一组**方向数**.

例 9 求通过点 $M_1(1,-2,-3)$ 和 $M_2(3,2,5)$ 的直线方程.

解 取方向向量 $s=\overrightarrow{M_1M_2}=\{2,4,8\}$，由公式(8)，所求直线方程为

$$\frac{x-1}{2}=\frac{y+2}{4}=\frac{z+3}{8},$$

即

$$\frac{x-1}{1}=\frac{y+2}{2}=\frac{z+3}{4}.$$

在直线方程(8)中，若令

$$\frac{x-x_0}{m}=\frac{y-y_0}{n}=\frac{z-z_0}{p}=t,$$

则有

$$\begin{cases} x=x_0+mt, \\ y=y_0+nt, \\ z=z_0+pt. \end{cases} \tag{9}$$

(9)式称为**直线的参数方程**，其中 t 为参数. 当 t 取不同的值时，相应地就得到直线上不同的点.

例 10 求直线 $L: \dfrac{x-2}{1}=\dfrac{y-3}{1}=\dfrac{z-4}{2}$ 与平面 $\Pi: 2x+y+z-6=0$ 的交点坐标.

解 直线 L 的参数方程为

$$\begin{cases} x=2+t, \\ y=3+t, \\ z=4+2t. \end{cases}$$

代入平面 Π 的方程，得

$$2(2+t)+(3+t)+(4+2t)-6=0,$$

解得 $t=-1$，从而 $x=1, y=2, z=2$，故所求交点的坐标为 $(1,2,2)$.

2. 空间直线的一般式方程

空间直线可以看作是两个平面的交线. 设平面 Π_1, Π_2 的方程分别为 $A_1x+B_1y+C_1z+D_1=0$ 和 $A_2x+B_2y+C_2z+D_2=0$，则它们的交线 L 是一条直线，交线 L 的方程为

$$\begin{cases} A_1x+B_1y+C_1z+D_1=0, \\ A_2x+B_2y+C_2z+D_2=0. \end{cases} \tag{10}$$

(10)式称为**空间直线的一般式方程**.

例 11 将例 1 中直线的点向式方程

$$\frac{x-1}{1}=\frac{y+2}{2}=\frac{z+3}{4}$$

化为一般式方程.

解 所给直线的一般式方程为

$$\begin{cases} \dfrac{x-1}{1}=\dfrac{y+2}{2}, \\ \dfrac{x-1}{1}=\dfrac{z+3}{4}, \end{cases}$$

即
$$\begin{cases} 2x-y-4=0, \\ 4x-z-7=0. \end{cases}$$

例 12 将直线的一般式方程
$$\begin{cases} x+2y+3z-4=0, \\ 3x-y-2z+9=0 \end{cases}$$
化为点向式方程和参数方程.

解 先求直线上任一点. 不妨令 $z=0$, 方程组变为
$$\begin{cases} x+2y-4=0, \\ 3x-y+9=0, \end{cases}$$
解得 $x=-2, y=3$, 即点 $M_0(-2,3,0)$ 在所给的直线上.

再求直线的一个方向向量. 由于直线的方向向量与两平面的法向量都垂直, 所以可取
$$\boldsymbol{s}=\boldsymbol{n}_1\times\boldsymbol{n}_2=\begin{vmatrix} \boldsymbol{i} & \boldsymbol{j} & \boldsymbol{k} \\ 1 & 2 & 3 \\ 3 & -1 & -2 \end{vmatrix}=-\boldsymbol{i}+11\boldsymbol{j}-7\boldsymbol{k}.$$

于是所给直线的点向式方程为
$$\frac{x+2}{-1}=\frac{y-3}{11}=\frac{z}{-7},$$

从而参数方程为
$$\begin{cases} x=-2-t, \\ y=3+11t, \\ z=-7t. \end{cases}$$

3. 直线与直线的位置关系

两直线的方向向量的夹角 θ, 称为**两直线的夹角**, 通常取 $0\leqslant\theta\leqslant\frac{\pi}{2}$.

设直线 L_1 和 L_2 的方程分别为 $L_1: \frac{x-x_1}{m_1}=\frac{y-y_1}{n_1}=\frac{z-z_1}{p_1}$, $L_2: \frac{x-x_2}{m_2}=\frac{y-y_2}{n_2}=\frac{z-z_2}{p_2}$, 则直线 L_1 和 L_2 分别有方向向量
$$\boldsymbol{s}_1=\{m_1,n_1,p_1\}, \boldsymbol{s}_2=\{m_2,n_2,p_2\}.$$

根据两向量的夹角的余弦公式, 并注意到 $0\leqslant\theta\leqslant\frac{\pi}{2}$, 直线 L_1 与 L_2 的夹角 θ 可由

$$\cos\theta=\frac{|\boldsymbol{s}_1\cdot\boldsymbol{s}_2|}{|\boldsymbol{s}_1||\boldsymbol{s}_2|}=\frac{|m_1m_2+n_1n_2+p_1p_2|}{\sqrt{m_1^2+n_1^2+p_1^2}\sqrt{m_2^2+n_2^2+p_2^2}} \tag{11}$$

来确定.

由两向量垂直、平行的充要条件可得下列结论:

(1) 直线 L_1 与 L_2 垂直的充要条件是
$$m_1m_2+n_1n_2+p_1p_2=0;$$

(2) 直线 L_1 与 L_2 平行的充要条件是
$$\frac{m_1}{m_2}=\frac{n_1}{n_2}=\frac{p_1}{p_2}.$$

例 13 求直线 $L_1: \dfrac{x-1}{1}=\dfrac{y-7}{-4}=\dfrac{z+3}{1}$ 与直线 $L_2: \dfrac{x}{2}=\dfrac{y+2}{-2}=\dfrac{z}{-1}$ 的夹角.

解 直线 L_1 有方向向量 $\boldsymbol{s}_1=\{1,-4,1\}$,直线 L_2 有方向向量 $\boldsymbol{s}_2=\{2,-2,-1\}$,由(11)式,有

$$\cos\theta=\frac{|1\times 2+(-4)\times(-2)+1\times(-1)|}{\sqrt{1^2+(-4)^2+1^2}\cdot\sqrt{2^2+(-2)^2+(-1)^2}}=\frac{\sqrt{2}}{2},$$

因此,L_1 与 L_2 的夹角 $\theta=\dfrac{\pi}{4}$.

4. 直线与平面的位置关系

过直线 L 作垂直于平面 Π 的平面,两平面的交线 L' 称为直线 L 在平面 Π 上的投影直线.

直线与它在平面上的投影直线的夹角 θ,称为**直线与平面的夹角**,通常取 $0\leqslant\theta\leqslant\dfrac{\pi}{2}$,如图 8-28 所示.

设直线 $L: \dfrac{x-x_0}{m}=\dfrac{y-y_0}{n}=\dfrac{z-z_0}{p}$,平面 $\Pi: Ax+By+Cz+D=0$. 记直线 L 与平面 Π 的法向量 $\boldsymbol{n}$ 的夹角为 φ,取 $0\leqslant\varphi\leqslant\dfrac{\pi}{2}$,则 $\theta=\dfrac{\pi}{2}-\varphi$,所以

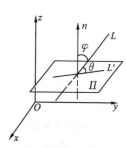

图 8-28

$$\sin\theta=\cos\varphi=\frac{|Am+Bn+Cp|}{\sqrt{m^2+n^2+p^2}\sqrt{A^2+B^2+C^2}}. \tag{12}$$

由两向量垂直、平行的充要条件可得下列结论:

(1) 直线 L 与平面 Π 垂直的充要条件是

$$\frac{A}{m}=\frac{B}{n}=\frac{C}{p};$$

(2) 直线 L 与平面 Π 平行的充要条件是

$$Am+Bn+Cp=0.$$

例 14 讨论下列各题中直线与平面的位置关系,若相交,求出夹角和交点:

(1) $\dfrac{x}{2}=\dfrac{y-2}{5}=\dfrac{z-6}{3}$ 与 $15x-9y+5z-12=0$;

(2) $\dfrac{x-1}{1}=\dfrac{y-2}{-4}=\dfrac{z-3}{1}$ 与 $2x-2y-z-13=0$.

解 (1) 直线有方向向量 $\boldsymbol{s}=\{2,5,3\}$,平面有法向量 $\boldsymbol{n}=\{15,-9,5\}$. 因为

$$\boldsymbol{s}\cdot\boldsymbol{n}=2\times 15+5\times(-9)+3\times 5=0,$$

所以直线与平面平行. 又直线上的点 $(0,2,6)$ 满足平面方程 $15x-9y+5z-12=0$,故直线在平面上.

(2) $\boldsymbol{s}=\{1,-4,1\}$,$\boldsymbol{n}=\{2,-2,-1\}$,因为

$$\boldsymbol{s}\cdot\boldsymbol{n}=1\times 2+(-4)\times(-2)+1\times(-1)=9\neq 0,$$

所以直线与平面相交.

设直线与平面的夹角为 θ,由公式(12),得

$$\sin\theta = \frac{|\boldsymbol{s} \cdot \boldsymbol{n}|}{|\boldsymbol{s}||\boldsymbol{n}|} = \frac{9}{\sqrt{1^2+(-4)^2+1^2}\sqrt{2^2+(-2)^2+(-1)^2}} = \frac{\sqrt{2}}{2},$$

因此,直线与平面的夹角 $\theta = \frac{\pi}{4}$.

化直线 $\frac{x-1}{1} = \frac{y-2}{-4} = \frac{z-3}{1}$ 为参数方程：$x=1+t, y=2-4t, z=3+t$,代入平面方程,得

$$2(1+t)-2(2-4t)-(3+t)-13=0,$$

解得 $t=2$,代入直线的参数方程,即得直线与平面的交点为 $(3,-6,5)$.

同步训练 8-3

1. 求过点 $M(1,2,3)$ 且平行于平面 $x+2y-z-6=0$ 的平面方程.

2. 求通过点 $A(7,6,7), B(5,10,5)$ 和 $C(-1,8,9)$ 的平面方程.

3. 已知平面过点 $M_0(2,3,1)$,且平行于向量 $\boldsymbol{a}=\{2,-1,3\}$ 和 $\boldsymbol{b}=\{3,0,-1\}$,求该平面的方程.

4. 设平面过点 $A(1,2,-1)$,且在 x 轴、z 轴上的截距等于在 y 轴上的截距的两倍,求该平面的方程.

5. 确定下列方程中的系数 k 和 m:

(1) 平面 $2x+ky+3z-6=0$ 和平面 $mx-by-z+2=0$ 平行;

(2) 平面 $3x-5y+kz-3=0$ 和平面 $x+3y+2z+5=0$ 垂直.

6. 一平面平行于 x 轴,且通过点 $A(4,0,-2)$ 和 $B(5,1,7)$,求该平面的方程.

7. 求通过点 $M_0(2,1,1)$ 且与直线 $L: \begin{cases} x+2y-z+1=0, \\ 2x+y-z=0 \end{cases}$ 垂直的平面方程.

8. 求下列各组中点到平面的距离:

(1) 点 $A(-2,-4,3)$,平面 $2x-y+2z+3=0$;

(2) 点 $A(3,-6,7)$,平面 $4x-3z-1=0$.

9. 求下列各对平面间的距离:

(1) $\Pi_1: x-2y-2z-6=0, \Pi_2: x-2y-2z-12=0$;

(2) $\Pi_1: 16x+12y-15z+50=0, \Pi_2: 16x+12y-15z+25=0$.

10. 求过点 $A(4,-1,3)$,且平行于直线 $\frac{x-3}{2} = \frac{y}{1} = \frac{z-1}{5}$ 的直线方程.

11. 求过点 $M(-1,2,1)$ 且和两平面 $x+y-2z+1=0$ 与 $x+2y-z+1=0$ 平行的直线方程.

12. 将直线 $\begin{cases} x-y+z-1=0, \\ 2x+y+z-4=0 \end{cases}$ 化为点向式方程和参数方程.

13. 求下列各组直线与平面的交点:

(1) $\frac{x-1}{1} = \frac{y+1}{-2} = \frac{z}{6}$ 和 $2x+3y+z-1=0$;

(2) $\frac{x+2}{-2} = \frac{y-1}{3} = \frac{z-3}{2}$ 和 $x+2y-2z+6=0$.

14. 试确定下列各组直线和平面间的关系:

(1) $\frac{x+3}{-2} = \frac{y+4}{-7} = \frac{z}{3}$ 和 $4x-2y-2z-3=0$;

(2) $\frac{x}{3} = \frac{y}{-2} = \frac{z}{7}$ 和 $3x-2y+7z=8$;

(3) $\frac{x-2}{3}=\frac{y+2}{1}=\frac{z-3}{-4}$ 和 $x+y+z-3=0$.

15. (1) 求平面 $\Pi_1: 2x-y+z-9=0$ 与 $\Pi_2: x+y+2z-10=0$ 的夹角;

(2) 求直线 $L_1: \frac{x+1}{-4}=\frac{y-2}{1}=\frac{z-3}{1}$ 与 $L_2: \frac{x}{-2}=\frac{y+2}{2}=\frac{z+3}{-1}$ 的夹角.

第四节 曲面和空间曲线

上一节介绍了空间中最基本的几何图形——平面和直线,本节研究空间中更一般的几何图形——曲面和曲线.

一、曲面

在平面解析几何中,我们把平面曲线看作点的几何轨迹,并建立了平面曲线的方程 $F(x,y)=0$. 例如, $x^2+y^2=R^2$ 表示圆心为 $(0,0)$、半径为 R 的圆; $x=1$ 表示通过点 $(1,0)$ 且平行于 y 轴的直线. 在空间解析几何中,任何曲面也都可看作点的几何轨迹,并可用类似方法建立曲面的方程.

定义1 如果曲面 Σ 上任一点的坐标 (x,y,z) 都满足方程 $F(x,y,z)=0$,而满足方程 $F(x,y,z)=0$ 的 x,y,z 对应的点 (x,y,z) 都在曲面 Σ 上,则称 $F(x,y,z)=0$ 为**曲面 Σ 的方程**,而曲面 Σ 就称为**方程 $F(x,y,z)=0$ 的图形**.

在上一节的讨论中,我们已经知道三元一次方程 $Ax+By+Cz+D=0$(其中 A,B,C 不同时为零)表示一个平面.下面我们再建立几种常见曲面的方程.

1. 球面

若空间动点到一定点的距离为定值,则该动点的轨迹称为**球面**.其中定点称为**球心**,定值称为**半径**.

设球心为点 $M_0(x_0,y_0,z_0)$,半径为 R. 在球面上任取一点 $M(x,y,z)$,由于 $|M_0M|=R$,所以

$$\sqrt{(x-x_0)^2+(y-y_0)^2+(z-z_0)^2}=R,$$

即

$$(x-x_0)^2+(y-y_0)^2+(z-z_0)^2=R^2. \tag{1}$$

这就是 M 点满足的方程;反过来,满足方程(1)的 (x,y,z) 显然在球面上. 因此(1)式就是球心在 $M_0(x_0,y_0,z_0)$、半径为 R 的球面方程.

特别地,当球心在坐标原点时,球面方程为

$$x^2+y^2+z^2=R^2. \tag{2}$$

例1 方程 $x^2+y^2+z^2-4y-2z-4=0$ 表示什么图形?

解 将方程变形为

$$x^2+(y-2)^2+(z-1)^2=3^2.$$

由(1)式可知,该方程表示球心为点 $(0,2,1)$、半径为 $R=3$ 的球面.

2. 柱面

定义2 直线 L 沿定曲线 C 平行移动所形成的轨迹称为**柱面**,定曲线 C 称为柱面的**准线**,动直线 L 称为柱面的**母线**.

现在我们来建立准线在坐标面上、母线平行于坐标轴的柱面方程.

设准线 C 是 xOy 面上的一条曲线,它在平面直角坐标系中的方程为
$$F(x,y)=0. \tag{3}$$
把平行于 z 轴的直线 L 沿曲线 C 平行移动,就得到一个柱面(图 8-29).在柱面上任取一点 $P(x_0,y_0,z_0)$,过 P 作平行于 z 轴的直线,则该直线与 xOy 面的交点为 $P_0(x_0,y_0,0)$,由柱面的定义可知,P_0 必在准线 C 上,故有
$$F(x_0,y_0)=0,$$
即点 P 的坐标满足方程(3).

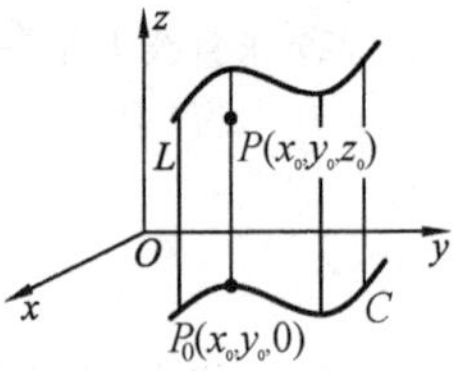

反过来,如果空间一点 $P(x_0,y_0,z_0)$ 的坐标满足方程(3),即
$$F(x_0,y_0)=0,$$
则 $P(x_0,y_0,z_0)$ 必在过准线 C 上的点 $P_0(x_0,y_0,0)$ 且平行于 z 轴的直线上,于是 $P(x_0,y_0,z_0)$ 必在柱面上.

因此,不含变量 z 的方程 $F(x,y)=0$ 在空间就表示以 xOy 面上的曲线 $F(x,y)=0$ 为准线、母线平行于 z 轴的柱面.

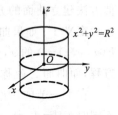

图 8-29

例如,方程 $x^2+y^2=R^2$ 在空间表示以 xOy 面上的圆 $x^2+y^2=R^2$ 为准线、母线平行于 z 轴的**圆柱面**(图 8-30).

方程 $y^2=2x$ 在空间表示以 xOy 面上的抛物线 $y^2=2x$ 为准线、母线平行于 z 轴的柱面,该柱面称为**抛物柱面**(图 8-31);方程 $\dfrac{x^2}{a^2}+\dfrac{y^2}{b^2}=1$ 在空间表示以 xOy 面上的椭圆 $\dfrac{x^2}{a^2}+\dfrac{y^2}{b^2}=1$ 为准线、母线平行于 z 轴的柱面,该柱面称为**椭圆柱面**(图 8-32).

图 8-30

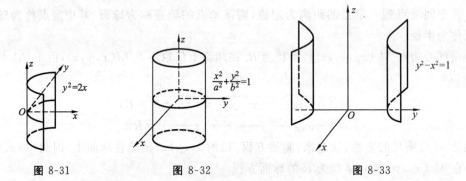

图 8-31   图 8-32   图 8-33

方程 $y^2-x^2=1$ 在空间表示以 xOy 面上的双曲线 $y^2-x^2=1$ 为准线、母线平行于 z 轴的柱面,该柱面称为**双曲柱面**(图 8-33).

类似地,不含变量 x 的方程 $G(y,z)=0$ 在空间表示以 yOz 面上的曲线 $G(y,z)=0$ 为准线、母线平行于 x 轴的柱面;不含变量 y 的方程 $H(x,z)=0$ 在空间表示以 xOz 面上的曲线 $H(x,z)=0$ 为准线、母线平行于 y 轴的柱面.

3. 旋转曲面

定义 3 平面内一条曲线 C 绕该平面上的一条定直线 L 旋转一周所成的曲面称为**旋转曲面**,这条定直线 L 称为**旋转曲面的轴**.

现在我们来建立以坐标轴为旋转轴的旋转曲面的方程.

如图 8-34 所示,设 yOz 面上有一条已知曲线 C,它在平面直角坐标系中的方程为

$$F(y,z)=0.$$

又设 $M(x,y,z)$ 是曲线 C 绕 z 轴旋转一周所成的旋转曲面上的任一点，该点由曲线 C 上的点 $M_0(0,y_0,z)$ 绕 z 轴旋转一定角度而得到，在旋转过程中，点到 z 轴的距离保持不变，若 M 和 M_0 在 z 轴上的投影为 $P(0,0,z)$，则

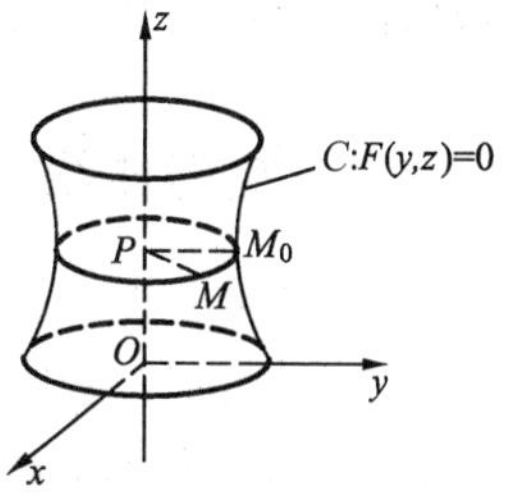

$$|PM|=|PM_0|,$$

即
$$\sqrt{x^2+y^2}=|y_0|,$$
$$y_0=\pm\sqrt{x^2+y^2}. \tag{4}$$

因为 M_0 在曲线 C 上，所以

$$F(y_0,z)=0. \tag{5}$$

将 (4) 式代入 (5) 式，得到

$$F(\pm\sqrt{x^2+y^2},z)=0. \tag{6}$$

方程 (6) 当且仅当 $M(x,y,z)$ 在旋转曲面上时才成立，所以就是所求的旋转曲面的方程.

由 (6) 式可以看出，只要将 yOz 面上曲线 C 的方程 $F(y,z)=0$ 中的 y 换成 $\pm\sqrt{x^2+y^2}$ 而将 z 保持不变，就得到曲线 C 绕 z 轴旋转一周所成的旋转曲面的方程. 同理，曲线 C 绕 y 轴旋转而成的旋转曲面的方程为

$$F(y,\pm\sqrt{x^2+z^2})=0. \tag{7}$$

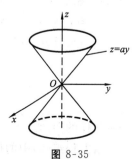

图 8-34

例 2 求 yOz 坐标面上的直线 $z=ay(a\neq 0)$ 绕 z 轴旋转所得的旋转曲面的方程.

解 将 z 保持不变，y 换成 $\pm\sqrt{x^2+y^2}$，则所求旋转曲面的方程为

$$z=a(\pm\sqrt{x^2+y^2}),$$

即
$$z^2=a^2(x^2+y^2).$$

该旋转曲面称为**圆锥面**，点 O 称为圆锥面的**顶点**（图 8-35）. 如果再设半顶角为 α，则 $a=\cot\alpha$.

例 3 将 yOz 面上的椭圆 $\dfrac{y^2}{a^2}+\dfrac{z^2}{b^2}=1$ 分别绕 z 轴和 y 轴旋转，求所得的旋转曲面的方程.

解 绕 z 轴旋转所得的旋转曲面的方程为

$$\frac{x^2+y^2}{a^2}+\frac{z^2}{b^2}=1.$$

绕 y 轴旋转所得的旋转曲面（图 8-36）的方程为

$$\frac{y^2}{a^2}+\frac{x^2+z^2}{b^2}=1.$$

这两种曲面都称为**旋转椭球面**.

例 4 曲面 $x^2+y^2=2pz(p>0)$ 可以看作由 xOz 面上的抛物线 $x^2=2pz\,(p>0)$ 绕 z 轴旋转所得的旋转曲面，也可看作由 yOz 面上的抛物线 $y^2=2pz\,(p>0)$ 绕 z 轴旋转而得，称为**旋转抛物面**.

曲面 $\dfrac{x^2+y^2}{a^2}-\dfrac{z^2}{c^2}=1$ 可以看作由 xOz 面上的双曲线 $\dfrac{x^2}{a^2}-\dfrac{z^2}{c^2}=1$ 绕 z 轴旋转所成的旋

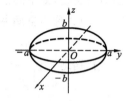

图 8-35

图 8-36

转曲面,也可看作由 yOz 面上的双曲线 $\dfrac{y^2}{a^2}-\dfrac{z^2}{c^2}=1$ 绕 z 轴旋转而得,称为**旋转双曲面**.

二、空间曲线

1. 空间曲线的一般式方程

在前面的讨论中,我们知道空间直线可以看作是两个平面的交线,一般地,空间曲线可以看作是两个曲面的交线. 设 Γ 是曲面 Σ_1 和 Σ_2 的交线(图 8-37),曲面 Σ_1 的方程为 $F(x,y,z)=0$,Σ_2 的方程为 $G(x,y,z)=0$,则 Γ 上的点的坐标同时满足 $F(x,y,z)=0,G(x,y,z)=0$;反过来,同时满足 $F(x,y,z)=0,G(x,y,z)=0$ 的点 (x,y,z) 既在 Σ_1 上又在 Σ_2 上,从而也在 Γ 上,所以交线 Γ 的方程为

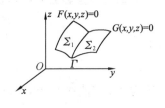

图 8-37

$$\begin{cases} F(x,y,z)=0, \\ G(x,y,z)=0. \end{cases} \tag{8}$$

(8)式称为**空间曲线 Γ 的一般式方程**.

例 5 方程组

$$\begin{cases} x^2+y^2+z^2=16, \\ z=2 \end{cases}$$

表示怎样的曲线?

解 $x^2+y^2+z^2=16$ 表示球心在原点、半径为 4 的球面. $z=2$ 表示过点 $(0,0,2)$ 且平行于 xOy 面的平面. 所给方程组表示上述球面和平面的交线,即为平面 $z=2$ 上的一个圆,圆心在点 $(0,0,2)$,圆的半径为 $2\sqrt{3}$.

2. 空间曲线的参数方程

我们来看方程组

$$\begin{cases} x=x(t), \\ y=y(t), \\ z=z(t) \end{cases} \text{(其中 } t \text{ 为参数)} \tag{9}$$

表示怎样的图形.

由方程组(9)中的任意两个方程消去参数 t,可以得到一个曲面,因此(9)式表示两个曲面的交线,即空间的一条曲线 Γ.

(9)式称为**空间曲线 Γ 的参数方程**.

特别地,当 $\begin{cases} x=x_0+mt, \\ y=y_0+nt, \\ z=z_0+pt \end{cases}$ 时,表示空间的一条直线 L. 该直线过点 (x_0,y_0,z_0) 且有方向向量 $\{m,n,p\}$.

例 6 设空间一动点 M 在圆柱面 $x^2+y^2=a^2$ 上以角速度 ω 绕 z 轴旋转,同时又以线速度 v 沿平行于 z 轴的正方向上升(其中 ω,v 都是常数),试求动点 M 的轨迹的方程.

解 取坐标系如图 8-38 所示,以时间 t 为参数. 设 $t=0$ 时,动点位于 $M_0(a,0,0)$,经过时间 t,动点由 M_0 运动到 $M(x,y,z)$. 记点 M 在 xOy 面上的投影为 P,则 P 点的坐标为

$(x, y, 0)$.

因为 $\angle M_0 OP = \omega t$，所以
$$x = |OP|\cos\angle M_0 OP = a\cos\omega t,$$
$$y = |OP|\sin\angle M_0 OP = a\sin\omega t.$$

又 $z = |MP| = vt$，因此曲线的参数方程为
$$\begin{cases} x = a\cos\omega t, \\ y = a\sin\omega t, \\ z = vt. \end{cases}$$

该曲线称为**螺旋线**.

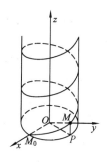

图 8-38

3. 空间曲线在坐标面上的投影

定义 4 设 Γ 为已知的空间曲线，以 Γ 为准线、母线平行于 z 轴的柱面 Σ 称为 Γ 关于 xOy 坐标面的**投影柱面**；Σ 与 xOy 面的交线 C 称为 Γ 在 xOy 面上的**投影曲线**，或简称**投影**（图 8-39）.

类似地，可以定义 Γ 关于 yOz（或 zOx）坐标面的投影柱面和 Γ 在 yOz（或 zOx）面上的投影.

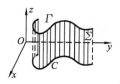

图 8-39

设曲线 Γ 的一般式方程为
$$\begin{cases} F(x,y,z) = 0, \\ G(x,y,z) = 0. \end{cases} \tag{10}$$

消去 z，得
$$H(x,y) = 0. \tag{11}$$

满足曲线 Γ 的方程 (10) 的 x, y, z 必定满足方程 (11)，所以 $H(x,y) = 0$ 就是 Γ 关于 xOy 面的投影柱面 (Σ) 的方程. 而
$$\begin{cases} H(x,y) = 0, \\ z = 0 \end{cases}$$

就是 Γ 在 xOy 面上的投影曲线的方程.

同理，由 (10) 式消去 x 或 y，再分别与 $x = 0$ 或 $y = 0$ 联立，就可得到曲线 Γ 在 yOz 面或 zOx 面上的投影曲线的方程：
$$\begin{cases} R(y,z) = 0, \\ x = 0 \end{cases} \quad \text{或} \quad \begin{cases} S(x,z) = 0, \\ y = 0. \end{cases}$$

例 7 求曲线
$$\begin{cases} 2x^2 + z^2 - 4y - 4z = 0, \\ x^2 + 3z^2 + 8y - 12z = 0 \end{cases}$$
在 yOz 面上的投影曲线的方程.

解 从方程组中消去 x，得
$$z^2 + 4y - 4z = 0.$$

因此所给曲线在 yOz 面上的投影曲线的方程为
$$\begin{cases} z^2 + 4y - 4z = 0, \\ x = 0. \end{cases}$$

它是 yOz 坐标面上的一条抛物线.

*三、几个常见的二次曲面

在空间解析几何中,我们把三元二次方程所表示的曲面称为二次曲面.前面我们已经讲了几种二次曲面,如球面、二次柱面、二次旋转曲面等,下面再给出几个常见的二次曲面.为了对曲面形状有一个全面的了解,通常用坐标面和平行于坐标面的平面与曲面相截,考察其交线(即截痕)的形状,然后加以综合,得出曲面图形的全貌.这种方法称为**截痕法**.

1. 椭球面

由方程

$$\frac{x^2}{a^2}+\frac{y^2}{b^2}+\frac{z^2}{c^2}=1 \quad (a>0,b>0,c>0) \tag{12}$$

所表示的曲面称为**椭球面**,其中 a,b,c 称为**椭球面的半轴**.

当 $a=b=c$ 时,方程(12)可化为

$$x^2+y^2+z^2=a^2.$$

它是球心在原点、半径为 a 的球面.

若 a,b,c 三个数中有两个相等,如 $a=b\neq c$,方程(12)可化为

$$\frac{x^2+y^2}{a^2}+\frac{z^2}{c^2}=1.$$

它所表示的曲面为旋转椭球面.

由方程(12)知, $\frac{x^2}{a^2}\leqslant 1, \frac{y^2}{b^2}\leqslant 1, \frac{z^2}{c^2}\leqslant 1$,即 $|x|\leqslant a, |y|\leqslant b, |z|\leqslant c$.

因此,椭球面介于长方体 $|x|\leqslant a, |y|\leqslant b, |z|\leqslant c$ 之内.

椭球面与三个坐标面的交线分别为

$$\begin{cases}\frac{x^2}{a^2}+\frac{y^2}{b^2}=1,\\ z=0;\end{cases} \begin{cases}\frac{y^2}{b^2}+\frac{z^2}{c^2}=1,\\ x=0;\end{cases} \begin{cases}\frac{x^2}{a^2}+\frac{z^2}{c^2}=1,\\ y=0.\end{cases}$$

这些交线都是椭圆.

用平行于 xOy 面的平面 $z=z_0(0<|z_0|<c)$ 去截椭球面,交线的方程为

$$\begin{cases}\dfrac{x^2}{\frac{a^2}{c^2}(c^2-z_0^2)}+\dfrac{y^2}{\frac{b^2}{c^2}(c^2-z_0^2)}=1,\\ z=z_0.\end{cases}$$

这是平面 $z=z_0$ 上的椭圆,它的中心在 z 轴上,两个半轴分别为

$$\frac{a}{c}\sqrt{c^2-z_0^2} \text{ 与 } \frac{b}{c}\sqrt{c^2-z_0^2}.$$

当 z_0 变动时,椭圆的中心都在 z 轴上,当 $|z_0|$ 由 0 逐渐增大到 c 时,椭圆由大到小,最后缩减成一点.

用平行于 yOz 面或 zOx 面的平面去截椭球面,可得类似结论.

综合上面的分析,可知椭球面(12)的形状如图 8-40 所示.

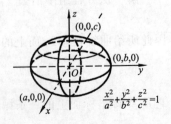

图 8-40

下面给出双曲面和抛物面的方程及图形,类似于椭球面的讨论,可用截痕法来分析,这里我们不作详细叙述.

2. 双曲面

由方程

$$\frac{x^2}{a^2}+\frac{y^2}{b^2}-\frac{z^2}{c^2}=1 \qquad (13)$$

所表示的曲面称为**单叶双曲面**,如图 8-41 所示.

由方程

$$\frac{x^2}{a^2}+\frac{y^2}{b^2}-\frac{z^2}{c^2}=-1 \qquad (14)$$

所表示的曲面称为**双叶双曲面**,如图 8-42 所示.

当 $a=b$ 时,方程(13)可化为

$$\frac{x^2+y^2}{a^2}-\frac{z^2}{c^2}=1.$$

它所表示的曲面为单叶旋转双曲面.

当 $a=b$ 时,方程(14)可化为

$$-\frac{x^2+y^2}{a^2}+\frac{z^2}{c^2}=1.$$

它所表示的曲面为双叶旋转双曲面.

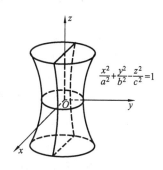

图 8-41

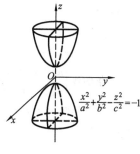

图 8-42

3. 抛物面

由方程

$$\frac{x^2}{2p}+\frac{y^2}{2q}=z \ (p \text{ 与 } q \text{ 同号}) \qquad (15)$$

所表示的曲面称为**椭圆抛物面**,如图 8-43 所示.

当 $p=q$ 时,方程(15)可化为

$$\frac{x^2+y^2}{2p}=z.$$

它所表示的曲面为旋转抛物面.

由方程

$$-\frac{x^2}{2p}+\frac{y^2}{2q}=z \ (p \text{ 与 } q \text{ 同号})$$

所表示的曲面称为**双曲抛物面**或**鞍形曲面**,如图 8-44 所示.

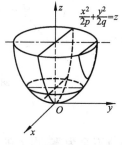

图 8-43

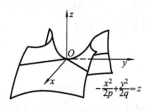

图 8-44

同步训练 8-4

1. 指出下列方程在平面解析几何和空间解析几何中分别表示什么图形:
   (1) $y=5+x$;
   (2) $y^2=4x$;
   (3) $x^2+y^2=9$;
   (4) $x^2-y^2=16$.

2. 将 zOx 坐标面上的抛物线 $z^2=4x$ 绕 x 轴旋转一周,求所成的旋转曲面的方程.

3. 已知一球面的球心为 $(1,3,-2)$,且通过坐标原点,求该球面方程.

4. 求下列方程所表示的球面的球心和半径:
   (1) $x^2+y^2+z^2+4x-2y+z+\dfrac{5}{4}=0$;
   (2) $2x^2+2y^2+2z^2-z=0$.

5. 将 xOy 坐标面上的椭圆 $4x^2+ay^2=36$ 分别绕 x 轴及 y 轴旋转一周,求所成的旋转曲面的方程.

6. 找出下列方程所表示的曲面的名称:
   (1) $(x-1)^2+y^2+(z+1)^2=1$;
   (2) $2x^2-y^2+2z^2=-1$;
   (3) $-x^2-y^2+z^2=-1$;
   (4) $x^2+y^2+4z=1$;
   (5) $x^2+y^2=5$;
   (6) $x^2+2y^2+2z^2=1$;
   (7) $y^2=3x+1$;
   (8) $3x^2+5y^2+z^2=6$.

7. 求曲线 $\begin{cases} x^2+y^2=z, \\ z=x+1 \end{cases}$ 在 xOy 坐标面上的投影曲线的方程.

8. 求两球面 $x^2+y^2+z^2=1$ 和 $x^2+(y-1)^2+(z-1)^2=1$ 的交线在 xOy 坐标面上的投影曲线的方程.

第五节 偏导数的几何应用

一、空间曲线的切线与法平面

我们知道,平面曲线的切线定义为割线的极限位置,对于空间曲线的切线也可类似定义.

定义 设点 M_0 是空间曲线 Γ 上的一个定点,M 是曲线 Γ 上的一个动点. 当点 M 沿着曲线 Γ 趋于 M_0 时,割线 M_0M 的极限位置(如果存在)就称为曲线 Γ 在点 M_0 的**切线**(图 8-45).

过点 M_0 且垂直于切线 M_0T 的平面,称为曲线 Γ 在点 M_0 的**法平面**.

下面推导曲线 Γ 在点 M_0 处的切线与法平面的方程.

设曲线 Γ 的参数方程为

$$\begin{cases} x=\varphi(t), \\ y=\psi(t), \\ z=\omega(t), \end{cases}$$

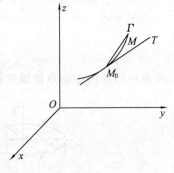

图 8-45

$t=t_0$ 对应于点 $M_0(x_0,y_0,z_0)$,且 $\varphi'(t_0),\psi'(t_0),\omega'(t_0)$ 不全为零. 当 t 在 t_0 处有增量 Δt 时,对应点为 $M(x_0+\Delta x,y_0+\Delta y,z_0+\Delta z)$,割线 M_0M 的方程为

$$\frac{x-x_0}{\Delta x}=\frac{y-y_0}{\Delta y}=\frac{z-z_0}{\Delta z},$$

用 Δt 除上式各分母,得

$$\frac{x-x_0}{\frac{\Delta x}{\Delta t}}=\frac{y-y_0}{\frac{\Delta y}{\Delta t}}=\frac{z-z_0}{\frac{\Delta z}{\Delta t}}.$$

当 M 沿曲线 Γ 趋于 M_0 时,有 $\Delta t\to 0$. 对上式取极限,即得曲线 Γ 在点 M_0 处的切线方程为

$$\frac{x-x_0}{\varphi'(t_0)}=\frac{y-y_0}{\psi'(t_0)}=\frac{z-z_0}{\omega'(t_0)}. \tag{1}$$

其中 $\boldsymbol{\tau}=\{\varphi'(t_0),\psi'(t_0),\omega'(t_0)\}$ 是切线 M_0T 的一个方向向量,称为曲线 Γ 在点 M_0 处的**切线向量**.

曲线 Γ 在点 M_0 处的法平面方程为

$$\varphi'(t_0)(x-x_0)+\psi'(t_0)(y-y_0)+\omega'(t_0)(z-z_0)=0. \tag{2}$$

例 1 求曲线 $\Gamma:\begin{cases}y=16x^2,\\z=12x^2\end{cases}$ 在点 $M_0\left(\dfrac{1}{2},4,3\right)$ 处的切线与法平面方程.

解 把 x 看作参数,则曲线 Γ 的参数方程为

$$\begin{cases}x=x,\\y=16x^2,\\z=12x^2.\end{cases}$$

因为 $x'|_{x=\frac{1}{2}}=1, y'|_{x=\frac{1}{2}}=16, z'|_{x=\frac{1}{2}}=12$,所以由(1)式,所求切线方程为

$$\frac{x-\dfrac{1}{2}}{1}=\frac{y-4}{16}=\frac{z-3}{12}.$$

由公式(2),法平面方程为

$$1\cdot\left(x-\frac{1}{2}\right)+16\cdot(y-4)+12\cdot(z-3)=0,$$

即

$$2x+32y+24z-201=0.$$

例 2 求曲线 $\Gamma:\begin{cases}x=t,\\y=t^2,\\z=\dfrac{1}{3}t^3\end{cases}$ 上与平面 $\varPi:x+y+z=1$ 平行的切线方程.

解 曲线 Γ 上对应于参数 t 的点 $\left(t,t^2,\dfrac{1}{3}t^3\right)$ 处的切线向量为

$$\boldsymbol{\tau}=\{1,2t,t^2\},$$

平面 $\varPi$ 的法向量为

$$\boldsymbol{n}=\{1,1,1\}.$$

因为切线平行于平面,所以 $\boldsymbol{\tau}\cdot\boldsymbol{n}=0$,即

$$\{1,2t,t^2\}\cdot\{1,1,1\}=1+2t+t^2=0,$$

解得 $t=-1$. 对应于 $t=-1$ 的曲线 Γ 上的点为 $\left(-1,1,-\dfrac{1}{3}\right)$,该点处的切线向量为 $\boldsymbol{\tau}=\{1,-2,1\}$,于是所求切线方程为

$$\frac{x+1}{1} = \frac{y-1}{-2} = \frac{z+\frac{1}{3}}{1}.$$

二、曲面的切平面与法线

设曲面 Σ 由方程 $F(x,y,z)=0$ 给出，$M_0(x_0,y_0,z_0)$ 是曲面 Σ 上的一点，函数 $F(x,y,z)$ 在点 M_0 处可微，且 F_x, F_y, F_z 在点 M_0 处不同时为零. 现在我们来证明，在曲面 Σ 上通过点 M_0 且在点 M_0 具有切线的任何曲线，它们在点 M_0 处的切线都在同一个平面上. 这个平面称为**曲面 Σ 在点 M_0 处的切平面**. 假定 Γ 是曲面 Σ 上过点 M_0 的任意一条曲线，它的参数方程为

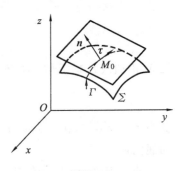

图 8-46

$$\begin{cases} x=\varphi(t), \\ y=\psi(t), \\ z=\omega(t), \end{cases}$$

$t=t_0$ 对应于点 $M_0(x_0,y_0,z_0)$. 因为曲线 Γ 在曲面 Σ 上，所以

$$F[\varphi(t),\psi(t),\omega(t)] \equiv 0.$$

在 $t=t_0$ 处 F 的全微分

$$\left.\frac{dF}{dt}\right|_{t=t_0} = 0,$$

即

$$F_x(x_0,y_0,z_0)\varphi'(t_0) + F_y(x_0,y_0,z_0)\psi'(t_0) + F_z(x_0,y_0,z_0)\omega'(t_0) = 0.$$

上式说明，曲面 Σ 上过点 M_0 的任意一条曲线，它们在点 M_0 的切线向量 $\boldsymbol{\tau} = \{\varphi'(t_0), \psi'(t_0), \omega'(t_0)\}$ 都与同一向量 $\boldsymbol{n} = \{F_x(x_0,y_0,z_0), F_y(x_0,y_0,z_0), F_z(x_0,y_0,z_0)\}$ 垂直，所以在曲面 Σ 上过点 M_0 且在点 M_0 处具有切线的所有曲线，在点 M_0 处的切线都在同一个平面上. $\boldsymbol{n}$ 是这个平面（即曲面 Σ 在点 M_0 的切平面）的一个法向量. 因此切平面的方程为

$$F_x(x_0,y_0,z_0)(x-x_0) + F_y(x_0,y_0,z_0)(y-y_0) + F_z(x_0,y_0,z_0)(z-z_0) = 0. \tag{3}$$

通过点 M_0 且垂直于切平面的直线称为**曲面 Σ 在点 M_0 处的法线**. 法线方程为

$$\frac{x-x_0}{F_x(x_0,y_0,z_0)} = \frac{y-y_0}{F_y(x_0,y_0,z_0)} = \frac{z-z_0}{F_z(x_0,y_0,z_0)}. \tag{4}$$

例 3 求曲面 $e^z - z + xy = 3$ 在点 $M_0(2,1,0)$ 处的切平面及法线方程.

解 设 $F(x,y,z) = e^z - z + xy - 3$，则

$$F_x(x,y,z) = y, \quad F_y(x,y,z) = x, \quad F_z(x,y,z) = e^z - 1,$$
$$F_x(2,1,0) = 1, \quad F_y(2,1,0) = 2, \quad F_z(2,1,0) = 0.$$

由公式(3)，所求切平面方程为

$$1 \cdot (x-2) + 2 \cdot (y-1) + 0 \cdot (z-0) = 0,$$

即

$$x + 2y - 4 = 0.$$

由公式(4)，所求法线方程为

$$\frac{x-2}{1} = \frac{y-1}{2} = \frac{z}{0}.$$

例 4 求曲面 $z = 2x^2 + \frac{y^2}{2}$ 上平行于平面 $-4x+2y+2z+1=0$ 的切平面方程，并求切

点处的法线方程.

解 设切点 $M_0(x_0,y_0,z_0)$，$F(x,y,z)=2x^2+\dfrac{y^2}{2}-z$，则曲面在点 $M_0(x_0,y_0,z_0)$ 处的切平面的法向量为

$$\boldsymbol{n}_1=\{4x_0,y_0,-1\},$$

平面 $-4x+2y+2z+1=0$ 的法向量为

$$\boldsymbol{n}_2=\{-2,1,1\},$$

由题意 $\boldsymbol{n}_1 \parallel \boldsymbol{n}_2$，从而 $\dfrac{4x_0}{-2}=\dfrac{y_0}{1}=\dfrac{-1}{1}$，由此得

$$x_0=\dfrac{1}{2},\ y_0=-1,\ z_0=2x_0^2+\dfrac{y_0^2}{2}=1.$$

即曲面上点 $\left(\dfrac{1}{2},-1,1\right)$ 处的切平面与平面 $-4x+2y+2z+1=0$ 平行. 所求切平面方程为

$$2\cdot\left(x-\dfrac{1}{2}\right)+(-1)\cdot(y+1)+(-1)\cdot(z-1)=0,$$

即

$$2x-y-z-1=0.$$

切点 $\left(\dfrac{1}{2},-1,1\right)$ 处的法线方程为

$$\dfrac{x-\dfrac{1}{2}}{2}=\dfrac{y+1}{-1}=\dfrac{z-1}{-1}.$$

同步训练 8-5

1. 求曲线 $x=\dfrac{t}{1+t},y=\dfrac{1+t}{t},z=t^2$ 在 $t=1$ 处的切线和法平面方程.
2. 求曲线 $x=y^2,z=x^2$ 在点 $(1,1,1)$ 处的切线和法平面方程.
3. 求曲线 $x=t,y=t^2,z=t^3$ 上的点，使曲线在该点处的切线平行于平面 $x+2y+z=4$.
4. 求曲线 $x=t-\cos t,y=3+\sin 2t,z=1+\cos 3t$ 在对应于 $t=\dfrac{\pi}{2}$ 的点处的切线和法平面方程.
5. 求曲面 $x^2+2y^2+3z^2=36$ 在点 $M_0(1,2,3)$ 处的切平面和法线方程.
6. 求曲面 $z=x^2+xy+y^2$ 在点 $M_0(1,1,3)$ 处的切平面和法线方程.
7. 在曲面 $z=xy$ 上求一点，使曲面在该点处的切平面平行于平面 $x+3y+z+9=0$.
8. 求曲面 $x^2+2y^2+z^2=1$ 上平行于平面 $x-y+2z=0$ 的切平面方程.

阅读材料八

解析几何

解析几何包括平面解析几何和立体解析几何两部分. 平面解析几何通过平面直角坐标系，建立点与实数对之间的一一对应关系，以及曲线与方程之间的一一对应关系，运用代数方法研究几何问题，或用几何方法研究代数问题.

16 世纪以后，由于生产和科学技术的发展，天文、力学、航海等方面都对

几何学提出了新的需要.比如,德国天文学家开普勒发现行星是绕着太阳沿着椭圆轨道运行的,太阳处在这个椭圆的一个焦点上;意大利科学家伽利略发现投掷物体是沿着抛物线运动的.这些发现都涉及圆锥曲线,要研究这些比较复杂的曲线,原先的一套方法显然已经不适应了,这就导致了解析几何的出现,并被广泛应用于数学的各个分支.在解析几何创立以前,几何与代数是彼此独立的两个分支.解析几何的建立第一次真正实现了几何方法与代数方法的结合,使形与数统一起来,这是数学发展史上的一次重大突破.作为变量数学发展的第一个决定性步骤,解析几何的建立对于微积分的诞生有着不可估量的作用.

一、笛卡尔研究

1637 年,法国的哲学家和数学家笛卡尔发表了他的著作《方法论》,这本书的后面有三篇附录,一篇叫《折光学》,一篇叫《流星学》,一篇叫《几何学》.当时的这个"几何学"实际上指的是数学,就像我国古代"算术"和"数学"是一个意思一样.

笛卡尔的《几何学》共分三卷,第一卷讨论尺规作图;第二卷是曲线的性质;第三卷是立体和"超立体"的作图,但实际是代数问题,探讨方程的根的性质.后世的数学家和数学史学家都把笛卡尔的《几何学》作为解析几何的起点.

从笛卡尔的《几何学》中可以看出,笛卡尔的中心思想是建立起一种"普遍"的数学,把算术、代数、几何统一起来.他设想,把任何数学问题化为一个代数问题,再把任何代数问题归结到去解一个方程式.

为了实现上述的设想,笛卡尔从天文和地理的经纬制度出发,指出平面上的点和实数对(x,y)的对应关系.x,y的不同数值可以确定平面上许多不同的点,这样就可以用代数的方法研究曲线的性质.这就是解析几何的基本思想.

具体地说,平面解析几何的基本思想有两个要点:第一,在平面建立坐标系,每一个点的坐标都与一组有序的实数对相对应;第二,在平面上建立了坐标系后,平面上的一条曲线就可由带两个变数的一个代数方程来表示了.从这里可以看到,运用坐标法不仅可以把几何问题通过代数的方法解决,而且还把变量、函数以及数和形等重要概念密切联系了起来.

解析几何的产生并不是偶然的.在笛卡尔写《几何学》以前,就有许多学者研究过用两条相交直线作为一种坐标系;也有人在研究天文、地理的时候,提出了一点位置可由两个"坐标"(经度和纬度)来确定.这些都对解析几何的创建产生了很大的影响.

二、费马研究

在数学史上,一般认为和笛卡尔同时代的法国业余数学家费马也是解析几何的创建者之一,应该分享这门学科创建的荣誉.

费马是一个业余从事数学研究的学者,对数论、解析几何、概率论三个方面都有重要贡献.他性情谦和,好静成癖,对自己所写的"书"无意发表.但从他的通信中知道,他早在笛卡尔发表《几何学》以前,就已写了关于解析几何的小文,就已经有了解析几何的思想.只是直到1679年,费马死后,他的思想和著述才从给友人的通信中公开发表.

三、新数学的概念

在解析几何中,首先是建立笛卡尔坐标系(又译为"平面直角坐标系"或"立体直角坐标系").取定两条相互垂直的、具有一定方向和度量单位的直线,叫作平面上的一个直角坐标系 X 轴、Y 轴.利用 X 轴、Y 轴可以把平面内的点和一对实数(x,y)建立起一一对应的关系.除了直角坐标系外,还有斜坐标系、极坐标系、空间直角坐标系等.在空间坐标系中还有球坐标和柱面坐标.

X 轴、Y 轴将几何对象和数,几何关系和函数之间建立了密切的联系,这样就可以对空间形式的研究归结成比较成熟也容易驾驭的数量关系的研究了.

用这种方法研究几何学,通常就叫作解析法.这种解析法不但对于解析几何是重要的,就是对于几何学的各个分支的研究也是十分重要的.

解析几何的创立,引入了一系列新的数学概念,特别是将变量引入数学,使数学进入了一个新的发展时期,这就是变量数学的时期.解析几何在数学发展中起了推动作用.恩格斯对此曾经作过评价"数学中的转折点是笛卡尔的变数,有了变数,运动进入了数学;有了变数,辩证法进入了数学;有了变数,微分和积分也就立刻成为必要的了……".

解析几何又分为平面解析几何和空间解析几何.在平面解析几何中,除了研究直线的有关性质外,主要是研究圆锥曲线(圆、椭圆、抛物线、双曲线)的有关性质.在空间解析几何中,除了研究平面、直线有关性质外,主要研究柱面、锥面、旋转曲面.

椭圆、双曲线、抛物线的有些性质,在生产或生活中被广泛应用.比如,电影放映机的聚光灯泡的反射面是椭圆面,灯丝在一个焦点上,影片在另一个焦点上;探照灯、聚光灯、太阳灶、雷达天线、卫星天线、射电望远镜等是利用抛物线的原理制成的.

四、坐标法

运用坐标法解决问题的步骤是:首先在平面上建立坐标系,把已知点的轨迹的几何条件"翻译"成代数方程;然后运用代数工具对方程进行研究;最后把代数方程的性质用几何语言叙述,从而得到原先几何问题的答案.

坐标法的思想促使人们运用各种代数的方法解决几何问题.先前被看作几何学中的难题,一旦运用代数方法后就变得平淡无奇了.坐标法对近代数学的机械化证明也提供了有力的工具.

总的来说,解析几何运用坐标法可以解决两类基本问题:一类是满足给定条件点的轨迹,通过坐标系建立它的方程;另一类是通过方程的讨论,研究方程所表示的曲线性质.

本章小结

一、主要内容

1. 空间直角坐标系的概念,空间两点间的距离公式.

2. 向量的概念及其表示,向量坐标的概念,用坐标表示向量的模、方向余弦及单位向量.

3. 向量的线性运算、数量积、向量积的定义,用坐标进行向量的运算.

4. 两向量的夹角公式,一向量在另一向量上的投影公式及用向量的坐标表示两向量平行、垂直的充要条件.

5. 平面及直线的方程,根据简单的几何条件求平面及直线的方程.

6. 曲面及其方程的概念.

7. 曲面的一般方程及常见曲面(球面、以坐标轴为旋转轴的旋转曲面、母线与坐标轴平行的柱面、椭球面、椭圆抛物面)的方程及其图形.

8. 空间曲线及其方程的概念,空间曲线一般方程及参数方程.简单的空间曲线在坐标面上的投影.

9. 偏导数的几何应用.

二、方法要点

1. 求空间两点间的距离.

2. 求向量的模、方向余弦及单位向量.

3. 求两向量的夹角.

4. 用向量的数量积、向量积的定义或用向量的坐标,求向量的数量积、向量积.

5. 用两向量平行、垂直的充要条件进行相关问题求解.

6. 求空间平面及直线的方程.

7. 结合偏导数的几何应用进行求解.

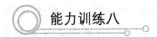

能力训练八

一、填空题

1. 已知两点 $A(0,1,2)$ 和 $B(1,-1,0)$,则 $|\overrightarrow{AB}|=$ _____.

2. 与向量 $a=6i+7j-6k$ 同方向的单位向量是 _____.

3. 在三个坐标轴上的截距相等,且过点 $(3,2,1)$ 的平面方程为 _____.

4. 向量 $a=2i+j-2k$ 与 $b=-2i-j+mk$ 平行的条件是 $m=$ _____.

5. 过点 $P(4,-2,1)$ 且平行于直线 $L: \dfrac{x-1}{2}=\dfrac{y-2}{-3}=\dfrac{z-3}{1}$ 的直线方程是 _____.

6. 空间直角坐标系中方程 $y=x^2$ 表示的曲线是 _____.

7. 向量 $a=\{1,2,-3\}$ 在向量 $b=\{-2,2,1\}$ 上的投影为 _____.

二、选择题

8. 设向量 a 与 b 互相平行,但方向相反,且 $|a|>|b|>0$,则有 ( )

A. $|a-b|=|a|+|b|$ B. $|a+b|>|a|-|b|$

C. $|a+b|<|a|-|b|$ D. $|a+b|=|a|+|b|$

9. 已知向量 $a=\{2,3,4\}$ 与向量 $b=\{k,1,-1\}$ 垂直,则 k 的值为 ( )

A. 1 B. $\dfrac{1}{2}$ C. $\dfrac{3}{2}$ D. 2

10. 设 a,b,c 是三个任意向量,则 $(a+b)\times c=$ ( )

A. $a\times c+c\times b$ B. $c\times a+c\times b$

C. $a \times c + b \times c$ D. $c \times a + b \times c$

11. 点$(1,2,1)$到平面$x+2y+2z-10=0$的距离为 ( )

A. $\dfrac{1}{2}$ B. 2   C. $\dfrac{1}{4}$ D. 1

12. 设向量$a=\{1,1,0\}$,$b=\{1,0,1\}$,则向量a与b的夹角为 ( )

A. 0   B. $\dfrac{\pi}{2}$ C. $\dfrac{\pi}{3}$ D. $\dfrac{\pi}{6}$

13. 已知平面$\Pi_1:3x-5y+kz-3=0$垂直于平面$\Pi_2:x+3y+2z+5=0$,则$k=$ ( )

A. -6 B. 4   C. -4 D. 6

14. 方程$x^2+y^2-z^2=0$表示的二次曲面是 ( )

A. 球面   B. 旋转抛物面   C. 圆锥面   D. 圆柱面

三、解答题

15. 已知向量$a=\{\lambda,1,-1\}$与向量$b=\{-6,-3,3\}$平行,求λ的值.

16. 已知两点$A(4,2,1)$和$B(3,0,2)$,求向量$\overrightarrow{AB}$的模及方向余弦.

17. 已知向量$\overrightarrow{OA}=i+j$,$\overrightarrow{OB}=i-3k$,求$\triangle OAB$的面积.

18. 设向量$a=\{2,-3,1\}$,$b=\{1,2,-1\}$,求$a \cdot b$及$a \times b$.

19. 求过点$(2,3,-1)$且以$n=\{1,-2,3\}$为法向量的平面方程.

20. 求过三点$M_1(1,2,3)$,$M_2(-1,0,0)$和$M_3(3,0,1)$的平面方程.

21. 求过点$A(4,-3,1)$且平行于直线$\dfrac{x}{6}=\dfrac{y}{2}=\dfrac{z}{-3}$的直线方程.

22. 一平面过点$(-1,0,-3)$,且在三个坐标轴上的截距之比$a:b:c=1:2:3$,求它的方程.

23. 已知三角形的三个顶点$A(-1,2,3)$,$B(1,1,1)$,$C(0,0,5)$,证明它为直角三角形.

第九章 无穷级数

 学习目标

1. 理解无穷级数及级数的收敛、发散的概念；理解无穷级数收敛的必要条件；了解无穷级数的基本性质.
2. 熟练掌握几何级数和 p-级数的收敛性.
3. 熟练掌握正项级数的比较审敛法和比值审敛法.
4. 掌握交错级数的莱布尼兹审敛法.
5. 理解无穷级数绝对收敛和条件收敛的概念以及它们间的关系.
6. 能够求幂级数的收敛半径，了解幂级数在收敛区间内的一些基本性质.
7. 了解泰勒公式和函数展开成泰勒级数的充要条件，能够利用 e^x, $\sin x$, $\ln(1+x)$, $\dfrac{1}{1+x}$ 等函数的麦克劳林展开式把一些简单的函数展开成幂级数.
8. 了解函数展开成傅里叶级数的充分条件，能够将以 2π 和 $2l$ 为周期的函数展开成傅里叶级数.

无穷级数是研究函数的性质和进行数值计算的重要工具，在工程技术中有着广泛的应用. 它主要包括常数项级数和函数项级数. 本章在介绍常数项级数的概念、性质以及一些常用的敛散性判别法的基础上，讨论函数项级数，并着重讨论如何将函数展开成幂级数和傅里叶级数.

第一节 常数项级数的概念及其性质

一、常数项级数的基本概念

定义 1 设有一个数列

$$u_1, u_2, u_3, \cdots, u_n, \cdots,$$

我们称和式

$$u_1 + u_2 + u_3 + \cdots + u_n + \cdots$$

为**常数项无穷级数**，简称**常数项级数**或**级数**，记为 $\sum\limits_{n=1}^{\infty} u_n$，即

$$\sum_{n=1}^{\infty} u_n = u_1 + u_2 + u_3 + \cdots + u_n + \cdots. \tag{1}$$

其中 $u_1, u_2, \cdots, u_n, \cdots$ 称为**级数的项**,第 n 项 u_n 称为**级数的一般项**或**通项**.

(1)式只是一个形式上的和式,并不总是一个确定的数.为了理解其含义,通常从有限项的和出发,观察当项数无限增加时它们的变化趋势.

级数(1)的前 n 项之和
$$s_n = u_1 + u_2 + \cdots + u_n$$
称为级数(1)的前 n 项部分和.当 n 依次取 $1, 2, \cdots, n, \cdots$ 时,便构成一个新的数列 $\{s_n\}$:

$s_1 = u_1$,
$s_2 = u_1 + u_2$,
$s_3 = u_1 + u_2 + u_3$,
$\cdots$
$s_n = u_1 + u_2 + \cdots + u_n$,
$\cdots$

数列 $\{s_n\}$ 称为**级数**(1)**的部分和数列**.

定义 2 若级数(1)的部分和数列 $\{s_n\}$ 有极限 s,即
$$\lim_{n \to \infty} s_n = s,$$
则称**级数**(1)**收敛**,s 称为**级数**(1)**的和**,记为
$$s = u_1 + u_2 + u_3 + \cdots + u_n + \cdots = \sum_{n=1}^{\infty} u_n;$$
若数列 $\{s_n\}$ 没有极限,即 $\lim_{n \to \infty} s_n$ 不存在,则称**级数**(1)**发散**.

当级数(1)收敛时,其和 s 与前 n 项部分和 s_n 之差记为 r_n,即
$$r_n = s - s_n = u_{n+1} + u_{n+2} + \cdots,$$
称为**级数**(1)**的余项**.用级数的部分和 s_n 作为级数的和 s 的近似值时,其绝对误差为 $|r_n|$.

例 1 判定级数 $\sum_{n=1}^{\infty} \dfrac{1}{n(n+1)}$ 的敛散性.

解 因为 $u_n = \dfrac{1}{n(n+1)} = \dfrac{1}{n} - \dfrac{1}{n+1}$,

则 $s_n = \dfrac{1}{1 \cdot 2} + \dfrac{1}{2 \cdot 3} + \cdots + \dfrac{1}{n(n+1)}$

$= \left(1 - \dfrac{1}{2}\right) + \left(\dfrac{1}{2} - \dfrac{1}{3}\right) + \cdots + \left(\dfrac{1}{n} - \dfrac{1}{n+1}\right)$

$= 1 - \dfrac{1}{n+1}$,

从而 $\lim_{n \to \infty} s_n = \lim_{n \to \infty}\left(1 - \dfrac{1}{n+1}\right) = 1$,

所以级数 $\sum_{n=1}^{\infty} \dfrac{1}{n(n+1)}$ 收敛,其和为 1.

例 2 判定级数 $\sum_{n=1}^{\infty} \ln \dfrac{n+1}{n}$ 的敛散性.

解 因为 $u_n = \ln \dfrac{n+1}{n} = \ln(n+1) - \ln n$,

则 $s_n = \ln \dfrac{2}{1} + \ln \dfrac{3}{2} + \ln \dfrac{4}{3} + \cdots + \ln \dfrac{n+1}{n}$

$$= (\ln 2 - \ln 1) + (\ln 3 - \ln 2) + (\ln 4 - \ln 3) + \cdots + [\ln(n+1) - \ln n]$$
$$= \ln(n+1),$$

从而
$$\lim_{n \to \infty} s_n = \lim_{n \to \infty} \ln(n+1) = +\infty,$$

所以级数 $\sum_{n=1}^{\infty} \ln \dfrac{n+1}{n}$ 发散.

例 3 讨论等比级数(又称几何级数)
$$\sum_{n=0}^{\infty} aq^n = a + aq + aq^2 + \cdots + aq^{n-1} + \cdots \tag{2}$$

的敛散性,其中 $a \neq 0$, q 称为**等比级数**(2)的**公比**.

解 若 $q \neq 1$,则部分和
$$s_n = a + aq + aq^2 + \cdots + aq^{n-1}$$
$$= \frac{a(1-q^n)}{1-q} = \frac{a}{1-q} - \frac{aq^n}{1-q}.$$

(1) 当 $|q| < 1$ 时,$\lim\limits_{n \to \infty} q^n = 0$,从而
$$\lim_{n \to \infty} s_n = \lim_{n \to \infty} \left(\frac{a}{1-q} - \frac{aq^n}{1-q} \right) = \frac{a}{1-q},$$

这时级数(2)收敛,其和为 $\dfrac{a}{1-q}$.

(2) 当 $|q| > 1$ 时,$\lim\limits_{n \to \infty} q^n = \infty$,从而 $\lim\limits_{n \to \infty} s_n = \infty$,这时级数(2)发散.

(3) 当 $|q| = 1$ 时,$q = \pm 1$.

若 $q = 1$,则 $s_n = a + a + a + \cdots + a = na$,从而 $\lim\limits_{n \to \infty} s_n = \infty$,这时级数(2)发散.

若 $q = -1$,则级数(2)成为
$$a - a + a - a + \cdots + (-1)^{n-1} a + \cdots,$$

由于 $s_n = \begin{cases} 0, & n \text{ 为偶数}, \\ a, & n \text{ 为奇数}, \end{cases}$ 所以 $\lim\limits_{n \to \infty} s_n$ 不存在,这时级数(2)发散.

综上所述,等比级数 $\sum_{n=0}^{\infty} aq^n$ 当 $|q| < 1$ 时收敛,其和为 $\dfrac{a}{1-q}$;当 $|q| \geqslant 1$ 时发散.

例 4 讨论调和级数 $\sum_{n=1}^{\infty} \dfrac{1}{n}$ 的敛散性.

解 调和级数的一般项可用定积分表示如下:
$$u_n = \frac{1}{n} = \int_n^{n+1} \frac{1}{n} \mathrm{d}x.$$

由于积分变量 x 的变化范围是 $n \leqslant x \leqslant n+1$,因此 $\dfrac{1}{n} \geqslant \dfrac{1}{x}$. 由定积分的性质,得
$$u_n = \frac{1}{n} = \int_n^{n+1} \frac{1}{n} \mathrm{d}x \geqslant \int_n^{n+1} \frac{1}{x} \mathrm{d}x = \ln(n+1) - \ln n.$$

于是 $\sum_{n=1}^{\infty} \dfrac{1}{n}$ 的前 n 项部分和
$$s_n = 1 + \frac{1}{2} + \frac{1}{3} + \cdots + \frac{1}{n}$$
$$\geqslant (\ln 2 - \ln 1) + (\ln 3 - \ln 2) + (\ln 4 - \ln 3) + \cdots + [\ln(n+1) - \ln n]$$

$$= \ln(n+1).$$

又因为当 $n \to \infty$ 时，$\ln(n+1) \to \infty$，

所以 $\lim\limits_{n \to \infty} s_n = \infty$，

故调和级数 $\sum\limits_{n=1}^{\infty} \dfrac{1}{n}$ 发散.

二、常数项级数的性质

根据级数收敛和发散的定义，以及极限的运算法则，可以得出级数的下列一些性质.

性质 1 两个收敛的级数逐项相加(或相减)所成的级数仍收敛，且其和为原两个收敛级数和的和(或差).

也就是说，若级数 $\sum\limits_{n=1}^{\infty} u_n$ 和 $\sum\limits_{n=1}^{\infty} v_n$ 收敛，且 $\sum\limits_{n=1}^{\infty} u_n = s$，$\sum\limits_{n=1}^{\infty} v_n = \sigma$，则 $\sum\limits_{n=1}^{\infty}(u_n \pm v_n)$ 仍收敛，且 $\sum\limits_{n=1}^{\infty}(u_n \pm v_n) = s \pm \sigma$.

说明 (1) 由性质 1 可知，一个收敛级数与一个发散级数逐项相加(减)得到的新级数一定是发散的.

(2) 两个发散级数逐项相加(减)得到的新级数可能收敛也可能发散. 例如，$\sum\limits_{n=1}^{\infty}(-1)^{n-1}$ 与 $\sum\limits_{n=1}^{\infty}(-1)^n$ 都是发散的，这两个发散级数逐项相加得到的新级数是收敛的，而逐项相减得到的新级数 $\sum\limits_{n=1}^{\infty} 2(-1)^{n-1}$ 是发散的.

性质 2 级数 $\sum\limits_{n=1}^{\infty} u_n$ 的每一项同乘以一个不为零的常数，其敛散性不变.

也就是说级数 $\sum\limits_{n=1}^{\infty} u_n$ 与 $\sum\limits_{n=1}^{\infty} ku_n$ (常数 $k \neq 0$) 具有相同的敛散性.

特别地，若 $\sum\limits_{n=1}^{\infty} u_n$ 收敛，其和为 s，则 $\sum\limits_{n=1}^{\infty} ku_n$ 也收敛，且其和为 ks.

性质 3 一个级数加上或去掉有限项，得到的新级数其敛散性不变. 但在收敛时，级数的和可能会改变.

性质 4 收敛级数加括号后所成的新级数仍收敛，且其和不变.

性质 4 的逆命题是不成立的，即加括号后的新级数收敛并不能得出原级数也收敛. 例如，级数 $(1-1)+(1-1)+\cdots$ 收敛于零，但级数 $1-1+1-1+\cdots$ 却是发散的.

性质 5 (级数收敛的必要条件) 若级数 $\sum\limits_{n=1}^{\infty} u_n$ 收敛，则当 n 无限增大时，它的一般项 u_n 趋于零，即 $\lim\limits_{n \to \infty} u_n = 0$.

事实上，设级数 $\sum\limits_{n=1}^{\infty} u_n$ 收敛于 s，即 $\lim\limits_{n \to \infty} s_n = s$. 由于

$$u_n = s_n - s_{n-1},$$

因此 $\lim\limits_{n \to \infty} u_n = \lim\limits_{n \to \infty}(s_n - s_{n-1})$

$$= \lim_{n\to\infty} s_n - \lim_{n\to\infty} s_{n-1}$$
$$= s - s = 0.$$

级数的一般项趋于零并不是级数收敛的充分条件. 例如,调和级数 $\sum_{n=1}^{\infty} \frac{1}{n}$,当 $n \to \infty$ 时,一般项 $u_n = \frac{1}{n} \to 0$,但它却是发散的.

推论 若 $\lim_{n\to\infty} u_n \neq 0$,则级数 $\sum_{n=1}^{\infty} u_n$ 发散.

例 5 判定下列级数的敛散性:

(1) $\sum_{n=1}^{\infty} \frac{n-1}{2n+1}$; (2) $\sum_{n=1}^{\infty} \sin \frac{n\pi}{2}$.

解 (1) 因为
$$\lim_{n\to\infty} u_n = \lim_{n\to\infty} \frac{n-1}{2n+1} = \frac{1}{2} \neq 0,$$

所以级数 $\sum_{n=1}^{\infty} \frac{n-1}{2n+1}$ 发散.

(2) 因为 $\lim_{n\to\infty} u_n = \lim_{n\to\infty} \sin \frac{n\pi}{2}$ 不存在,所以级数 $\sum_{n=1}^{\infty} \sin \frac{n\pi}{2}$ 发散.

例 6 判定级数 $\sum_{n=1}^{\infty} \frac{2+(-1)^{n-1}}{3^n}$ 的敛散性,若收敛,求其和.

解 因为
$$\frac{2+(-1)^{n-1}}{3^n} = \frac{2}{3^n} + \frac{(-1)^{n-1}}{3^n},$$

而 $\sum_{n=1}^{\infty} \frac{2}{3^n}$ 是公比 $q = \frac{1}{3}$ 的等比级数,故收敛,其和为 $\frac{\frac{2}{3}}{1-\frac{1}{3}} = 1$; $\sum_{n=1}^{\infty} \frac{(-1)^{n-1}}{3^n}$ 是公比 $q = -\frac{1}{3}$ 的等比级数,收敛,其和为 $\frac{\frac{1}{3}}{1-\left(-\frac{1}{3}\right)} = \frac{1}{4}$,所以由性质1可知 $\sum_{n=1}^{\infty} \frac{2+(-1)^{n-1}}{3^n}$ 收敛,其和为

$$\sum_{n=1}^{\infty} \frac{2+(-1)^{n-1}}{3^n} = \sum_{n=1}^{\infty} \frac{2}{3^n} + \sum_{n=1}^{\infty} \frac{(-1)^{n-1}}{3^n}$$
$$= 1 + \frac{1}{4} = \frac{5}{4}.$$

同步训练 9-1

1. 判定下列级数的敛散性:

(1) $\sum_{n=1}^{\infty} \frac{1}{n(n+2)}$; (2) $\sum_{n=1}^{\infty} \frac{n}{6n+4}$; (3) $\sum_{n=1}^{\infty} \frac{1}{3n}$; (4) $\sum_{n=1}^{\infty} \left(\frac{1}{2^n} + \frac{1}{3^n}\right)$;

(5) $\sum_{n=1}^{\infty} \frac{2+(-1)^n}{2^n}$;   (6) $\sum_{n=1}^{\infty} \left(\frac{n}{n+1}\right)^n$;   (7) $\sum_{n=1}^{\infty} \frac{1}{\sqrt{n+1}+\sqrt{n}}$;   (8) $\sum_{n=1}^{\infty} n\ln\left(1+\frac{1}{n}\right)$.

2. 若级数 $\sum_{n=1}^{\infty} u_n$ 收敛,判定下列级数的敛散性:

(1) $\sum_{n=1}^{\infty} (u_n + 0.001)$;   (2) $\sum_{n=1}^{\infty} u_n + 1000$;   (3) $\sum_{n=1}^{\infty} \frac{1}{u_n}$.

3. 若级数 $\sum_{n=1}^{\infty} (u_n - 9)$ 收敛,求 $\lim_{n\to\infty} u_n$.

第二节 常数项级数的审敛法

根据定义判定级数是否收敛,一般是比较困难的,这就需要借助于一些间接的判别方法(称为**审敛法**).下面先讨论各项都是非负的正项级数,介绍几种常用的审敛法,然后在此基础上,讨论一般的常数项级数的收敛性.

一、正项级数及其审敛法

定义 1 若级数 $\sum_{n=1}^{\infty} u_n$ 的项 $u_n \geqslant 0 (n=1,2,\cdots)$,则称级数 $\sum_{n=1}^{\infty} u_n$ 为**正项级数**.

显然正项级数 $\sum_{n=1}^{\infty} u_n$ 的部分和数列 $\{s_n\}$ 是单调增加的.因此,若数列 $\{s_n\}$ 有界,则根据单调有界数列必有极限的准则可知正项级数 $\sum_{n=1}^{\infty} u_n$ 收敛;反之,若正项级数 $\sum_{n=1}^{\infty} u_n$ 收敛于和 s,则根据收敛数列必有界的性质可知,数列 $\{s_n\}$ 有界.因此,我们得到正项级数收敛的充要条件.

定理 1 正项级数 $\sum_{n=1}^{\infty} u_n$ 收敛的充要条件是它的部分和数列 $\{s_n\}$ 有界.

推论 正项级数 $\sum_{n=1}^{\infty} u_n$ 可以任意加括号,其敛散性不变.

根据定理 1,可以建立正项级数的比较审敛法.

定理 2 设 $\sum_{n=1}^{\infty} u_n$ 与 $\sum_{n=1}^{\infty} v_n$ 是两个正项级数,且 $u_n \leqslant v_n$.

(1) 若级数 $\sum_{n=1}^{\infty} v_n$ 收敛,则级数 $\sum_{n=1}^{\infty} u_n$ 也收敛;

(2) 若级数 $\sum_{n=1}^{\infty} u_n$ 发散,则级数 $\sum_{n=1}^{\infty} v_n$ 也发散.

证 (1) 设级数 $\sum_{n=1}^{\infty} v_n$ 收敛于 σ.由于 $u_n \leqslant v_n$,故级数 $\sum_{n=1}^{\infty} u_n$ 的部分和

$$s_n = u_1 + u_2 + \cdots + u_n \leqslant v_1 + v_2 + \cdots + v_n \leqslant \sigma,$$

即 $\{s_n\}$ 有界,由定理 1 知级数 $\sum_{n=1}^{\infty} u_n$ 收敛.

(2) 用反证法.假设级数 $\sum_{n=1}^{\infty} v_n$ 收敛,则由条件 $u_n \leqslant v_n$ 可知级数 $\sum_{n=1}^{\infty} u_n$ 也收敛,与题设

矛盾,故级数 $\sum_{n=1}^{\infty} v_n$ 发散.

说明 由于去掉级数的有限项不影响级数的敛散性,因此如果从某项(例如第 N 项)起 $u_n \leqslant v_n$,则定理 2 的结论仍成立.

例 1 判定级数 $\sum_{n=1}^{\infty} \dfrac{1}{4n-3}$ 的敛散性.

解 因为 $u_n = \dfrac{1}{4n-3} > \dfrac{1}{4n}$,而级数 $\sum_{n=1}^{\infty} \dfrac{1}{4n}$ 发散,

由比较审敛法知级数 $\sum_{n=1}^{\infty} \dfrac{1}{4n-3}$ 发散.

例 2 判定级数 $\sum_{n=1}^{\infty} \left(\dfrac{n}{3n+2}\right)^n$ 的敛散性.

解 因为 $u_n = \left(\dfrac{n}{3n+2}\right)^n < \left(\dfrac{1}{3}\right)^n$,而几何级数 $\sum_{n=1}^{\infty} \left(\dfrac{1}{3}\right)^n$ 收敛,

故级数 $\sum_{n=1}^{\infty} \left(\dfrac{n}{3n+2}\right)^n$ 收敛.

***例 3** 试证 p-级数

$$\sum_{n=1}^{\infty} \frac{1}{n^p} = 1 + \frac{1}{2^p} + \frac{1}{3^p} + \cdots + \frac{1}{n^p} + \cdots$$

当 $p \leqslant 1$ 时发散,当 $p > 1$ 时收敛.

证 当 $p \leqslant 1$ 时,由于 $\dfrac{1}{n^p} \geqslant \dfrac{1}{n} (n \in \mathbf{N})$,而调和级数 $\sum_{n=1}^{\infty} \dfrac{1}{n}$ 发散,由比较审敛法知 p-级数 $\sum_{n=1}^{\infty} \dfrac{1}{n^p}$ 发散.

当 $p > 1$ 时,由于正项级数可以任意加括号,其敛散性不变,因此顺次把给定的 p-级数的一项、两项、四项、八项、…括在一起,可得

$$\sum_{n=1}^{\infty} \frac{1}{n^p} = 1 + \left(\frac{1}{2^p} + \frac{1}{3^p}\right) + \left(\frac{1}{4^p} + \frac{1}{5^p} + \frac{1}{6^p} + \frac{1}{7^p}\right) + \left(\frac{1}{8^p} + \frac{1}{9^p} + \cdots + \frac{1}{15^p}\right) + \cdots$$

$$\leqslant 1 + \left(\frac{1}{2^p} + \frac{1}{2^p}\right) + \left(\frac{1}{4^p} + \frac{1}{4^p} + \frac{1}{4^p} + \frac{1}{4^p}\right) + \left(\frac{1}{8^p} + \frac{1}{8^p} + \cdots + \frac{1}{8^p}\right) + \cdots$$

$$= 1 + \frac{1}{2^{p-1}} + \left(\frac{1}{2^{p-1}}\right)^2 + \left(\frac{1}{2^{p-1}}\right)^3 + \cdots$$

$$= \sum_{n=0}^{\infty} \left(\frac{1}{2^{p-1}}\right)^n,$$

而等比级数 $\sum_{n=0}^{\infty} \left(\dfrac{1}{2^{p-1}}\right)^n$ 当 $p > 1$ 时收敛,由比较审敛法知 p-级数 $\sum_{n=1}^{\infty} \dfrac{1}{n^p}$ 收敛.

例 4 判定级数 $\sum_{n=1}^{\infty} \dfrac{1}{\sqrt{n(n^2+1)}}$ 的敛散性.

解 因为 $\dfrac{1}{\sqrt{n(n^2+1)}} \leqslant \dfrac{1}{n^{\frac{3}{2}}}$,而 $\sum_{n=1}^{\infty} \dfrac{1}{n^{\frac{3}{2}}}$ 是收敛的 p-级数 $\left(p = \dfrac{3}{2} > 1\right)$,

由比较审敛法知 $\sum_{n=1}^{\infty} \dfrac{1}{\sqrt{n(n^2+1)}}$ 收敛.

由比较审敛法和极限的定义可以证明下面给出的比较审敛法的极限形式,有时它在应用时比较方便.

推论 设 $\sum\limits_{n=1}^{\infty} u_n$ 和 $\sum\limits_{n=1}^{\infty} v_n$ 为两个正项级数,若

$$\lim_{n \to \infty} \frac{u_n}{v_n} = l \quad (0 \leqslant l < +\infty, v_n \neq 0),$$

则 (1) 当 $0 < l < +\infty$ 时,级数 $\sum\limits_{n=1}^{\infty} u_n$ 与 $\sum\limits_{n=1}^{\infty} v_n$ 同时收敛或同时发散;

(2) 当 $l = 0$ 时,若级数 $\sum\limits_{n=1}^{\infty} v_n$ 收敛,则级数 $\sum\limits_{n=1}^{\infty} u_n$ 也收敛.

例 5 判定级数 $\sum\limits_{n=1}^{\infty} \frac{1}{2^n - n}$ 的敛散性.

解 因为 $\lim\limits_{n \to \infty} \dfrac{\dfrac{1}{2^n - n}}{\dfrac{1}{2^n}} = \lim\limits_{n \to \infty} \dfrac{2^n}{2^n - n} = 1$,而等比级数 $\sum\limits_{n=1}^{\infty} \dfrac{1}{2^n}$ 收敛,由极限形式的比较审敛法知,级数 $\sum\limits_{n=1}^{\infty} \dfrac{1}{2^n - n}$ 也收敛.

例 6 判定级数 $\sum\limits_{n=1}^{\infty} \dfrac{1+n}{1+n^2}$ 的敛散性.

解 因为 $\lim\limits_{n \to \infty} \dfrac{\dfrac{1+n}{1+n^2}}{\dfrac{1}{n}} = \lim\limits_{n \to \infty} \dfrac{n(1+n)}{1+n^2} = 1$,而调和级数 $\sum\limits_{n=1}^{\infty} \dfrac{1}{n}$ 发散,所以级数 $\sum\limits_{n=1}^{\infty} \dfrac{1+n}{1+n^2}$ 发散.

下面介绍应用更为方便的比值审敛法,也称达朗贝尔审敛法.

定理 3(达朗贝尔审敛法) 设 $\sum\limits_{n=1}^{\infty} u_n$ 为正项级数.如果

$$\lim_{n \to \infty} \frac{u_{n+1}}{u_n} = \rho,$$

则当 $\rho < 1$ 时,级数收敛;当 $\rho > 1$ $\left(\text{或} \lim\limits_{n \to \infty} \dfrac{u_{n+1}}{u_n} = +\infty \right)$ 时,级数发散;当 $\rho = 1$ 时,级数可能收敛也可能发散.

例 7 判定级数 $\sum\limits_{n=1}^{\infty} \dfrac{10^n}{n!}$ 的敛散性.

解 因为 $\lim\limits_{n \to \infty} \dfrac{u_{n+1}}{u_n} = \lim\limits_{n \to \infty} \dfrac{\dfrac{10^{n+1}}{(n+1)!}}{\dfrac{10^n}{n!}} = \lim\limits_{n \to \infty} \dfrac{10}{n+1} = 0 < 1,$

所以级数 $\sum\limits_{n=1}^{\infty} \dfrac{10^n}{n!}$ 收敛.

例 8 判定级数 $\sum\limits_{n=1}^{\infty} n! \left(\dfrac{3}{n}\right)^n$ 的敛散性.

解 因为 $\lim\limits_{n\to\infty}\dfrac{u_{n+1}}{u_n}=\lim\limits_{n\to\infty}\dfrac{(n+1)!\left(\dfrac{3}{n+1}\right)^{n+1}}{n!\left(\dfrac{3}{n}\right)^n}$

$=\lim\limits_{n\to\infty}3\left(\dfrac{n}{n+1}\right)^n=3\lim\limits_{n\to\infty}\dfrac{1}{\left(1+\dfrac{1}{n}\right)^n}=\dfrac{3}{e}>1,$

所以级数 $\sum\limits_{n=1}^{\infty}n!\left(\dfrac{3}{n}\right)^n$ 发散.

例 9 判定级数 $\sum\limits_{n=1}^{\infty}\dfrac{1}{(n+1)(n+2)}$ 的敛散性.

解 因为 $\lim\limits_{n\to\infty}\dfrac{u_{n+1}}{u_n}=\lim\limits_{n\to\infty}\dfrac{(n+1)(n+2)}{(n+2)(n+3)}=1,$

这时比值审敛法失效.

因为 $u_n=\dfrac{1}{(n+1)(n+2)}<\dfrac{1}{n^2}$,而级数 $\sum\limits_{n=1}^{\infty}\dfrac{1}{n^2}$ 是收敛的 p-级数($p=2>1$),由比较审敛法知 $\sum\limits_{n=1}^{\infty}\dfrac{1}{(n+1)(n+2)}$ 收敛.

二、任意项级数及其审敛法

1. 交错级数及其审敛法

定义 2 形如 $\sum\limits_{n=1}^{\infty}(-1)^{n-1}u_n$ 或 $\sum\limits_{n=1}^{\infty}(-1)^n u_n$(其中 $u_n>0$)的级数,称为**交错级数**.

由于级数 $\sum\limits_{n=1}^{\infty}(-1)^{n-1}u_n$ 与 $\sum\limits_{n=1}^{\infty}(-1)^n u_n$ 的敛散性相同,因此不妨只讨论 $\sum\limits_{n=1}^{\infty}(-1)^{n-1}u_n$ 的敛散性.

下面给出交错级数的一个审敛法.

定理 4(莱布尼兹审敛法) 若交错级数 $\sum\limits_{n=1}^{\infty}(-1)^{n-1}u_n$ 满足条件:

(1) $u_n \geqslant u_{n+1}$ $(n=1,2,3,\cdots)$;

(2) $\lim\limits_{n\to\infty}u_n=0.$

则级数 $\sum\limits_{n=1}^{\infty}(-1)^{n-1}u_n$ 收敛,且其和 $s\leqslant u_1$,余项 r_n 的绝对值 $|r_n|\leqslant u_{n+1}$.

证 先证明前 $2m$ 项的和的极限 $\lim\limits_{m\to\infty}s_{2m}$ 存在.为此把 s_{2m} 写成如下两种形式:

$$s_{2m}=(u_1-u_2)+(u_3-u_4)+\cdots+(u_{2m-1}-u_{2m})$$

及 $$s_{2m}=u_1-(u_2-u_3)-(u_4-u_5)-\cdots-(u_{2m-2}-u_{2m-1})-u_{2m}.$$

由条件(1)可知所有括号中的差都是非负的.由第一种形式可见 s_{2m} 随 m 的增大而增大,由第二种形式可见 $s_{2m}<u_1$,根据单调有界数列必有极限的准则知:数列 $\{s_{2m}\}$ 存在极限 s,且 s 不大于 u_1,即

$$\lim\limits_{m\to\infty}s_{2m}=s<u_1.$$

又因为 $$s_{2m+1}=s_{2m}+u_{2m+1},$$

由条件(2)知
$$\lim_{m\to\infty} u_{2m+1}=0,$$
因此
$$\lim_{m\to\infty} s_{2m+1}=\lim_{m\to\infty}(s_{2m}+u_{2m+1})=s.$$
由
$$\lim_{m\to\infty} s_{2m}=\lim_{m\to\infty} s_{2m+1}=s,$$
可得
$$\lim_{n\to\infty} s_n=s,$$
即交错级数 $\sum_{n=1}^{\infty}(-1)^{n-1}u_n$ 收敛于和 s，且 $s\leqslant u_1$.

此外，不难看出余项 r_n 的绝对值可以写成
$$|r_n|=u_{n+1}-u_{n+2}+u_{n+3}-\cdots,$$
其右端仍是交错级数，它也满足收敛的两个条件，故其和小于级数的第一项，即 $|r_n|\leqslant u_{n+1}$.

例 10 判定级数 $\sum_{n=1}^{\infty}(-1)^{n-1}\dfrac{1}{n}$ 的敛散性.

解 因为 $u_n=\dfrac{1}{n}>\dfrac{1}{n+1}=u_{n+1}(n=1,2,\cdots)$，

又
$$\lim_{n\to\infty} u_n=\lim_{n\to\infty}\frac{1}{n}=0,$$
所以交错级数 $\sum_{n=1}^{\infty}(-1)^{n-1}\dfrac{1}{n}$ 收敛.

例 11 判定级数 $\sum_{n=1}^{\infty}(-1)^{n-1}\dfrac{3n}{2n-1}$ 的敛散性.

解 因为 $u_n=\dfrac{3n}{2n-1}$，而
$$\lim_{n\to\infty} u_n=\lim_{n\to\infty}\frac{3n}{2n-1}=\frac{3}{2}\neq 0,$$
故级数 $\sum_{n=1}^{\infty}(-1)^{n-1}\dfrac{3n}{2n-1}$ 发散.

例 12 判定级数 $\sum_{n=1}^{\infty}\dfrac{\cos n\pi}{\sqrt{n}}$ 的敛散性.

解 由 $\cos n\pi=(-1)^n$ 可知，$\sum_{n=1}^{\infty}\dfrac{\cos n\pi}{\sqrt{n}}=\sum_{n=1}^{\infty}(-1)^n\dfrac{1}{\sqrt{n}}$ 为交错级数. 因为
$$u_n=\frac{1}{\sqrt{n}}>\frac{1}{\sqrt{n+1}}=u_{n+1},$$
又
$$\lim_{n\to\infty} u_n=\lim_{n\to\infty}\frac{1}{\sqrt{n}}=0,$$
故级数 $\sum_{n=1}^{\infty}\dfrac{\cos n\pi}{\sqrt{n}}$ 收敛.

2. 绝对收敛与条件收敛

定义 3 设级数
$$\sum_{n=1}^{\infty} u_n=u_1+u_2+\cdots+u_n+\cdots, \tag{1}$$

其中 $u_n(n=1,2,\cdots)$ 为任意实数,则称此级数为任意项级数.

任意项级数 $\sum\limits_{n=1}^{\infty} u_n$ 各项的绝对值组成一个正项级数
$$\sum_{n=1}^{\infty} |u_n| = |u_1|+|u_2|+\cdots+|u_n|+\cdots. \tag{2}$$
可由级数(2)的收敛性判定级数(1)也收敛,即有下面的定理:

定理 5 若级数 $\sum\limits_{n=1}^{\infty} |u_n|$ 收敛,则级数 $\sum\limits_{n=1}^{\infty} u_n$ 也收敛.

证 令 $v_n = \dfrac{1}{2}(|u_n|+u_n) \quad (n=1,2,\cdots).$

由于 $-|u_n| \leqslant u_n \leqslant |u_n|,$

因而 $0 \leqslant v_n = \dfrac{1}{2}(|u_n|+u_n) \leqslant |u_n|.$

因为 $\sum\limits_{n=1}^{\infty} |u_n|$ 收敛,由正项级数的比较审敛法知,$\sum\limits_{n=1}^{\infty} v_n$ 也收敛. 因为
$$u_n = 2v_n - |u_n|,$$
而级数 $\sum\limits_{n=1}^{\infty} 2v_n$ 和 $\sum\limits_{n=1}^{\infty} |u_n|$ 都收敛,所以 $\sum\limits_{n=1}^{\infty} u_n$ 收敛.

注意 若级数 $\sum\limits_{n=1}^{\infty} |u_n|$ 发散,则级数 $\sum\limits_{n=1}^{\infty} u_n$ 不一定发散. 例如,级数 $\sum\limits_{n=1}^{\infty} \left|(-1)^{n-1}\dfrac{1}{n}\right| = \sum\limits_{n=1}^{\infty} \dfrac{1}{n}$ 发散,而级数 $\sum\limits_{n=1}^{\infty} (-1)^{n-1}\dfrac{1}{n}$ 却是收敛的.

定义 4 设有任意项级数 $\sum\limits_{n=1}^{\infty} u_n$. 若级数 $\sum\limits_{n=1}^{\infty} |u_n|$ 收敛,则称级数 $\sum\limits_{n=1}^{\infty} u_n$ **绝对收敛**;若 $\sum\limits_{n=1}^{\infty} |u_n|$ 发散,而 $\sum\limits_{n=1}^{\infty} u_n$ 收敛,则称级数 $\sum\limits_{n=1}^{\infty} u_n$ **条件收敛**.

例 13 判定级数 $\sum\limits_{n=1}^{\infty} \dfrac{\sin n\alpha}{n^2}$($\alpha$ 是常数)的敛散性. 若收敛,指出是绝对收敛还是条件收敛.

解 由于 $\left|\dfrac{\sin n\alpha}{n^2}\right| \leqslant \dfrac{1}{n^2}$,而 $\sum\limits_{n=1}^{\infty} \dfrac{1}{n^2}$ 收敛,由正项级数的比较审敛法知 $\sum\limits_{n=1}^{\infty} \left|\dfrac{\sin n\alpha}{n^2}\right|$ 收敛,故级数 $\sum\limits_{n=1}^{\infty} \dfrac{\sin n\alpha}{n^2}$ 收敛,且是绝对收敛.

例 14 判定级数 $\sum\limits_{n=1}^{\infty} (-1)^{n-1}\dfrac{1}{\sqrt{n}}$ 的敛散性. 若收敛,指出是绝对收敛还是条件收敛.

解 $\sum\limits_{n=1}^{\infty} (-1)^{n-1}\dfrac{1}{\sqrt{n}}$ 是交错级数,其中 $u_n = \dfrac{1}{\sqrt{n}}$ 满足:

(1) $u_n = \dfrac{1}{\sqrt{n}} > \dfrac{1}{\sqrt{n+1}} = u_{n+1},$

(2) $\lim\limits_{n\to\infty} u_n = \lim\limits_{n\to\infty} \dfrac{1}{\sqrt{n}} = 0,$

故 $\sum_{n=1}^{\infty}(-1)^{n-1}\frac{1}{\sqrt{n}}$ 收敛,但由于 $\sum_{n=1}^{\infty}\left|(-1)^{n-1}\frac{1}{\sqrt{n}}\right|=\sum_{n=1}^{\infty}\frac{1}{\sqrt{n}}$ 发散,所以原级数条件收敛.

对于任意项级数也有如下比值审敛法:

定理 6 若任意项级数 $\sum_{n=1}^{\infty}u_n$ 满足

$$\lim_{n\to\infty}\left|\frac{u_{n+1}}{u_n}\right|=\rho,$$

则当 $\rho<1$ 时,级数 $\sum_{n=1}^{\infty}u_n$ 绝对收敛;当 $\rho>1\left(\text{或}\lim_{n\to\infty}\left|\frac{u_{n+1}}{u_n}\right|=+\infty\right)$ 时,级数 $\sum_{n=1}^{\infty}u_n$ 发散;当 $\rho=1$ 时,级数 $\sum_{n=1}^{\infty}u_n$ 可能收敛,也可能发散.

证 当 $\rho<1$ 时,正项级数 $\sum_{n=1}^{\infty}|u_n|$ 收敛,从而任意项级数 $\sum_{n=1}^{\infty}u_n$ 绝对收敛;

当 $\rho>1\left(\text{或}\lim_{n\to\infty}\left|\frac{u_{n+1}}{u_n}\right|=+\infty\right)$ 时,$\lim_{n\to\infty}u_n\neq 0$,故级数 $\sum_{n=1}^{\infty}u_n$ 发散;

当 $\rho=1$ 时,$\sum_{n=1}^{\infty}u_n$ 可能绝对收敛,可能条件收敛,也可能发散.

例如,对级数 $\sum_{n=1}^{\infty}(-1)^{n-1}\frac{1}{n^p}$,$\lim_{n\to\infty}\left|\frac{u_{n+1}}{u_n}\right|=1$,当 $p>1$ 时绝对收敛,当 $0<p\leqslant 1$ 时条件收敛,当 $p\leqslant 0$ 时发散.

同步训练 9-2

1. 用比较审敛法判定下列各级数的敛散性:

(1) $\sum_{n=1}^{\infty}\frac{1}{2n-1}$; (2) $\sum_{n=1}^{\infty}\frac{1}{n^3+2}$; (3) $\sum_{n=1}^{\infty}\frac{1}{n\sqrt{n+1}}$;

(4) $\sum_{n=1}^{\infty}2^n\sin\frac{\pi}{3^n}$; (5) $\sum_{n=1}^{\infty}\frac{2+n^2}{5+n^3}$; (6) $\sum_{n=1}^{\infty}\left(\frac{n}{2n+3}\right)^n$.

2. 用比值审敛法判定下列各级数的敛散性:

(1) $\sum_{n=1}^{\infty}\frac{n}{3^n}$; (2) $\sum_{n=1}^{\infty}n\left(\frac{2}{3}\right)^n$; (3) $\sum_{n=1}^{\infty}\frac{n^n}{n!}$;

(4) $\sum_{n=1}^{\infty}\frac{(n+1)^2}{n!}$; (5) $\sum_{n=1}^{\infty}n!\left(\frac{4}{n}\right)^n$; (6) $\sum_{n=1}^{\infty}\frac{3n-1}{3^n}$.

3. 判定下列级数是否收敛,若级数收敛,指出是绝对收敛还是条件收敛:

(1) $\sum_{n=1}^{\infty}(-1)^{n-1}\frac{1}{\sqrt[3]{n}}$; (2) $\sum_{n=1}^{\infty}(-1)^{n-1}\frac{1}{\ln(n+1)}$; (3) $\sum_{n=1}^{\infty}(-1)^n\frac{n^3}{2^n}$;

(4) $\sum_{n=1}^{\infty}\frac{\cos n\pi}{n^3}$; (5) $\sum_{n=1}^{\infty}(-1)^n\frac{3n}{2n+1}$; (6) $\sum_{n=1}^{\infty}(-1)^{n-1}\left(\frac{n}{3n-1}\right)^2$.

第三节 幂级数

一、函数项级数的概念

定义 1 设 $u_n(x)(n=1,2,3,\cdots)$ 是定义在区间 I 上的函数，则和式

$$u_1(x)+u_2(x)+u_3(x)+\cdots+u_n(x)+\cdots$$

称为定义在区间 I 上的**函数项无穷级数**，简称**函数项级数**或**级数**，并记为 $\sum\limits_{n=1}^{\infty}u_n(x)$.

对于每一个确定的值 $x_0 \in I$，函数项级数 $\sum\limits_{n=1}^{\infty}u_n(x)$ 就成为常数项级数

$$\sum_{n=1}^{\infty}u_n(x_0)=u_1(x_0)+u_2(x_0)+u_3(x_0)+\cdots+u_n(x_0)+\cdots.$$

若 $\sum\limits_{n=1}^{\infty}u_n(x_0)$ 收敛，则称点 x_0 为函数项级数 $\sum\limits_{n=1}^{\infty}u_n(x)$ 的**收敛点**，$\sum\limits_{n=1}^{\infty}u_n(x)$ 的收敛点的全体称为它的**收敛域**. 若 $\sum\limits_{n=1}^{\infty}u_n(x_0)$ 发散，则称点 x_0 为 $\sum\limits_{n=1}^{\infty}u_n(x)$ 的**发散点**，$\sum\limits_{n=1}^{\infty}u_n(x)$ 的发散点的全体称为它的**发散域**.

例如，级数 $\sum\limits_{n=1}^{\infty}\dfrac{\sin x}{n}$ 的收敛域为 $\{x \mid x=k\pi, k \in \mathbf{Z}\}$；而级数 $\sum\limits_{n=1}^{\infty}\dfrac{2+\sin x}{n}$ 在所有点均发散，其发散域为 $(-\infty,+\infty)$.

由于对收敛域 D 上的任意一个数 x，函数项级数 $\sum\limits_{n=1}^{\infty}u_n(x)$ 成为一收敛的常数项级数，因而就有一确定的和 s，这样在收敛域上函数项级数的和是 x 的函数 $s(x)$，通常称 $s(x)$ 为函数项级数的**和函数**，该函数的定义域就是级数的收敛域 D，记为

$$s(x)=\sum_{n=1}^{\infty}u_n(x)=u_1(x)+u_2(x)+u_3(x)+\cdots+u_n(x)+\cdots, \quad x \in D.$$

例如，等比级数

$$\sum_{n=0}^{\infty}x^n = 1+x+x^2+\cdots+x^n+\cdots,$$

当且仅当 $|x|<1$ 时收敛，因此等比级数 $\sum\limits_{n=0}^{\infty}x^n$ 的收敛域为开区间 $(-1,1)$，发散域是 $(-\infty,-1]$ 及 $[1,+\infty)$，在收敛域 $(-1,1)$ 内，它的和函数为 $s(x)=\dfrac{1}{1-x}$，即

$$\frac{1}{1-x}=\sum_{n=0}^{\infty}x^n=1+x+x^2+\cdots+x^n+\cdots, \quad x \in (-1,1).$$

若将函数项级数 $\sum\limits_{n=1}^{\infty}u_n(x)$ 的前 n 项和记为 $s_n(x)$，则在收敛域 D 上有

$$\lim_{n \to \infty}s_n(x)=s(x),$$

我们将 $r_n(x)=s(x)-s_n(x)$ 称为函数项级数 $\sum\limits_{n=1}^{\infty}u_n(x)$ 的**余项**（注意只有 x 在收敛域上

$r_n(x)$ 才有意义),于是有
$$\lim_{n\to\infty} r_n(x) = 0.$$

二、幂级数及其收敛性

定义 2 形如
$$a_0 + a_1(x-x_0) + a_2(x-x_0)^2 + \cdots + a_n(x-x_0)^n + \cdots$$
的函数项级数,称为 $(x-x_0)$ 的**幂级数**,简记为 $\sum\limits_{n=0}^{\infty} a_n(x-x_0)^n$,其中 $a_0, a_1, \cdots, a_n, \cdots$ 称为**幂级数的系数**.

当 $x_0 = 0$ 时,上式变为
$$\sum_{n=0}^{\infty} a_n x^n = a_0 + a_1 x + a_2 x^2 + \cdots + a_n x^n + \cdots,$$
称为 x 的幂级数.

若作变量代换 $z = x - x_0$,则有 $\sum\limits_{n=0}^{\infty} a_n(x-x_0)^n = \sum\limits_{n=0}^{\infty} a_n z^n$,因此下面主要讨论幂级数 $\sum\limits_{n=0}^{\infty} a_n x^n$.

定理 1(阿贝尔定理) 如果幂级数 $\sum\limits_{n=0}^{\infty} a_n x^n$ 当 $x = x_0 (x_0 \neq 0)$ 时收敛,则对于满足 $|x| < |x_0|$ 的所有 x,幂级数 $\sum\limits_{n=0}^{\infty} a_n x^n$ 绝对收敛.反之,若幂级数 $\sum\limits_{n=0}^{\infty} a_n x^n$ 当 $x = x_0$ 时发散,则对于满足 $|x| > |x_0|$ 的所有 x,幂级数 $\sum\limits_{n=0}^{\infty} a_n x^n$ 发散.

定理 1 表明了幂级数收敛点集的结构.若幂级数 $\sum\limits_{n=0}^{\infty} a_n x^n$ 在 $x = x_0$ 处收敛,则对于区间 $(-|x_0|, |x_0|)$ 内的任何 x,幂级数都收敛;若幂级数 $\sum\limits_{n=0}^{\infty} a_n x^n$ 在 $x = x_0$ 处发散,则对于 $(-\infty, -|x_0|) \cup (|x_0|, +\infty)$ 内的任何 x,幂级数都发散.由于幂级数 $\sum\limits_{n=0}^{\infty} a_n x^n$ 在 $x = 0$ 处总是收敛的,因此我们有下面的推论.

推论 幂级数 $\sum\limits_{n=0}^{\infty} a_n x^n$ 的收敛域为下述三种情形之一:

(1) 仅在 $x = 0$ 处收敛;

(2) 在 $(-\infty, +\infty)$ 内处处绝对收敛;

(3) 存在确定的正数 R,当 $|x| < R$ 时绝对收敛,当 $|x| > R$ 时发散,在 $x = \pm R$ 处可能收敛,也可能发散.

正数 R 称为幂级数 $\sum\limits_{n=0}^{\infty} a_n x^n$ 的**收敛半径**,对情形(1)和(2),分别规定收敛半径为 $R = 0$ 和 $R = +\infty$.

由于幂级数 $\sum\limits_{n=0}^{\infty} a_n x^n$ 的收敛域是一个以 $x = 0$ 为中心的区间(情形(1)是特例),故幂级数的收敛域又称**收敛区间**.

下面给出求收敛半径的方法.

定理 2 若幂级数 $\sum\limits_{n=0}^{\infty} a_n x^n$ 的系数满足 $\lim\limits_{n\to\infty}\left|\dfrac{a_{n+1}}{a_n}\right|=\rho$,则

(1) 当 $0<\rho<+\infty$ 时,$R=\dfrac{1}{\rho}$;

(2) 当 $\rho=0$ 时,$R=+\infty$;

(3) 当 $\rho=+\infty$ 时,$R=0$.

证 幂级数 $\sum\limits_{n=0}^{\infty} a_n x^n$ 的各项取绝对值所成的级数为 $\sum\limits_{n=0}^{\infty}|a_n x^n|$,则有

$$\lim_{n\to\infty}\left|\dfrac{a_{n+1}x^{n+1}}{a_n x^n}\right|=\lim_{n\to\infty}\left|\dfrac{a_{n+1}}{a_n}\right||x|=\rho|x|.$$

(1) 若 $\rho\neq 0$,则当 $\rho|x|<1$,即 $|x|<\dfrac{1}{\rho}$ 时,级数 $\sum\limits_{n=0}^{\infty}|a_n x^n|$ 收敛,从而 $\sum\limits_{n=0}^{\infty} a_n x^n$ 绝对收敛;当 $\rho|x|>1$,即 $|x|>\dfrac{1}{\rho}$ 时,幂级数 $\sum\limits_{n=0}^{\infty} a_n x^n$ 发散,故收敛半径 $R=\dfrac{1}{\rho}$.

(2) 若 $\rho=0$,则对任何 x 值,$\rho|x|=0<1$,幂级数 $\sum\limits_{n=0}^{\infty} a_n x^n$ 总是收敛的,且绝对收敛,故收敛半径 $R=+\infty$.

(3) 若 $\rho=+\infty$,则对任何 $x\neq 0$,都有

$$\lim_{n\to\infty}\left|\dfrac{a_{n+1}}{a_n}\right||x|=+\infty,$$

幂级数 $\sum\limits_{n=0}^{\infty} a_n x^n$ 总是发散的,仅当 $x=0$ 时,$\sum\limits_{n=0}^{\infty} a_n x^n$ 才收敛,故收敛半径 $R=0$.

例 1 求幂级数 $\sum\limits_{n=0}^{\infty}\dfrac{x^n}{n!}$ 的收敛区间.

解 因为 $\rho=\lim\limits_{n\to\infty}\left|\dfrac{a_{n+1}}{a_n}\right|=\lim\limits_{n\to\infty}\dfrac{\dfrac{1}{(n+1)!}}{\dfrac{1}{n!}}$

$$=\lim_{n\to\infty}\dfrac{1}{n+1}=0,$$

所以收敛半径 $R=+\infty$,收敛区间为 $(-\infty,+\infty)$.

例 2 求幂级数 $\sum\limits_{n=1}^{\infty} n^n x^n$ 的收敛区间.

解 因为 $\rho=\lim\limits_{n\to\infty}\left|\dfrac{a_{n+1}}{a_n}\right|=\lim\limits_{n\to\infty}\dfrac{(n+1)^{n+1}}{n^n}$

$$=\lim_{n\to\infty}\left(1+\dfrac{1}{n}\right)^n\cdot(1+n)=+\infty,$$

所以收敛半径 $R=0$,收敛区间缩为一点 $x=0$.

例 3 求幂级数 $\sum\limits_{n=1}^{\infty}(-1)^n\dfrac{x^n}{\sqrt{n}}$ 的收敛区间.

解 因为 $\rho = \lim\limits_{n\to\infty}\left|\dfrac{a_{n+1}}{a_n}\right| = \lim\limits_{n\to\infty}\dfrac{\sqrt{n}}{\sqrt{n+1}} = 1$,

所以收敛半径 $R = \dfrac{1}{\rho} = 1$.

当 $x = -1$ 时,级数成为 $\sum\limits_{n=1}^{\infty}\dfrac{1}{\sqrt{n}}$,它是发散的;当 $x = 1$ 时,级数成为收敛的交错级数 $\sum\limits_{n=1}^{\infty}(-1)^n\dfrac{1}{\sqrt{n}}$.

因此幂级数 $\sum\limits_{n=1}^{\infty}(-1)^n\dfrac{x^n}{\sqrt{n}}$ 的收敛区间为 $(-1, 1]$.

例 4 求幂级数 $\sum\limits_{n=0}^{\infty}\dfrac{(x-2)^n}{\sqrt{n+1}}$ 的收敛区间.

解 令 $t = x - 2$,则 $\sum\limits_{n=0}^{\infty}\dfrac{(x-2)^n}{\sqrt{n+1}} = \sum\limits_{n=0}^{\infty}\dfrac{t^n}{\sqrt{n+1}}$. 因为

$$\rho = \lim\limits_{n\to\infty}\left|\dfrac{a_{n+1}}{a_n}\right| = \lim\limits_{n\to\infty}\dfrac{\sqrt{n+1}}{\sqrt{n+2}} = 1,$$

所以收敛半径 $R = \dfrac{1}{\rho} = 1$.

当 $t = -1$ 时,级数成为 $\sum\limits_{n=0}^{\infty}(-1)^n\dfrac{1}{\sqrt{n+1}}$,它是收敛的;当 $t = 1$ 时,级数成为 $\sum\limits_{n=0}^{\infty}\dfrac{1}{\sqrt{n+1}}$,它是发散的.

因此原级数的收敛区间为 $-1 \leqslant x - 2 < 1$,即为 $[1, 3)$.

例 5 求幂级数 $\sum\limits_{n=1}^{\infty}2^n x^{2n-1}$ 的收敛半径.

解 由于所给幂级数缺少偶次幂的项,因此不能直接应用定理 2. 下面根据比值审敛法来求收敛半径.

因为 $\lim\limits_{n\to\infty}\left|\dfrac{u_{n+1}(x)}{u_n(x)}\right| = \lim\limits_{n\to\infty}\left|\dfrac{2^{n+1}x^{2n+1}}{2^n x^{2n-1}}\right| = 2|x|^2$,

所以当 $2|x|^2 < 1$,即 $|x| < \dfrac{\sqrt{2}}{2}$ 时,级数绝对收敛;当 $2|x|^2 > 1$,即 $|x| > \dfrac{\sqrt{2}}{2}$ 时,级数发散.

于是收敛半径 $R = \dfrac{\sqrt{2}}{2}$.

三、幂级数的运算

设

$$\sum_{n=0}^{\infty} a_n x^n = s_1(x) \quad (-R < x < R),$$

$$\sum_{n=0}^{\infty} b_n x^n = s_2(x) \quad (-R' < x < R'),$$

则 (1) 在 $(-R, R)$ 与 $(-R', R')$ 中较小的区间内,两个级数可以逐项相加或相减,即有

$$\sum_{n=0}^{\infty} a_n x^n \pm \sum_{n=0}^{\infty} b_n x^n = \sum_{n=0}^{\infty} (a_n \pm b_n) x^n = s_1(x) \pm s_2(x).$$

(2) 幂级数 $\sum_{n=0}^{\infty} a_n x^n$ 的和函数 $s_1(x)$ 在收敛区间 $(-R,R)$ 内是连续的.

(3) 幂级数 $\sum_{n=0}^{\infty} a_n x^n$ 的和函数 $s_1(x)$ 在收敛区间 $(-R,R)$ 内是可导的,并且有逐项求导公式

$$s_1'(x) = \left(\sum_{n=0}^{\infty} a_n x^n\right)' = \sum_{n=0}^{\infty} (a_n x^n)' = \sum_{n=1}^{\infty} n a_n x^{n-1}.$$

(4) 幂级数 $\sum_{n=0}^{\infty} a_n x^n$ 的和函数 $s_1(x)$ 在收敛区间 $(-R,R)$ 内是可积的;并且有逐项积分公式

$$\int_0^x s_1(x) dx = \int_0^x \left(\sum_{n=0}^{\infty} a_n x^n\right) dx = \sum_{n=0}^{\infty} \int_0^x a_n x^n dx = \sum_{n=0}^{\infty} \frac{a_n}{n+1} x^{n+1}.$$

对幂级数逐项求导或逐项积分后所得到的幂级数和原级数有相同的收敛半径 R,但在 $x = \pm R$ 处,级数的敛散性可能会改变.

例如,

$$\frac{1}{1-x} = 1 + x + x^2 + \cdots + x^n + \cdots = \sum_{n=0}^{\infty} x^n \quad (-1 < x < 1),$$

若逐项求导,则可得

$$\frac{1}{(1-x)^2} = 1 + 2x + 3x^2 + \cdots + nx^{n-1} + \cdots = \sum_{n=1}^{\infty} n x^{n-1} \quad (-1 < x < 1);$$

若从 0 到 x 逐项积分,则可得

$$-\ln(1-x) = x + \frac{x^2}{2} + \frac{x^3}{3} + \cdots + \frac{x^{n+1}}{n+1} + \cdots = \sum_{n=0}^{\infty} \frac{x^{n+1}}{n+1} \quad (-1 \leqslant x < 1).$$

上式在 $x = -1$ 处也是成立的,因为当 $x = -1$ 时,$\sum_{n=0}^{\infty} (-1)^{n+1} \frac{1}{n+1}$ 是收敛的,而 $\ln(1-x)$ 在 $x = -1$ 处有定义且连续.

例 6 求级数 $\sum_{n=1}^{\infty} n x^{n-1}$ 在收敛区间 $(-1,1)$ 内的和函数,并求 $\sum_{n=1}^{\infty} \frac{n}{3^{n-1}}$ 的和.

解 设

$$s(x) = \sum_{n=1}^{\infty} n x^{n-1} = 1 + 2x + 3x^2 + \cdots + nx^{n-1} + \cdots \quad (-1 < x < 1),$$

两边积分,得

$$\int_0^x s(x) dx = \sum_{n=1}^{\infty} \int_0^x n x^{n-1} dx = \sum_{n=1}^{\infty} x^n = \frac{x}{1-x} \quad (-1 < x < 1),$$

于是

$$s(x) = \frac{d}{dx} \int_0^x s(x) dx = \left(\frac{x}{1-x}\right)' = \frac{1}{(1-x)^2} \quad (-1 < x < 1).$$

在级数 $\sum_{n=1}^{\infty} n x^{n-1}$ 中令 $x = \frac{1}{3}$,得

$$\sum_{n=1}^{\infty} \frac{n}{3^{n-1}} = s\left(\frac{1}{3}\right) = \frac{1}{(1-x)^2}\bigg|_{x=\frac{1}{3}} = \frac{9}{4}.$$

例7 求幂级数 $\sum_{n=1}^{\infty}(-1)^{n-1}\dfrac{x^n}{n}$ 的和函数.

解 此级数的收敛区间为 $(-1,1]$. 设

$$s(x) = \sum_{n=1}^{\infty}(-1)^{n-1}\dfrac{x^n}{n}$$
$$= x - \dfrac{x^2}{2} + \dfrac{x^3}{3} - \cdots + (-1)^{n-1}\dfrac{x^n}{n} + \cdots \quad (-1 < x \leqslant 1),$$

两边求导,得

$$s'(x) = \sum_{n=1}^{\infty}\left[(-1)^{n-1}\dfrac{x^n}{n}\right]' = \sum_{n=1}^{\infty}(-1)^{n-1}x^{n-1}$$
$$= 1 - x + x^2 - \cdots + (-1)^{n-1}x^{n-1} + \cdots = \dfrac{1}{1+x} \quad (-1 < x < 1),$$

由于 $s(0)=0$,因此

$$s(x) = \int_0^x s'(x)\mathrm{d}x = \int_0^x \dfrac{1}{1+x}\mathrm{d}x$$
$$= \ln(1+x) \quad (-1 < x \leqslant 1).$$

同步训练 9-3

1. 求下列幂级数的收敛半径和收敛区间:

(1) $\sum_{n=0}^{\infty}\dfrac{x^n}{3^n}$; (2) $\sum_{n=0}^{\infty}n!x^n$; (3) $\sum_{n=0}^{\infty}\dfrac{3^n}{n!}x^n$;

(4) $\sum_{n=1}^{\infty}\dfrac{x^n}{2n-1}$; (5) $\sum_{n=0}^{\infty}\dfrac{1}{2^n}(x-1)^n$; (6) $\sum_{n=1}^{\infty}\dfrac{1}{4^n}x^{2n-1}$.

2. 利用逐项求导或逐项积分,求下列幂级数的和函数:

(1) $\sum_{n=1}^{\infty}(n+1)x^n, -1 < x < 1$; (2) $\sum_{n=0}^{\infty}\dfrac{x^{2n+1}}{2n+1}, -1 < x < 1$;

(3) $\sum_{n=1}^{\infty}\dfrac{x^n}{n}, -1 \leqslant x < 1$,并求级数 $\dfrac{1}{1\cdot 3} + \dfrac{1}{2\cdot 3^2} + \dfrac{1}{3\cdot 3^3} + \cdots + \dfrac{1}{n\cdot 3^n} + \cdots$ 的和.

第四节 函数展开成幂级数

前面讨论了幂级数的收敛区间及其和函数. 在许多实际问题中,经常会遇到相反的问题,即一个函数是否可以表示成幂级数的形式.

一、泰勒级数

首先讨论函数为 n 次多项式的情形. 设

$$f(x) = A_0 + A_1 x + A_2 x^2 + \cdots + A_n x^n,$$

现将其表示成 $x - x_0$ 的方幂的形式,即

$$f(x) = a_0 + a_1(x-x_0) + a_2(x-x_0)^2 + \cdots + a_n(x-x_0)^n, \tag{1}$$

其中 $a_0, a_1, a_2, \cdots, a_n$ 是待定系数.

由于多项式函数具有任意阶的连续导数,对(1)式两边逐次求一阶到 n 阶导数,并令

$x = x_0$，可得
$$f(x_0) = a_0, f'(x_0) = a_1, f''(x_0) = 2!a_2, \cdots, f^{(n)}(x_0) = n!a_n,$$
即 $a_0 = f(x_0), a_1 = f'(x_0), a_2 = \dfrac{f''(x_0)}{2!}, \cdots, a_n = \dfrac{f^{(n)}(x_0)}{n!},$

于是
$$f(x) = f(x_0) + \frac{f'(x_0)}{1!}(x-x_0) + \frac{f''(x_0)}{2!}(x-x_0)^2 + \cdots + \frac{f^{(n)}(x_0)}{n!}(x-x_0)^n.$$

该式称为**多项式的泰勒公式**.

一般地，如果一个函数 $f(x)$ 在 $x=x_0$ 处的一阶到 n 阶导数都存在，则可以写出一个 n 次多项式

$$P_n(x) = f(x_0) + f'(x_0)(x-x_0) + \frac{f''(x_0)}{2!}(x-x_0)^2 + \cdots + \frac{f^{(n)}(x_0)}{n!}(x-x_0)^n,$$

但 $P_n(x)$ 不一定等于 $f(x)$. 记 $R_n(x) = f(x) - P_n(x)$，则

$$|R_n(x)| = |f(x) - P_n(x)|$$

就是用 $P_n(x)$ 表示 $f(x)$ 时产生的误差.

定理1(泰勒中值定理) 如果函数 $f(x)$ 在 x_0 的某邻域内具有 $n+1$ 阶导数，则对该邻域内任意的点 x，有

$$f(x) = f(x_0) + \frac{f'(x_0)}{1!}(x-x_0) + \frac{f''(x_0)}{2!}(x-x_0)^2 + \cdots + \frac{f^{(n)}(x_0)}{n!}(x-x_0)^n + R_n(x), \tag{2}$$

其中 $R_n(x) = \dfrac{f^{(n+1)}(\xi)}{(n+1)!}(x-x_0)^{n+1}$ （ξ 在 x_0 与 x 之间）.

公式(2)称为 $f(x)$ 在 x_0 **处的 n 阶泰勒公式**；系数 $f(x_0), f'(x_0), \dfrac{f''(x_0)}{2!}, \cdots, \dfrac{f^{(n)}(x_0)}{n!}$ 称为**泰勒系数**；$f(x_0) + \dfrac{f'(x_0)}{1!}(x-x_0) + \dfrac{f''(x_0)}{2!}(x-x_0)^2 + \cdots + \dfrac{f^{(n)}(x_0)}{n!}(x-x_0)^n$ 称为 n **次泰勒多项式**；$R_n(x)$ 称为 n 阶泰勒公式的**拉格朗日余项**，当 $x \to x_0$ 时，它是比 $(x-x_0)^n$ 高阶的无穷小.

当 $n=0$ 时，(2)式即为

$$f(x) = f(x_0) + f'(\xi)(x-x_0) \quad (\xi \text{ 在 } x_0 \text{ 与 } x \text{ 之间}),$$

这就是拉格朗日中值定理.

当 $x_0 = 0$ 时，公式(2)成为

$$f(x) = f(0) + \frac{f'(0)}{1!}x + \frac{f''(0)}{2!}x^2 + \cdots + \frac{f^{(n)}(0)}{n!}x^n + R_n(x), \tag{3}$$

其中 $R_n(x) = \dfrac{f^{(n+1)}(\xi)}{(n+1)!}x^{n+1}$ （ξ 在 0 与 x 之间）.

(3)式称为**函数 $f(x)$ 的 n 阶麦克劳林公式**.

如果让 n 无限增大，那么 n 次泰勒多项式就成了一个幂级数.

定义 若函数 $f(x)$ 在点 x_0 的某邻域内具有任意阶导数，则称幂级数

$$\sum_{n=0}^{\infty} \frac{f^{(n)}(x_0)}{n!}(x-x_0)^n = f(x_0) + \frac{f'(x_0)}{1!}(x-x_0) + \frac{f''(x_0)}{2!}(x-x_0)^2 + \cdots +$$

$$\frac{f^{(n)}(x_0)}{n!}(x-x_0)^n+\cdots$$

为 $f(x)$ **在点 x_0 处的泰勒级数**.

特别地,当 $x_0=0$ 时,幂级数

$$\sum_{n=0}^{\infty}\frac{f^{(n)}(0)}{n!}x^n = f(0)+\frac{f'(0)}{1!}x+\frac{f''(0)}{2!}x^2+\cdots+\frac{f^{(n)}(0)}{n!}x^n+\cdots$$

称为 $f(x)$ **的麦克劳林级数**.

需要注意的是,只要 $f(x)$ 在 x_0 的某邻域内具有各阶导数,我们就能形式地写出它的泰勒级数 $\sum_{n=0}^{\infty}\frac{f^{(n)}(x_0)}{n!}(x-x_0)^n$,但是该级数在 x_0 的邻域内是否收敛?如果收敛,又是否收敛于 $f(x)$?下面利用泰勒公式来回答这些问题.

由于 $f(x)$ 的 n 阶泰勒多项式 $P_n(x)$ 就是 $f(x)$ 的泰勒级数的前 $n+1$ 项的部分和,因此

$$f(x)-P_n(x)=R_n(x).$$

在所讨论的邻域内,若

$$\lim_{n\to\infty}R_n(x)=0,$$

则

$$\lim_{n\to\infty}[f(x)-P_n(x)]=\lim_{n\to\infty}R_n(x)=0,$$

即

$$f(x)=\lim_{n\to\infty}P_n(x)=\sum_{n=0}^{\infty}\frac{f^{(n)}(x_0)}{n!}(x-x_0)^n.$$

也就是说,若 $\lim_{n\to\infty}R_n(x)=0$,则泰勒级数 $\sum_{n=0}^{\infty}\frac{f^{(n)}(x_0)}{n!}(x-x_0)^n$ 收敛于 $f(x)$.

反之,若泰勒级数 $\sum_{n=0}^{\infty}\frac{f^{(n)}(x_0)}{n!}(x-x_0)^n$ 收敛于 $f(x)$,即

$$f(x)=\lim_{n\to\infty}P_n(x),$$

则

$$\lim_{n\to\infty}R_n(x)=\lim_{n\to\infty}[f(x)-P_n(x)]=0.$$

由上述讨论,可得如下重要结论:

定理 2 若函数 $f(x)$ 在点 x_0 的某邻域内具有任意阶导数,则 $f(x)$ 的泰勒级数 $\sum_{n=0}^{\infty}\frac{f^{(n)}(x_0)}{n!}(x-x_0)^n$ 收敛于 $f(x)$ 的充要条件是 $\lim_{n\to\infty}R_n(x)=0$.

若函数 $f(x)$ 的泰勒级数收敛于 $f(x)$,即

$$f(x)=\sum_{n=0}^{\infty}\frac{f^{(n)}(x_0)}{n!}(x-x_0)^n, \tag{4}$$

就称 $f(x)$ 可展开成泰勒级数,并称(4)式为函数在 $x=x_0$ **处的泰勒展开式**.

特别地,当 $x_0=0$ 时

$$f(x)=\sum_{n=0}^{\infty}\frac{f^{(n)}(0)}{n!}x^n. \tag{5}$$

称(5)式为 $f(x)$ **的麦克劳林展开式**.

若函数能展开成关于 $x-x_0$ 的幂级数,则该幂级数一定就是泰勒级数,即函数的幂级数展开式是唯一的.

二、函数展开成幂级数

1. 直接展开法

直接展开法就是直接按公式 $a_n = \dfrac{f^{(n)}(x_0)}{n!}(n=0,1,2,\cdots)$ 计算幂级数的系数,然后讨论余项 $R_n(x)$ 是否趋于零.下面举例说明.

例 1 将 $f(x) = \mathrm{e}^x$ 展开成 x 的幂级数.

解 因为 $f(x) = \mathrm{e}^x, f^{(n)}(x) = \mathrm{e}^x \quad (n = 1,2,\cdots)$,
所以 $f(0) = f^{(n)}(0) = 1(n=1,2,\cdots)$,于是 e^x 的麦克劳林级数为

$$1 + x + \frac{x^2}{2!} + \frac{x^3}{3!} + \cdots + \frac{x^n}{n!} + \cdots,$$

该级数的收敛区间为 $(-\infty, +\infty)$.

对于任意实数 x,有

$$|R_n(x)| = \left|\frac{\mathrm{e}^\xi}{(n+1)!}x^{n+1}\right| < \mathrm{e}^{|x|} \cdot \frac{|x|^{n+1}}{(n+1)!} \quad (\text{其中 } \xi \text{ 在 0 与 } x \text{ 之间}).$$

由于 $\dfrac{|x|^{n+1}}{(n+1)!}$ 为收敛级数 $\displaystyle\sum_{n=0}^{\infty} \dfrac{|x|^n}{n!}$ 的一般项,因此

$$\lim_{n\to\infty} \frac{|x|^{n+1}}{(n+1)!} = 0.$$

又因为 $\mathrm{e}^{|x|}$ 是与 n 无关的一个有限数,所以

$$\lim_{n\to\infty} \mathrm{e}^{|x|} \frac{|x|^{n+1}}{(n+1)!} = 0,$$

从而 $\displaystyle\lim_{n\to\infty} R_n(x) = 0$.因此 e^x 的麦克劳林展开式为

$$\mathrm{e}^x = \sum_{n=0}^{\infty} \frac{x^n}{n!} = 1 + x + \frac{x^2}{2!} + \cdots + \frac{x^n}{n!} + \cdots \quad (-\infty < x < +\infty).$$

例 2 将函数 $f(x) = \sin x$ 展开成 x 的幂级数.

解 因为 $f^{(n)}(x) = \sin\left(n \cdot \dfrac{\pi}{2} + x\right)$,所以

$$f(0) = 0, f'(0) = 1, f''(0) = 0, f'''(0) = -1, \cdots,$$

于是 $\sin x$ 的麦克劳林级数为

$$x - \frac{x^3}{3!} + \frac{x^5}{5!} - \cdots + \frac{(-1)^n}{(2n+1)!}x^{2n+1} + \cdots,$$

其收敛区间为 $(-\infty, +\infty)$.

对于任意实数 x,有

$$|R_n(x)| = \left|\frac{f^{(n+1)}(\xi)}{(n+1)!}x^{n+1}\right| = \left|\sin\left(\xi + \frac{n+1}{2}\pi\right)\frac{x^{n+1}}{(n+1)!}\right|$$

$$\leqslant \frac{|x|^{n+1}}{(n+1)!}(\text{其中 } \xi \text{ 在 0 与 } x \text{ 之间}).$$

由于 $\displaystyle\lim_{n\to\infty}\frac{|x|^{n+1}}{(n+1)!} = 0$,于是 $\displaystyle\lim_{n\to\infty} R_n(x) = 0$,因此 $\sin x$ 的麦克劳林展开式为

$$\sin x = \sum_{n=0}^{\infty}(-1)^n \frac{x^{2n+1}}{(2n+1)!} = x - \frac{x^3}{3!} + \frac{x^5}{5!} - \cdots +$$

$$(-1)^n \frac{x^{2n+1}}{(2n+1)!} + \cdots \quad (-\infty < x < \infty).$$

2. 间接展开法

由于函数的幂级数展开式是唯一的,因此还可以利用一些已知函数展开式及幂级数的性质,将所给函数展开成幂级数,这种方法称为间接展开法.

例 3 将函数 $f(x) = \cos x$ 展开成 x 的幂级数.

解 由于 $\sin x = \sum_{n=0}^{\infty} (-1)^n \frac{x^{2n+1}}{(2n+1)!}$

$$= x - \frac{x^3}{3!} + \frac{x^5}{5!} - \cdots + (-1)^n \frac{x^{2n+1}}{(2n+1)!} + \cdots,$$

两边求导,即得

$$\cos x = 1 - \frac{x^2}{2!} + \frac{x^4}{4!} - \cdots + (-1)^n \frac{x^{2n}}{(2n)!} + \cdots$$

$$= \sum_{n=0}^{\infty} (-1)^n \frac{x^{2n}}{(2n)!} \quad (-\infty < x < +\infty).$$

例 4 将函数 $f(x) = \ln(1+x)$ 展开成 x 的幂级数.

解 因为

$$f'(x) = \frac{1}{1+x} = 1 - x + x^2 - \cdots + (-1)^n x^n + \cdots$$

$$= \sum_{n=0}^{\infty} (-1)^n x^n \quad (-1 < x < 1),$$

将上式从 0 到 x 逐项积分,即得

$$f(x) = \ln(1+x) = x - \frac{x^2}{2} + \frac{x^3}{3} - \cdots + (-1)^n \frac{x^{n+1}}{n+1} + \cdots$$

$$= \sum_{n=0}^{\infty} (-1)^n \frac{x^{n+1}}{n+1} \quad (-1 < x \leqslant 1).$$

现将常用的几个函数的幂级数展开式归纳如下:

(1) $e^x = \sum_{n=0}^{\infty} \frac{x^n}{n!} = 1 + x + \frac{x^2}{2!} + \cdots + \frac{x^n}{n!} + \cdots \quad (-\infty < x < +\infty);$

(2) $\sin x = \sum_{n=0}^{\infty} (-1)^n \frac{x^{2n+1}}{(2n+1)!}$

$$= x - \frac{x^3}{3!} + \frac{x^5}{5!} - \cdots + (-1)^n \frac{x^{2n+1}}{(2n+1)!} + \cdots$$

$$(-\infty < x < +\infty);$$

(3) $\cos x = \sum_{n=0}^{\infty} (-1)^n \frac{x^{2n}}{(2n)!}$

$$= 1 - \frac{x^2}{2!} + \frac{x^4}{4!} - \cdots + (-1)^n \frac{x^{2n}}{(2n)!} + \cdots \quad (-\infty < x < +\infty);$$

(4) $\ln(1+x) = \sum_{n=0}^{\infty} (-1)^n \frac{x^{n+1}}{n+1}$

$$= x - \frac{x^2}{2} + \frac{x^3}{3} - \cdots + (-1)^n \frac{x^{n+1}}{n+1} + \cdots \quad (-1 < x \leqslant 1);$$

(5) $\dfrac{1}{1-x} = \sum\limits_{n=0}^{\infty} x^n = 1 + x + x^2 + \cdots + x^n + \cdots \quad (-1 < x < 1);$

(6) $\dfrac{1}{1+x} = \sum\limits_{n=0}^{\infty} (-1)^n x^n$
$= 1 - x + x^2 - x^3 + \cdots + (-1)^n x^n + \cdots \quad (-1 < x < 1).$

例 5 将函数 $f(x) = \arctan x$ 展开成 x 的幂级数.

解 由 $\dfrac{1}{1+x}$ 的幂级数展开式，得

$$\dfrac{1}{1+x^2} = \sum\limits_{n=0}^{\infty} (-1)^n (x^2)^n$$
$$= 1 - x^2 + x^4 - \cdots + (-1)^n x^{2n} + \cdots \quad (-1 < x < 1).$$

两边积分，得

$$\arctan x = \int_0^x \dfrac{1}{1+x^2} \mathrm{d}x = \int_0^x \Big[\sum\limits_{n=0}^{\infty} (-1)^n x^{2n}\Big] \mathrm{d}x$$
$$= \sum\limits_{n=0}^{\infty} (-1)^n \dfrac{x^{2n+1}}{2n+1}$$
$$= x - \dfrac{x^3}{3} + \dfrac{x^5}{5} - \cdots + (-1)^n \dfrac{x^{2n+1}}{2n+1} + \cdots \quad (-1 \leqslant x \leqslant 1).$$

因上式右端当 $x = -1$ 和 $x = 1$ 时，幂级数分别为

$$\sum\limits_{n=0}^{\infty} (-1)^{n+1} \dfrac{1}{2n+1} \text{ 和 } \sum\limits_{n=0}^{\infty} (-1)^n \dfrac{1}{2n+1},$$

它们都是收敛的，而左端的函数 $\arctan x$ 在 $x = \pm 1$ 处有定义且连续，所以上式对 $x = \pm 1$ 也成立.

例 6 将函数 $f(x) = \dfrac{1}{1+x}$ 展开成 $x - 1$ 的幂级数.

解 因为

$$f(x) = \dfrac{1}{1+x} = \dfrac{1}{2+(x-1)} = \dfrac{1}{2} \cdot \dfrac{1}{1 + \dfrac{x-1}{2}},$$

又

$$\dfrac{1}{1+x} = \sum\limits_{n=0}^{\infty} (-1)^n x^n,$$

所以 $f(x) = \dfrac{1}{2} \cdot \dfrac{1}{1 + \dfrac{x-1}{2}} = \dfrac{1}{2} \sum\limits_{n=0}^{\infty} (-1)^n \left(\dfrac{x-1}{2}\right)^n$

$$= \dfrac{1}{2} \sum\limits_{n=0}^{\infty} (-1)^n \dfrac{(x-1)^n}{2^n} \quad (-1 < x < 3).$$

*三、幂级数在近似计算中的应用

利用函数的幂级数展开式，按照给定的精确度要求，可以计算函数值的近似值.

例 7 计算 e 的近似值，精确到 10^{-4}.

解 因为

$$e^x = \sum_{n=0}^{\infty} \frac{x^n}{n!} = 1 + x + \frac{x^2}{2!} + \cdots + \frac{x^n}{n!} + \cdots \quad (x \in \mathbf{R}),$$

令 $x = 1$,得

$$e = 1 + 1 + \frac{1}{2!} + \frac{1}{3!} + \cdots + \frac{1}{n!} + \cdots,$$

若取前 $n+1$ 项的和作为 e 的近似值,即

$$e \approx 1 + 1 + \frac{1}{2!} + \frac{1}{3!} + \cdots + \frac{1}{n!},$$

则误差

$$\begin{aligned}
|R_n| &= \frac{1}{(n+1)!} + \frac{1}{(n+2)!} + \cdots \\
&= \frac{1}{(n+1)!}\left[1 + \frac{1}{n+2} + \frac{1}{(n+2)(n+3)} + \cdots\right] \\
&< \frac{1}{(n+1)!}\left[1 + \frac{1}{n+1} + \frac{1}{(n+1)^2} + \cdots\right] \\
&= \frac{1}{(n+1)!} \cdot \frac{n+1}{n} \\
&= \frac{1}{n \cdot n!}.
\end{aligned}$$

要使 $|R_n| < \frac{1}{n \cdot n!} < 10^{-4}$,只要 $n \cdot n! > 10^4$,取 $n = 7$ 即可. 于是取前八项,每项取五位小数计算,得

$$\begin{aligned}
e &\approx 1 + 1 + \frac{1}{2!} + \cdots + \frac{1}{7!} \\
&\approx 2 + 0.5 + 0.16667 + 0.04167 + 0.00833 + 0.00139 + 0.00020 \\
&\approx 2.71826,
\end{aligned}$$

即
$$e \approx 2.7183.$$

同步训练 9-4

1. 将下列函数展开为 x 的幂级数,并写出其收敛区间:
(1) e^{-x};　　　　(2) 2^x;　　　　(3) $\ln(4+x)$;　　　　(4) $\cos^2 x$.

2. 将函数 $f(x) = \dfrac{1}{4+x}$ 展开为 x 的幂级数,并指出其收敛区间.

3. 将函数 $f(x) = \dfrac{1}{x}$ 展开为 $x-2$ 的幂级数.

4. 将函数 $f(x) = \ln x$ 展开为 $x-1$ 的幂级数.

第五节　傅里叶级数

本节介绍一种重要的函数项级数——傅里叶级数,它在数学、物理和工程技术中都有着广泛的应用.

一、三角级数　三角函数系的正交性

定义　形如
$$\frac{a_0}{2} + \sum_{n=1}^{\infty}(a_n\cos nx + b_n\sin nx)$$
的函数项级数,称为**三角级数**,其中 $a_0, a_n, b_n(n=1,2,\cdots)$ 称为**三角级数的系数**.

特别地,当 $a_n = 0(n=0,1,2,\cdots)$ 时,三角级数只含有正弦项,即形如
$$\sum_{n=1}^{\infty} b_n \sin nx,$$
称为**正弦级数**. 当 $b_n = 0(n=1,2,\cdots)$ 时,三角级数只含有常数项和余弦项,即形如
$$\frac{a_0}{2} + \sum_{n=1}^{\infty} a_n \cos nx,$$
称为**余弦级数**.

称 $1, \cos x, \sin x, \cos 2x, \sin 2x, \cdots, \cos nx, \sin nx, \cdots$ 为**三角函数系**. 显然三角函数系满足下列等式:
$$\int_{-\pi}^{\pi} \cos nx\, dx = \int_{-\pi}^{\pi} \sin nx\, dx = 0,$$
$$\int_{-\pi}^{\pi} \cos nx \cos mx\, dx = \int_{-\pi}^{\pi} \sin nx \sin mx\, dx = 0,$$
$$\int_{-\pi}^{\pi} \sin nx \cos mx\, dx = 0,$$
其中 $n, m \in \mathbf{N}, n \neq m$. 即三角函数系中任意两个不同函数之乘积在 $[-\pi, \pi]$ 上的积分等于零,该性质称为**三角函数系在 $[-\pi, \pi]$ 上具有正交性**.

为了使用方便,给出三角函数系中两个相同函数的乘积在 $[-\pi, \pi]$ 上的积分结果如下:
$$\int_{-\pi}^{\pi} 1^2\, dx = 2\pi, \quad \int_{-\pi}^{\pi} \cos^2 nx\, dx = \pi, \quad \int_{-\pi}^{\pi} \sin^2 nx\, dx = \pi,$$
其中 $n \in \mathbf{N}$.

二、以 2π 为周期的函数的傅里叶级数

设周期为 2π 的函数 $f(x)$ 能展开成三角级数,即
$$f(x) = \frac{a_0}{2} + \sum_{k=1}^{\infty}(a_k \cos kx + b_k \sin kx), \tag{1}$$
且假设上式右端可以逐项积分,则两边积分可得
$$\int_{-\pi}^{\pi} f(x)\, dx = \int_{-\pi}^{\pi} \frac{a_0}{2}\, dx + \sum_{k=1}^{\infty}\left(a_k \int_{-\pi}^{\pi} \cos kx\, dx + b_k \int_{-\pi}^{\pi} \sin kx\, dx\right).$$
由三角函数系的正交性知,右端除第一项外其余各项均为零,所以
$$\int_{-\pi}^{\pi} f(x)\, dx = \frac{a_0}{2} \cdot 2\pi = a_0 \pi,$$
即
$$a_0 = \frac{1}{\pi}\int_{-\pi}^{\pi} f(x)\, dx.$$

用 $\cos nx$ 乘 (1) 式两端并在区间 $[-\pi, \pi]$ 上积分,可得

$$\int_{-\pi}^{\pi} f(x)\cos nx \, dx = \frac{a_0}{2}\int_{-\pi}^{\pi}\cos nx \, dx + \sum_{k=1}^{\infty}\Big[a_k\int_{-\pi}^{\pi}\cos kx\cos nx \, dx + b_k\int_{-\pi}^{\pi}\sin kx\cos nx \, dx\Big].$$

由三角函数系的正交性知,等式右端各项中,只有当 $k=n$ 时,

$$a_k\int_{-\pi}^{\pi}\cos kx\cos nx \, dx = a_n\int_{-\pi}^{\pi}\cos^2 nx \, dx = a_n\pi,$$

而其余各项均为零. 因此

$$\int_{-\pi}^{\pi} f(x)\cos nx \, dx = a_n\pi,$$

于是

$$a_n = \frac{1}{\pi}\int_{-\pi}^{\pi} f(x)\cos nx \, dx \quad (n=1,2,3,\cdots).$$

类似地,用 $\sin nx$ 乘(1)式两端,再从 $-\pi$ 到 π 逐项积分,可得

$$b_n = \frac{1}{\pi}\int_{-\pi}^{\pi} f(x)\sin nx \, dx \quad (n=1,2,3,\cdots).$$

由此得到求三角级数系数的公式:

$$\begin{cases} a_0 = \dfrac{1}{\pi}\int_{-\pi}^{\pi} f(x) \, dx, \\ a_n = \dfrac{1}{\pi}\int_{-\pi}^{\pi} f(x)\cos nx \, dx \, (n=1,2,3,\cdots), \\ b_n = \dfrac{1}{\pi}\int_{-\pi}^{\pi} f(x)\sin nx \, dx \, (n=1,2,3,\cdots). \end{cases} \tag{2}$$

由公式(2)所确定的系数 $a_0, a_n, b_n (n=1,2,3,\cdots)$ 称为 $f(x)$ 的**傅里叶系数**. 而由傅里叶系数所确定的三角级数

$$\frac{a_0}{2} + \sum_{n=1}^{\infty}(a_n\cos nx + b_n\sin nx)$$

称为 $f(x)$ 的**傅里叶级数**.

特别地,若 $f(x)$ 是周期为 2π 的奇函数,则它的傅里叶系数为

$$\begin{cases} a_n = \dfrac{1}{\pi}\int_{-\pi}^{\pi} f(x)\cos nx \, dx = 0 \quad (n=0,1,2,\cdots), \\ b_n = \dfrac{1}{\pi}\int_{-\pi}^{\pi} f(x)\sin nx \, dx = \dfrac{2}{\pi}\int_{0}^{\pi} f(x)\sin nx \, dx \quad (n=1,2,\cdots). \end{cases} \tag{3}$$

故奇函数的傅里叶级数中只含有正弦项,即为正弦级数.

若 $f(x)$ 是周期为 2π 的偶函数,则它的傅里叶系数为

$$\begin{cases} a_n = \dfrac{2}{\pi}\int_{0}^{\pi} f(x)\cos nx \, dx \quad (n=0,1,2,\cdots), \\ b_n = 0 \quad (n=1,2,\cdots). \end{cases} \tag{4}$$

故偶函数的傅里叶级数中只含有常数项和余弦项,即为余弦级数.

很自然地我们想到这样一个问题:对于 $f(x)$ 的傅里叶级数它是否收敛?若收敛,是否收敛于 $f(x)$?简而言之:$f(x)$ 满足什么条件时才能展开成傅里叶级数?下面的定理给出了答案.

定理 1(狄利克雷充分条件) 设以 2π 为周期的函数 $f(x)$ 满足条件:在一个周期内连续或只有有限个第一类间断点,并且至多只有有限个极值点,则 $f(x)$ 的傅里叶级数收

敛,且当 x 是 $f(x)$ 的连续点时,傅里叶级数收敛于 $f(x)$;当 x 是 $f(x)$ 的间断点时,傅里叶级数收敛于 $\dfrac{f(x^-)+f(x^+)}{2}$.

例1 设 $f(x)$ 是以 2π 为周期的函数,它在 $[-\pi,\pi)$ 上的表达式为
$$f(x)=\begin{cases}-1, & -\pi\leqslant x<0,\\ 1, & 0\leqslant x<\pi.\end{cases}$$
将 $f(x)$ 展开成傅里叶级数.

解 函数 $f(x)$ 的图形如图 9-1 所示. $f(x)$ 满足狄利克雷充分条件,它在点 $x=k\pi(k\in\mathbf{Z})$ 处间断,在其他点处连续,从而当 $x=k\pi(k\in\mathbf{Z})$ 时,对应的傅里叶级数收敛于 $\dfrac{-1+1}{2}=0$;当 $x\neq k\pi(k\in\mathbf{Z})$ 时,级数收敛于 $f(x)$. 计算傅里叶系数如下:

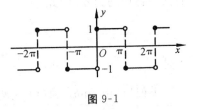

图 9-1

$$\begin{aligned}a_n&=\frac{1}{\pi}\int_{-\pi}^{\pi}f(x)\cos nx\,\mathrm{d}x\\ &=\frac{1}{\pi}\int_{-\pi}^{0}(-1)\cos nx\,\mathrm{d}x+\frac{1}{\pi}\int_{0}^{\pi}1\cdot\cos nx\,\mathrm{d}x\\ &=0\ (n=0,1,2,\cdots);\end{aligned}$$

$$\begin{aligned}b_n&=\frac{1}{\pi}\int_{-\pi}^{\pi}f(x)\sin nx\,\mathrm{d}x\\ &=\frac{1}{\pi}\int_{-\pi}^{0}(-1)\sin nx\,\mathrm{d}x+\frac{1}{\pi}\int_{0}^{\pi}1\cdot\sin nx\,\mathrm{d}x\\ &=\frac{1}{\pi}\left[\frac{\cos nx}{n}\right]_{-\pi}^{0}+\frac{1}{\pi}\left[-\frac{\cos nx}{n}\right]_{0}^{\pi}\\ &=\frac{1}{n\pi}(1-\cos n\pi-\cos n\pi+1)=\frac{2}{n\pi}[1-(-1)^n]\\ &=\begin{cases}\dfrac{4}{n\pi}, & n=1,3,5,\cdots,\\ 0, & n=2,4,6,\cdots.\end{cases}\end{aligned}$$

于是 $f(x)$ 的傅里叶级数展开式为
$$f(x)=\frac{4}{\pi}\left[\sin x+\frac{1}{3}\sin 3x+\cdots+\frac{1}{2k-1}\sin(2k-1)x+\cdots\right]$$
$(-\infty<x+\infty;x\neq 0,\pm\pi,\pm 2\pi,\cdots).$

例2 设 $f(x)$ 是以 2π 为周期的函数,它在 $[-\pi,\pi)$ 上的表达式为
$$f(x)=\begin{cases}0, & -\pi\leqslant x<0,\\ x, & 0\leqslant x<\pi.\end{cases}$$
将 $f(x)$ 展开成傅里叶级数.

解 $f(x)$ 的图形如图 9-2 所示. $f(x)$ 满足狄利克雷条件,它在点 $x=(2k+1)\pi(k\in\mathbf{Z})$ 处间断,因此对应的傅里叶级数在 $x=(2k+1)\pi$ 处收敛于 $\dfrac{\pi+0}{2}=\dfrac{\pi}{2}$;在连续点 $x(x\neq(2k+1)\pi)$ 处,级数收敛于 $f(x)$. 由公式(2)有

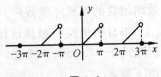

图 9-2

$$a_0 = \frac{1}{\pi}\int_{-\pi}^{\pi} f(x)\mathrm{d}x = \frac{1}{\pi}\int_0^{\pi} x\mathrm{d}x = \frac{\pi}{2},$$

$$a_n = \frac{1}{\pi}\int_{-\pi}^{\pi} f(x)\cos nx\,\mathrm{d}x = \frac{1}{\pi}\int_0^{\pi} x\cos nx\,\mathrm{d}x$$

$$= \frac{1}{\pi}\int_0^{\pi} \frac{x}{n}\mathrm{d}(\sin nx) = \frac{1}{\pi}\left(\frac{x}{n}\sin nx\Big|_0^{\pi} - \frac{1}{n}\int_0^{\pi}\sin nx\,\mathrm{d}x\right)$$

$$= \frac{1}{\pi n^2}\cos nx\Big|_0^{\pi} = \frac{1}{\pi n^2}[(-1)^n - 1]$$

$$= \begin{cases} -\dfrac{1}{\pi n^2}, & n = 1,3,5,\cdots, \\ 0, & n = 2,4,6,\cdots; \end{cases}$$

$$b_n = \frac{1}{\pi}\int_{-\pi}^{\pi} f(x)\sin nx\,\mathrm{d}x = \frac{1}{\pi}\int_0^{\pi} x\sin nx\,\mathrm{d}x$$

$$= -\frac{1}{n\pi}\int_0^{\pi} x\mathrm{d}(\cos nx) = -\frac{1}{n\pi}\left[x\cos nx\Big|_0^{\pi} - \int_0^{\pi}\cos nx\,\mathrm{d}x\right]$$

$$= \frac{(-1)^{n+1}}{n} = \begin{cases} \dfrac{1}{n}, & n = 1,3,\cdots, \\ -\dfrac{1}{n}, & n = 2,4,\cdots. \end{cases}$$

所以 $f(x)$ 的傅里叶级数展开式为

$$f(x) = \frac{\pi}{4} - \frac{2}{\pi}\left(\cos x + \frac{1}{3^2}\cos 3x + \frac{1}{5^2}\sin 5x + \cdots\right) +$$
$$\left(\sin x - \frac{1}{2}\sin 2x + \frac{1}{3}\sin 3x - \cdots\right)$$
$$(-\infty < x < +\infty, x \neq \pm\pi, \pm 3\pi, \pm 5\pi, \cdots).$$

如果 $f(x)$ 只在 $[-\pi,\pi)$ 或 $(-\pi,\pi]$ 上有定义且满足狄利克雷充分条件,则可在 $[-\pi,\pi)$ 或 $(-\pi,\pi]$ 外补充 $f(x)$ 的定义,使 $f(x)$ 延拓成以 2π 为周期的函数 $F(x)$,称这个过程为 $f(x)$ **的周期延拓**. 这样将 $F(x)$ 展开成傅里叶级数,当 x 限定在 $(-\pi,\pi)$ 内时,就得到 $f(x)$ 的傅里叶级数展开式;当 $x = \pm\pi$ 时,傅里叶级数收敛于 $\dfrac{f(-\pi^+) + f(\pi^-)}{2}$.

类似地,如果 $f(x)$ 只在 $[0,\pi]$ 上有定义且满足狄利克雷充分条件,则补充 $f(x)$ 在 $(-\pi,0)$ 内的定义,使 $f(x)$ 延拓成定义在 $(-\pi,\pi]$ 上的函数 $F(x)$. 常见的是使 $f(x)$ 延拓后的函数 $F(x)$ 在 $(-\pi,\pi)$ 上为奇函数或偶函数,分别称为**奇延拓**或**偶延拓**,然后再将 $F(x)$ 展开成傅里叶级数,当 x 限定在 $(0,\pi)$ 内时就得到 $f(x)$ 的傅里叶级数展开式.

例 3 将函数 $f(x) = x\ (0 \leqslant x \leqslant \pi)$ 分别展开成正弦级数和余弦级数.

解 (1) 对 $f(x)$ 作奇延拓:$F(x) = x, x \in (-\pi,\pi]$,并在 $(-\pi,\pi]$ 外作周期延拓,如图 9-3 所示,则根据公式(3)有

$$a_n = 0\ (n = 0,1,2,\cdots),$$

$$b_n = \frac{2}{\pi}\int_0^{\pi} f(x)\sin nx\,\mathrm{d}x = \frac{2}{\pi}\int_0^{\pi} x\sin nx\,\mathrm{d}x = -\frac{2}{n\pi}\int_0^{\pi} x\mathrm{d}(\cos nx)$$

$$= -\frac{2}{n\pi}\left(x\cos nx\Big|_0^{\pi} - \int_0^{\pi}\cos nx\,\mathrm{d}x\right) = (-1)^{n+1}\frac{2}{n}\quad (n = 1,2,\cdots).$$

于是

$$f(x) = 2\left[\sin x - \frac{1}{2}\sin 2x + \frac{1}{3}\sin 3x - \cdots + \frac{(-1)^{n+1}}{n}\sin nx + \cdots\right] \quad (0 < x < \pi),$$

在 $x=0$ 及 $x=\pi$ 处,级数收敛于 0.

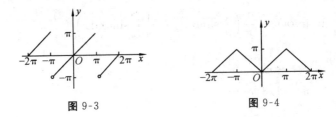

图 9-3　　　　　图 9-4

(2) 对 $f(x)$ 作偶延拓:$F(x) = |x|, x \in (-\pi, \pi]$,并在 $(-\pi, \pi]$ 外作周期延拓,如图 9-4 所示. 根据公式(4)有

$$b_n = 0 \quad (n = 1, 2, \cdots),$$

$$a_0 = \frac{2}{\pi}\int_0^\pi f(x)\mathrm{d}x = \frac{2}{\pi}\int_0^\pi x\mathrm{d}x = \pi,$$

$$a_n = \frac{2}{\pi}\int_0^\pi f(x)\cos nx\,\mathrm{d}x = \frac{2}{\pi}\int_0^\pi x\cos nx\,\mathrm{d}x$$

$$= \frac{2}{n\pi}\int_0^\pi x\mathrm{d}(\sin nx) = \frac{2}{n\pi}\left(\sin nx\Big|_0^\pi - \int_0^\pi \sin nx\,\mathrm{d}x\right)$$

$$= \frac{2}{\pi n^2}\cos nx\Big|_0^\pi = \frac{2}{\pi n^2}[(-1)^n - 1]$$

$$= \begin{cases} -\dfrac{4}{n^2\pi}, & n = 1, 3, \cdots, \\ 0, & n = 2, 4, \cdots. \end{cases}$$

于是　　$f(x) = \dfrac{\pi}{2} - \dfrac{4}{\pi}\Big[\cos x + \dfrac{1}{3^2}\cos 3x + \dfrac{1}{5^2}\cos 5x + \cdots +$

$$\frac{1}{(2n-1)^2}\cos(2n-1)x + \cdots\Big] \quad (0 \leqslant x \leqslant \pi).$$

三、以 $2l$ 为周期的函数的傅里叶级数

定理 2　设 $f(x)$ 是以 $2l$ 为周期的函数,且在一个周期内满足狄利克雷充分条件,则当 x 是 $f(x)$ 的连续点时,$f(x)$ 的傅里叶级数展开式为

$$f(x) = \frac{a_0}{2} + \sum_{n=1}^{\infty}\left(a_n\cos\frac{n\pi x}{l} + b_n\sin\frac{n\pi x}{l}\right),$$

其中　　$a_0 = \dfrac{1}{l}\int_{-l}^{l} f(x)\mathrm{d}x,$

$$a_n = \frac{1}{l}\int_{-l}^{l} f(x)\cos\frac{n\pi x}{l}\mathrm{d}x \quad (n = 1, 2, \cdots),$$

$$b_n = \frac{1}{l}\int_{-l}^{l} f(x)\sin\frac{n\pi x}{l}\mathrm{d}x \quad (n = 1, 2, \cdots).$$

特别地,当 $f(x)$ 为奇函数时,$f(x)$ 展开成正弦级数

$$f(x) = \sum_{n=1}^{\infty} b_n\sin\frac{n\pi x}{l},$$

其中 $b_n = \dfrac{2}{l}\int_0^l f(x)\sin\dfrac{n\pi x}{l}\mathrm{d}x \quad (n=1,2,\cdots).$

当 $f(x)$ 为偶函数时，$f(x)$ 展开成余弦级数

$$f(x) = \frac{a_0}{2} + \sum_{n=1}^{\infty} a_n\cos\frac{n\pi x}{l},$$

其中 $a_0 = \dfrac{2}{l}\int_0^l f(x)\mathrm{d}x,$

$a_n = \dfrac{2}{l}\int_0^l f(x)\cos\dfrac{n\pi x}{l}\mathrm{d}x \quad (n=1,2,\cdots).$

例 4 设 $f(x)$ 是以 2 为周期的函数，且
$$f(x) = 1 - x^2 \quad (-1 \leqslant x \leqslant 1),$$
将 $f(x)$ 展开成傅里叶级数.

解 $f(x)$ 的图形如图 9-5 所示，$f(x)$ 满足狄利克雷充分条件.

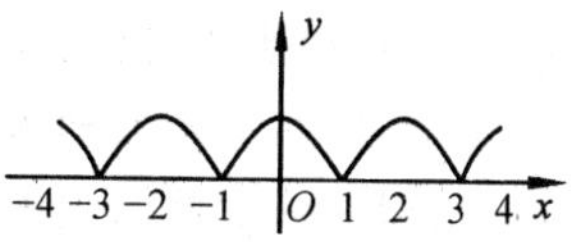

由于 $f(x)$ 为偶函数，所以
$b_n = 0 \quad (n=1,2,\cdots),$
$a_0 = 2\int_0^1 f(x)\mathrm{d}x = 2\int_0^1(1-x^2)\mathrm{d}x = \dfrac{4}{3},$
$a_n = 2\int_0^1 f(x)\cos n\pi x \mathrm{d}x = \dfrac{2}{n\pi}\int_0^1(1-x^2)\mathrm{d}(\sin n\pi x)$
$= \dfrac{2}{n\pi}\left[(1-x^2)\sin n\pi x \Big|_0^1 + \int_0^1 2x\sin n\pi x\mathrm{d}x\right]$
$= -\dfrac{4}{(n\pi)^2}\int_0^1 x\mathrm{d}(\cos n\pi x) = -\dfrac{4}{(n\pi)^2}\left(x\cos n\pi x\Big|_0^1 - \int_0^1 \cos n\pi x\mathrm{d}x\right)$
$= (-1)^{n+1}\dfrac{4}{(n\pi)^2} \quad (n=1,2,\cdots).$

图 9-5

于是 $f(x) = \dfrac{2}{3} + \dfrac{4}{\pi^2}\left[\cos\pi x - \dfrac{1}{2^2}\cos 2\pi x + \dfrac{1}{3^2}\cos 3\pi x - \cdots + \dfrac{(-1)^{n+1}}{n^2}\cos n\pi x + \cdots\right] \quad (-\infty < x < +\infty).$

同步训练 9-5

1. 设 $f(x)$ 是以 2π 为周期的函数，它在 $[-\pi,\pi)$ 上的表达式为
$$f(x) = \begin{cases} 0, & -\pi \leqslant x < 0, \\ 1, & 0 \leqslant x < \pi. \end{cases}$$
将 $f(x)$ 展开成傅里叶级数.

2. 将函数 $f(x) = x+1(0 \leqslant x \leqslant \pi)$ 分别展开成正弦级数和余弦级数.

3. 将函数 $f(x) = x^2(0 \leqslant x \leqslant \pi)$ 分别展开成正弦级数和余弦级数.

4. 将函数 $f(x) = \begin{cases} 2x+1, & -3 \leqslant x < 0, \\ 1, & 0 \leqslant x < 3 \end{cases}$ 展开成傅里叶级数.

阅读材料九

无穷级数

一、无穷级数的早期发展

无穷级数在数学中很早就出现了,最初通常是公比小于 1 的无穷等比级数.早在公元前 4 世纪,希腊哲学家亚里士多德就已认识到这种级数有和.公元前 3 世纪,阿基米德(Archimedes)为了计算抛物线弓形的面积而导出了基本恒等式

$$1+\frac{1}{4}+\frac{1}{4^2}+\frac{1}{4^3}+\cdots+\frac{1}{4^n}+\frac{1}{3}\cdot\frac{1}{4^n}=\frac{4}{3},$$

进而得到

$$1+\frac{1}{4}+\frac{1}{4^2}+\frac{1}{4^3}+\cdots+\frac{1}{4^n}+\cdots=\frac{4}{3}.$$

中国古代的《庄子·天下》中记载了一个著名的命题:"一尺之棰,日取其半,万世不竭."即:一尺长的木棒,每天截取其一半,这个过程永远也不会完结.注意到这一过程的核心是"取",因而每天取下的木棒之和是一个无穷级数的求和问题,可以表示为

$$\frac{1}{2}+\frac{1}{4}+\frac{1}{8}+\cdots+\frac{1}{2^n}+\cdots \to 1.$$

14 世纪 20 年代到 40 年代,牛津大学默顿学院的一批逻辑学家和自然哲学家从对运动与变化问题的定量研究中引出了不少无穷级数问题.例如斯温希德(R. Swineshead,约活跃于 1340—1355 年前后)解决了这样一个问题,它可以借助运动叙述如下:

如果一个点在某一段时间的前一半以不变的初始速度运动,在这段时间的紧接着的四分之一中以初始速度的二倍运动,在随后的八分之一中以初始速度的三倍运动……这样无限地继续下去,那么,这个点在整个这段时间的平均速度等于初始速度的二倍.

把这段时间的长度和初始速度都取为一个单位,则上述问题等价于级数求和

$$\frac{1}{2}+\frac{2}{4}+\frac{3}{8}+\cdots+\frac{n}{2^n}+\cdots=2.$$

1350 年前后,法国数学家奥雷姆(N. Oresme)给出了一般的几何级数

$$\frac{a}{k}+\frac{a}{k}\left(1-\frac{1}{k}\right)+\cdots+\frac{a}{k}\left(1-\frac{1}{k}\right)^n+\cdots=a,$$

其中 k 是大于 1 的整数.与此同时,他还证明了调和级数

$$1+\frac{1}{2}+\frac{1}{3}+\cdots+\frac{1}{n}+\cdots$$

是发散的,在证明中他指出,$\frac{1}{3}$ 与 $\frac{1}{4}$ 之和大于 $\frac{1}{2}$,以后 $\frac{1}{5}$ 到 $\frac{1}{8}$ 四项之和也大于 $\frac{1}{2}$,再以后 $\frac{1}{9}$ 到 $\frac{1}{16}$ 八项之和也大于 $\frac{1}{2}$,等等.这是通项趋于 0 而级数发散的第一个例子.

二、微积分初创时期的无穷级数

1664—1665 年,牛顿得到了正负有理指数幂的二项式定理,为无穷级数的研究开辟了广阔的前景,寻找一些熟知的函数的无穷级数表示是牛顿同时代

数学家们的热门课题,牛顿凭借自己发现的二项式定理而能得到一系列函数的无穷级数.牛顿的微积分工作与无穷级数有着十分密切的关系,因为对于较为复杂的函数,只有将其展成无穷级数并进行逐项微分或积分,他才能加以处理.1669 年,他在《运用无穷多项方程的分析学》中导出了指数函数、正弦函数和余弦函数的级数展开式,又于 1671 年在《流数法与无穷级数》中给出了求解代数方程和微分方程的无穷级数法(待定系数法).值得指出的是,牛顿所说的"无穷多项方程"就是无穷级数,而分析学在当时的含义是代数学.实际上,微积分在诞生之初的相当长一个时期被认为是一种代数,无穷级数则被视为多项式的推广,并且就当作多项式来处理.

苏格兰数学家格雷戈里(James Gregory,1638—1675)是对微积分的创立做出了重要贡献的数学家之一.1670 年 11 月,他独立地发现了一般函数的二项展开式,1671 年 2 月,又不加证明地给出了若干三角函数和反三角函数的无穷级数展开式,其中的

$$\arctan x = x - \frac{x^3}{3} + \frac{x^5}{5} - \frac{x^7}{7} + \cdots$$

被称为"格雷戈里展开式".

莱布尼兹在他 1684—1686 年发表的一些文章中将无穷级数称为"一般的或不定的方程"并加以强调.1713 年,他在致约翰·伯努利(John Bernoulli)的信中提出了交错级数收敛的判别法,后人称之为"莱布尼兹判别法".

在 17—18 世纪,微积分的许多重要结果都依赖于无穷级数的使用,但关于其收敛与发散的问题却没有受到认真的对待.由于许多数学家随意地将多项式的运算法则应用于无穷级数,不仅对无穷级数的论证缺乏严格性,还导致了许多荒谬的结果.

意大利数学家格兰迪(G. Grandi,1671—1742)在他 1703 年的小册子《圆和双曲线的求积》中,由 $\frac{1}{(1+x)} = 1 - x + x^2 - x^3 + \cdots$,令 $x=1$,得出 $\frac{1}{2} = 1 - 1 + 1 - 1 + 1 - 1 + \cdots$.

欧拉从 1730 年开始对无穷级数产生了极大的兴趣,得到许多重要结果,并开始意识到收敛问题的重要性,但他的一些工作中仍表现出认识上的混乱.他主张

由于 $$\frac{1}{1-x} = 1 + x + x^2 + x^3 + \cdots, \qquad (*)$$

当 $x=-1$, $$\frac{1}{2} = 1 - 1 + 1 - 1 + 1 - 1 + \cdots,$$

当 $x=-2$, $$\frac{1}{3} = 1 - 2 + 2^2 - 2^3 + \cdots,$$

由于 $$\frac{1}{(1+x)^2} = (1+x)^{-2} = 1 - 2x + 3x^2 - 4x^3 + \cdots,$$

当 $x=1$, $$\frac{1}{4} = 1 - 2 + 3 - 4 + \cdots,$$

当 $x=-1$, $$\infty = 1 + 2 + 3 + 4 + 5 + \cdots,$$

进一步,在(*)中令 $x=2$,有 $-1 = 1 + 2 + 4 + 8 + \cdots,$

于是他断言∞必须是介于正数和负数之间的一种极限,在这点上和 0 相似.

法国数学家达朗贝尔(J. L. R. D'Alcmbert,1717—1783)是 18 世纪少数明确提出应该区分收敛级数与发散级数的数学家之一. 他给出定义:"当级数的项数增加而级数值越来越趋向某有限量,则称此级数为收敛级数."并在 1768 年出版的《数学手册》第 5 卷中说:"所有基于不收敛级数的推理,在我看来都是十分可疑的."

三、泰勒级数与泰勒定理

1712 年 7 月 26 日,英国数学家泰勒(B. Taylor,1685—1731)在致他的老师梅钦(John Machin,1680—1751,英)的一封信中给出了著名的泰勒定理:函数在一个点的邻域内的值可以用函数在该点的值及各阶导数值组成的无穷级数表示出来,即

$$f(x+h)=f(x)+\frac{f'(x)}{1!}\cdot h+\frac{f''(x)}{2!}\cdot h^2+\cdots+\frac{f^{(n)}(x)}{n!}\cdot h^n+\cdots.$$

1715 年,泰勒在他的《正的和反的增量方法》一书中公布了这一定理. 1717 年,他又在该书第二版中讨论了函数在 $x=0$ 处的展开,即

$$f(x)=f(0)+\frac{f'(0)}{1!}x+\frac{f''(0)}{2!}x^2+\cdots+\frac{f^n(0)}{n!}x^n+\cdots.$$

1742 年,英国数学家麦克劳林(C. Maclaurin,1698—1746)在他的《流数通论》中以泰勒级数为基本工具对函数的幂级数展开进行了详细的计论,叙述了函数在 $x=0$ 处展开的定理,并用待定系数法给出证明. 虽然他已指出这只是泰勒工作的一个特例,但由于历史的误会,函数在 $x=0$ 处展开的级数仍被称为"麦克劳林级数".

1772 年,拉格朗日强调了泰勒定理在微分学中的重要性,称之为微分学基本定理,但泰勒对定理的证明未考虑级数的收敛性. 因而不太严格,这一工作直到 19 世纪 20 年代才由柯西完成.

四、e 和 π 的近似计算

1669 年,牛顿在《运用无穷多项方程的分析学》中导出了指数函数的级数展开式

$$e^x=1+x+\frac{1}{2}x^2+\frac{1}{6}x^3+\cdots+\frac{1}{n!}x^n+\cdots.$$

这不仅为 e 的近似计算提供了严格的逻辑基础,也提供了有效的算法.

现在人们熟知的欧拉公式 $e^{ix}=\cos x+i\sin x$ 是 1740 年 10 月 28 日欧拉在致约翰·伯努利的信中首次提出、1743 年在《柏林学院集刊》(Miscellanca Berolinensia)上首次公开发表的,1748 年收入他的《无穷小分析引论》.

圆面积的计算是一个十分古老的课题,其关键就是 π 的近似计算,公元前 3 世纪,希腊数学家阿基米德(Archimedes,公元前 287—前 212)用割圆术求得 $π≈3.14$,2 世纪希腊数学家托勒密(Ptolemy,约 100—约 170)求得 $π≈\frac{337}{120}≈3.14167\cdots$,5 世纪中国数学家祖冲之(429—500)求得 $3.1415926<π<3.1415927$,1427 年,阿拉伯数学卡西(al-Kashi,? —1429)给出

$$2π≈6.2831853071795865.$$

17 世纪初,德国数学家柯伦(L. van Ceulen,1540—1610)尽其毕生精力将 π 值算至 35 位小数. 这些结果基本上都是用割圆术得到的,运算量极大.

1671年,苏格兰数学家格雷戈里给出了

$$\arctan x = \sum_{n=0}^{\infty} (-1)^n \frac{x^{2n+1}}{2n+1},$$

但他没有注意到只要在上述级数中令 $x=1$ 就可以得到一个 π 的无穷级数表示式.

1674年,莱布尼兹在研究圆面积计算时独立于格雷戈里的结果而得到

$$\frac{\pi}{4} = \sum_{n=0}^{\infty} \frac{(-1)^n}{2n+1},$$

这是历史上第一个 π 的无穷级数表示式,但收敛速度极慢.

1706年,英国数学家梅钦(J. Machin,1680—1751)给出公式

$$\frac{\pi}{4} = 4\arctan\frac{1}{5} - \arctan\frac{1}{239},$$

利用这一结果并结合格雷戈里级数,他将 π 值计算到 100 位小数. 利用格雷戈里级数和梅钦公式的改进形式,人们不断改进了 π 值的计算结果. 1948 年 1 月,美国数学家伦奇(J. W. Wrench)和史密斯(L. B. Smith)联合发表了具有 1120 位小数的 π 值,创造了用分析方法计算 π 值的最高记录. 此后,由于使用电子计算机,π 值计算不断获得进展,1989 年已经突破了 10 亿位大关.

五、无穷级数理论的严格化

对级数收敛性最早作出重要研究的是高斯(C. F. Gauss,1777—1855),他在《无穷级数的一般研究》(1813)中研究了超几何级数 $F(\alpha,\beta,\gamma,x)$,并建立了这个作为常微分方程解的级数的收敛性. 他注意到:级数的使用必须限制在其收敛区域(收敛区间)内. 1857 年,黎曼将超几何级数称为高斯级数.

为解决热传导问题,法国数学家傅里叶(J. B. J. Fourier,1768—1830)于 1811—1822 年间建立了傅里叶级数理论.

法国数学家柯西(A. L. Cauchy,1789—1857)是第一个认识到无穷级数论并非多项式理论的平凡推广而应当以极限为基础建立其完整理论的数学家. 1821 年,他在《分析教程》中以部分和有极限定义级数收敛并以此极限定义收敛级数之和,虽然 18 世纪已有许多数学家隐约使用过这种定义,但首先给出其明确陈述的却是柯西. 在此基础上,他比较严格地建立了完整的级数论. 他给出了判断级数收敛的柯西准则,证明了必要性并断言了其充分性. 他严格证明了正项级数收敛的根式判别法和比值判别法,推出了一些常用级数的敛散性. 对于一般项级数,他引入了绝对收敛概念,指出绝对收敛级数必收敛;收敛级数之和收敛,但它们的积不一定收敛. 对于幂级数,他得到了收敛半径,并推广到复幂级数的情形. 1853 年,他引入了一致收敛概念.

1826 年,挪威数学家阿贝尔(N. H. Abel,1802—1829)最早使用一致收敛的思想证明了连续函数的一个一致收敛级数的和在收敛区间内部连续. 此外他还得到了一些收敛判别法以及关于幂级数求和的定理.

1837 年,德国数学家狄利克雷(P. G. L. Dirichlet,1805—1859)证明了绝对收敛级数的性质. 他和黎曼还分别给出例子,说明条件收敛级数通过重新排序

可以使其和等于任何已知数.

早在 1842 年,魏尔斯特拉斯(Weierstrass,1815—1897)就有了一致收敛的概念,并利用这一概念给出了逐项积分和在积分号下求微分的条件.

本章小结

一、主要内容

1. 无穷级数的概念及性质.
2. 正项级数的概念及审敛法.
3. 交错级数的概念及莱布尼兹判别法.
4. 任意项级数的绝对收敛与条件收敛.
5. 幂级数的概念及性质,幂级数的收敛半径与收敛区间.
6. 初等函数展开为泰勒级数与麦克劳林级数.
7. 傅里叶级数相关问题.

二、方法要点

1. 利用级数的定义与性质讨论其敛散性.
2. 利用比较判别法和比值判别法判定正项级数的敛散性.
3. 利用莱布尼兹判别法判定交错级数的敛散性.
4. 判定任意项级数的绝对收敛与条件收敛.
5. 能够求幂级数的收敛半径与收敛区间.
6. 将初等函数展开为幂级数.
7. 求解以 2π 为周期的函数的傅里叶级数.
8. 求解以 $2l$ 为周期的函数的傅里叶级数.

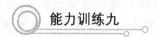

能力训练九

一、填空题

1. 级数 $\sum\limits_{n=1}^{\infty} u_n$ 收敛的必要条件为_____.

2. 若级数 $\sum\limits_{n=1}^{\infty} \dfrac{1}{n^{\rho+1}}$ 发散,则 ρ _____.

3. 若 $\sum\limits_{n=1}^{\infty} u_n$ 收敛,$\sum\limits_{n=1}^{\infty} v_n$ 也收敛,则级数 $\sum\limits_{n=1}^{\infty} (u_n + v_n)$ 一定_____.

4. 若级数 $\sum\limits_{n=1}^{\infty} (-1)^n \dfrac{1}{n^{\rho}}$ 条件收敛,则 ρ 的取值范围为_____.

5. 幂级数 $\sum\limits_{n=1}^{\infty} (-1)^n \dfrac{x^n}{2n}$ 的收敛半径为_____.

6. 幂级数 $\sum_{n=1}^{\infty} \dfrac{x^n}{n}$ 的收敛区间为_____.

7. $\dfrac{1}{1+x}$ 关于 x 的幂级数的展开式为_____.

二、选择题

8. 若常数项级数 $\sum_{n=1}^{\infty} u_n$ 收敛,则 (   )

A. $\lim\limits_{n\to\infty} u_n \neq 0$ B. $\lim\limits_{n\to\infty} u_n = 0$

C. $\lim\limits_{n\to\infty} s_n = 0$ D. $\lim\limits_{n\to\infty} s_n$ 不存在

9. 级数 $\sum_{n=1}^{\infty} \dfrac{1}{n(n+1)}$ (   )

A. 一定收敛 B. 一定发散
C. 一定条件发散 D. 可能收敛,也可能发散

10. 下列级数条件收敛的是 (   )

A. $\sum_{n=1}^{\infty} \dfrac{(-1)^n}{2^n}$ B. $\sum_{n=1}^{\infty} \dfrac{(-1)^n}{2n-1}$ C. $\sum_{n=1}^{\infty} \dfrac{(-1)^n}{\sqrt{n}}$ D. $\sum_{n=1}^{\infty} \dfrac{(-1)^n}{n^2}$

11. 级数 $\sum_{n=1}^{\infty} \dfrac{x^n}{n}$ 的收敛半径 R 等于 (   )

A. 1 B. 2 C. 3 D. 4

12. 若 $\lim\limits_{n\to\infty} u_n \neq 0$,则级数 $\sum_{n=1}^{\infty} u_n$ (   )

A. 一定收敛 B. 一定发散
C. 一定条件收敛 D. 可能收敛,可能发散

13. 下列级数绝对收敛的是 (   )

A. $\sum_{n=1}^{\infty} \dfrac{(-1)^n}{n^2}$ B. $\sum_{n=1}^{\infty} \dfrac{(-1)^n n}{2n-1}$ C. $\sum_{n=1}^{\infty} \dfrac{(-1)^n}{\sqrt{n}}$ D. $\sum_{n=1}^{\infty} \dfrac{(-1)^n}{n}$

14. 幂级数 $\sum_{n=1}^{\infty} \dfrac{x^n}{n}$ 的收敛域为 (   )

A. $(-1,1)$ B. $[-1,1)$ C. $(-1,1]$ D. $[-1,1]$

三、解答题

15. 判定下列级数的敛散性:

(1) $\sum_{n=1}^{\infty} \ln \dfrac{n+1}{n}$;   (2) $\sum_{n=1}^{\infty} \dfrac{n+3}{2n-1}$;   (3) $\sum_{n=1}^{\infty} n\sin \dfrac{1}{n^3}$;

(4) $\sum_{n=1}^{\infty} \ln\left(1+\dfrac{1}{n^2}\right)$;   (5) $\sum_{n=1}^{\infty} \dfrac{2+n}{3+n^2}$;   (6) $\sum_{n=1}^{\infty} \dfrac{3^n}{n!}$;

(7) $\sum_{n=1}^{\infty} (-1)^{n-1} \dfrac{1}{\sqrt{n}}$;

(8) 判断 $\sum_{n=1}^{\infty} (-1)^{n-1} \dfrac{1}{\sqrt[3]{n^2}}$ 是条件收敛还是绝对收敛;

(9) 判断 $\sum_{n=1}^{\infty} (-1)^n \frac{1}{n^3}$ 是条件收敛还是绝对收敛.

16. 求下列幂级数的收敛半径及收敛区间：

(1) $\sum_{n=1}^{\infty} \frac{x^n}{n 5^n}$;

(2) $\sum_{n=1}^{\infty} \frac{x^n}{3^n}$;

(3) $\sum_{n=1}^{\infty} \frac{1}{2^n}(x-1)^n$;

(4) $\sum_{n=1}^{\infty} (-1)^n \frac{(x-1)^n}{2n+1}$.

数学实验模块

第十章 数学实验

学习目标

1. 了解 Microsoft Mathematics 软件的功能及基本操作.
2. 能够借助于 Microsoft Mathematics 绘制函数图形.
3. 掌握 Microsoft Mathematics 的基本指令,能够借助 Microsoft Mathematics 进行简单的赋值运算.
4. 能够借助 Microsoft Mathematics 进行求值、导数、积分、线性代数等方面的计算与运算等.

第一节 Microsoft Mathematics 软件简介、简单计算及图形绘制

一、微软数学软件简介

微软数学(Microsoft Mathematics)是一款适合学生和教师的计算软件.该软件可以从微软公司官方网站免费下载.它提供了一系列数学工具,可帮助学生和教师快速轻松地完成必要的计算或绘图.有了 Microsoft Mathematics,学生可以逐步学习解方程,同时能更好地理解初等代数、代数、三角、物理、化学和微积分中的基本概念.

Microsoft Mathematics 包括一个功能全面的绘图计算器,该计算器被设计为能像手持计算器一样工作. Microsoft Mathematics 还有其他数学工具,可计算三角函数、从一种单位制转换成另一种单位制以及解方程组.

Microsoft Mathematics 拥有强大的功能,主要体现在以下 11 个方面:(1) 计算标准数学函数,如求根和对数;(2) 解方程和不等式;(3) 解三角形;(4) 从一种度量单位转换成另一种度量单位;(5) 计算三角函数,如正弦和余弦;(6) 执行矩阵和向量操作,如求逆和叉积;(7) 计算基本统计信息,如平均数和标准差;(8) 进行复数运算;(9) 在笛卡尔坐标系、极坐标系、柱坐标系和球坐标系中绘制二维图形和三维图形;(10) 计算级数的导数、积分、极限、和与乘积;(11) 查找、绘制和解出常用公式和方程.

Microsoft Mathematics 界面友好,符合用户的使用习惯,易于操作,如图 10-1 所示.界面左侧为计算器键盘,如同一部手机的造型,在这里可以直接选择输入数学公式,也可以通过下面的按键快速输入数字;右侧是主要的输入区域,显示输入内容、计算结果与计算的详细

步骤,同时提供相关计算功能,还可以以图形的方式显示出题目的结果.

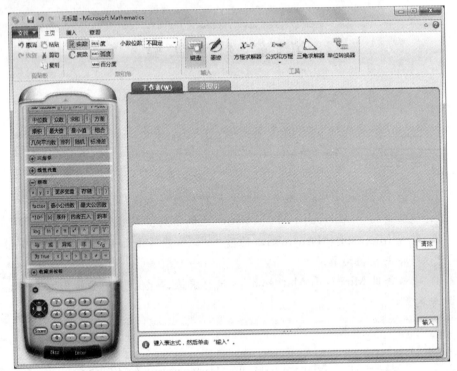

图 10-1

二、Microsoft Mathematics 的基本运算

1. 算式求值

例1 计算式子 $\dfrac{4\times 5.23^2+3\times(4.38+6.27)^3}{3.5+4.8}$ 的值.

在工作表中输入要计算的数学式子,如图 10-2 所示.

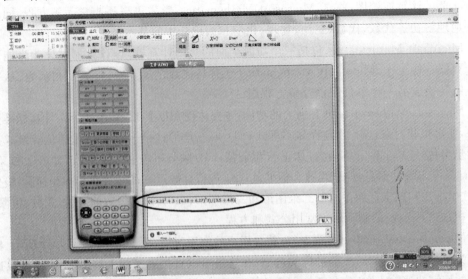

图 10-2

单击"输入"按钮,得到结果,如图 10-3 所示.

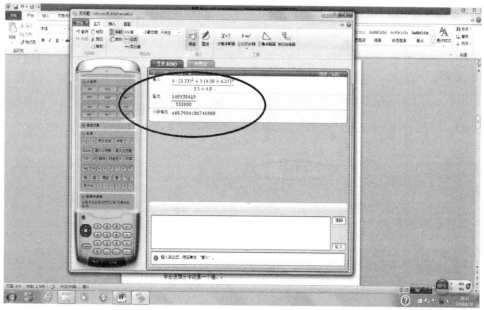

图 10-3

在计算算式前先选定位数,通过小数位数选择,调整计算结果的小数点后的位数,如图 10-4 所示.

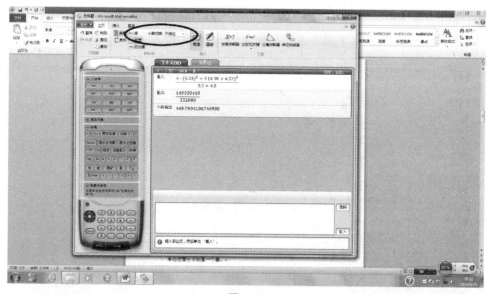

图 10-4

结果如图 10-5 所示.

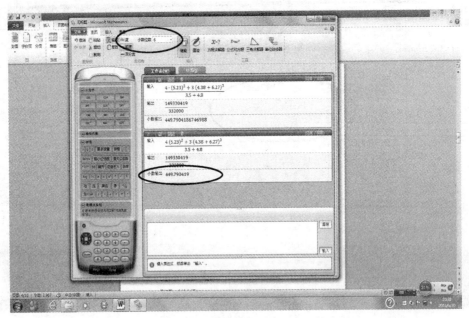

图 10-5

2. 多项式求值

例 2　设 $f(x)=x^2-\dfrac{1}{x}$,求 $f(5)$.

在工作表中先输入 5,在工作表的左侧单击"存储"按钮,然后在工作表中输入 x,单击右下角"输入"按钮,则完成了对变量 x 的赋值,如图 10-6 所示.

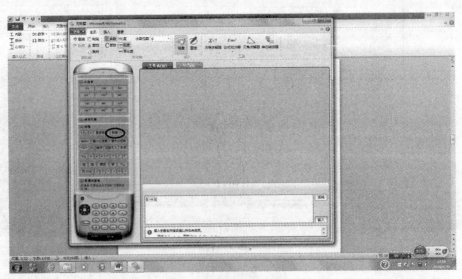

图 10-6

结果如图 10-7 所示.

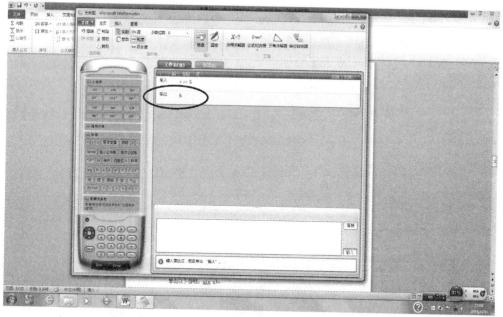

图 10-7

在工作表中输入函数表达式,切记:不能输入 $f(x)=x^2-\dfrac{1}{x}$,只能输入函数右方表达式,如图 10-8 所示.

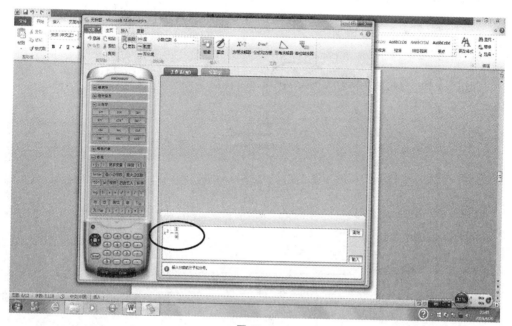

图 10-8

单击"输入"按钮得到函数值,如图 10-9 所示.

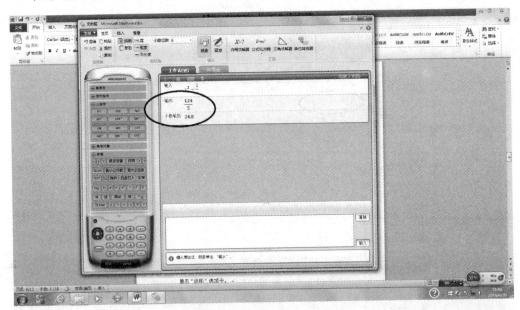

图 10-9

3. 函数图形的绘制

例 3 创建函数 $y=\sin(x)$ 的图形.

单击"绘图工具"选项卡,如图 10-10 所示.

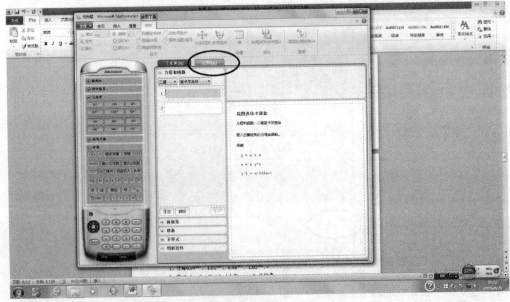

图 10-10

单击该部分中的第一个框,将打开一个输入框,输入函数 $y=\sin x$,如图 10-11 所示.

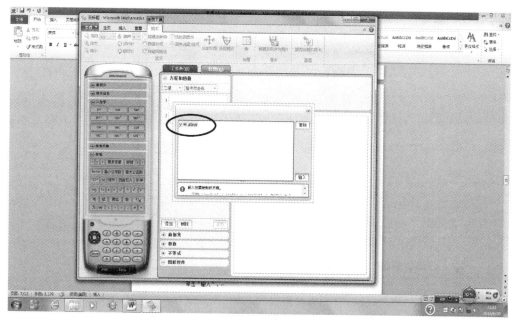

图 10-11

单击"输入"按钮,单击"图形",如图 10-12 所示.

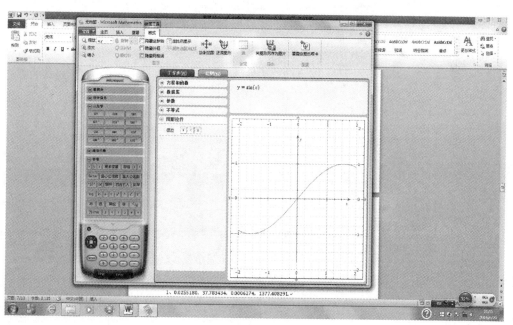

图 10-12

单击"绘制范围"按钮,可以调整函数绘制区间,如图 10-13、图 10-14 所示.

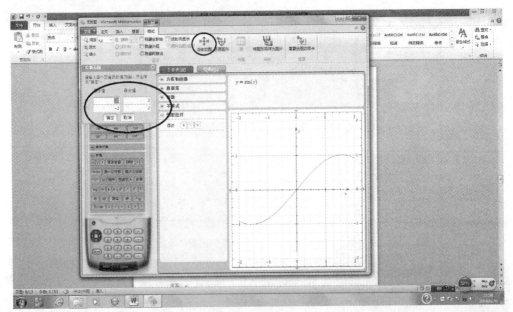

图 10-13

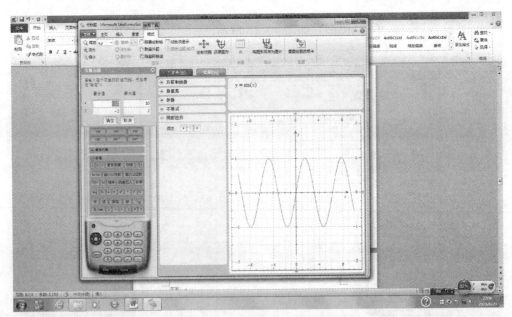

图 10-14

例 4 绘制含参数函数 $y=kx+b$ 的图形,观察图形动态变化过程.

单击"绘图工具"选项卡,如图 10-15 所示.

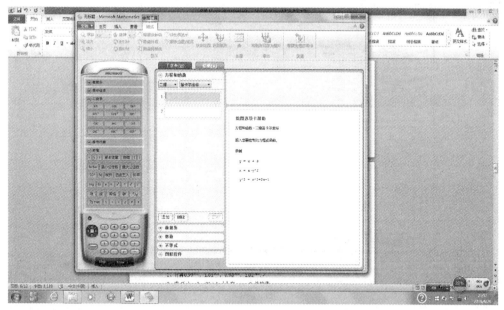

图 10-15

单击该部分中的第一个框,将打开一个输入框,输入函数 $y=kx+b$,如图 10-16 所示.

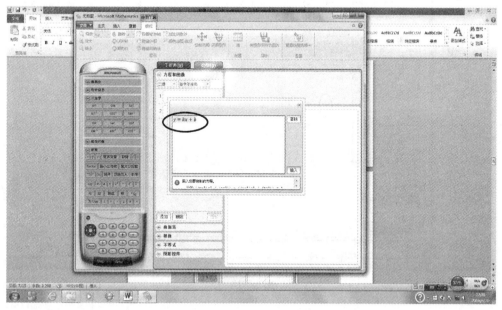

图 10-16

单击"输入"按钮,单击"图形",如图 10-17 所示.

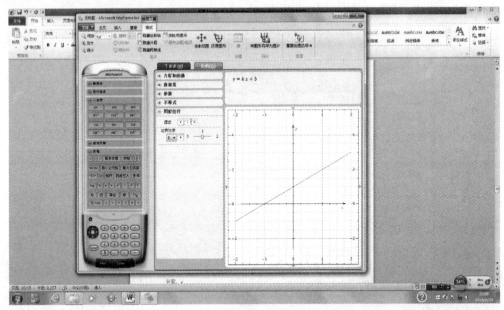

图 10-17

单击右侧"动画效果"可以观看参数的动画演示,如图 10-18 所示.

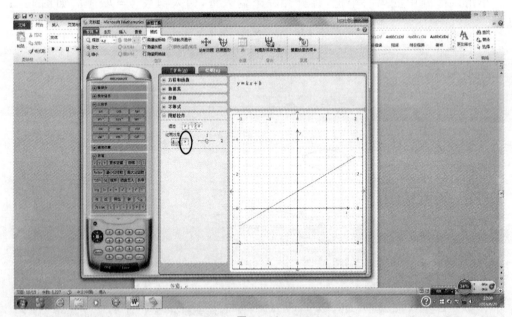

图 10-18

选定数字可以修改参数的取值范围,如图 10-19 所示.

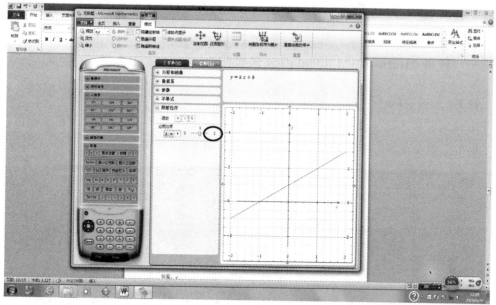

图 10-19

单击下拉菜单可以选择参数,如图 10-20 所示.

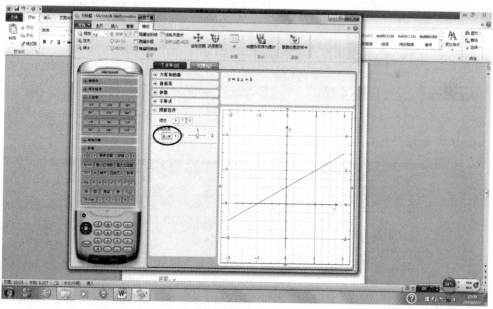

图 10-20

同步训练 10-1

1. 计算 0.99^{365},1.01^{365},0.98^{365},1.02^{365}.
2. 求 $f(x)=2-3^x\ln|x|$ 在 $x=-2$ 处的值.
3. 从基本初等函数中任选一种绘制出它的图形.
4. 作出函数 $y=\sin ax$ 的图形,并观察随参数 a 变化的动态演示图.

第二节　Microsoft Mathematics 在微积分计算中的应用

一、利用 Microsoft Mathematics 求极限

例 1　求极限 $\lim\limits_{x\to 0}\dfrac{1-\cos x}{\dfrac{x^2}{2}}$.

单击工作表左侧的"微积分"按钮,如图 10-21 所示.

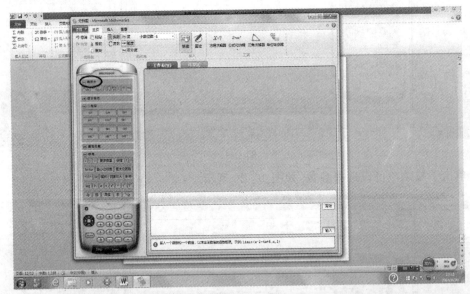

图 10-21

单击"求极限"按钮,如图 10-22 所示.

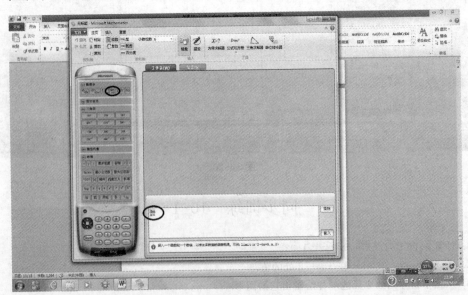

图 10-22

输入求极限的表达式,如图 10-23 所示.

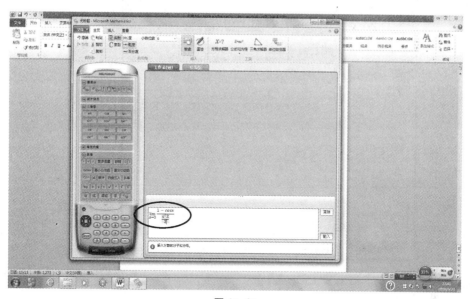

图 10-23

单击"输入"按钮,得到结果,如图 10-24 所示.

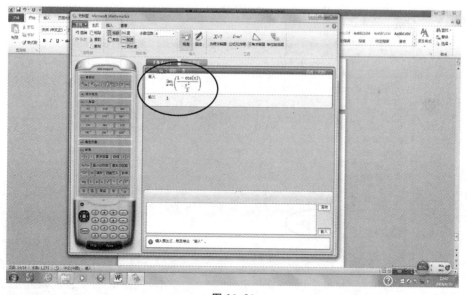

图 10-24

二、利用 Microsoft Mathematics 求导数

例 2 设函数 $y=xe^{x^2}$,求 y',$y'|_{x=3}$.

单击"求导数"按钮,如图 10-25 所示.

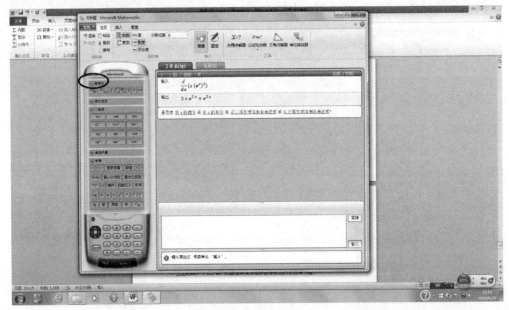

图 10-25

输入原函数,如图 10-26 所示.

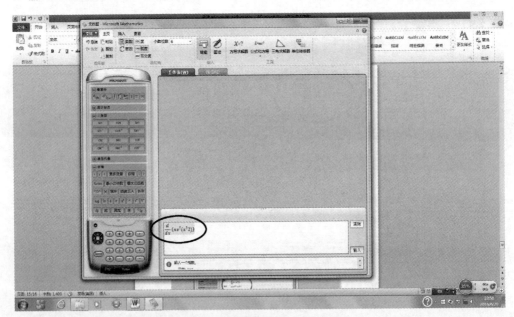

图 10-26

单击"输入"按钮,得到结果,如图 10-27 所示.

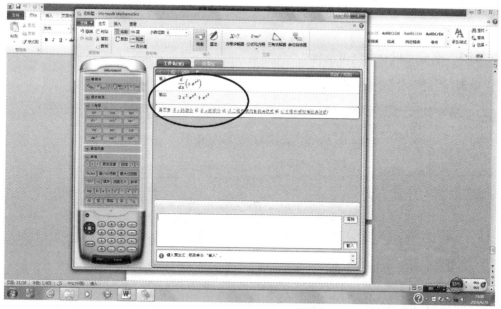

图 10-27

求在 $x=3$ 处的导数值,需要先给 x 赋值,再求导,求值,如图 10-28 所示.

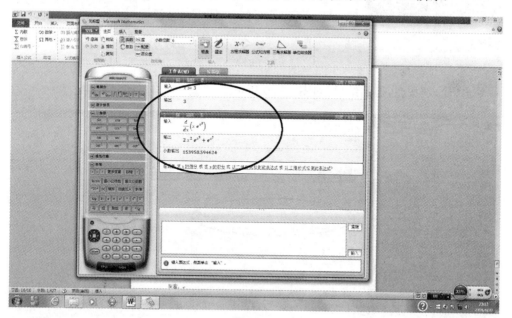

图 10-28

三、利用 Microsoft Mathematics 求积分

1. 求不定积分

例 3 求不定积分 $\int e^x \sin^2 x \, dx$.

单击"不定积分"按钮,输入被积函数,如图 10-29 所示.

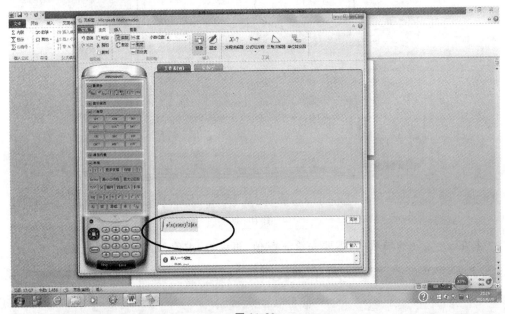

图 10-29

单击"输入"按钮,得到结果,如图 10-30 所示.

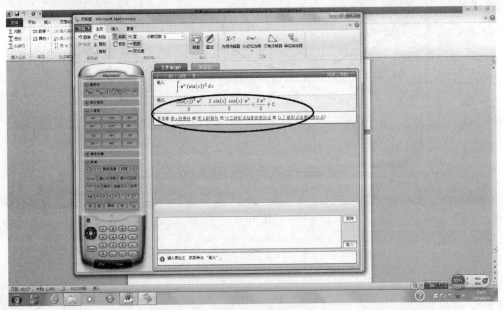

图 10-30

2. 求定积分

例 4 求定积分 $\int_0^1 \sqrt{1-x^2}\,dx$.

单击"定积分"按钮，输入被积函数及积分上下限，单击"输入"按钮，得到结果，如图 10-31 所示.

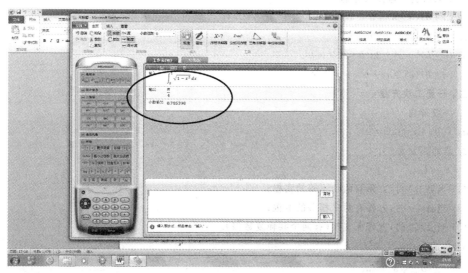

图 10-31

同步训练 10-2

1. 求极限 $\lim\limits_{x\to 2}\dfrac{x-2}{x^2-4}$.

2. 设 $y=\dfrac{\ln x}{x^2}$，求 y''.

3. 求不定积分 $\int t\ln t\,dt$.

4. 求定积分 $\int_0^\pi x\sin x\,dx$.

附录一 初等数学常用公式与相关知识

一、乘法公式与因式分解

1. $(a+b)(a-b)=a^2-b^2$.
2. $(a\pm b)^2=a^2\pm 2ab+b^2$.
3. $(a\pm b)^3=a^3\pm 3a^2b+3ab^2\pm b^3$.
4. $(a\pm b)(a^2\mp ab+b^2)=a^3\pm b^3$.

二、一元二次方程

1. 一般形式

$ax^2+bx+c=0(a\neq 0)$.

2. 根的判别式

$\Delta=b^2-4ac$.

(1) 当 $\Delta>0$ 时,方程有两个不等的实根;

(2) 当 $\Delta=0$ 时,方程有两个相等的实根;

(3) 当 $\Delta<0$ 时,方程无实根(有两个共轭复数根).

3. 求根公式

$$x_{1,2}=\frac{-b\pm\sqrt{b^2-4ac}}{2a}.$$

4. 根与系数的关系

$$x_1+x_2=-\frac{b}{a}, x_1 \cdot x_2=\frac{c}{a}.$$

三、不等式与不等式组

1. 一元一次不等式的解集

若 $ax+b>0$,且 $a>0$,则 $x>-\frac{b}{a}$;

若 $ax+b>0$,且 $a<0$,则 $x<-\frac{b}{a}$.

2. 一元一次不等式组的解集

设 $a<b$.

(1) $\begin{cases} x>a, \\ x>b \end{cases} \Rightarrow x>b$;

(2) $\begin{cases} x<a, \\ x<b \end{cases} \Rightarrow x<a$;

(3) $\begin{cases} x>a, \\ x<b \end{cases} \Rightarrow a<x<b$;

(4) $\begin{cases} x<a, \\ x>b \end{cases} \Rightarrow$ 空集.

3. 一元二次不等式的解集

设 x_1,x_2 是一元二次方程 $ax^2+bx+c=0(a\neq 0)$ 的两个根,且 $x_1<x_2$,其根的判别式 $\Delta=b^2-4ac$.

类型	$\Delta>0$	$\Delta=0$	$\Delta<0$
$ax^2+bx+c>0$ ($a>0$)	$x<x_1$ 或 $x>x_2$	$x\neq -\dfrac{b}{2a}$	$x\in \mathbf{R}$
$ax^2+bx+c<0$ ($a>0$)	$x_1<x<x_2$	空集	空集

4. 绝对值不等式的解集

类型	$a>0$	$a\leqslant 0$
$|x|<a$	$-a<x<a$	空集
$|x|>a$	$x<-a$ 或 $x>a$	$x\in \mathbf{R}$

四、指数与对数

1. 指数

(1) 定义.

正整数指数幂：$a^n=\overbrace{a\cdot a\cdots\cdot a}^{n个}(n\in \mathbf{N}^*)$；

零指数幂：$a^0=1(a\neq 0)$；

负整数指数幂：$a^{-n}=\dfrac{1}{a^n}(a>0,n\in \mathbf{N}^*)$；

有理指数幂：$a^{\frac{n}{m}}=\sqrt[m]{a^n}(a>0,m,n\in \mathbf{N}^*,m>1)$.

(2) 幂的运算法则.

① $a^m\cdot a^n=a^{m+n}(a>0,m,n\in \mathbf{R})$；

② $(a^m)^n=a^{mn}(a>0,m,n\in \mathbf{R})$；

③ $(ab)^n=a^n\cdot b^n(a>0,b>0,n\in \mathbf{R})$.

2. 对数

(1) 定义.

如果 $a^b=N(a>0,$ 且 $a\neq 1)$，那么 b 称为以 a 为底 N 的对数，记作 $\log_a N=b$，其中 a 称为底数，N 称为真数. 以 10 为底的对数，称为常用对数，记作 $\lg N$.

(2) 性质.

① 零与负数没有对数，即 $N>0$；

② 1 的对数等于零，即 $\log_a 1=0$；

③ 底的对数等于 1，即 $\log_a a=1$；

④ $a^{\log_a N}=N$.

(3) 运算法则.

① $\log_a(M\cdot N)=\log_a M+\log_a N(M>0,N>0)$；

② $\log_a \dfrac{M}{N}=\log_a M-\log_a N(M>0,N>0)$；

③ $\log_a M^n=n\log_a M(M>0)$；

④ $\log_a \sqrt[n]{M}=\dfrac{1}{n}\log_a M(M>0)$；

⑤ $\log_a N=\dfrac{\log_b N}{\log_b a}(N>0)$（换底公式）.

五、等差数列与等比数列

	等差数列	等比数列
定　义	从第2项起,每一项与它的前一项之差都等于同一个常数	从第2项起,每一项与它的前一项之比都等于同一个常数
一般形式	$a_1, a_1+d, a_2+2d, \cdots$	$a_1, a_1q, a_1q^2, \cdots$
通项公式	$a_n = a_1+(n-1)d$	$a_n = a_1 q^{n-1}$
前n项和公式	$S_n = \dfrac{n(a_1+a_n)}{2}$ 或 $S_n = na_1 + \dfrac{n(n-1)}{2}d$	$S_n = \dfrac{a_1(1-q^n)}{1-q}$ 或 $S_n = \dfrac{a_1 - a_n q}{1-q}$
中项公式	a 与 b 的等差中项 $A = \dfrac{a+b}{2}$	a 与 b 的等比中项 $G = \pm\sqrt{ab}$

注：表中 d 为公差，q 为公比。

六、排列、组合与二项式定理

1. 排列

从 n 个不同元素中取 m $(m \leqslant n)$ 个元素按照一定的顺序排成一列，称为从 n 个不同元素中取出 m 个元素的一个排列；当 $m=n$ 时，称为全排列。

从 n 个不同元素中取出 m $(m \leqslant n)$ 个元素的所有排列的个数，称为从 n 个不同元素中取出 m 个元素的排列数，记作 A_n^m，且有

$$A_n^m = n(n-1)(n-2)\cdots(n-m+1).$$

特别地，

$$A_n^n = n(n-1)(n-2)\cdots 3 \cdot 2 \cdot 1 = n!,$$

或记作

$$A_n = n!.$$

规定

$$A_n^m = \dfrac{n!}{(n-m)!}.$$

2. 组合

从 n 个不同元素中任取 m $(m \leqslant n)$ 个元素并成一组，称为从 n 个不同元素中取出 m 个元素的一个组合。

从 n 个不同元素中取出 m $(m \leqslant n)$ 个元素的所有组合的个数，称为从 n 个不同元素中取出 m 个元素的组合数，记作 C_n^m，且有

$$C_n^m = \dfrac{A_n^m}{A_m^m} = \dfrac{n(n-1)(n-2)\cdots(n-m+1)}{m!}$$

$$= \dfrac{n!}{m!(n-m)!}.$$

式中，$n, m \in \mathbf{N}$，且 $m \leqslant n$。

规定 $C_n^0 = 1$。

组合有如下性质：

(1) $C_n^m = C_n^{n-m}$；

(2) $C_{n+1}^m = C_n^m + C_n^{m+1}$。

3. 二项式定理

$(a+b)^n = C_n^0 a^n + C_n^1 a^{n-1}b + \cdots + C_n^r a^{n-r} b^r + \cdots + C_n^n b^n$。其中 $n, r \in \mathbf{N}$，C_n^r 称为二项式展开式的系数 $(r = 0, 1, 2, \cdots, n)$。其展开式的第 $r+1$ 项

$$T_{r+1} = C_n^r a^{n-r} b^r$$

称为二项式的通项公式.

七、点与直线

1. 平面上两点间的距离

设平面直角坐标系内两点为 $P_1(x_1,y_1),P_2(x_2,y_2)$，则这两点间的距离为
$$P_1P_2=\sqrt{(x_1-x_2)^2+(y_1-y_2)^2}.$$

2. 直线方程

(1) 直线的斜率.

倾角：平面直角坐标系内一直线的向上方向与 x 轴正方向所成的最小正角，称为这条直线的倾角，倾角 α 的取值范围为 $[0°,180°]$. 当直线平行于 x 轴时，规定 $\alpha=0°$.

斜率：一条直线的倾角 α 的正切，称为这条直线的斜率，通常用 k 表示，即
$$k=\tan\alpha.$$

如果 $P_1(x_1,y_1),P(x_2,y_2)$ 是直线上的两点，那么这条直线的斜率为
$$k=\frac{y_2-y_1}{x_2-x_1}(x_1\neq x_2).$$

(2) 直线的几种形式.

① 点斜式.

已知直线过点 $P_0(x_0,y_0)$，且斜率为 k，则该直线方程为
$$y-y_0=k(x-x_0).$$

② 斜截式.

已知直线的斜率为 k，且在 y 轴上的截距为 b，则该直线方程为
$$y=kx+b.$$

③ 一般式.

平面内任一直线的方程都是关于 x 和 y 的一次方程，其一般形式为
$$Ax+By+C=0(A,B\text{ 不全为零}).$$

(3) 几种特殊的直线方程.

平行于 x 轴的直线：$y=b(b\neq 0)$；

平行于 y 轴的直线：$x=a(a\neq 0)$；

x 轴：$y=0$；

y 轴：$x=0$.

3. 点到直线的距离

平面内一点 $P_0(x_0,y_0)$ 到直线 $Ax+By+C=0$ 的距离为
$$d=\frac{|Ax_0+By_0+C|}{\sqrt{A^2+B^2}}.$$

4. 两条直线的位置关系

设两条直线方程为
$$l_1:y=k_1x+b_1 \text{ 或 } A_1x+B_1y+C_1=0,$$
$$l_2:y=k_2x+b_2 \text{ 或 } A_2x+B_2y+C_2=0.$$

(1) 两直线平行的充要条件：
$$k_1=k_2 \text{ 且 } b_1\neq b_2 \text{ 或 } \frac{A_1}{A_2}=\frac{B_1}{B_2}\neq\frac{C_1}{C_2}.$$

(2) 两直线垂直的充要条件：
$$k_1\cdot k_2=-1 \text{ 或 } A_1A_2+B_1B_2=0.$$

八、三角函数

1. 角的度量

(1) 角度制.

圆周角的 $\frac{1}{360}$ 称为 1 度的角,记作 1°,用度作为度量单位.

(2) 弧度制.

等于半径的圆弧所对的圆心角称为 1 弧度角,用弧度作为度量单位.

(3) 角度与弧度(rad)的换算.

$$360° = 2\pi \text{ rad}, 180° = \pi \text{ rad},$$

$$1° = \frac{\pi}{180} \approx 0.017453 \text{ rad},$$

$$1 \text{ rad} = \left(\frac{180}{\pi}\right)° \approx 57°17'44.8''.$$

2. 特殊角的三角函数值

α	0	$\frac{\pi}{6}$	$\frac{\pi}{4}$	$\frac{\pi}{3}$	$\frac{\pi}{2}$
$\sin\alpha$	0	$\frac{1}{2}$	$\frac{\sqrt{2}}{2}$	$\frac{\sqrt{3}}{2}$	1
$\cos\alpha$	1	$\frac{\sqrt{3}}{2}$	$\frac{\sqrt{2}}{2}$	$\frac{1}{2}$	0
$\tan\alpha$	0	$\frac{\sqrt{3}}{3}$	1	$\sqrt{3}$	不存在
$\cot\alpha$	不存在	$\sqrt{3}$	1	$\frac{\sqrt{3}}{3}$	0

3. 同角三角函数间的关系

(1) 平方关系.

$$\sin^2\alpha + \cos^2\alpha = 1, 1 + \tan^2\alpha = \sec^2\alpha, 1 + \cot^2\alpha = \csc^2\alpha.$$

(2) 商的关系.

$$\tan\alpha = \frac{\sin\alpha}{\cos\alpha}, \cot\alpha = \frac{\cos\alpha}{\sin\alpha}.$$

(3) 倒数关系.

$$\cot\alpha = \frac{1}{\tan\alpha}, \sec\alpha = \frac{1}{\cos\alpha}, \csc\alpha = \frac{1}{\sin\alpha}.$$

4. 三角函数式的恒等变换

(1) 加法定理.

$$\sin(\alpha \pm \beta) = \sin\alpha\cos\beta \pm \cos\alpha\sin\beta;$$

$$\cos(\alpha \pm \beta) = \cos\alpha\cos\beta \mp \sin\alpha\sin\beta;$$

$$\tan(\alpha \pm \beta) = \frac{\tan\alpha \pm \tan\beta}{1 \mp \tan\alpha\tan\beta}.$$

(2) 倍角公式.

$$\sin 2\alpha = 2\sin\alpha\cos\alpha;$$

$$\cos 2\alpha = \cos^2\alpha - \sin^2\alpha$$

$$= 1 - 2\sin^2\alpha = 2\cos^2\alpha - 1;$$

$$\tan 2\alpha = \frac{2\tan\alpha}{1 - \tan^2\alpha}.$$

(3) 半角公式.

$$\sin^2\frac{\alpha}{2}=\frac{1-\cos\alpha}{2};$$

$$\cos^2\frac{\alpha}{2}=\frac{1+\cos\alpha}{2};$$

$$\tan\frac{\alpha}{2}=\pm\sqrt{\frac{1-\cos\alpha}{1+\cos\alpha}}=\frac{\sin\alpha}{1+\cos\alpha}=\frac{1-\cos\alpha}{\sin\alpha}.$$

(4) 积化和差公式.

$$\sin\alpha\cos\beta=\frac{1}{2}[\sin(\alpha+\beta)+\sin(\alpha-\beta)];$$

$$\cos\alpha\sin\beta=\frac{1}{2}[\sin(\alpha+\beta)-\sin(\alpha-\beta)];$$

$$\cos\alpha\cos\beta=\frac{1}{2}[\cos(\alpha+\beta)+\cos(\alpha-\beta)];$$

$$\sin\alpha\sin\beta=-\frac{1}{2}[\cos(\alpha+\beta)-\cos(\alpha-\beta)].$$

(5) 和差化积公式.

$$\sin\alpha+\sin\beta=2\sin\frac{\alpha+\beta}{2}\cos\frac{\alpha-\beta}{2};$$

$$\sin\alpha-\sin\beta=2\cos\frac{\alpha+\beta}{2}\sin\frac{\alpha-\beta}{2};$$

$$\cos\alpha+\cos\beta=2\cos\frac{\alpha+\beta}{2}\cos\frac{\alpha-\beta}{2};$$

$$\cos\alpha-\cos\beta=-2\sin\frac{\alpha+\beta}{2}\sin\frac{\alpha-\beta}{2}.$$

(6) 万能公式.

$$\sin\alpha=\frac{2\tan\frac{\alpha}{2}}{1+\tan^2\frac{\alpha}{2}};$$

$$\cos\alpha=\frac{1-\tan^2\frac{\alpha}{2}}{1+\tan^2\frac{\alpha}{2}};$$

$$\tan\alpha=\frac{2\tan\frac{\alpha}{2}}{1-\tan^2\frac{\alpha}{2}}.$$

九、三角形内的边角关系

1. 直角三角形

设 $\triangle ABC$ 中，$\angle C=90°$，三边分别是 a,b,c，面积为 S，则有

(1) $\angle A+\angle B=90°$；

(2) $a^2+b^2=c^2$（勾股定理）；

(3) $\sin A=\frac{a}{c}$，$\cos A=\frac{b}{c}$，$\tan A=\frac{a}{b}$；

(4) $S=\frac{1}{2}ab$.

2. 斜三角形

设 $\triangle ABC$ 中，三边分别为 a,b,c，面积为 S，外接圆半径为 R，则有

(1) $\angle A+\angle B+\angle C=180°$；

(2) $\dfrac{a}{\sin A} = \dfrac{b}{\sin B} = \dfrac{c}{\sin C} = 2R$（正弦定理）；

(3) $a^2 = b^2 + c^2 - 2bc\cos A$，
$b^2 = a^2 + c^2 - 2ac\cos B$，　　（余弦定理）
$c^2 = a^2 + b^2 - 2ab\cos C$；

(4) $S = \dfrac{1}{2}ab\sin C$.

十、圆、球及其他旋转体

1. 圆

周长：$C = 2\pi r$（r 为半径）；

面积：$S = \pi r^2$.

2. 球

表面积：$S = 4\pi r^2$；

体积：$V = \dfrac{4}{3}\pi r^3$.

3. 圆柱

侧面积：$S_{侧} = 2\pi rh$（h 为圆柱的高）；

全面积：$S_{全} = 2\pi r(r+h)$；

体积：$V = \pi r^2$.

4. 圆锥

侧面积：$S_{侧} = \pi rl$（l 为圆锥的母线长）；

全面积：$S_{全} = \pi r(l+r)$；

体积：$V = \dfrac{1}{3}\pi r^2 h$.

附录二 积分表

一、含有 $ax+b$ 的积分

1. $\int \dfrac{\mathrm{d}x}{ax+b} = \dfrac{1}{a}\ln|ax+b| + C.$

2. $\int (ax+b)^\mu \mathrm{d}x = \dfrac{1}{a(\mu+1)}(ax+b)^{\mu+1} + C \ (\mu \neq -1).$

3. $\int \dfrac{x}{ax+b}\mathrm{d}x = \dfrac{1}{a^2}(ax+b-b\ln|ax+b|) + C.$

4. $\int \dfrac{x^2 \mathrm{d}x}{ax+b} = \dfrac{1}{a^3}\left[\dfrac{1}{2}(ax+b)^2 - 2b(ax+b) + b^2\ln|ax+b|\right] + C.$

5. $\int \dfrac{\mathrm{d}x}{x(ax+b)} = -\dfrac{1}{b}\ln\left|\dfrac{ax+b}{x}\right| + C.$

6. $\int \dfrac{\mathrm{d}x}{x^2(ax+b)} = -\dfrac{1}{bx} + \dfrac{a}{b^2}\ln\left|\dfrac{ax+b}{x}\right| + C.$

7. $\int \dfrac{x\mathrm{d}x}{(ax+b)^2} = \dfrac{1}{a^2}\left(\ln|ax+b| + \dfrac{b}{ax+b}\right) + C.$

8. $\int \dfrac{x^2 \mathrm{d}x}{(ax+b)^2} = \dfrac{1}{a^3}\left(ax+b - 2b\ln|ax+b| - \dfrac{b^2}{ax+b}\right) + C.$

9. $\int \dfrac{\mathrm{d}x}{x^2(ax+b)^2} = \dfrac{1}{b(ax+b)} - \dfrac{1}{b^2}\ln\left|\dfrac{ax+b}{x}\right| + C.$

二、含有 $\sqrt{ax+b}$ 的积分

10. $\int \sqrt{ax+b}\,\mathrm{d}x = \dfrac{2}{3a}\sqrt{(ax+b)^3} + C.$

11. $\int x\sqrt{ax+b}\,\mathrm{d}x = \dfrac{2}{15a^2}(3ax-2b)\sqrt{(ax+b)^3} + C.$

12. $\int x^2\sqrt{ax+b}\,\mathrm{d}x = \dfrac{2}{105a^3}(15a^2x^2 - 12abx + 8b^2)\sqrt{(ax+b)^3} + C.$

13. $\int \dfrac{x}{\sqrt{ax+b}}\mathrm{d}x = \dfrac{2}{3a^2}(ax-2b)\sqrt{ax+b} + C.$

14. $\int \dfrac{x^2}{\sqrt{ax+b}}\mathrm{d}x = \dfrac{2}{15a^3}(3a^2x^2 - 4abx + 8b^2)\sqrt{ax+b} + C.$

15. $\int \dfrac{\mathrm{d}x}{x\sqrt{ax+b}} = \begin{cases} \dfrac{1}{\sqrt{b}}\ln\left|\dfrac{\sqrt{ax+b}-\sqrt{b}}{\sqrt{ax+b}+\sqrt{b}}\right| + C \ (b>0), \\ \dfrac{1}{\sqrt{-b}}\arctan\sqrt{\dfrac{ax+b}{-b}} + C \ (b<0). \end{cases}$

16. $\int \dfrac{\mathrm{d}x}{x^2\sqrt{ax+b}} = -\dfrac{\sqrt{ax+b}}{bx} - \dfrac{a}{2b}\int \dfrac{\mathrm{d}x}{x\sqrt{ax+b}}.$

17. $\int \dfrac{\sqrt{ax+b}}{x}\mathrm{d}x = 2\sqrt{ax+b} + b\int \dfrac{\mathrm{d}x}{x\sqrt{ax+b}}.$

18. $\int \dfrac{\sqrt{ax+b}}{x^2}\mathrm{d}x = -\dfrac{\sqrt{ax+b}}{x} + \dfrac{a}{2}\int \dfrac{\mathrm{d}x}{x\sqrt{ax+b}}.$

三、含 $x^2 \pm a^2$ 的积分

19. $\int \dfrac{\mathrm{d}x}{x^2+a^2} = \dfrac{1}{a}\arctan\dfrac{x}{a} + C.$

20. $\int \dfrac{\mathrm{d}x}{(x^2+a^2)^n} = \dfrac{x}{2(n-1)a^2(x^2+a^2)^{n-1}} + \dfrac{2n-3}{2(n-1)a^2}\int \dfrac{\mathrm{d}x}{(x^2+a^2)^{n-1}}.$

21. $\int \dfrac{\mathrm{d}x}{x^2-a^2} = \dfrac{1}{2a}\ln\left|\dfrac{x-a}{x+a}\right| + C.$

四、含有 $ax^2+b(a>0)$ 的积分

22. $\int \dfrac{\mathrm{d}x}{ax^2+b} = \begin{cases} \dfrac{1}{\sqrt{ab}}\arctan\sqrt{\dfrac{a}{b}}\,x + C\,(b>0), \\ \dfrac{1}{2\sqrt{-ab}}\ln\left|\dfrac{\sqrt{a}\,x-\sqrt{-b}}{\sqrt{a}\,x+\sqrt{-b}}\right| + C\,(b<0). \end{cases}$

23. $\int \dfrac{x}{ax^2+b}\,\mathrm{d}x = \dfrac{1}{2a}\ln|ax^2+b| + C.$

24. $\int \dfrac{x^2}{ax^2+b}\,\mathrm{d}x = \dfrac{x}{a} - \dfrac{b}{a}\int \dfrac{\mathrm{d}x}{ax^2+b}.$

25. $\int \dfrac{\mathrm{d}x}{x(ax^2+b)} = \dfrac{1}{2b}\ln\dfrac{x^2}{|ax^2+b|} + C.$

26. $\int \dfrac{\mathrm{d}x}{x^2(ax^2+b)} = -\dfrac{1}{bx} - \dfrac{a}{b}\int \dfrac{\mathrm{d}x}{ax^2+b}.$

27. $\int \dfrac{\mathrm{d}x}{(ax^2+b)^2} = \dfrac{x}{2b(ax^2+b)} + \dfrac{1}{2b}\int \dfrac{\mathrm{d}x}{ax^2+b}.$

五、含有 $ax^2+bx+c(a>0)$ 的积分

28. $\int \dfrac{\mathrm{d}x}{ax^2+bx+c} = \begin{cases} \dfrac{2}{\sqrt{4ac-b^2}}\arctan\dfrac{2ax+b}{\sqrt{4ac-b^2}} + C\,(b^2<4ac), \\ \dfrac{1}{\sqrt{b^2-4ac}}\ln\left|\dfrac{2ax+b-\sqrt{b^2-4ac}}{2ax+b+\sqrt{b^2-4ac}}\right| + C\,(b^2>4ac). \end{cases}$

29. $\int \dfrac{x}{ax^2+bx+c}\,\mathrm{d}x = \dfrac{1}{2a}\ln|ax^2+bx+c| - \dfrac{b}{2a}\int \dfrac{\mathrm{d}x}{ax^2+bx+c}.$

六、含有 $\sqrt{x^2+a^2}\,(a>0)$ 的积分

30. $\int \dfrac{\mathrm{d}x}{\sqrt{x^2+a^2}} = \operatorname{arsh}\dfrac{x}{a} + C_1 = \ln(x+\sqrt{x^2+a^2}) + C.$

31. $\int \dfrac{\mathrm{d}x}{\sqrt{(x^2+a^2)^3}} = \dfrac{x}{a^2\sqrt{x^2+a^2}} + C.$

32. $\int \dfrac{x}{\sqrt{x^2+a^2}}\,\mathrm{d}x = \sqrt{x^2+a^2} + C.$

33. $\int \dfrac{x}{\sqrt{(x^2+a^2)^3}}\,\mathrm{d}x = -\dfrac{1}{\sqrt{x^2+a^2}} + C.$

34. $\int \dfrac{x^2}{\sqrt{x^2+a^2}}\,\mathrm{d}x = \dfrac{x}{2}\sqrt{x^2+a^2} - \dfrac{a^2}{2}\ln(x+\sqrt{x^2+a^2}) + C.$

35. $\int \dfrac{x^2}{\sqrt{(x^2+a^2)^3}}\,\mathrm{d}x = -\dfrac{x}{\sqrt{x^2+a^2}} + \ln(x+\sqrt{x^2+a^2}) + C.$

36. $\int \dfrac{\mathrm{d}x}{x\sqrt{x^2+a^2}} = \dfrac{1}{a}\ln\dfrac{\sqrt{x^2+a^2}-a}{|x|} + C.$

37. $\int \dfrac{\mathrm{d}x}{x^2\sqrt{x^2+a^2}} = -\dfrac{\sqrt{x^2+a^2}}{a^2 x} + C.$

38. $\int \sqrt{x^2+a^2}\,\mathrm{d}x = \dfrac{x}{2}\sqrt{x^2+a^2} + \dfrac{a^2}{2}\ln(x+\sqrt{x^2+a^2}) + C.$

39. $\int \sqrt{(x^2+a^2)^3}\,\mathrm{d}x = \dfrac{x}{8}(2x^2+5a^2)\sqrt{x^2+a^2} + \dfrac{3a^4}{8}\ln(x+\sqrt{x^2+a^2}) + C.$

40. $\int x\sqrt{x^2+a^2}\,dx = \frac{1}{3}\sqrt{(x^2+a^2)^3} + C.$

41. $\int x^2\sqrt{x^2+a^2}\,dx = \frac{x}{8}(2x^2+a^2)\sqrt{x^2+a^2} - \frac{a^4}{8}\ln(x+\sqrt{x^2+a^2}) + C.$

42. $\int \frac{\sqrt{x^2+a^2}}{x}\,dx = \sqrt{x^2+a^2} + a\ln\frac{\sqrt{x^2+a^2}-a}{|x|} + C.$

43. $\int \frac{\sqrt{x^2+a^2}}{x}\,dx = -\frac{\sqrt{x^2+a^2}}{x} + \ln(x+\sqrt{x^2+a^2}) + C.$

七、含有 $\sqrt{x^2-a^2}\,(a>0)$ 的积分

44. $\int \frac{dx}{\sqrt{x^2-a^2}} = \frac{x}{|x|}\operatorname{arch}\frac{|x|}{a} + C_1 = \ln|x+\sqrt{x^2-a^2}| + C.$

45. $\int \frac{dx}{\sqrt{(x^2-a^2)^3}} = -\frac{x}{a^2\sqrt{x^2-a^2}} + C.$

46. $\int \frac{x}{\sqrt{x^2-a^2}}\,dx = \sqrt{x^2-a^2} + C.$

47. $\int \frac{x}{\sqrt{(x^2-a^2)^3}}\,dx = -\frac{1}{\sqrt{x^2-a^2}} + C.$

48. $\int \frac{x^2}{\sqrt{x^2-a^2}}\,dx = \frac{x}{2}\sqrt{x^2-a^2} + \frac{a^2}{2}\ln|x+\sqrt{x^2-a^2}| + C.$

49. $\int \frac{x^2}{\sqrt{(x^2-a^2)^3}}\,dx = -\frac{x}{\sqrt{x^2-a^2}} + \ln|x+\sqrt{x^2-a^2}| + C.$

50. $\int \frac{dx}{x\sqrt{x^2-a^2}} = \frac{1}{a}\arccos\frac{a}{|x|} + C.$

51. $\int \frac{dx}{x^2\sqrt{x^2-a^2}} = \frac{\sqrt{x^2-a^2}}{a^2 x} + C.$

52. $\int \sqrt{x^2-a^2}\,dx = \frac{x}{2}\sqrt{x^2-a^2} - \frac{a^2}{2}\ln|x+\sqrt{x^2-a^2}| + C.$

53. $\int \sqrt{(x^2-a^2)^3}\,dx = \frac{x}{8}(2x^2-5a^2)\sqrt{x^2-a^2} + \frac{3a^4}{8}\ln|x+\sqrt{x^2-a^2}| + C.$

54. $\int x\sqrt{x^2-a^2}\,dx = \frac{1}{3}\sqrt{(x^2-a^2)^3} + C.$

55. $\int x^2\sqrt{x^2-a^2}\,dx = \frac{x}{8}(2x^2-a^2)\sqrt{x^2-a^2} - \frac{a^4}{8}\ln|x+\sqrt{x^2-a^2}| + C.$

56. $\int \frac{\sqrt{x^2-a^2}}{x}\,dx = \sqrt{x^2-a^2} - \arccos\frac{a}{|x|} + C.$

57. $\int \frac{\sqrt{x^2-a^2}}{x^2}\,dx = -\frac{\sqrt{x^2-a^2}}{x} + \ln|x+\sqrt{x^2-a^2}| + C.$

八、含有 $\sqrt{a^2-x^2}\,(a>0)$ 的积分

58. $\int \frac{dx}{\sqrt{a^2-x^2}} = \arcsin\frac{x}{a} + C.$

59. $\int \frac{dx}{\sqrt{(a^2-x^2)^3}} = \frac{x}{a^2\sqrt{a^2-x^2}} + C.$

60. $\int \frac{x}{\sqrt{a^2-x^2}}\,dx = -\sqrt{a^2-x^2} + C.$

61. $\int \frac{x}{\sqrt{(a^2-x^2)^3}}\,dx = \frac{1}{\sqrt{a^2-x^2}} + C.$

62. $\int \dfrac{x^2}{\sqrt{a^2-x^2}}dx = -\dfrac{x}{2}\sqrt{a^2-x^2} + \dfrac{a^2}{2}\arcsin\dfrac{x}{a} + C.$

63. $\int \dfrac{x^2}{\sqrt{(a^2-x^2)^3}}dx = \dfrac{x}{\sqrt{a^2-x^2}} - \arcsin\dfrac{x}{a} + C.$

64. $\int \dfrac{dx}{x\sqrt{a^2-x^2}} = \dfrac{1}{a}\ln\dfrac{a-\sqrt{a^2-x^2}}{|x|} + C.$

65. $\int \dfrac{dx}{x^2\sqrt{a^2-x^2}} = -\dfrac{\sqrt{a^2-x^2}}{a^2 x} + C.$

66. $\int \sqrt{a^2-x^2}\,dx = \dfrac{x}{2}\sqrt{a^2-x^2} + \dfrac{a^2}{2}\arcsin\dfrac{x}{a} + C.$

67. $\int \sqrt{(a^2-x^2)^3}\,dx = \dfrac{x}{8}(5a^2-2x^2)\sqrt{a^2-x^2} + \dfrac{3a^4}{8}\arcsin\dfrac{x}{a} + C.$

68. $\int x\sqrt{a^2-x^2}\,dx = -\dfrac{1}{3}\sqrt{(a^2-x^2)^3} + C.$

69. $\int x^2\sqrt{a^2-x^2}\,dx = \dfrac{x}{8}(2x^2-a^2)\sqrt{a^2-x^2} + \dfrac{a^4}{8}\arcsin\dfrac{x}{a} + C.$

70. $\int \dfrac{\sqrt{a^2-x^2}}{x}dx = \sqrt{a^2-x^2} + a\ln\dfrac{a-\sqrt{a^2-x^2}}{|x|} + C.$

71. $\int \dfrac{\sqrt{a^2-x^2}}{x^2}dx = -\dfrac{\sqrt{a^2-x^2}}{x} - \arcsin\dfrac{x}{a} + C.$

九、含有 $\sqrt{\pm ax^2+bx+c}\,(a>0)$ 的积分

72. $\int \dfrac{dx}{\sqrt{ax^2+bx+c}} = \dfrac{1}{\sqrt{a}}\ln|2ax+b+2\sqrt{a}\sqrt{ax^2+bx+c}| + C.$

73. $\int \sqrt{ax^2+bx+c}\,dx = \dfrac{2ax+b}{4a}\sqrt{ax^2+bx+c} +$
$\quad\dfrac{4ac-b^2}{8\sqrt{a^3}}\ln|2ax+b+2\sqrt{a}\sqrt{ax^2+bx+c}| + C.$

74. $\int \dfrac{x}{\sqrt{ax^2+bx+c}}dx = \dfrac{1}{a}\sqrt{ax^2+bx+c} - \dfrac{b}{2\sqrt{a^3}}\ln|2ax+b+2\sqrt{a}\sqrt{ax^2+bx+c}| + C.$

75. $\int \dfrac{dx}{\sqrt{c+bx-ax^2}} = -\dfrac{1}{\sqrt{a}}\arcsin\dfrac{2ax-b}{\sqrt{b^2+4ac}} + C.$

76. $\int \sqrt{c+bx-ax^2}\,dx = \dfrac{2ax-b}{4a}\sqrt{c+bx-ax^2} + \dfrac{b^2+4ac}{8\sqrt{a^3}}\arcsin\dfrac{2ax-b}{\sqrt{b^2+4ac}} + C.$

77. $\int \dfrac{x}{\sqrt{c+bx-ax^2}}dx = -\dfrac{1}{a}\sqrt{c+bx-ax^2} + \dfrac{b}{2\sqrt{a^3}}\arcsin\dfrac{2ax-b}{\sqrt{b^2+4ac}} + C.$

十、含有 $\sqrt{\dfrac{a\pm x}{b\pm x}}$ 或 $\sqrt{(x-a)(x-b)}$ 的积分

78. $\int \sqrt{\dfrac{a+x}{b+x}}dx = \sqrt{(x+a)(x+b)} + (a-b)\ln(\sqrt{x+a}+\sqrt{x+b}) + C.$

79. $\int \sqrt{\dfrac{a-x}{b-x}}dx = -\sqrt{(a-x)(b-x)} + (b-a)\ln(\sqrt{a-x}+\sqrt{b-x}) + C.$

80. $\int \sqrt{\dfrac{b-x}{x-a}}dx = \sqrt{(x-a)(b-x)} + (b-a)\arcsin\sqrt{\dfrac{x-a}{b-a}} + C\,(a<b).$

81. $\int \sqrt{\dfrac{x-a}{b-x}}dx = -\sqrt{(x-a)(b-x)} + (b-a)\arcsin\sqrt{\dfrac{x-a}{b-a}} + C\,(a<b).$

82. $\int \dfrac{dx}{\sqrt{(x-a)(b-x)}} = 2\arcsin\sqrt{\dfrac{x-a}{b-a}} + C\,(a<b).$

十一、含有三角函数的积分

83. $\int \sin x \, dx = -\cos x + C.$

84. $\int \cos x \, dx = \sin x + C.$

85. $\int \tan x \, dx = -\ln|\cos x| + C.$

86. $\int \cot x \, dx = \ln|\sin x| + C.$

87. $\int \sec x \, dx = \ln|\sec x + \tan x| + C = \ln\left|\tan\left(\dfrac{\pi}{4} + \dfrac{x}{2}\right)\right| + C.$

88. $\int \csc x \, dx = \ln|\csc x - \cot x| + C = \ln\left|\tan\dfrac{x}{2}\right| + C.$

89. $\int \sec^2 x \, dx = \tan x + C.$

90. $\int \csc^2 x \, dx = -\cot x + C.$

91. $\int \sec x \tan x \, dx = \sec x + C.$

92. $\int \csc x \cot x \, dx = -\csc x + C.$

93. $\int \sin^2 x \, dx = \dfrac{x}{2} - \dfrac{1}{4}\sin 2x + C.$

94. $\int \cos^2 x \, dx = \dfrac{x}{2} + \dfrac{1}{4}\sin 2x + C.$

95. $\int \sin^n x \, dx = -\dfrac{1}{n}\sin^{n-1} x \cos x + \dfrac{n-1}{n}\int \sin^{n-2} x \, dx.$

96. $\int \cos^n x \, dx = \dfrac{1}{n}\cos^{n-1} x \sin x + \dfrac{n-1}{n}\int \cos^{n-2} x \, dx.$

97. $\int \dfrac{dx}{\sin^n x} = -\dfrac{1}{n-1}\dfrac{\cos x}{\sin^{n-1} x} + \dfrac{n-2}{n-1}\int \dfrac{dx}{\sin^{n-2} x}.$

98. $\int \dfrac{dx}{\cos^n x} = \dfrac{1}{n-1}\dfrac{\sin x}{\cos^{n-1} x} + \dfrac{n-2}{n-1}\int \dfrac{dx}{\cos^{n-2} x}.$

99. $\int \cos^m x \sin^n x \, dx = \dfrac{1}{m+n}\cos^{m-1} x \sin^{n+1} x \cos x + \dfrac{m-1}{m+n}\int \cos^{m-2} x \sin^n x \, dx$

$\qquad = -\dfrac{1}{m+n}\cos^{m+1} x \sin^{n-1} x + \dfrac{n-1}{m+n}\int \cos^m x \sin^{n-2} x \, dx.$

100. $\int \sin ax \cos bx \, dx = -\dfrac{1}{2(a+b)}\cos(a+b)x - \dfrac{1}{2(a-b)}\cos(a-b)x + C \, (a^2 \neq b^2).$

101. $\int \sin ax \sin bx \, dx = -\dfrac{1}{2(a+b)}\sin(a+b)x + \dfrac{1}{2(a-b)}\sin(a-b)x + C \, (a^2 \neq b^2).$

102. $\int \cos ax \cos bx \, dx = \dfrac{1}{2(a+b)}\sin(a+b)x + \dfrac{1}{2(a-b)}\sin(a-b)x + C \, (a^2 \neq b^2).$

103. $\int \dfrac{dx}{a + b\sin x} = \dfrac{2}{\sqrt{a^2 - b^2}}\arctan\dfrac{a\tan\dfrac{x}{2} + b}{\sqrt{a^2 - b^2}} + C \, (a^2 > b^2).$

104. $\int \dfrac{dx}{a + b\sin x} = \dfrac{1}{\sqrt{b^2 - a^2}}\ln\left|\dfrac{a\tan\dfrac{x}{2} + b - \sqrt{b^2 - a^2}}{a\tan\dfrac{x}{2} + b + \sqrt{b^2 - a^2}}\right| + C \, (a^2 < b^2).$

105. $\int \dfrac{dx}{a + b\cos x} = \dfrac{2}{a+b}\sqrt{\dfrac{a+b}{a-b}}\arctan\left(\sqrt{\dfrac{a-b}{a+b}}\tan\dfrac{x}{2}\right) + C \, (a^2 > b^2).$

106. $\int \dfrac{\mathrm{d}x}{a+b\cos x} = \dfrac{1}{a+b}\sqrt{\dfrac{a+b}{b-a}}\ln\left|\dfrac{\tan\dfrac{x}{2}+\sqrt{\dfrac{a+b}{b-a}}}{\tan\dfrac{x}{2}-\sqrt{\dfrac{a+b}{b-a}}}\right|+C(a^2<b^2).$

107. $\int \dfrac{\mathrm{d}x}{a^2\cos^2 x + b^2\sin^2 x} = \dfrac{1}{ab}\arctan\left(\dfrac{b}{a}\tan x\right)+C.$

108. $\int \dfrac{\mathrm{d}x}{a^2\cos^2 x - b^2\sin^2 x} = \dfrac{1}{2ab}\ln\left|\dfrac{b\tan x + a}{b\tan x - a}\right|+C.$

109. $\int x\sin ax\,\mathrm{d}x = \dfrac{1}{a^2}\sin ax - \dfrac{1}{a}x\cos ax + C.$

110. $\int x^2\sin ax\,\mathrm{d}x = -\dfrac{1}{a}x^2\cos ax + \dfrac{2}{a^2}x\sin ax + \dfrac{2}{a^3}\cos ax + C.$

111. $\int x\cos ax\,\mathrm{d}x = \dfrac{1}{a^2}\cos ax + \dfrac{1}{a}x\sin ax + C.$

112. $\int x^2\cos ax\,\mathrm{d}x = \dfrac{1}{a}x^2\sin ax + \dfrac{2}{a^2}x\cos ax - \dfrac{2}{a^3}\sin ax + C.$

十二、含有反三角函数的积分(其中 $a>0$)

113. $\int \arcsin\dfrac{x}{a}\,\mathrm{d}x = x\arcsin\dfrac{x}{a} + \sqrt{a^2-x^2} + C.$

114. $\int x\arcsin\dfrac{x}{a}\,\mathrm{d}x = \left(\dfrac{x^2}{2}-\dfrac{a^2}{4}\right)\arcsin\dfrac{x}{a} + \dfrac{x}{4}\sqrt{a^2-x^2} + C.$

115. $\int x^2\arcsin\dfrac{x}{a}\,\mathrm{d}x = \dfrac{x^3}{3}\arcsin\dfrac{x}{a} + \dfrac{1}{9}(x^2+2a^2)\sqrt{a^2-x^2} + C.$

116. $\int \arccos\dfrac{x}{a}\,\mathrm{d}x = x\arccos\dfrac{x}{a} - \sqrt{a^2-x^2} + C.$

117. $\int x\arccos\dfrac{x}{a}\,\mathrm{d}x = \left(\dfrac{x^2}{2}-\dfrac{a^2}{4}\right)\arccos\dfrac{x}{a} - \dfrac{x}{4}\sqrt{a^2-x^2} + C.$

118. $\int x^2\arccos\dfrac{x}{a}\,\mathrm{d}x = \dfrac{x^3}{3}\arccos\dfrac{x}{a} - \dfrac{1}{9}(x^2+2a^2)\sqrt{a^2-x^2} + C.$

119. $\int \arccos\dfrac{x}{a}\,\mathrm{d}x = x\arctan\dfrac{x}{a} - \dfrac{a}{2}\ln(a^2+x^2) + C.$

120. $\int x\arctan\dfrac{x}{a}\,\mathrm{d}x = \dfrac{1}{2}(a^2+x^2)\arctan\dfrac{x}{a} - \dfrac{ax}{2} + C.$

121. $\int x^2\arctan\dfrac{x}{a}\,\mathrm{d}x = \dfrac{x^3}{3}\arctan\dfrac{x}{a} - \dfrac{a}{6}x^2 + \dfrac{a^3}{6}\ln(a^2+x^2) + C.$

十三、含有指数函数的积分

122. $\int a^x\,\mathrm{d}x = \dfrac{1}{\ln a}a^x + C.$

123. $\int e^{ax}\,\mathrm{d}x = \dfrac{1}{a}e^{ax} + C.$

124. $\int xe^{ax}\,\mathrm{d}x = \dfrac{1}{a^2}(ax-1)e^{ax} + C.$

125. $\int x^n e^{ax}\,\mathrm{d}x = \dfrac{1}{a}x^n e^{ax} - \dfrac{n}{a}\int x^{n-1}e^{ax}\,\mathrm{d}x.$

126. $\int xa^x\,\mathrm{d}x = \dfrac{x}{\ln a}a^x - \dfrac{1}{(\ln a)^2}a^x + C.$

127. $\int x^n a^x\,\mathrm{d}x = \dfrac{1}{\ln a}x^n a^x - \dfrac{n}{\ln a}\int x^{n-1}a^x\,\mathrm{d}x.$

128. $\int e^{ax}\sin bx\,\mathrm{d}x = \dfrac{1}{a^2+b^2}e^{ax}(a\sin bx - b\cos bx) + C.$

129. $\int e^{ax} \cos bx \, dx = \dfrac{1}{a^2+b^2} e^{ax} (b\sin bx + a\cos bx) + C.$

130. $\int e^{ax} \sin^n bx \, dx = \dfrac{1}{a^2+b^2 n^2} e^{ax} \sin^{n-1} bx (a\sin bx - nb\cos bx) +$
$\qquad \dfrac{n(n-1)b^2}{a^2+b^2 n^2} \int e^{ax} \sin^{n-2} bx \, dx.$

131. $\int e^{ax} \cos^n bx \, dx = \dfrac{1}{a^2+b^2 n^2} e^{ax} \cos^{n-1} bx (a\cos bx + nb\sin bx) +$
$\qquad \dfrac{n(n-1)b^2}{a^2+b^2 n^2} \int e^{ax} \cos^{n-2} bx \, dx.$

十四、含有对数函数的积分

132. $\int \ln x \, dx = x\ln x - x + C.$

133. $\int \dfrac{dx}{x\ln x} = \ln|\ln x| + C.$

134. $\int x^n \ln x \, dx = \dfrac{x^{n+1}}{n+1}\left(\ln x - \dfrac{1}{n+1}\right) + C.$

135. $\int (\ln x)^n \, dx = x(\ln x)^n - n\int (\ln x)^{n-1} \, dx.$

136. $\int x^m (\ln x)^n \, dx = \dfrac{x^{m+1}}{m+1}(\ln x)^n - \dfrac{n}{m+1}\int x^m (\ln x)^{n-1} \, dx.$

参考答案

第一章 函数的极限与连续

同步训练 1-1

1. (1) $[-5,5)$；(2) $x \neq 0$；(3) $(2k\pi, (2k+1)\pi)$，k 为整数；(4) $[0,1) \cup (1,2)$；
   (5) $\left[-\dfrac{\pi}{2}, \dfrac{\pi}{2}\right]$；(6) $\left[\dfrac{1}{e}, 1\right]$.

2. (1) $f(x) \neq g(x)$；(2) $f(x) \neq g(x)$；(3) $f(x) = g(x)$.

3. (1) 奇函数；(2) 偶函数；(3) 奇函数；(4) 既非奇函数也非偶函数；(5) 偶函数.

4. (1) 周期为 π；(2) 周期为 12π.

5. (1) $y = \arcsin u, u = \lg v, v = 1 - x^2$；(2) $y = e^u, u = \cos v, v = x^{-1}$；(3) $y = u^2, u = \sin v, v = 1 + 2x$.

6. $f(x-1) = \begin{cases} x^2 - 1, & x \leqslant 1, \\ 0, & x > 1. \end{cases}$

7. $f[\varphi(x)] = 2^{x^2}, \varphi[f(x)] = 2^{2x} = 4^x, f[f(x)] = 2^{2^x}, \varphi[\varphi(x)] = x^4$.

8. 设销售量为 x 吨，销售收入为 y 元.
   $y = \begin{cases} 130x, & 0 \leqslant x \leqslant 700, \\ 130[700 + 0.9(x-700)], & 700 < x \leqslant 1000. \end{cases}$

9. (1) $D = \{(x,y) \mid x - y > 0\}$；
   (2) $D = \{(x,y) \mid x^2 + y^2 \leqslant 4\}$；
   (3) $D = \{(x,y) \mid -3 \leqslant x \leqslant 3 \text{ 且 } xy \geqslant 0\}$；
   (4) $D = \{(x,y) \mid r^2 < x^2 + y^2 \leqslant R^2\}$；
   (5) $D = \{(x,y) \mid x + y \geqslant 0, x \neq 0, y \neq 0\}$；
   (6) $D = \{(x,y) \mid -5 \leqslant x \leqslant 5, -4 \leqslant y \leqslant 4\}$.

10. (1) $f(x,y) = \dfrac{xy}{x+y}$；(2) $f(x,y) = \dfrac{1}{y^2} - \dfrac{1}{x}$.

同步训练 1-2

1. (1) 收敛，0；(2) 收敛，$\dfrac{1}{2}$；(3) 收敛，1；(4) 发散.

2. (1) $n > \dfrac{3 \times 10^4 - 2}{4}$ 的正整数时，$\left| \dfrac{n-1}{2n+1} - \dfrac{1}{2} \right| < 10^{-4}$；

   (2) $n > 10^8$ 时，$\left| \dfrac{1}{\sqrt{n}} - 0 \right| < 10^{-4}$.

3. (1) 0；(2) 0；(3) π；(4) 1.

4. (1) 不存在；(2) 不存在；(3) 0；(4) 1.

5. $\lim\limits_{x \to 0} f(x)$ 不存在，$\lim\limits_{x \to 1} f(x) = 2$，$\lim\limits_{x \to 2} f(x) = 1$.

6. 当 (x,y) 沿直线 $y = kx (k \neq 1)$ 趋于 $(0,0)$ 时变化，极限随 k 的变化而变化，故极限不存在.

同步训练 1-3

1. (1) 无穷小；(2) 无穷小；(3) 无穷大；(4) 无穷小.

2. (1) 0；(2) 0.

3. (1) $x \to -2$ 时为无穷小，$x \to 1$ 时为无穷大；(2) $x \to -1$ 及 $x \to \infty$ 时为无穷小，$x \to 0$ 时为无穷大.

4. (1) 同阶无穷小；(2) $\frac{1}{2^n}$ 是比 $\frac{1}{3^n}$ 低阶的无穷小.

同步训练 1-4

1. (1) -9；(2) $\frac{1}{2}$；(3) $\frac{2}{5}$；(4) ∞；(5) $-\frac{1}{2}$；(6) ∞；(7) $\frac{2^{20} \cdot 3^{30}}{5^{50}}$；(8) 2；(9) $\frac{1}{2}$；(10) 0.

2. 1. 3. $a=2, b=-2$. 4. $\alpha=1, \beta=-1$.

同步训练 1-5

1. (1) 2；(2) $-\sqrt{2}$；(3) 1；(4) x；(5) 0；(6) $e^{\frac{1}{2}}$；(7) e^{-2}；(8) e^2；(9) e^{2n}；(10) e^2；(11) $\frac{1}{4}$；(12) -2. 2. 略. 3. (1) $-\frac{1}{6}$；(2) $\frac{1}{4}\ln 3$.

同步训练 1-6

1. $\Delta y \approx -0.051$.

2. (1) $x=2$ 是第二类间断点，$x=1$ 是可去间断点，补充定义 $f(1)=-2$；(2) $x=0$ 是可去间断点，改变定义 $f(0)=0$；(3) $x=1$ 是跳跃间断点.

3. (1) $a=1$；(2) $a=1, b=1$.

同步训练 1-7

1. (1) 连续区间：$(-\infty,-3),(-3,2),(2,+\infty)$，$\lim_{x\to 0}f(x)=f(0)=\frac{1}{2}$；(2) 连续区间：$(0,1]$，$\lim_{x\to \frac{1}{2}}f(x)=f\left(\frac{1}{2}\right)=\ln\frac{\pi}{6}$；(3) 连续区间：$(-\infty,0),(0,+\infty)$，$\lim_{x\to 0}f(x)$ 不存在.

2. (1) a；(2) $\frac{2}{\pi}$；(3) 1；(4) 1. 3. $k=2$. 4. 略.

能力训练一

一、1. $(-\infty,1)\cup(2,+\infty)$. 2. $[-\sqrt{2},\sqrt{2}]$. 3. $\frac{\pi}{4}+1$. 4. x^2-3x+1. 5. 2. 6. $-\infty$.
7. 3. 8. $x_1=-1, x_2=3$. 9. $\{(x,y)\mid x^2-y^2>0\}$. 10. 0.

二、11. A. 12. C. 13. D. 14. B. 15. A. 16. B. 17. B. 18. B. 19. A.

三、20. $\frac{1}{4}$. 21. $-\frac{1}{2}$. 22. $\frac{2}{5}$. 23. $\frac{3}{2}$. 24. e^{-5}. 25. $\frac{3}{5}$. 26. $\frac{1}{2}$. 27. 0. 28. $\frac{1}{e}$.
29. $n=3, a=2$. 30. -10.

四、31. 因为 $f(2^-)=4, f(2^+)=4$，而 $f(2)=1\neq 4$，故 $x=2$ 是函数的可去间断点.
32. 因为 $f(0^-)=-1, f(0^+)=1$，故 $x=0$ 是函数的跳跃间断点.

五、33. 证明略.

第二章 导数与微分

同步训练 2-1

1. $\frac{1}{4}$, $x-4y+4=0$. 2. (1) $-f'(x_0)$；(2) $(\alpha+\beta)f'(x_0)$；(3) $f'(x_0)$.

3. (1) $-2x^{-3}$；(2) $-\frac{1}{2}x^{-\frac{3}{2}}$；(3) $\frac{16}{5}x^{\frac{11}{5}}$；(4) $\frac{1}{8}x^{-\frac{7}{8}}$；(5) $\frac{1}{x\ln 2}$；(6) 0.

4. 3(m/s). 5. $a=2, b=-1$. 6. $\varphi(a)$.

同步训练 2-2

1. (1) $\frac{2}{3\sqrt{x}}+\frac{3}{x^4}$；(2) $2(9x^2+7x+1)$；(3) $\frac{1+\cos x+\sin x}{(1+\cos x)^2}$；(4) $\sec x\tan x\log_2 x+\frac{2+\sec x}{x\ln 2}$；

(5) $\tan x + x\sec^2 x - \csc^2 x$; (6) $2\cos 2x + \dfrac{1}{x}$.

2. (1) $\dfrac{\sqrt{2}}{2}\left(\dfrac{\pi}{4} - 1\right)$; (2) $-\dfrac{1}{18}$. 3. (1) $v(t) = v_0 - gt$; (2) $t = \dfrac{v_0}{g}$.

同步训练 2-3

1. (1) $8(2x+5)^3$; (2) $\dfrac{\ln x}{x\sqrt{1+\ln^2 x}}$; (3) $2x\sin\dfrac{1}{x} - \cos\dfrac{1}{x}$; (4) $\dfrac{2x}{1+x^4}$; (5) $-\dfrac{1}{2}e^{-\frac{x}{2}} \cdot (\cos 3x + 6\sin 3x)$; (6) $\dfrac{1}{2\sqrt{x-x^2}}$; (7) $\csc x$; (8) $\dfrac{x\arccos x - \sqrt{1-x^2}}{(1-x^2)^{\frac{3}{2}}}$; (9) $\csc x$.

2. (1) $2xf'(x^2)$; (2) $\sin 2x[f'(\sin^2 x) - f'(\cos^2 x)]$. 3. $-k(T_0 - T_1)e^{-kt}$. 4. $\dfrac{2}{5}$; $\dfrac{2}{5}$.

5. 1; 0. 6. $\dfrac{\partial z}{\partial x} = xe^{x^3-y^3}(2+3x^3+3xy^2), \dfrac{\partial z}{\partial y} = ye^{x^3-y^3}(1-x^2-y^2)$.

7. $\dfrac{\partial z}{\partial x} = 3x^2\sin y\cos y(\cos y - \sin y), \dfrac{\partial z}{\partial y} = x^3(-2\sin^2 y\cos y + \sin^3 y + \cos^3 y - 2\sin y\cos^2 y)$.

8. $\dfrac{\partial z}{\partial y} = \dfrac{y^2}{x^2(x-y)} - \dfrac{2y^2}{x^3}\ln(x-y), \dfrac{\partial z}{\partial y} = \dfrac{2y}{x^2}\ln(x-y) - \dfrac{y^2}{x^2(x-y)}$.

9. $\dfrac{dz}{dt} = e^{\sin t - 2t^3}(\cos t - 6t^2)$.

10. $\dfrac{\partial z}{\partial x} = (x+2y)^{x+2y}[1+\ln(x+2y)], \dfrac{\partial z}{\partial y} = (x+2y)^{x+2y}[1+\ln(x+2y)]$.

11. $\dfrac{\partial u}{\partial x} = 2xf_1' + ye^{xy}f_2', \dfrac{\partial u}{\partial y} = -2yf_1' + xe^{xy}f_2'$.

同步训练 2-4

1. (1) $-\dfrac{2(1+x^2)}{(1-x^2)^2}$; (2) $-2e^{-x}\cos x$; (3) $-\dfrac{a^2}{(a^2-x^2)^{\frac{3}{2}}}$; (4) $4e^{2x-1}$.

2. (1) $2f'(x^2) + 4x^2 f''(x^2)$; (2) $\dfrac{f''(x)f(x) - [f'(x)]^2}{[f(x)]^2}$.

3. (1) $a^n e^{ax}$; (2) $(n+x)e^x$; (3) $y' = \ln x + 1, y^{(n)} = (-1)^n(n-2)!\, x^{-n+1}\ (n \geqslant 2)$;

(4) $2^{n-1}\sin\left[2x + (n-1)\dfrac{\pi}{2}\right]$.

4. (1) $\dfrac{\partial^2 z}{\partial x^2} = -\dfrac{1}{4}\sqrt{\dfrac{y}{x^3}}, \dfrac{\partial^2 z}{\partial y^2} = -\dfrac{1}{4}\sqrt{\dfrac{x}{y^3}}, \dfrac{\partial^2 z}{\partial x \partial y} = \dfrac{1}{4\sqrt{xy}} = \dfrac{\partial^2 z}{\partial y \partial x}$;

(2) $\dfrac{\partial^2 z}{\partial x^2} = 2y(2x^2 y + 1)e^{x^2 y}, \dfrac{\partial^2 z}{\partial x \partial y} = \dfrac{\partial^2 z}{\partial y \partial x} = 2x(x^2 y + 1)e^{x^2 y}, \dfrac{\partial^2 z}{\partial y^2} = x^4 e^{x^2 y}$;

(3) $\dfrac{\partial^2 z}{\partial x^2} = \dfrac{2xy}{(x^2+y^2)^2}, \dfrac{\partial^2 z}{\partial y^2} = \dfrac{2xy}{(x^2+y^2)^2}, \dfrac{\partial^2 z}{\partial x \partial y} = \dfrac{\partial^2 z}{\partial y \partial x} = \dfrac{y^2-x^2}{(x^2+y^2)^2}$;

(4) $\dfrac{\partial^2 z}{\partial x^2} = -\cos(x^2 y) \cdot 4x^2 y^2 - \sin(x^2 y) \cdot 2y, \dfrac{\partial^2 z}{\partial y^2} = -x^4 \cos(x^2 y)$,

$\dfrac{\partial^2 z}{\partial x \partial y} = \dfrac{\partial^2 z}{\partial y \partial x} = -4x^3 \cos(x^2 y) + 2x^5 y\sin(x^2 y)$.

5. 略.

同步训练 2-5

1. $\Delta x = 0.110601, dy = 0.11$.

2. (1) $dy = \dfrac{-x}{\sqrt{1-x^2}}dx$; (2) $dy = 2x(1+x)e^{2x}dx$; (3) $(x^2+1)^{-3/2}dx$;

(4) $dy = 8x\tan(1+2x^2)\sec^2(1+2x^2)dx$; (5) $dy = \cot x\, dx$; (6) $dS = A\omega\cos(\omega t + \varphi)dt$.

3. (1) $\dfrac{3}{2}x^2+C$; (2) $2\sqrt{x}+C$; (3) $\dfrac{1}{2}\sin 2x+C$; (4) $-\dfrac{1}{2}e^{-2x}+C$.

4. $dz=0.04$.

5. (1) $dz=ye^{xy}dx+xe^{xy}dy$;

   (2) $dz=\left(2xy+\dfrac{1}{y^2}\right)dx+\left(x^2-\dfrac{2x}{y^3}\right)dy$;

   (3) $dz=yx^{y-1}dx+x^y\ln x\,dy$;

   (4) $dz=\dfrac{2x}{x^2+y^2}dx+\dfrac{2y}{x^2+y^2}dy$;

   (5) $dz=[\cos(x-y)-x\sin(x-y)]dx+x\sin(x-y)dy$;

   (6) $du=x^{yz}\left(\dfrac{yz}{x}dx+z\ln x\,dy+y\ln x\,dz\right)$.

同步训练 2-6

1. (1) 0.795; (2) 0.87476; (3) 9.9867.   2. 略.   3. 2.23cm.   4. 1.08.

同步训练 2-7

1. (1) $\dfrac{y}{y-x}$; (2) $\dfrac{e^y}{1-xe^y}$; (3) $\dfrac{1+y^2}{2+y^2}$; (4) $\dfrac{e^{x+y}-y}{x-e^{x+y}}$.

2. (1) $\left(\dfrac{x}{1+x}\right)^x\left(\ln\dfrac{x}{1+x}+\dfrac{1}{1+x}\right)$; (2) $\dfrac{x^4+6x^2+1}{3x(1-x^4)}\sqrt[3]{\dfrac{x(x^2+1)}{(x^2-1)^2}}$.

3. (1) $\dfrac{\cos\theta-\theta\sin\theta}{1-\sin\theta-\theta\cos\theta}$; (2) -1; (3) $2(1+t^2)$; (4) $\dfrac{1}{f''(t)}$.

4. (1) $\dfrac{dy}{dx}=\dfrac{x+y}{x-y}$;

   (2) $\dfrac{\partial z}{\partial x}=-\dfrac{yz}{xy+z^2},\ \dfrac{\partial z}{\partial y}=-\dfrac{xz}{xy+z^2},\ \dfrac{\partial^2 z}{\partial x\partial y}=-\dfrac{z(z^4+2xyz^2-x^2y^2)}{(xy+z^2)^3}$;

   (3) $\dfrac{\partial z}{\partial x}=\dfrac{yz-\sqrt{xyz}}{2\sqrt{xyz}-xy},\ \dfrac{\partial z}{\partial y}=\dfrac{yz-2\sqrt{xyz}}{2\sqrt{xyz}-xy}$.

5. 略.

6. $dz=-\dfrac{c^2x}{a^2z}dx-\dfrac{c^2y}{b^2z}dy$.

7. (1) $\dfrac{\partial^2 z}{\partial x^2}=f_{11}''+\dfrac{2}{y}f_{12}''+\dfrac{1}{y^2}f_{22}'',\ \dfrac{\partial^2 z}{\partial x\partial y}=-\dfrac{x}{y^2}\left(f_{12}''+\dfrac{1}{y}f_{22}''\right)-\dfrac{1}{y^2}f_2'$,

   $\dfrac{\partial^2 z}{\partial y^2}=\dfrac{2x}{y^3}f_2'+\dfrac{x^2}{y^4}f_{22}''$;

   (2) $\dfrac{\partial^2 z}{\partial x^2}=2yf_2'+y^4f_{11}''+4xy^3f_{12}''+4x^2yf_{22}''$,

   $\dfrac{\partial^2 z}{\partial x\partial y}=2yf_1'+2xf_2'+2xy^3f_{11}''+2x^3yf_{22}''+5x^2y^2f_{12}''$,

   $\dfrac{\partial^2 z}{\partial y^2}=2xf_1'+4x^2y^2f_{11}''+4x^3yf_{12}''+x^4f_{22}''$.

8. $\dfrac{\partial^2 z}{\partial x\partial y}=-2ye^xf_{21}''-4xyf_{22}''$.

能力训练二

一、1. 4.   2. $-\dfrac{5}{x^2}$.   3. 2.   4. $\dfrac{2}{x}\ln 2$.   5. $e^{-x}(x-2)$.   6. $2\sqrt{x}+C$.   7. $\dfrac{1}{5}\sin 5x+C$.

8. $y-1=\dfrac{1}{2}(x-1)$.   9. $6xy, 6xy, 3x^2+3y^2$.   10. 0, 2.

二、11. C.   12. A.   13. C.   14. A.   15. A.   16. B.   17. D.   18. A.   19. C.

三、20. (1) $\dfrac{\pi+1}{4}$; (2) $-2\sin 2x - \dfrac{3}{x}\ln^2 x$; (3) $y' \dfrac{2e^x}{(1-e^x)^2}$; (4) $(1+x^2)^{\sin x}\left[\cos x \ln(1+x^2) + \dfrac{2x\sin x}{1+x^2}\right]$; (5) $\dfrac{e^{x+y}-y}{x-e^{x+y}}$; (6) $\dfrac{\cos y - \cos(x+y)}{\cos(x+y)+x\sin y}$; (7) $-\tan t$; (8) 0.

21. (1) $(\ln x + 1)dx$; (2) $\dfrac{1}{\sqrt{1+x^2}}dx$.

22. (1) 36, 36; (2) $\dfrac{\partial^2 f}{\partial x^2}=2y$, $\dfrac{\partial^2 f}{\partial x \partial y}=\dfrac{\partial^2 f}{\partial y \partial x}=2y+2x$, $\dfrac{\partial^2 f}{\partial y^2}=2x$; (3) $\dfrac{\partial z}{\partial x}(2x+y)(x+2y)^{2x+y-1}+2(x+2y)^{2x+y}\ln(x+2y)$, $\dfrac{\partial z}{\partial y}=2(2x+y)(x+2y)^{2x+y-1}+(x+2y)^{2x+y}\ln(x+2y)$; (4) $\dfrac{dz}{dx}=e^{\sin x}\cos^2 x - e^{\sin x}\sin x$; (5) $\dfrac{\partial z}{\partial x}=\dfrac{yz}{z^2-xy}$, $\dfrac{\partial z}{\partial y}=\dfrac{xz}{z^2-xy}$.

四、23. $3x-4y+25=0$.

第三章 微分中值定理与导数的应用

同步训练 3-1

1. $\xi = \dfrac{\pi}{2}$. 2. (1) $\xi = \sqrt{\dfrac{4-\pi}{\pi}}$; (2) $\xi = \dfrac{9}{4}$.

3. 有分别位于区间 (1,2), (2,3) 及 (3,4) 内的三个根.

4~7. 略.

8. (1) 2; (2) 1; (3) -1; (4) -1; (5) $\dfrac{2}{\pi}$; (6) $\dfrac{1}{2}$; (7) 1; (8) e^2. 9. 略.

同步训练 3-2

1. (1) 单调增加区间 $(-\infty, 0]$, $[2, +\infty)$, 单调减少区间 $[0, 2]$; (2) 单调增加区间 $\left[\dfrac{1}{e}, +\infty\right)$, 单调减少区间 $\left(0, \dfrac{1}{e}\right]$; (3) 单调增加区间 $(-\infty, 1]$, 单调减少区间 $[1, +\infty)$; (4) 单调增加区间 $\left(-\infty, \dfrac{3}{4}\right]$, 单调减少区间 $\left[\dfrac{3}{4}, 1\right]$.

2. 略.

3. (1) 极小值 $y|_{x=e}=e$; (2) 无极值; (3) 极大值 $y|_{x=-1}=1$, 极小值 $y|_{x=0}=0$.

4. $a=-\dfrac{2}{3}, b=-\dfrac{1}{6}$. 在 $x_1=1$ 处取得极小值, 在 $x_2=2$ 处取得极大值.

5. (1) 最大值 $f(-1)=3$, 最小值 $f(1)=1$; (2) 最大值 $f(2)=1$; (3) 最大值 $f\left(-\dfrac{\pi}{4}\right)=\dfrac{1}{2}$, 最小值 $f(0)=0$.

6. 底半径 $r=\sqrt[3]{\dfrac{150}{\pi}}$ m, 高 $h=2\sqrt[3]{\dfrac{150}{\pi}}$ m.

7. (1) 极大值 $f(2,-2)=8$; (2) 极小值 $f(2,2)=-8$, 极大值 $f(0,0)=0$; (3) 极大值 $f(0,0)=0$; (4) 极小值 $f\left(\dfrac{1}{2},-1\right)=-\dfrac{e}{2}$.

8. 极小值 $z=\dfrac{a^2 b^2}{a^2+b^2}$. 9. $2\sqrt{A}$. 10. 长、宽、高各为 2 时, 长方体体积最大.

11. 最大利润 $L(6,9)=3735$.

同步训练 3-3

1. (1) 凸区间 $(-\infty, b]$, 凹区间 $[b, +\infty)$, 拐点 (b, a); (2) 凸区间 $(-\infty, -1], [1, +\infty)$, 凹区间 $[-1, 1]$, 拐点 $(-1, \ln 2), (1, \ln 2)$; (3) 凸区间 $\left[\dfrac{1}{2}, +\infty\right)$, 凹区间 $\left(-\infty, \dfrac{1}{2}\right]$, 拐点 $\left(\dfrac{1}{2}, e^{\arctan \frac{1}{2}}\right)$;

(4) 凸区间$(-\infty,2]$,凹区间$[2,+\infty)$,拐点$(2,2e^{-2})$.

2. $a=-3$,凸区间$(-\infty,1]$,凹区间$[1,+\infty)$,拐点$(1,-7)$.　3. $a=-\dfrac{3}{2},b=\dfrac{9}{2}$.　4. 略.

能力训练三

一、1. $\dfrac{\sqrt{3}}{3}$.　2. $(-2,1)$.　3. -2.　4. $1,3$.　5. 1.　6. 1.　7. $x=-3$ 和 $x=1$.　8. $(-2,2)$.

二、9. D.　10. C.　11. B.　12. D.　13. D.　14. A.　15. C.

三、16. $\dfrac{1}{2}$.　17. $-\dfrac{1}{2}$.　18. 0.　19. 1.

四、20. 单调增加区间为$(-\infty,-1),(3,+\infty)$,单调减少区间为$(-1,3)$;当$x=-1$时,y的极大值6,当$x=3$时,y的极小值为-26.

21. 在区间$(-\infty,-1)$内,曲线是凸的;在$(-1,+\infty)$内曲线是凹的,拐点为$(-1,2)$.

22. 当正面长为10m、侧面长为15m时所用的材料费最少.

23. $(2,-2)$为极大值点,其极大值为10.

第四章　不定积分

同步训练　4-1

1. (1) $-\dfrac{2}{3x\sqrt{x}}+C$;　(2) $\dfrac{1}{2}x^2-3x+3\ln|x|+\dfrac{1}{x}+C$;　(3) $\dfrac{2^x}{\ln 2}+\tan x+C$;

(4) $3\arctan x-2\arcsin x+C$;　(5) $\dfrac{4(x^2+7)}{7\sqrt[4]{x}}+C$;　(6) $\dfrac{x+\sin x}{2}+C$;　(7) $\dfrac{1}{2}\tan x+C$;

(8) $-(\cot x+\tan x)+C$.

2. $y=\ln|x|+1$.　3. x^2+C.　4. $s(t)=\dfrac{52}{15}t^2\sqrt{t}+25t+100$.

同步训练　4-2

1. (1) $-\dfrac{1}{8}(3-2x)^4+C$;　(2) $\dfrac{1}{2}e^{2x-3}+C$;　(3) $-\dfrac{1}{2}(2-3x)^{\frac{2}{3}}+C$;

(4) $\dfrac{1}{3}\ln|1+x^3|+C$;　(5) $-\dfrac{1}{2}e^{-x^2}+C$;　(6) $\ln\ln x+C$;　(7) $-\dfrac{1}{3}(2-3x^2)^{\frac{1}{2}}+C$;

(8) $-2\sqrt{1-x^2}-\arcsin x+C$;　(9) $\sin x-\dfrac{1}{3}\sin^3 x+C$;　(10) $\dfrac{3}{8}(1+x^2)^{\frac{4}{3}}+C$;

(11) $\ln|1+\tan x|+C$;　(12) $e^{x+\frac{1}{x}}+C$;　(13) $-\cos e^x+C$;　(14) $\arctan e^x+C$;

(15) $x+\ln|x^2-2x+2|+C$;　(16) $\dfrac{1}{2}(\arctan x)^2+C$.

2. (1) $(\arctan\sqrt{x})^2+C$;　(2) $\dfrac{3}{2}\{(x+1)^{\frac{2}{3}}-2(x+1)^{\frac{1}{3}}+\ln[1+(x+1)^{\frac{1}{3}}]^2\}+C$;

(3) $\dfrac{1}{2}\ln\left|\dfrac{2-\sqrt{4-x^2}}{x}\right|+C$;　(4) $\dfrac{x}{\sqrt{1+x^2}}-\dfrac{x^3}{3(1+x^2)\sqrt{1+x^2}}+C$;　(5) $\arccos\dfrac{1}{x}+C$;

(6) $\ln\left|\dfrac{\sqrt{1+e^x}-1}{\sqrt{1+e^x}+1}\right|+C$.

3. $F(e^x)+C$.　4. $\dfrac{1}{x}+C$.　5. (1) $x\arccos x-\sqrt{1-x^2}+C$;　(2) $2e^{\sqrt{x}}(\sqrt{x}-1)+C$;

(3) $x\ln(1+x^2)-2x+2\arctan x+C$;　(4) $\dfrac{1}{2}e^{-x}(\sin x-\cos x)+C$;

(5) $\dfrac{1}{4}x^2-\dfrac{1}{4}x\sin 2x-\dfrac{1}{8}\cos 2x+C$;　(6) $xf'(x)-f(x)+C$;

(7) $x\tan x+\ln|\cos x|-\dfrac{x^2}{2}+C$; (8) $\dfrac{x}{2}[\sin(\ln x)-\cos(\ln x)]+C$.

6. $\dfrac{x\cos x-2\sin x}{x}+C$.

同步训练 4-3

1. (1) $\dfrac{1}{x+1}+\dfrac{1}{2}\ln|x^2-1|+C$; (2) $\ln\dfrac{x+1}{\sqrt{x^2-x+1}}+\sqrt{3}\arctan\dfrac{2x-1}{\sqrt{3}}+C$;

(3) $-\dfrac{1}{4}\ln|x|-\dfrac{1}{2x}+\dfrac{1}{4}\ln|x+2|+C$; (4) $-\dfrac{x^2}{2}-8\ln|x^2-16|+C$;

(5) $\dfrac{x+1}{x^2+x+1}+\dfrac{4}{\sqrt{3}}\arctan\dfrac{2x+1}{\sqrt{3}}+C$;

(6) $\dfrac{1}{3}x^3+\dfrac{1}{2}x^2+x+8\ln|x|-4\ln|x+1|-3\ln|x-1|+C$.

2. (1) $-\dfrac{\cos x}{2\sin^2 x}+\dfrac{1}{2}\ln\left|\tan\dfrac{x}{2}\right|+C$; (2) $\dfrac{1}{\sqrt{21}}\ln\left|\dfrac{\sqrt{3}\tan\dfrac{x}{2}+\sqrt{7}}{\sqrt{3}\tan\dfrac{x}{2}-\sqrt{7}}\right|+C$;

(3) $\dfrac{1}{6}\cos^5 x\sin x+\dfrac{5}{24}\cos^3 x\sin x+\dfrac{5}{8}\left(\dfrac{x}{2}+\dfrac{1}{4}\sin 2x\right)+C$;

(4) $-\dfrac{\sqrt{2x+3}}{x}+\dfrac{1}{\sqrt{3}}\ln\left|\dfrac{\sqrt{2x+3}-\sqrt{3}}{\sqrt{2x+3}+\sqrt{3}}\right|+C$.

能力训练四

一、1. $2x$. 2. $-\sin\dfrac{1}{x}+C$. 3. $2e^{2x}$. 4. $e^{x^3}+C$. 5. $\ln(x-1)+C$. 6. $-xe^{-x}-e^{-x}+C$.

7. $x\cos x-\sin x+C$. 8. $1-\ln x+C$.

二、9. C. 10. C. 11. A. 12. B. 13. D. 14. B. 15. A.

三、16. $x^3-2x-\dfrac{1}{x}+C$. 17. $-\dfrac{1}{x}-\arctan x+C$. 18. $\tan x-x+C$. 19. $\dfrac{1}{4}\sin^4 x+C$.

20. $\dfrac{1}{3}(1+x^2)^{\frac{3}{2}}+C$. 21. $2\sin\sqrt{x}+C$. 22. $(\sqrt{x-1}-\arctan\sqrt{x-1})+C$. 23. $2\sqrt{x+1}-2\ln|1+\sqrt{1+x}|+C$. 24. $\dfrac{1}{2}xe^{2x}-\dfrac{1}{4}e^{2x}+C$. 25. $x\sin x+\sqrt{1-x^2}+C$.

四、26. $\dfrac{1}{4}\cos 2x-\dfrac{\sin 2x}{4x}+C$.

第五章 定积分

同步训练 5-1

1. $\int_0^l \rho(x)dx$. 2. (1) $\int_0^1 e^x dx \geqslant \int_0^1 e^{x^2}dx$; (2) $\int_1^e x dx \geqslant \int_1^e \ln(1+x)dx$. 3. 略.

同步训练 5-2

1. $\Phi'(1)=\cos^2 1, \Phi'(\pi)=\pi$.

2. (1) $\dfrac{\pi}{3}$; (2) $\dfrac{16}{77}$; (3) $\dfrac{\pi}{2}$; (4) $\dfrac{5}{2}$; (5) $\dfrac{29}{6}$; (6) $\dfrac{2e-1}{1+\ln 2}$; (7) $1-\dfrac{\pi}{4}$; (8) $1+\dfrac{\pi}{4}$.

3. 极小值 $I(0)=0$. 4. (1) $\dfrac{1}{2}$; (2) -2. 5. $2g$.

同步训练 5-3

1. (1) $\dfrac{32}{3}$; (2) $\dfrac{1}{2}\ln 5$; (3) $\dfrac{2}{9}$; (4) $e-1$; (5) $1-e^{-\frac{1}{2}}$; (6) $2(\sqrt{3}-1)$; (7) $-\dfrac{3}{4}e^{-2}+\dfrac{1}{4}$;

(8) $\frac{\pi}{4}-\frac{1}{2}$;(9) $\frac{8}{3}$;(10) 10. 2. 略. 3. $1-\frac{2}{e}$. 4. 略.

同步训练 5-4

1. (1) $\frac{1}{3}$;(2) $\frac{1}{a}$;(3) $\frac{\pi}{4}+\frac{1}{2}\ln 2$;(4) 1;(5) 0;(6) 发散;(7) $\frac{\pi}{2}$;(8) $2\frac{2}{3}$.

2. 当 $k>1$ 时级数收敛于 $\frac{1}{(k-1)(\ln 2)^{k-1}}$;当 $k\leqslant 1$ 时级数发散.

能力训练五

一、1. $2xe^{x^2}$. 2. 2. 3. $3x+\sin x$. 4. 0. 5. $\frac{1}{2}$. 6. 2. 7. 1. 8. $f(\xi)$.

二、9. B. 10. B. 11. C. 12. C. 13. A. 14. A. 15. B.

三、16. $\frac{14}{3}$. 17. $\ln\frac{5}{2}$. 18. $\frac{1}{2}$. 19. $1-\frac{\pi}{4}$. 20. $\frac{1}{6}$. 21. 1. 22. $\frac{1+e^2}{4}$. 23. $\frac{116}{15}$.

24. 1. 25. $2(2-\ln 3)$.

四、26. 提示:$1^2+2^2+3^2+\cdots+n^2=\frac{1}{6}n(n+1)(2n+1)$.

第六章 定积分与二重积分及其应用

同步训练 6-1

1. (1) $e+\frac{1}{e}-2$;(2) $b-a$;(3) $\frac{8}{3}$;(4) $\frac{7}{6}$. 2. $3\pi a^2$. 3. $\frac{3}{2}\pi a^2$. 4. $\frac{5\pi}{4}-2, 2-\frac{\pi}{4}$.

同步训练 6-2

1. $\frac{64}{3}$. 2. (1) $\frac{3}{10}\pi$;(2) $\frac{8}{5}\pi$;(3) $5\pi^2 a^3$. 3. $\frac{\pi}{30}$. 4. (1) $1+\frac{1}{2}\ln\frac{3}{2}$;(2) 4;(3) $6a$. 5. 略.

同步训练 6-3

1. $\frac{9}{5}k$(k 为比例常数). 2. 0.5(J). 3. 26.13(N). 4. 104.53(N).

同步训练 6-4

1. $\iint\limits_{D}\sqrt{a^2-x^2-y^2}d\sigma$,其中 $D: x^2+y^2\leqslant a^2$. 2. (1) 24;(2) 6π;(3) 21π.

3. $\iint\limits_{D}\ln(x+y)d\sigma\geqslant\iint\limits_{D}[\ln(x+y)]^2 d\sigma$. 4. $2\leqslant\iint\limits_{D}(x+y+1)d\sigma\leqslant 8$.

同步训练 6-5

1. (1) $\frac{1}{24}$;(2) $\frac{9}{4}$;(3) $\frac{26}{105}$;(4) $\frac{1}{2}(1-\cos 4)$;(5) $1-\cos 1$.

2. (1) $\int_0^1 dx\int_x^1 f(x,y)dy$;(2) $\int_0^1 dx\int_x^{\sqrt{x}} f(x,y)dy$;

(3) $\int_0^1 dy\int_{e^y}^e f(x,y)dx$;(4) $\int_0^1 dy\int_0^{y^2} f(x,y)dx+\int_1^2 dy\int_0^{2-y} f(x,y)dx$;

(5) $\int_0^2 dy\int_{\frac{y}{2}}^y f(x,y)dx+\int_2^4 dy\int_{\frac{y}{2}}^2 f(x,y)dx$.

3. (1) $\frac{5}{4}\pi$;(2) $\pi(e-1)$;(3) $\frac{16}{9}$;(4) $\frac{3\pi^2}{16}$;(5) π.

4. (1) $\frac{1}{2}\left(1-\frac{1}{e}\right)$;(2) $\frac{16}{9}a^3$;(3) $\frac{1}{2}$.

同步训练 6-6

1. $\frac{32}{3}\pi$. 2. $\frac{16}{3}$. 3. $4\sqrt{3}R^3$. 4. $4\pi a^2$. 5. $\frac{4}{3}$. 6. (1,2). 7. $\frac{16}{105}$. 8. $f(x,y)=x+\frac{1}{2}y$.

能力训练六

一、1. $\dfrac{4}{3}$. 2. $\dfrac{1}{3}$. 3. $\dfrac{9}{2}$. 4. $\dfrac{1}{2}$. 5. $\dfrac{15}{2}\pi$. 6. $\dfrac{128}{7}\pi$. 7. $(e^2-1)^2$. 8. 0. 9. 9.

10. $\dfrac{\pi}{4}(e-1)$.

二、11. B. 12. D. 13. B. 14. D. 15. A. 16. B. 17. C. 18. D. 19. D. 20. B.

三、21. $\dfrac{32}{3}$. 22. 1. 23. $\dfrac{16}{3}$. 24. (1) $\dfrac{1}{12}$;(2) $\dfrac{\pi}{30}$. 25. $V_x = \dfrac{64\pi}{15}, V_y = \dfrac{8\pi}{3}$. 26. $\dfrac{\pi^2}{2}$.

27. (1) $y=4$;(2) $\dfrac{8}{3}$;(3) $\dfrac{224}{15}\pi$. 28. (1) $\dfrac{16}{3}$;(2) $\dfrac{512}{15}\pi$.

四、29. $\dfrac{1}{12}$. 30. $\dfrac{20}{3}$. 31. $\dfrac{15}{4}\pi$. 32. 提示:令 $A = \iint\limits_{D} f(u,v)\mathrm{d}u\mathrm{d}v$,则对 $f(x,y)=x+Ay$ 两边积分,

可得 $f(x,y) = x + \dfrac{1}{2}y$.

第七章 微分方程

同步训练 7-1

1. (1) 一阶;(2) 三阶;(3) 二阶;(4) 五阶.

2. 略. 3. $y=3\mathrm{e}^{-x}+x-1$. 4. $a=-1, b=-2$. 5. $y=x^3+1$.

同步训练 7-2

1. (1) $y=C\mathrm{e}^{x^2}$; 　　　　　　　　　　(2) $10^{-y}+10^x=C$;

　(3) $y=\mathrm{e}^{Cx}$; 　　　　　　　　　　　(4) $y=-\dfrac{x}{x+C}$.

2. (1) $\mathrm{e}^y=\dfrac{1}{2}(1+\mathrm{e}^{2x})$; 　　　　　　(2) $y=2x$;

　(3) $y=\mathrm{e}^x+1$; 　　　　　　　　　(4) $y^2=\ln(1+\mathrm{e}^x)^2+1-\ln 4$.

3. (1) $y=\mathrm{e}^{-x}(x+C)$; 　　　　　　　(2) $y=\left(\dfrac{x^2}{2}+C\right)\mathrm{e}^{-x^2}$;

　(3) $y=2+C\mathrm{e}^{-x^2}$; 　　　　　　　　(4) $y=(x+C)\mathrm{e}^{-\sin x}$.

4. (1) $y=7\mathrm{e}^{-\frac{x}{2}}+3$; 　　　　　　　(2) $y=5x-2$;

　(3) $y=\dfrac{1}{2}(x+1)^4$; 　　　　　　　(4) $y=(x+1)\mathrm{e}^{-\sin x}$.

5. $f(x)=\dfrac{1}{2}\mathrm{e}^{-2x}+x-\dfrac{1}{2}$. 　　　　　6. $y=\sin x$.

同步训练 7-3

1. (1) $y=\dfrac{1}{4}\mathrm{e}^{2x}+C_1 x+C_2$; 　　　　(2) $y=-\dfrac{1}{8}\sin 2x+C_1 x^2+C_2 x+C$;

　(3) $y=\dfrac{1}{9}x^3+C_1\ln x+C_2$; 　　　(4) $y=C_1\left(x+\dfrac{1}{3}x^3\right)+C_2$;

　(5) $y=C_1+C_2\mathrm{e}^{-2x}$; 　　　　　　　(6) $y=-\ln\cos(x+C_1)+C_2$.

2. (1) $y=\dfrac{1}{9}x^3+\dfrac{8}{9}$; 　　　　　　　(2) $y=\dfrac{1}{2}x^2+2x+1$;

　(3) $y=\dfrac{1}{2}(x^2-1)$.

同步训练 7-4

1. (1) $y=C_1\mathrm{e}^{3x}+C_2\mathrm{e}^{-3x}$; 　　　　　(2) $y=\mathrm{e}^{-3x}(C_1\cos 2x+C_2\sin 2x)$;

　(3) $y=(C_1+C_2 x)\mathrm{e}^x$; 　　　　　　　(4) $y=C_1\mathrm{e}^{2x}+C_2\mathrm{e}^{-\frac{4}{3}x}$;

(5) $y=e^{-\frac{x}{2}}(C_1\cos 2x+C_2\sin 2x)$; (6) $S=(C_1+C_2 t)e^{5t}$.

2. (1) $y=4e^x+2e^{3x}$; (2) $y=(3+18x)e^{-6x}$;
   (3) $y=3e^{-2x}\sin 5x$.

3. (1) $y=C_1 e^{-x}+C_2 e^{2x}-2e^x$; (2) $y=C_1 e^{3x}+C_2 e^{-x}-\frac{1}{3}x-\frac{1}{9}$;
   (3) $y=C_1\cos x+C_2\sin x-\frac{2}{3}\sin 2x$;
   (4) $y=e^{-x}(C_1\cos x+C_2\sin x)+\frac{1}{5}\cos x+\frac{2}{5}\sin x$.

能力训练七

一、1. $y=e^{x^2}$. 2. $y=\frac{1}{4}e^{2x}+C_1 x+C_2$. 3. $y=e^{-x}(C_1\cos x+C_2\sin x)$. 4. $a=-1,b=-2$.

5. $y=-\frac{2}{3}+ce^{\frac{3}{2}x^2}$. 6. $y=1-xe^{-x}$. 7. $y''+3y'+2y=0$.

二、8. C. 9. C. 10. D. 11. C. 12. A. 13. A.

三、14. (1) $y=e^{-x}(x+1)$; (2) $x^2+y^2=25$.

四、15. (1) $y=\dfrac{1}{\ln(C\sqrt{1+x^2})}$ (C 为任意常数);

(2) $-\cos x+\dfrac{\sin x}{x}+\dfrac{C}{x}$ (C 为任意常数);

(3) $-\dfrac{2}{3}+Ce^{\frac{3}{2}x^2}$ (C 为任意常数);

(4) $y=C_2 e^{C_1 x}$ (C_1,C_2 为任意常数);

(5) $y=C_1 e^{-2x}+C_2 e^x$ (C_1,C_2 为任意常数);

(6) $y=(C_1+C_2 x)e^x$ (C_1,C_2 为任意常数);

(7) $y=\dfrac{1}{2}x^2-x+C_1+C_2 e^{-x}$ (C_1,C_2 为任意常数).

16. $f(x)=\dfrac{1}{2}e^{-2x}+x-\dfrac{1}{2}$.

第八章 向量代数与空间解析几何

同步训练 8-1

1~2. 略.

3. (1) 5; (2) $3\sqrt{5}$. 4. $(-2,0,0)$ 或 $(-4,0,0)$. 5. 略. 6. $(5,-1,-3)$.

7. $\{3,-9,6\}$; $\{4,-6,-10\}$. 8. $m=15, n=-\dfrac{1}{5}$.

9. 2; $\cos\alpha=-\dfrac{1}{2}$, $\cos\beta=\dfrac{1}{2}$, $\cos\gamma=-\dfrac{\sqrt{2}}{2}$; $\alpha=\dfrac{2\pi}{3}$, $\beta=\dfrac{\pi}{3}$, $\gamma=\dfrac{3\pi}{4}$.

10. $\left\{-\dfrac{2}{\sqrt{6}},\dfrac{1}{\sqrt{6}},\dfrac{1}{\sqrt{6}}\right\}$. 11. 2. 12. $M(-2,3,0)$.

同步训练 8-2

1. (1) -6; (2) -61; (3) $\sqrt{13}$. 2. (1) -3; (2) 31; (3) $\dfrac{3}{4}\pi$. 3. -18. 4. $\{4,2,-4\}$.

5. (1) $\{8,5,-1\}$; (2) $3\sqrt{10}$. 6. (1) $-\dfrac{26}{3}$; (2) $\dfrac{2}{3}$. 7. $\pm\dfrac{1}{\sqrt{6}}\{2,1,-1\}$. 8. $\dfrac{1}{2}\sqrt{1562}$.

9. 24. 10. $\dfrac{\pi}{3}$. 11. $-\dfrac{3}{2}$. 12. 2.

同步训练 8-3

1. $x+2y-z-2=0$.   2. $3x+5y+7z-100=0$.   3. $x+11y+3z-38=0$.   4. $\dfrac{x}{4}+\dfrac{y}{2}+\dfrac{z}{4}=1$.

5. (1) $k=18, m=-\dfrac{2}{3}$;(2) $k=6$.   6. $9y-z-2=0$.   7. $x+y+3z-6=0$.   8. (1) 3;(2) 2.

9. (1) 2;(2) 1.   10. $\dfrac{x-4}{2}=\dfrac{y+1}{1}=\dfrac{z-3}{5}$.   11. $\dfrac{x+1}{3}=\dfrac{y-2}{-1}=\dfrac{z-1}{1}$.

12. $\dfrac{x-1}{-2}=\dfrac{y-1}{1}=\dfrac{z-1}{3}$; $\begin{cases} x=1-2t, \\ y=1+t, \\ z=1+3t. \end{cases}$

13. (1) $(2,-3,6)$;(2) 直线在平面上.   14. (1) 平行;(2) 垂直;(3) 直线在平面上.

15. (1) $\theta=\dfrac{\pi}{3}$;(2) $\theta=\dfrac{\pi}{4}$.

同步训练 8-4

1. (1) 直线;平面.(2) 抛物线;抛物柱面.(3) 椭圆;椭圆柱面.(4) 双曲线;双曲柱面.

2. $y^2+z^2=4x$.   3. $x^2+y^2+z^2-2x-6y+4z=0$.

4. (1) 球心 $\left(-2,1,-\dfrac{1}{2}\right)$,半径为 2.

   (2) 球心 $\left(0,0,\dfrac{1}{4}\right)$,半径为 $\dfrac{1}{4}$.

5. 绕 x 轴旋转的方程为:$4x^2+9y^2+9z^2=36$;

   绕 y 轴旋转的方程为:$4x^2+9y^2+4z^2=36$.

6. (1) 球面;(2) 双叶;双曲面;(3) 单叶双曲面;(4) 旋转抛物面;(5) 圆柱面;(6) 旋转椭球面;

   (7) 抛物柱面;(8) 椭球面.

7. $\begin{cases}\left(x-\dfrac{1}{2}\right)^2+y^2=\dfrac{5}{4}, \\ z=0.\end{cases}$ 8. $\begin{cases} x^2+2y^2-2y=0, \\ z=0.\end{cases}$

能力训练八

一、1. 3.   2. $\left\{\dfrac{6}{11},\dfrac{7}{11},-\dfrac{6}{11}\right\}$.   3. $x+y+z-6=0$.   4. $m=2$.   5. $\dfrac{x-4}{2}=\dfrac{y+2}{-3}+\dfrac{z-1}{1}$.

6. 表示母线平行于 z 轴的抛物柱面.   7. $-\dfrac{1}{3}$.

二、8. A.   9. B.   10. C.   11. D.   12. C.   13. D.   14. C.

三、15. $\lambda=2$.   16. $\overrightarrow{AB}=\{-1,-2,1\}$,$|\overrightarrow{AB}|=\sqrt{6}$,$\cos\alpha=-\dfrac{\sqrt{6}}{6}$,$\cos\beta=-\dfrac{\sqrt{6}}{3}$,$\cos\gamma=\dfrac{\sqrt{6}}{6}$.

17. $\sqrt{19}$.   18. -9,$-5i-j-k$.   19. $x-2y+3z+7=0$.   20. $x+5y-4z+1=0$.   21. $\dfrac{x-4}{6}=\dfrac{y+3}{1}=\dfrac{z-1}{-3}$.   22. $6x+3y+2z=12$.

四、23. 因为 $|\overrightarrow{AB}|^2+|\overrightarrow{AC}|^2=|\overrightarrow{BC}|^2$,所以它为直角三角形.

第九章 无穷级数

同步训练 9-1

1. (1) 收敛;(2) 发散;(3) 发散;(4) 收敛;(5) 收敛;(6) 发散;(7) 发散;(8) 发散.

2. (1) 发散;(2) 收敛;(3) 发散.   3. 9.

同步训练 9-2

1. (1) 发散；(2) 收敛；(3) 收敛；(4) 收敛；(5) 发散；(6) 收敛.
2. (1) 收敛；(2) 收敛；(3) 发散；(4) 收敛；(5) 收敛；(6) 收敛.
3. (1) 条件收敛；(2) 条件收敛；(3) 绝对收敛；(4) 绝对收敛；(5) 发散；(6) 发散.

同步训练 9-3

1. (1) $R=3,(-3,3)$；(2) $R=0,$ 点 $x=0$；(3) $R=+\infty,(-\infty,+\infty)$；
   (4) $R=1,[-1,1)$；(5) $R=2,(-1,3)$；(6) $R=2,(-2,2)$.

2. (1) $\dfrac{2x-x^2}{(1-x)^2}$；(2) $\dfrac{1}{2}\ln\dfrac{1+x}{1-x}$；(3) $\ln\dfrac{1}{1-x},\ln\dfrac{3}{2}$.

同步训练 9-4

1. (1) $\displaystyle\sum_{n=0}^{\infty}\dfrac{(-1)^n}{n}x^n,(-\infty,+\infty)$；

   (2) $\displaystyle\sum_{n=0}^{\infty}\dfrac{(\ln 2)^n}{n!}x^n,(-\infty,+\infty)$；

   (3) $2\ln 2+\displaystyle\sum_{n=1}^{\infty}(-1)^{n-1}\dfrac{x^n}{n^2-4^n},(-4,4]$；

   (4) $1+\displaystyle\sum_{n=1}^{\infty}(-1)^n\dfrac{(2x)^{2n}}{2(2n)!},(-\infty,+\infty)$.

2. $\displaystyle\sum_{n=0}^{\infty}(-1)^n\dfrac{1}{4^{n+1}}x^n,(-4,4]$.

3. $\displaystyle\sum_{n=0}^{\infty}(-1)^n\dfrac{(x-2)^n}{2^{n+1}},(0,4)$.

4. $\displaystyle\sum_{n=1}^{\infty}\dfrac{(-1)^{n-1}}{n}(x-1)^n,(0,2)$.

同步训练 9-5

1. $f(x)=\dfrac{1}{2}+\dfrac{2}{\pi}\left[\sin x+\dfrac{\sin 3x}{3}+\dfrac{\sin 5x}{5}+\cdots+\dfrac{\sin(2n-1)x}{2n-1}+\cdots\right]$ $(x\neq 0,\pm\pi,\pm 2\pi,\cdots)$.

2. $f(x)=\dfrac{2}{\pi}\left[(\pi+2)\sin x-\dfrac{\pi+2}{2}\sin 2x+\dfrac{\pi+2}{3}\sin 3x-\cdots\right]$ $(0<x<\pi)$；

   $f(x)=\dfrac{\pi}{2}+1-\dfrac{4}{\pi}\left(\cos x+\dfrac{\cos 3x}{3^2}+\dfrac{\cos 5x}{5^2}+\cdots\right)$ $(0\leqslant x\leqslant\pi)$.

3. $f(x)=\dfrac{2}{\pi}\displaystyle\sum_{n=1}^{\infty}\left[-\dfrac{2}{n^2}+(-1)^n\left(\dfrac{2}{n^3}-\dfrac{\pi^2}{n}\right)\right]\sin nx$ $(0\leqslant x\leqslant\pi)$；

   $f(x)=\dfrac{\pi^2}{3}+4\displaystyle\sum_{n=1}^{\infty}\dfrac{(-1)^n}{n^2}\cos nx$ $(0\leqslant x\leqslant\pi)$.

4. $f(x)=-\dfrac{1}{2}+\displaystyle\sum_{n=1}^{\infty}\left\{\dfrac{6}{n^2\pi^2}[1-(-1)^n]\cos\dfrac{n\pi x}{3}+\dfrac{6}{n\pi}(-1)^{n+1}\sin\dfrac{n\pi x}{3}\right\}$
   $(-\infty<x<+\infty,x\neq 3(2k+1),k=0,\pm 1,\pm 2,\cdots)$.

能力训练九

一、1. $\lim\limits_{n\to\infty}u_n=0$. 2. $\rho\leqslant 0$. 3. 收敛. 4. $(0,1]$. 5. $R=l$. 6. $[-1,1]$.

7. $\displaystyle\sum_{n=1}^{\infty}(-1)^n x^n(-1<x<1)$.

二、8. B. 9. A. 10. C. 11. A. 12. B. 13. A. 14. B.

三、15. (1) 发散；(2) 发散；(3) 收敛；(4) 收敛；(5) 发散；(6) 收敛 (7) 收敛；(8) 条件收敛；
(9) 绝对收敛. 16. (1) $5,[-5,5)$；(2) $3,(-3,3)$；(3) $2,(-1,3)$；(4) $1,(0,2]$.

第十章 数学实验

同步训练 10-1

1. 0.02551180；37.783434；0.0006274；1377.408291.   2. 1.922984.   3. 略.   4. 略.

同步训练 10-2

1. 0.25.   2. $\dfrac{6\ln(x)-5}{x^4}$.   3. $\dfrac{t^2\ln(t)}{2}-\dfrac{t^2}{4}-C$.   4. π.

参考文献

1. 宣立新.高等数学(上、下册)[M].北京:高等教育出版社,1999.
2. 宣立新.高等数学学习指导书[M].北京:高等教育出版社,2001.
3. 同济大学数学系.高等数学(上、下册)[M].第六版.北京:高等教育出版社,2012.
4. 姚孟臣.大学文科高等数学(第一、二册).[M].第二版.北京:高等教育出版社,2007.
5. 华东师范大学数学系.数学分析.[M].第三版.北京:高等教育出版社,2001.
6. 赵树嫄.微积分.[M].第三版.北京:高等教育出版社,2007.
7. 沈跃云.应用高等数学[M].北京:高等教育出版社,2010.
8. 骈俊生.高等数学(上、下册)[M].北京:高等教育出版社,2013.
9. 姬天富,骆汝九.经济应用数学[M].第二版.苏州:苏州大学出版社,2016.